复杂裂缝性砂岩油藏开发理论与实践丛书

复杂裂缝性砂岩油藏综合治理实践与稳产对策

谢建勇　王志章　石　彦　褚艳杰　梁成钢　等著

石 油 工 业 出 版 社

内容提要

本书主要以新疆准噶尔盆地东部火烧山油田为例，系统阐述了基本地质特征、开采特征及其复杂性、特殊性，复杂裂缝性砂岩油藏渗流机理及裂缝作用原理。内容包括复杂裂缝性砂岩油藏开发理论、长期稳产开发技术政策、行之有效的开发试验、开发关键技术、多期综合治理措施及效果。本书明确提出了复杂裂缝性砂岩油藏储层（含裂缝）层次分析及结构分析新观点及相（裂缝相）控治理，多期次开发新观点、裂缝系统描述原理、方法及原模型建立，形成了复杂裂缝性砂岩储层分层、分块、分阶段双重介质数值模拟新思路，揭示了复杂裂缝性砂岩油藏剩余油形成机理及分布规律，探索了复杂裂缝性砂岩油藏开发过程中油藏参数变化规律及流动单元评价方法与思路。

本书可供从事石油勘探开发现场实际工作的科研人员使用，也可作为石油大专院校油气地质工程、石油工程专业的本科生、硕士生、博士生的教学参考书。

图书在版编目（CIP）数据

复杂裂缝性砂岩油藏综合治理实践与稳产对策 / 谢建勇等著．—北京：石油工业出版社，2020. 12
ISBN 978-7-5183-4378-2

Ⅰ. ①复… Ⅱ. ①谢… Ⅲ. ①复杂地层-裂隙油气藏-砂岩油气藏-油田开发 Ⅳ. ①TE343

中国版本图书馆 CIP 数据核字（2020）第 228569 号

出版发行：石油工业出版社
（北京安定门外安华里 2 区 1 号　100011）
网　址：www. petropub. com
编辑部：（010）64523736
图书营销中心：（010）64523633
经　　销：全国新华书店
印　　刷：北京晨旭印刷厂

2020 年 12 月第 1 版　2020 年 12 月第 1 次印刷
787×1092 毫米　开本：1/16　印张：16. 75
字数：410 千字

定价：120. 00 元
（如发现印装质量问题，我社图书营销中心负责调换）

本书作者名单

谢建勇　王志章　石　彦　李文波　韩海英

王　宁　梁成刚　吴承美　褚艳杰　范　杰

刘卫东　万文胜　韩秀梅　朱亚婷　韩　云

蔡　毅　王　震　钟权锋

前　　言

火烧山油田发现于20世纪80年代中期，位于准噶尔盆地东部，是目前中国石油新疆油田公司最偏远的整装油田，自然条件恶劣，极端温度在-42～+42℃，是我国陆上首次采用“海洋模式开发”的油田。该油田探明地质储量5443×10^4t，含油面积34.2km²。

火烧山油田是一个油层多、单层薄、特低渗透、裂缝发育的多层砂岩油藏。压力系数仅为0.957，而地层原油黏度却高达8.9mPa·s，是一个低流度［小于0.2mD/(mPa·s)］、自喷能力弱的油藏。

1988年分4套（H_2、H_3、H_4^1、H_4^2）开发层系以350m的反九点井网投入全面开发，初期认为火烧山油田属层状砂岩油藏，各套层系间都发育有一套沉积上很稳定的泥质云岩和云质泥岩间互的隔层，虽然岩心、试油中已经发现有高角度裂缝，但对这些裂缝一直存在有不同的认识：是机械诱导缝还是天然构造缝，在地下是有效缝还是无效缝。方案完全是基于层状砂岩油藏的认识设计的。

投入注水开发以后，表现出油田开发初期产量不到位，水淹、水窜严重，产量递减大的特点，生产十分被动。被称之为“世界级难题油藏”，列为中国石油天然气总公司（以下简称总公司）20世纪90年代“七个老大难油田之首”。

为搞清火烧山油田油藏地质特征，1990年2月，总公司专家组裘怿楠等对火烧山油田进行了细致的现场调查研究，通过调查认为火烧山油田属于层状裂缝性砂岩油藏。并明确指出：火烧山油田H_1—H_4油组裂缝普遍发育。绝大多数裂缝属背斜褶皱控制的高角度张性潜在缝。在原地应力条件下并未张开，只是在经过钻井、注水、压裂等人工诱导后才张开成为有效缝；不同岩石类型裂缝发育强度和产状有明显差别。泥岩类裂缝极少，含油砂岩随粒度变粗，层厚增大而裂缝强度减弱，不含油粉砂岩类夹层及云岩类裂缝强度最大；H_1—H_4油层从沉积上可以分为3套。H_4—H_3^3属典型浅湖相沉积，储油砂岩相对均匀，裂缝发育程度也较均匀。H_3^3—H_2^2属扇三角洲扇缘扇中过渡带，储油砂岩非均质严重，裂缝更加剧了非均质性；油层组内有十多层泥质云岩、云质泥岩和黑色泥岩夹层，局部因裂缝发育而窜通。但这些夹层仍然起到隔层作用，只是连续性受到不同程度的破坏。因此，火烧山油田应属于层状裂缝性砂岩油藏，或者说被裂缝复杂化的层状砂岩油藏；油田水窜严重，大多数与裂缝有关。因此，火烧山油田应按层系、井组建立各自的地质模型，具体井组具体进行开发分析，采取相应开发措施。需要加深裂缝地质规律研究，并在现有4套开发层系基础上，分4种不同地质模式，开展先导性开发试验、数值模拟机理研究和现场试验，探索治理裂缝的办法。

1991年，全国油气田开发工作会议将“改善火烧山油田开发效果”列为“八五”期间全国油田重点“阵地仗”之一。1992年4月，总公司科技司又将“改善火烧山油田开发效果”列为总公司的科研项目。项目内容分为油田地质、油藏工程和钻采工艺3个部分，共列23个二级课题。采用5类20种方法从不同的侧面对裂缝进行了直接的和间接的、定量的和半定量的描述，进行了5个井组的示踪剂试验，3种开采方式的试验；打密闭取心井2口。

1995年以来，在进行精细油藏描述、开发机理研究、油藏数值模拟、剩余油形成机理及分布规律基础上，进行了先导开发试验及4期整体综合治理。开展了多种开采方式试验，先后进行了10多种堵剂的工艺现场试验，编制并实施了4期油田综合治理方案，共钻各类新井76口，累计建产能17.5×10^4t，实施油水井各类措施1400多井次，累计增油43.4×10^4t，产油能力由1994年的33.9×10^4t/a，恢复到40×10^4t/a，含水比由55%降到52.7%，含水上升率控制在5%以下，可采储量增加600×10^4t。油田开发形势发生了根本改变。

通过上述一系列工作，储层的渗流类型发生改变，储层有效渗透率（主要反映裂缝）与储层渗透率比由开发初期的500下降为10，油田注水量由$59.2\times10^4m^3$提高到$127.5\times10^4m^3$，各套开发层系的地层压力都有不同程度的上升，油田的自然递减、综合递减大幅度下降，含水上升率小于4%，年产油保持在31.6×10^4t以上。

寒暑更替，如白驹过隙。火烧山人，经大喜，历小悲，卧薪尝胆，风雨磨难；胜不骄，败不馁，忍辱负重，志存高远。熟谙科学技术是第一生产力，深化复杂裂缝性砂岩油藏成功开发之认识，提出复杂裂缝性砂岩油藏开发新理论、新方法，创火烧山开发、管理模式，成火烧山综合治理配套技术，立火烧山开发稳产10年经验之丰碑。弘扬以厂为家的主人翁精神、奋发向上的拼搏精神、艰苦创业的献身精神，坚持以人为本，实行HSE管理，开展“四查一整改”工作，三十数年如一日，荣获总公司“稳油控水典型油田”称号。我们怀着崇敬、自豪和激动的心情，撰写本书，旨在通过对火烧山油田依靠科技进步、加强综合治理、实现油田长期稳产的经验进行总结和回顾。相信本书的出版，必将对指导类似油田的高效开发起到积极作用。同时，也会有助于广大石油科技工作者科学地认识、管理复杂裂缝性油藏，为类似油田的开发提供思路和借鉴。

目　　录

第一章　绪　　论

火烧山油田于1988年全面投入开发，设计产能108.58×10^4t/a。1989年产油71.2×10^4t，到1991年，年产原油只有48.42×10^4t，油田水淹、水窜严重，产量递减非常大，1994年的原油产量只有33×10^4t。

火烧山油田为裂缝性特低渗透砂岩油藏，储层内裂缝发育，整个区块均有分布。通过岩心观察到的裂缝最大长度达19.6m，以高角度（大于79°）直劈裂缝为主，角度小于60°的只占9%。形象地说，直劈裂缝就像墙壁上有许许多多从上到下的接近于垂直的大裂口。

火烧山油田属典型的多层、复杂裂缝性特低渗透、低流度砂岩油藏，是国内外罕见的难开发、难管理油田，当时被列为世界级难题油田。

1991年全国油气田开发工作会议将“改善火烧山油田开发效果”列为全国油田重点“阵地仗”之一，并在1992年4月将此列为中国石油天然气总公司级科研项目。

在此后近30年的治理中，火烧山油田实现了稳产，2005年获得中国石油天然气集团公司“提高采收率典型油田”的荣誉称号。

第一节　开启裂缝性砂岩油藏的钥匙

火烧山油田初期开发受挫的主要原因是开发前对油藏的认识不够。开发初期也曾预料到油藏有裂缝存在的可能，但没有认识到裂缝竟如此发育、直劈裂缝的延伸长度如此大。

只有清楚的地质认识才能正确地指导油田开发，火烧山油田由此加强了油藏地质研究和精细描述，为油田整体治理提供了依据。

第一，通过多轮次油藏精细描述，在火烧山油田含油范围内发现了9条小断裂，并在断裂的两侧发育着大的裂缝，形成了与断裂走向相同的高渗透带。认识到裂缝是水窜的主要通道。第二，通过微观孔隙结构显示还认识到储层储渗能力极差。第三，细分沉积相，进行储层结构分析。重新确定了含油层系的砂体微相，共划分出7种亚相、12种微相，并通过纵向上的层次分析与横向上的结构分析，弄清了不同规模砂岩体在三维空间的展布特征及连续性、连通性。第四，火烧山油田治理效果的好坏关键在于对裂缝的认识程度，因此裂缝成为研究的重点，也是难点。

利用地质、地球物理、油藏工程、板壳模拟等20多种方法，从不同的角度对裂缝的成因、产状、分布进行研究，得出了如下新的认识：

火烧山油田裂缝呈米字形，即南北、北西和北东3组裂缝并存，其中以南北方向为主。裂缝的性质为张裂缝、张剪缝和共轭切缝，主要是倾角大于79°的高角度直劈裂缝。同时，科研人员还清楚地掌握了裂缝在油田不同岩性及不同部位的发育特点以及不同开发阶段裂缝的演化规律。

以上述新的地质认识为依据，重新确定了适合火烧山油藏地质特点的开采技术政策。

第二节　探索裂缝性砂岩油藏钻采技术

先进的工艺技术是油田稳产、保持高效开发的重要保障。火烧山油田是一个被裂缝复杂化了的层状低—特低渗透砂岩油田，开发和治理的难度极大，又没有太多经验可以借鉴。因此，形成一套针对火烧山油田的整体综合治理技术显得尤为重要。

火烧山油田近 20 年的治理过程，其实就是地质认识与采油工艺相结合、不断探索裂缝性砂岩油藏钻采工艺技术，为控水稳油提供技术保障的过程。

从油田投产开始，水淹、水窜就是威胁油田稳产的主要问题，如何控制水淹、水窜，提高油层动用程度成为油田高效开发必须解决的主要矛盾，封堵裂缝、调整剖面是解决这一矛盾的重要手段。火烧山油田经历了调剖堵水的初期探索阶段、对应调堵阶段和区块整体治理阶段。经过多年研究和实践积累，形成了针对不同裂缝性储层的调堵工艺技术（包括三大组合堵剂系列：冻胶类组合、颗粒类组合、混合类组合）、针对不同渗流系统的封堵技术和深部调剖技术。这些新技术在生产中发挥了显著的作用，为火烧山油田稳产奠定了坚实基础。

科研人员在深化储层认识的基础上，开展了延迟交联压裂新技术的试验，形成了一整套适合裂缝性低渗透砂岩储层的压裂改造工艺技术。

自 1995 年综合治理以来，火烧山油田通过酸化压裂技术累计产油超过 600×10^4t。

第三节　寻求提高注水效果之路

水淹、水窜、调剖堵水的生产实践表明，火烧山油田的整个生产过程一直与水有关，因此做好“水”文章成为贯穿油田治理全过程的一条主线。

火烧山油田的综合治理，就是通过对水井的调剖以及油井的堵水，保证注入的水在保持地层能量的同时更好地发挥驱油效果。

调剖就是把水井的高水窜层或吸水强度较大的层位，用堵剂将其封堵，使注入水流能够进入地层而达到最佳驱油效果。堵水是将油井油层的出水层或出水通道用堵剂进行封堵，以降低其含水量或便于动用其他层位。

因储层裂缝发育，火烧山油田的最初注水都没有效果，从注水井注入的水从油井里出来，当时人们无奈地形容为“左耳朵进、右耳朵出”。若不注水，则无法保持地层压力，若继续按照过去的方式注水，则又没有任何效果。火烧山人尝试了多种注水方式试验——间注、停注和行列注水，以寻求合理的开采方式。

试验证明，间注、停注和行列注水方式都不适合火烧山油田裂缝特别发育的区域，都不能从根本上改善油田的开发效果，要确保油田稳产，又必须立足于注水保压开发。

1996 年，油田进行了区域控水稳油综合治理试验，选择具有代表性的试验区。对试验区实施区域整体治理：注水井以深度调剖和分注为手段，在注水井吸水剖面均一和控制含水上升速度的基础上，适时提高注水强度，逐步恢复地层能量和提高注入水波及体积，采油井辅以对应堵水、压裂等改造措施，提高单井产油能力。经过 3 年的整体综合治理，试验区老井递减减缓，多产油 1.6×10^4t。

目前，火烧山油田通过井下多级分注技术的实施，大大地细化了注水结构，使注入水得到充分利用，大大减少无效和低效水的注入，分注为油田的长期稳产奠定了坚实的基础。

实践证明，火烧山油田通过调剖堵水和后续的精细注水实现了较为理想的水驱油效果，更好地提高了采收率。1991 年，火烧山油田含水 63.7%，截至 2016 年底，油田含水 82.5%，含水上升率非常低；另外，目前的采收率比综合治理前提高 7%，保证了油田的稳产。

只有正确的地质认识才能正确地指导油田的合理开发；同时，不断提高油田开发的钻采工艺技术，做好注水文章，才能又好又快地实现油田的高效开发，并做到稳产，这就是火烧山油田给我们的启示。

因此，系统总结历次治理方式、方法和措施，无疑对类似油田高效、稳产开发提供了借鉴。

第二章　火烧山油田地质特征及开发部署

火烧山地区早在20世纪50年代就开始了石油地质调查，并钻了数口地质浅井。1980年开始进行全面的地震调查和地质地球物理综合研究，1984年5月在火烧山构造上钻完了火1井，并于同年9月获得了第一层工业油流（抽吸，日产油11t），从而发现了火烧山油田。截至1986年底，完成地震测线38条，测网密度一般为0.75km×1.0km，局部达0.5km×0.75km；在构造上钻探井7口，含油层系取心362.02m，7井试油39层，获工业油流22层。同时，取得了一定量的岩石物性及流体性质资料。在1987年3月的杭州储量审查会议上被审批为控制地质储量8749×10^4t。在基础上，油田于1988年完成油田初始开发方案的编制，针对油田基本地质特征，如地层层组、构造与断裂系统、沉积相与岩石特征、裂缝与储层特征、油藏类型与流体特征、地质储量等，进行了初步系统的研究，同时对油田的井网井距、开采方式、油藏监测、钻采工艺等进行了初步研究，形成初始开发方案，油田进入产能建设阶段。

第一节　地层、构造与断裂

火烧山油田含油层系（H）中的平地泉组属湖泊—扇三角洲沉积体系，沉积厚度为1500~2000m，按沉积旋回和岩性，自上而下分为平一段（P_2^1p）、平二段（P_2^2p），平三段（P_2^3p）和平四段（P_2^4p）。

P_2^1p为巨厚的灰色、灰绿色泥岩、粉砂质泥岩，偶夹粉砂岩，厚度180~435m，是良好的盖层。

P_2^2p以灰色、深灰色和灰黑色泥岩、粉砂质泥岩为主，韵律性夹不等厚的砂岩层，厚度170~440m。

P_2^3p中上部为深灰色云质泥岩或泥质白云岩、粉砂质泥岩与砂岩不等厚互层，下部为深灰色、褐灰色富含有机质的泥岩、云质泥岩夹油页岩，总厚度230~440m。

P_2^4p为一套河流—浅湖相的浅灰色、灰绿色泥岩、粉砂质泥岩、瘤状灰岩及浅灰色、灰白色砂岩、含砾岩、细砾岩的交互层，其厚度大于220m。

在油田范围内，平地泉组之上依次为：以泥岩为主、下部夹砂岩的下苍房沟群（P_2ch），厚度约350m；以砂砾岩为主的上苍房沟群（T_1ch），厚度一般60m左右，向南加厚；河湖相的八道湾组（J_1b）与下伏上苍房沟群为不整合接触，厚度一般在250m左右；砂岩夹泥岩的三工河组（J_1s），厚度一般200m左右，顶部出露地表；西山窑组（J_2x）只在火2井以南有分布。

根据地震资料编制的P_t^{2-1}波组构造图，火烧山背斜长轴9.6km、宽4.8km，闭合面积35.2km^2，闭合高度为211m。通过钻井检验，P_t^{2-1}波组相当于H_1油层组顶部，但在构造顶部偏浅约50m，而在底部偏深约50m，只有在构造的腰部吻合很好。当然，这样的偏差可以说地震资料成图的精度已相当高。据钻井资料编制的 H_1 顶部构造图，背斜长轴 9km，短轴 4.4km，圈闭面积 32.4km²，闭合高度 140m。

火烧山背斜东西两翼不对称，东翼较陡，地层倾角约 20°，翼部还被火 10 井断裂切割，西翼较缓，倾角约 6°。背斜的西北翼通过火西 1 井和火西 2 井鞍部与火西断鼻相连。断鼻的上倾方向被大致平行于沙东断裂的火西断层切割，这两条断裂都是断面西倾的逆断裂。沙东断裂活动期长，断开层位高，对油气藏的形成不能起遮挡作用。从地震剖面图上看，火西断裂仅断开了平地泉组，它对油气可起到良好的遮挡作用。但是，火西 3 井的钻探揭示，火西断鼻的岩性变细，储层变差而未出油。

火 10 井断裂亦是断面向西倾的逆断裂，目前有火 10 井钻遇，断点在上苍房沟群内。根据构造剖面图，平地泉组底部垂直断距百余米，断开层位至上苍房沟群。

第二节　岩石特征与油层组的划分

火烧山油田含油层系属淡水湖泊型沉积，在沉积剖面中发育了湖成三角洲相、滨浅湖相—深湖相沉积。因此，岩石类型较多，主要的有碎屑岩类、碳酸盐岩类、泥岩类。方沸石岩、硅质岩、有机质岩及凝灰质岩这些岩石较为少见，一般呈微层—薄层、条带状、透镜状或团块状存在于其他岩石中。

一、主要岩类的岩石特征

1. 碎屑岩类

该类岩石包括粉砂岩、细砂岩、中砂岩、不等粒砂岩及含砾砂岩、砾岩。这类岩石呈厚层至微层及透镜状产出，常具有微层理、薄层理和由碳质或菱铁矿组成的波纹层理、交错层理。亦具裂缝与微断裂构造。碎屑成分主要有长石、岩屑，石英少见，有机质呈分散状产出，有时可形成纹线。碎屑成分因粒级不同而有所差异。粉砂岩以长石为主，高者可达 86%以上。细砂岩以上多为岩屑，长石含量一般在 15%～30%，高者达 40%，砾岩几乎全部为岩屑。岩屑成分亦随物源区不同而有差异，在油区范围内以安山岩、凝灰岩为主，而在沙东断块一带则以变泥、变粉砂岩为主。胶结物成分有菱铁矿、白云石、方解石、方沸石、泥质及石英、长石的次生加大。局部见有片沸石和钠长石。岩石胶结类型主要是孔隙式，部分为接触—孔隙式。

此类岩石在成岩及后生变化过程中，碎屑被溶蚀，交代现象非常普遍。特别是在方解石胶结的岩石中，部分长石、石英补充溶蚀交代成残骸。

2. 碳酸盐岩类

该类岩石包括了泥质碳酸盐岩类和陆屑碳酸盐岩类。依据主要矿物成分分为石灰岩类和白云岩类。

石灰岩类指方解石含量大于 50%的碳酸盐岩类。岩石一般具有泥晶结构，具有微层理、微裂缝、缝合线构造、气胀构造以及收缩缝。

裂缝常被方解石、方沸石充填。在剖面中主要以薄层状出现。矿物组成除方解石外，还有泥质、白云石、陆屑和异化颗粒。常见的异化颗粒有内碎屑、豆粒、生物碎屑等。这些异化颗粒一般由灰质组成，往往发生白云岩化而被白云石取代，有时也发生重结晶或溶蚀作用而产生孔隙。

白云岩类指白云石含量大于50%的岩石。岩石一般呈隐晶—显微晶质结构或微晶—粉晶质结构。具有水平纹层、条带状层理或透镜状—扁豆状层理。也见有气胀构造、收缩微缝及碎裂现象。矿物成分，除白云石外，还有泥质和粉砂，有时见有灰质和粒屑。有机质普遍存在，一般呈分散状分布于白云石晶间，也可构成纹线或与泥质一起构成条带。

3. 泥质岩类

这类岩石包括泥岩、粉砂质泥岩及灰（云）质泥岩。岩石具有隐晶泥质结构、棉絮状隐晶泥质结构有纤维状、鳞片状隐晶泥质结构。平行纹层理、波状层理发育，层面可见冲刷构造。岩石中常含有粉砂、灰（云）质、硅质、黄铁矿等，部分岩石中富含有机质。在成岩和后生变化中常发生脱玻化、碳酸盐化、方解石化等，使其产生气胀构造、缝合构造，有时因构造作用易发生碎裂或产生微裂缝、微断裂，裂缝常被方解石、方沸石及有机泥质充填。

二、层组的划分

根据沉积旋回和岩矿及电性特征，将350~550m厚的含油层系进行油层组划分，划分的原则是：油层组之间必须有比较稳定的泥岩隔层，所划分的油层组厚度不能悬殊过大，分层标志要明显，易于掌握；同时，要考虑到开发层系的划分。将火烧山含油层系从上至下分为H_1、H_2、H_3和H_4四个油层组。H_1和H_2油层组属于平二段，H_3和H_4油层组属于平三段。平地泉组的分段和亚段也作了部分调整。

H_1油层组，岩性以灰色—黑色泥岩、粉砂岩为主，夹细砂岩和中砂岩，局部夹砂砾岩。碎屑成分以岩屑为主，岩性为变泥岩、硅化岩、安山岩。胶结物成分主要为方解石和方沸石。

H_2油层组，岩性与H_1相似，为灰色、深灰色、灰黑色泥岩、泥质粉砂岩、细砂岩、中砂岩构成的韵律层，夹有泥质白云岩、豆粒灰岩。上、中、下部多以粉砂岩为主。胶结物成分主要为方沸石与方解石，其次为菱铁矿和白云石。

H_3油层组，岩性为一套灰色、灰黑色细砂岩和粉砂岩为主的中砂岩—泥岩、泥质白云岩构成的不等厚互层。局部见有方沸石化泥岩薄层和硅质的条带状微层。顶部所谓“下剪刀”层为泥质白云岩，厚度分布稳定。碎屑成分以长石为主，胶结物主要为方沸石和方解石，其次为白云石。

H_4油层组，上部所谓“三指掌”主要为深灰色—灰黑色泥质白云岩夹泥质粉砂岩，局部见有中砂岩。中、下部（H_4^{1+2}）为灰色、深灰色粉砂岩与泥岩、泥质白云岩互层，夹有中砂岩、粗砂岩。碎屑成分以中性斜长石为主。胶结物主要是白云石和菱铁矿，方沸石少见。

从上述可见，砂岩的发育程度由下往上相对变差；胶结物中的白云石也是由下往上相对减少，而方解石则相对增加。胶结物中的黏土矿物较少，黏土矿物主要为伊利石、绿泥石及伊/蒙混层矿物。各油层组又分为2~3个砂层组，如H_1^1、H_2^1、H_3^1和H_4^1，砂层组又分2~3个砂层。如H_1^{1-1}、H_2^{1-1}、H_3^{1-1}、H_4^{1-1}。H_3^3砂层组，由于含油砂层不稳定，又无明显的泥岩隔层，故未进一步划分砂层。归纳起来，4个油层组划分了11个砂层组、29个砂层；同时，将各层顶部的泥岩层用“H^0”表示，因此，常称的“上剪刀”层、“下剪刀”层、“上三指掌”层分别用H_2^{2-0}、H_3^{1-0}、H_4^0表示。

三、岩石裂缝与储层特征

1. 岩石裂缝

根据钻井取心和裂缝识别测井，火烧山油田岩石裂缝比较发育。根据对岩心的观察，这些裂缝大致可分为5类。

第一类为充填缝。这类裂缝规模不大，数量不多，发育断续，裂缝宽度均小于0.5mm，并被方解石和方沸石完全充填，形成较早，常见被后期裂缝错开。

第二类为闭合缝。这类裂缝常错开层理，裂缝面有压溶现象，有时可见擦痕，列缝面结合很紧密，一般不易劈开。

第三类为微裂缝。这类裂缝肉眼不易观察，只有在镜下才能看到，它包括微裂隙、微断裂和缝合线等。在荧光薄片上可见缝内有烃类发光现象。

第四类为开启缝。这类裂缝的特点是缝面有溶蚀现象，也见有石英等矿物和油迹。这类缝的规模大小不一，但常见裂缝至层面终止，有的缝长度仅有1~2cm。

第五类是潜在缝。这类裂缝的缝面新鲜、干净，既无充填物，又无溶蚀现象。岩心上见到的所谓直劈裂缝可能有一部分属此类裂缝。因为岩心上有这种直劈缝，而微电阻率扫描（FMS）图上无显示。

根据岩心观察所获得的裂缝参数制作的各种频率图，当累计频率在50%时，裂缝倾角为79°，60°以下只占9%；裂缝长度小于0.4m；裂缝密度：碳酸盐岩13条/m、泥质岩类0.2条/m、砂岩0条/m；分油层组：$H_4$1.3条/m、$H_3$0.35条/m、H_2和$H_1$0条/m。

由裂缝识别测井（FMS与SHDT）资料所处理的裂缝频率图看出：裂缝主要有北西—南东、北东—南西向两组；裂缝在H_3和H_4分布较广，H_4^0中的裂缝仅在油田南部较发育。

裂缝识别测井，由于不同油层组的测井数不同，所以不同油层组裂缝的发育程度和分布情况不能完全对比；岩心统计的裂缝包括了部分潜在缝或机械缝，而H_4取心较多的恰在裂缝较发育的H065井，使其统计的裂缝数偏大。综合分析认为，泥岩基本上无裂缝；砂岩、特别是粉砂岩裂缝较发育，分布较广；H_4^0泥云岩虽也发育，但仅分布在局部地区。

2. 储层特征

根据铸体薄片、岩石薄片和荧光照片资料，火烧山油田含油层系的孔隙类型有粒间孔、溶蚀孔、粒内孔、晶间孔与裂缝、微裂缝。溶蚀孔有粒间溶孔、基质中溶孔、菱铁矿溶孔、方沸石溶孔、长石粒间溶孔及长石粒内溶孔等。晶间孔主要是白云石晶间孔和片沸石晶间孔。微裂缝包括微断裂、收缩缝、缝合线和层理缝。主要的孔隙类型是粒间溶孔、方沸石溶孔、长石溶孔和粒间孔。裂缝的储集空间小，但对渗透率的贡献却很大。

上述孔隙类型并非单一存在，它们互相搭配组合，形成了几种典型的组合类型：（1）粒间溶孔—粒间孔—杂基溶孔；（2）粒间溶孔—杂基溶孔—粒内孔；（3）杂基溶孔—晶间孔—粒内孔；（4）粒内孔—杂基溶孔；（5）裂缝—粒内孔。

实际上，在储层内部不会是一种组合，而是典型类型的复合，只不过是以哪一种为主而已。由岩心物性分析制作的分油层组、分样品孔隙度直方图可知：H_1孔隙度为2.14%~14.6%，平均8.75%；H_2孔隙度为0.17%~16.12%，平均9.32%；H_3孔隙度为0.15%~19.2%，平均9.14%；H_4孔隙度为0.08%~26.6%，平均11.23%；油层平均孔隙度自上而下分别为13%、12%、14%和19%。可见孔隙度有随深度增加而增大的趋势，特别是H_4

孔隙度明显升高。导致这一趋势的原因，认为主要是白云石和方沸石这两种矿物所致。在4个油层组的胶结物中，H_4 白云石含量高，而且绝大多数的白云石为次生白云石，当方解石转变为白云石时，其体积缩小甚大，可产生12.4%的孔隙度。方沸石在后生作用的早—中期可发生脱沸石化，即溶蚀作用，并随着深度的增加而加强，-940m以下方沸石开始溶蚀，-1025m以下全溶蚀。从 H_4^0 底部构造图可以看出，构造顶部埋深为-960m，即是说 H_4^{1+2} 储层正处于方沸石半溶蚀或全溶蚀带上。因此，在 H_4 含油范围内 H_4 储层中基本上无方沸石。

根据渗透率和孔隙度关系求得自上而下的4个油层组平均分析渗透率分别为1.9mD、0.32mD、1.8mD和10mD。根据压力恢复曲线计算的渗透率分别为43.7mD、251mD、162mD和100mD。此外，储层中裂缝的发育是自上而下变差（H_1 除外）。

据压汞资料将储层分为五类，其曲线形态和特征有以下特点：

（1）毛细管压力曲线形态为分选好的粗歪度型。分选系数在1.3~2.25，歪度为-3.3~0.9，有由上而下变好的趋势。

（2）排驱压力和饱和度中值压力较低。排驱压力为0.1~1.4MPa，相对应的喉道半径为1.02~0.06μm。在剖面上也有从上而下变好的趋势。

（3）进汞饱和度一般较高，在压力20.48MPa下一般进汞饱和度为62.3%~88.8%，低者（五类储层）只有45%，高者可达93.6%，仍是 H_4 好。

（4）退汞效率属中等。退汞效率一般在25.8%~34.6%，高者可达40.5%，低者只有17%。

综上所述，火烧山含油层系储层类型属裂缝性次生孔隙型储层，孔隙分选较好，容量中等。在4个油层组中，总的来说 H_4 最好，往上逐渐变差。

3. 渗流特征

（1）润湿性。

由火18井和火11井77块岩样用离心自吸法测得岩石润湿性，H_4 为弱—强亲水，以强亲水主为，水排比为0.14~0.97，油排比为0；而 H_2 和 H_3 为中—强亲水，水排比为0.33~1.0，油排比均为0。这说明岩石是属亲水性质，采用注水开发有利。

（2）相对渗透率曲线。

本区有3口井（火11井、H002井、火18井）12块样品进行了相对渗透率试验，其中火11井有5块样品试验成功，曲线具有代表性，综合起来做了平均曲线。从曲线形态看，随着含水饱和度的增加，油相渗透率下降快，而水相渗透率上升弥补不了油相渗透率的递减。平均束缚水饱和度为35%。等渗交叉处含水饱和度为56%，相对渗透率只有0.11mD，属亲水性质。残余油饱和度为23%，此时水相渗透率为0.26mD，两相渗流区间饱和度为42%。根据相对渗透率曲线绘制的分流量曲线，计算见水时的流度比为0.664，当含水率为95%时，油层平均含水饱和度为65%，这说明油井见水后含水上升快，产量递减快，影响驱油效率，同时排液量也提不高。

（3）驱油效率。

从3口井12块驱油实验样品分析，无水期驱油效率最高11%，最低2%，一般只有5%~7%。这表明无水采出程度低，而一旦见水，在注入1.0~l.2倍孔隙体积水时，含水就上升到95%，此时最终驱油效率高者为52%，低值只有23%。岩心的物性好坏对驱油效率影响很大，在注入同样的孔隙体积倍数测水量下，岩块渗透率越高，水驱油效率越高。当样品的渗透率降低一半时，平均水驱油效率下降30%。加之地层原油黏度高，油水黏度比大于16以上，储层中裂缝的存在，还会增加注水开发过程中的不均质性。因此，对于储层性质差、渗透率低、非均质严重的火烧山油田，注水开发驱油效率较低，最终采收率不会高。

第三节 油藏类型与流体性质

一、油藏类型

火烧山油田是一个多油层的油田，4个油层组的砂体在平面上的展布由下向上变差。H_1—H_3的砂层呈透镜状分布，油层的发育受到岩性的控制。H_4的砂层呈席状展布，油水分布受构造控制。从圈闭条件说，H_1—H_3油层组为构造岩性油藏，H_4油层组则为构造油藏，从储层形态上讲，仍属裂缝性层状油藏。

对油藏类型仍有不同看法，认为是块状油藏的主要依据是泥云岩有裂隙，且进行试油的6井11层均出了油，有的井（如火2井）还高产。分析这些试油层，除火9井外，都是由于固井质量不好引起与砂岩油层窜通所致。如火11井，射开H_4^0泥云岩，由于固井不好而使其与H_4^{1-1}砂岩油层连通。火9井固井质量好，射开的H_4^0井段（1630~1638m）卡得严格，且上（为干层）、下（为水层）无油层，产量不像火2井那样高，日产油只有2.2t（ϕ4mm油嘴）。分析其测井曲线，油产自泥云岩中夹的砂岩油层，并非泥云岩产油。对于裂缝在油藏中的作用，现场做了多方面的工作，当层间窜漏时，试图查明是管外窜、还是地层窜非常困难，但现场资料仍能说明一些问题。在H003井和H050井等对白云质泥岩进行了查窜试验，H050井在H_3^3（1631~1640m）与H_4^0（1647~1656m）射孔井段之间下双封隔器（1644.26m，1644.87m），油管降液面至1008.41m，套管液面328.36m，套管加压到40MPa，经24h套压降为2.8MPa，油压始终为0，测连续压力为15.238MPa保持不变。H003在H_4^{1-3}（1633~1640m）与H_4^{2-1}（1647.5~1655m）之间下封隔器，套管加压8.0MPa保持不变。火12井在H_4^{1-1}（1603~1609m）挤同位素，上、下的H_4^0和H_4^{1-2}无反映。因此，白云质泥岩不仅在油层组之间，而且在油层组内能起到隔层作用。H005井在H_4下面的泥云岩中（射孔井段1664~1682m，射孔顶界距上面砂层底只有2.7m）注水，仅注了85.6m^3，以后就注不进了，井口压力由8.5MPa上升到15.0MPa，说明泥云岩渗透性较差。

上述资料说明：在一般情况下，层间不窜，即是说不仅是H_4^0，而且H_4^1内部的泥云岩可以作为砂岩储层的隔层；H_4^0的储集空间主要是泥云岩中夹的砂岩孔隙和泥云岩的溶蚀孔。H204井取到了溶孔很发育的泥云岩，这也是在众多的取心井中所取得唯一的一段。正是由于裂缝的存在和泥云岩有时形成溶蚀孔洞，因此，不能排除局部地区存在砂岩层层间窜的情况。

基本属于层状油藏的4个油层组，其油水界面并不统一，根据试油成果与海拔关系，确定H_4油层组的油水界面在-1042m左右。在该界面以上可以看到火2井位于油水界面以上的1613~1614m井段出水，分析认为是管外窜所致。在所确定的H_4的油水界面以下，其他油层组目前也未获工业油流。但是，在此油水界面之上出水的则有：南面的火8井H_2（1573.6~1581m）试油出水，射孔顶界海拔-1020.4m；北部的火6井，在P_{2p}^{2-1}（1466~1490m）试油也出水，出水层顶面海拔-773.8m。油田水不活跃，油藏天然能量主要为溶解气驱。

二、流体性质

原始地层压力和饱和压力资料证实4个油层组为同一压力系统。$p_o=7.12-0.0083H$，饱和$p_b=5.83-0.008H$，其中p_o为油藏原始地层压力，MPa；H为海拔深度，m；p_b为油藏饱和压力，MPa。从而计算得油田原始地层压力为14.96MPa（折算海拔-945m），压力系数0.956，饱和压力12.94MPa，地饱压差2.02MPa，饱和程度86.5%，属高饱和程度的未饱和油藏。原始溶解度$50m^3/m^3$，体积系数1.314，压缩系数14.848×10^{-4}。地下原油密度$0.814g/cm^3$，黏度8.9mPa·s，地层温度65.6℃，地面原油密度$0.884g/cm^3$，黏度（50℃）51.4mPa·s，含蜡13.2%，原油凝点平均11℃，初馏点平均132℃，205℃前馏分为7%。

溶解气相对密度平均为0.6225，甲烷含量高，重烃含量低，平均组分为：甲烷88%、乙烷4%、丙烷3.0%、丁烷2.0%、戊烷1.0%、氮气2.0%。

油田水的水型为$NaHCO_3$型，矿化度在11000mg/L左右，氯离子含量在5000mg/L左右。

第四节　储量评价

一、计算方法

采用容积法计算储量。此次是计算二类探明储量，即未开发探明储量，并且正在编制开发方案，因此，以砂层组的砂层油砂体的叠合体作为计算单元。

砂层中的一个井点或多个井点连成一体含油，被称为一个油砂体。那么，一个油砂体可以是一个井点，也可以是由若干个井点构成。计算单元定为砂层组内的油砂体的叠合体，有的油砂体未能叠合，即单个油砂体为一个计算单元。在整个含油体系中，虽然只划分了11个砂层组，计算单元却有20个。依据含油体积将计算单元的计算结果分配到49个油砂体。在计算油砂体的含油体积时，有效厚度采用算术平均值，孔隙度用有效厚度权衡，含油饱和度用单位面积的含油体积权衡。

砂层组以至含油层系的储量由计算单元逐级合成。合成时孔隙度、含油饱和度分别采用孔隙体积、含油体积权衡值，反推有效厚度。

二、储量参数的确定

1. 含油面积

H_4与其上3个油层组的油藏类型不同，其含油面积的确定方法也不同。

H_4油层组属构造油藏，且油水界面在-1042m左右。那么，含油边界就依据油水界面海拔在油层顶部的构造图上圈定。考虑到油水界面不是一个水平面，在有效厚度处理时，没有用海拔-1042m一刀切。处理出来的有效厚度可以低于油水界面2~3m。因而在实际圈定含油边界时，利用实际划分有效厚度底界海拔校正内含油边界，用有效厚度顶界海拔校正外含油边界。在确定构造岩性油藏的 H_1、H_2 和 H_3 油层组的计算单元含油边界时，考虑到克拉玛依油田过去在编制油田开发方案时，井距一般都达到了 1km，其储量面积的圈定采用井距之半，火烧山油田不稳定试井资料确定的最大供油半径也在 500m 左右。因此，确定 500m 作为出油井外推确定含油边界极限值。

在确定边界时具体做法是：对于油田边缘出油井，其外侧无论是否出油井，或是断层，其垂直距离超过 1km 时，均外推 500m；距离不超过 500m 时，外侧若为断层，则以断层为界，若为非出油井，用井距之半确定。对于油田内部的井，无论是确定油层边界，还是扣除非油层井的面积，均采用井距之半。在以出油井外推含油边界时，注意到了外推边界不超过本层-1042m 构造线，但实际上也没有出现超过油水界线的情况。为了避免同一边界在不同砂层组的画法不统一，先确定了油层组的边界进行控制，然后在计算单元图上画出了油砂体边界。

在 1∶10000 井位图上圈定各计算单元的含油面积，油田叠加面积为 40.7km^2。

2. 有效孔隙度

由于测井信息的限制，计算孔隙度只有利用声波时差，在建立岩心分析孔隙度和声波时差关系时，首先研究了含油层系的岩石矿物特征，根据岩矿在剖面上的变化，孔隙度与声波时差关系曲线必须分段建立。H_1—H_3^2 孔隙度与声波时差的关系为 $\Delta t=175.4\phi+50$。

在建立 H_3^2—H_4 的孔隙度与声波时差关系时，考虑到泥质含量的不同，建立了三条平行的关系曲线，声波时差低于 255.84μs/m 时为线性关系，高于 255.84μs/m 时为曲线关系。

泥质含量低，SH<10%：

$$\phi_1=963\times10^{-5}\Delta t-0.54143$$

$$\phi'_1=598\times10^{-4}\Delta t-1379\times10^{-7}\Delta t^2-17\times10^{-7}\Delta t^3-2.81$$

泥质含量中，SH≈10%~20%：

$$\phi_2=963\times10^{-5}\Delta t-0.5684\ (\text{直线段})$$

$$\phi'_2=57599\times10^{-6}\Delta t-4387\times10^{-3}\Delta t^2-23\times10^{-7}\Delta t^3-2.594\ (\text{弯曲段})$$

高含泥，SH>30%：

$$\phi_3=0.00963\Delta t-0.6021\ (\text{直线段})$$

电阻率大于 65Ω·m 的井段计算孔隙度用低含泥公式，电阻率在 50~65Ω·m 的井段计算孔隙度用中含泥公式，电阻率小于 50Ω·m 的井段，声波时差经泥质校正后按第一关系式计算。

孔隙度解释是由计算机完成的，它给出孔隙度曲线，同时，随有效厚度给出整个油层段的加权平均孔隙度数据表，计算单元的平均值采用有效厚度权衡。地面孔隙度与地下孔隙度的换算式是新疆油田经验关系式给出的：

$$\phi_{\text{地下}}=0.997\phi_{\text{地面}}-0.46$$

经过单位面积厚度权衡的油层组孔隙度自上而下分别为 13%（H_1）、12%（H_2）、14%（H_3）、19%（H_4）。

3. 有效厚度孔隙度指数

有效厚度图版是据阿尔奇公式绘制的。同样考虑到岩矿成分在剖面上的变化，分别建

立 H_1—H_3^2、H_3^3 和 H_4 三个图版。阿尔奇公式中的参数确定如下：

根据油田地层水矿化度在 11000mg/L 时，计算地层水电阻率 R_w 为 0.28Ω·m。

根据岩电实验室分析的 320 块砂岩样品建立地层因素（F）与孔隙度（ϕ）关系求得 H_1—H_3^2—H_3^3 和 H_4 孔隙度指数（m）及岩性系数（a）依次分别为 1.77、1（H_1—H_3^2），1.9、1.38（H_3^3），2.3、0.84（H_4）。

根据实验室测量资料（6 口井 26 个砂岩样品）建立电阻增大率（I）与含水饱和度（S_w）关系求得 H_1—H_3^2、H_3^3—H_4 饱和度指数（n）与岩性系数（b）依次为 1.75、1 与 2，1。

根据上述所确定的参数，分别编制了 H_1—H_3^2、H_3^3 和 H_4 三个有效厚度图版。根据油、水、干点的分布，结合密闭取心压汞资料依次确定含油饱和度下限分别为 48%、53%和 56%。

有效孔隙度下限由岩心分析、压汞和试油层的电性资料综合确定。H_1—H_3^2 孔隙度下限为 8.5%、H_3^3—H_4 孔隙度下限为 12.0%。根据上述参数及下限标准，在计算机上进行有效厚度处理，采样点为 0.125m。对于计算机给出的有效厚度井段，应用综合测井曲线扣除未处理净的泥云岩段和采样点遇电性斜坡使其值偏高的薄层。在进行单元储量计算时，有效厚度小于 1m 的单井油砂体不计算储量。

通过合成反推的 H_1、H_2、H_3 和 H_4 油层组有效厚度分别为 4.6m、7.4m、11.5m 和 15.7m，含油层系的有效厚度为 21.8m。

4. 含油饱和度

电性求饱和度是用阿尔奇公式按确定的参数由计算机与有效厚度、孔隙度一同给出。H_1、H_2、H_3 和 H_4 油层组含油饱和度分别为 65%、62%、63%和 68%，含油层系含油饱和度为 65%。

5. 地面原油密度

地面原油密度分析资料不少，但是由于分析室距现场较远，加之密封不好，使原油密度分析值偏大。从绘制的同井层高压物性取样脱气油与井口样品值建立的关系可见：只有部分点呈线性关系。原油密度值明显受密封好坏以及取样时气温和分析滞后时间的影响，其值当然不能直接使用。但是，认为地面样品的密度值比高压物性取样脱气油之值高 0.006g/cm³ 是正常的。

由脱气油密度与油层中部海拔关系发现，密度有随深度增加而增大的趋势。先选出了高压物性取样脱气油密度随深度变化的关系曲线，然后在密度坐标上以 0.006 的间距作其平行线，定为井口样品的随深度的关系曲线。将研究院分析的样品值点入，恰好落在这条线附近。

储量计算采用的密度值是以油层组的中部海拔查其关系图求得。H_1、H_2、H_3 和 H_4 的原油密度分别为 0.882g/cm³、0.883g/cm³、0.884g/cm³ 和 0.886g/cm³。

6. 体积系数

它是依据高压物性分析资料，取单次分析值建立的关系式，先求出饱和压力下的体积系数：

$$B_b = 0.00273R_s + 1.0$$

气体溶解度：

$$R_s = 3.839p_b + 0.2$$

埋深为 H 下的饱和压力：

$$p_b = 5.38 - 0.008H$$

用压缩系数（C_o）将饱和压力下的体积系数换算成地层压力下体积系数（B_o），换算式为：

$$C_o \approx (0.3377p_b + 6.49) \times 10^{-4}$$

$$B_o = B_b(1 - \Delta p C_o)$$

三、各油层组的油层分布及物性差异

H_1—H_4 油层组有效厚度自下而上逐渐减薄，油层数逐渐减少，油砂体的个数逐渐增加，平均油砂体面积减小，油层之间的距离及有效渗透率增大，因此有必要将 4 个油层组划分成各自的开发层系，区别对待。

四、独立开发层系应具有一定的储量

火烧山油田在目前可能采用的井网密度和采油工艺技术水平所能达到的采收率范围内，为使每口井控制地质储量超过 7.0×10^4t，每套开发层系的单位面积储量不应低于 50×10^4t/km^2。因此，H_2 和 H_3 各为一套开发层，H_4 分为 $H_1{}^4$ 和 $H_2{}^4$ 两套开发层，从经济角度分析是合理的。H_1 油层组储量丰度低，只有 30.9×10^4t/km^2，不具备经济开发条件，可作为接替层。

五、各油层间都有稳定的泥岩隔层

H_1 与 H_2 油层组间有 4.5~10m 的泥岩，H_2 与 H_3 油层组间有 8.5~13m 泥云岩，H_3 与 H_4 油层组间有 15~21m 泥云岩，H_4^1 与 H_4^2 油层组间也有 3~5m 的泥云岩。不论隔层厚薄，其分布都很稳定。

第五节 开发部署

一、开发井距

（1）油层呈透镜体分布，平面连通差，不宜采用大井网，350m 井网油层控制程度高，水驱控制储量大于 80%。

（2）从 H_2 和 H_4 开发试验区试采生产情况分析，350m 井距目前尚未发现井间干扰，利用探井试油测得的压力恢复曲线计算的单井平均供油半径 205m。

（3）350m 井网可获得好的开发效果。

二、开发方式

油藏天然能量主要为弹性和溶解气驱，由于地饱压差小，弹性能量弱，弹性产率为 14.87×10^4t/MPa，采出程度只有 0.44%。当进入溶解气驱开采时，产量和压力下降快，气油比急剧上升，溶解气驱采出程度只有6.13%。因此，天然能量开采效果差，必须早期注水保持压力开采。

三、注水方式

由于油层平面变化较大，要使油井注水充分受效，采用面积注水方式较合适。考虑开发初期的注采井网要求有较大的灵活性，选择反九点法面积注水方式最有利。H_4 油藏较适应于环形加反九点法面积注采方式。H_2 油藏油层的非均质性较强，为减少储量损失，增加注采连通率，适合采用四点法面积注水方式。

四、采油方式

油藏压力系数低，原油密度大，溶解气量少，油井的自喷能力差。计算 H_2—H_4 无水期停喷流压为10.95~12.1MPa，初期最大生产压差只有3.4MPa，放大的余地小。注水开发后，当油井含水8%~10%时，停喷流压上升到12.79~13.33MPa。此时生产压差已不能满足稳产需要，需转入机械采油。当油井含水53%时，停喷流压等于地层压力。因此，自喷开采期很短，预计只有一年左右。所以油田应早期注水、保持地层压力，尽量延长无水期和油井的自喷开采期，主要应立足于机械采油。

五、平均单井产量

概率统计的单层试油比采油指数，只反映油层初期全部动用的情况作为确定单井产量的比采油指数，要考虑油层的动用程度和递减因素，对初期单层试油的比采油指数作些校正(表2-5-1)。生产压差的确定主要考虑了系统试井的合理生产压差，同时考虑抽油工艺所能达到的最大排液量，生产压差设计为2.0MPa比较合理。

表2-5-1　平均单井产量确定表

层位	初期比采油指数[t/(MPa·d·m)]	动用程度校正的比采油指数[(t/(MPa·d·m)]	递减因素校正的比采油指数[(t/(MPa·d·m)]	设计压差(MPa)	油层厚度(m)	单井产量(t/d)	
						计算值	取值
H_1	1.202	0.7212	0.577	2.0	9.4	10.8	10
H_2	1.380	0828	0.6624	2.0	11.5	15.2	15
H_4^1	1.135	0.689	0.5448	2.5	8.8	12.2	12
H_4^2					10.9	14.8	15

六、方案对比

为优选开发方案，先后采用一维流管法、平面二维二相和多层二维二相的数学模型。移植到新引进的SPERRY计算机上，对火烧山油田4套开发层的19个不同井网井距的方案进行了模拟，同时还对7个不同采油速度下的方案进行了对比。

H_4 油藏，根据其特点按350m方形井网布置，有多种注水方式可以选择。

H_4^1 和 H_4^2 分两套井网，地面井距仍为350m，地下井距为500m，可各采用环形、反九点和五点法3种不同的井网井距，共计6个不同方案。从模拟结果看出，由于将 H_4 分两套井网开发，油层厚度薄、单井产量低，加之井距较大，采油速度低，注水见效差，开发指标不佳，而且 H_4^1 与 H_4^2 层之间泥云岩隔层厚度薄，一旦投产，压裂措施或者局部地区裂缝窜通，可能起不到隔层作用。

H_4 合层有 350m 井距反九点法和五点法两种不同井网形式的方案，相比来看，五点法井网在钻同样井数下，采油井少，这对单井产量较低、采液速度提不上去的油藏来说，将会造成采油速度很低，方案经济效益不佳的后果。而且，井网再改变形式比较困难，只能加密调整。因此，从采油速度和开发指标及井网调整灵活的角度考虑，反九点法方案最佳。但是也应该看到，反九点法井网有相当一部分油井不可避免地布在不同层的油水叠合带上。这部分油井应合理地控制生产压差，否则容易造成边水推进、油井过早水淹影响最终采收率。另外，合层开采油层动用程度低，因此需要在后续开采工艺上加以解决。

H_3 油藏也采用 350m 方形井网，具体布置上与 H_4 井网错开 350m，同时，也有反九点法和五点法两种井网形式。经对比与 H_4 一样，同样采用反九点法面积注水井网最为有利。

H_2 油藏提出了两种不同的布井形式：一种是 250m 井距反九点法井网，另一种是 350m 四点法井网，这两种井网各有优缺点。反九点法井网比较灵活，今后可以调整，但井网与试验区衔接不好，由于 H_2 油层透镜体多而小，井网对油层的控制程度低，只有 63.8%，水驱控制储量偏低，只有 83.1%。采用四点法井网较适应油层的非均质性，相应提高水驱控制储量和油层的控制程度，并与试验区衔接较好，但不利的是井网难以调整，特别是它与 H_3 反九点法井网无法错开，在固井质量不能保证的情况下，两套井网的注水井可能因管外窜注入水互淹邻近的采油井。

根据方案优缺点和开发指标的对比（表 2-5-2），将方案归纳成 3 套进行筛选，在进行了经济评价之后选用了方案三。选用方案是纵向上采用 4 套井网分别开发 H_2、H_3、H_4^1 和 H_4^2，布井方式均为 350m 井网的反九点法。由于 H_4 油层组主要分布在油田中部，而 H_2 和 H_3 油层组又主要分布在油田北部，H_2 和 H_3 开发井网在平面上分别 H_4^1 和 H_4^2 衔接成一套，在平面上两套井网错开 250m。

表 2-5-2 方案对比表

方案	注水方式	井距（m）	井数（口）			钻井		年产能力（10^4t）
			总数	注水	采油	井数（口）	进尺（10^4m）	
一	四点法+反九点法，H_3 与 H_4 井网叠合	350	355	89	266	314	51.81	101.51
二	四点法+反九点法，H_3 与 H_4^2 井网衔接	350	242	85	257	201	33.17	99.32
三	反九点法，H_3 与 H_4^2 井网衔接	350	339	79	260	297	49.2	100.86

全油田动用含油面积 35.6km^2（叠加）、地质储量 5134×10^4t。共布井 399 口，其中注水井 79 口、采油井 260 口。年注入量 142.5×10^4m^3，年产油能力 100.86×10^4t，采油速度 1.97%（表 2-5-3）。利用老井 42 口（试油井 14 口、开发试验井 28 口），新井 297 口，钻井进尺 49.2×10^4m。

表 2-5-3　开发指标表

层系	含油面积（km^2）	动用储量（10^4t）	开发井数（口）			钻新井数	钻井进尺（10^4m）	方案指标						
								产能				注水		
			总井数	采油井	注水井			单井日产（t）	区日产（t）	年产能力（10^4t）	采油速度（%）	单井日注（m^3）	区日注水（m^3）	年注水量（10^4m^3）
H_1	13.2	792	88	68	20	70	11.20	10	680	20.40	2.58	39	785	28.67
H_2	20.8	1979	125	97	28	119	19.64	15	1455	43.65	2.21	60.4	1690	61.70
H_4^1	15.0	1289	88	66	22	70	11.90	12	792	23.76	1.84	42	921	33.60
H_4^2	9.0	1074	38	29	9	38	6.46	15	435	13.05	1.22	56	507	18.50
合计	58.0	5134	339	260	79	297	49.2	13	3362	100.86	1.97	49.4	3903	142.47

七、油藏监测

（1）为了适应抽油井测试需要，按照监测系统方案设计要求，选择采油井的20%左右采用ϕ177.8mm油层套管完井，其中：H_2油藏13口，为19.1%；H_3油藏17口，为18.5%；H_1油藏20口，为21.7%；总井数为50口，为19.2%。

（2）监测井要定时测取产液剖面，开发初期每半年测一次，以后每一年测一次。对于ϕ139.7mm油层套管的抽油井，要进行环空测试的试验，在技术问题解决之后逐步推广。

（3）测注水井吸水剖面。用放射性同位素测注水井吸水剖面，开发初期每半年、以后每年测一次。

（4）油水井压力监测系统，要求油井投产初期测压一次，以后每年测压一次。注水井也应选20%左右的井测地层压力，每年测压一次。

（5）开发过程中流体性质监测系统，油田投入开发后，选择2%的油井定期取样作PVT试验，要求每3~5年做一次，选择20%的井进行地面原油全分析，对含水井要取水样全分析，并测流压梯度。

（6）注水开发后，一旦发生水窜，应进行激动注水试验，了解来水方向，掌握裂缝的分布及对油水运动控制规律，为井网的调整提供依据。同时，在H_4油藏的油水叠合带上定少量观察井、定期监测注入水外流、原油外沉和边水内侵情况。

（7）建立油田静态和动态数据库，使动态数据采集，油田管理和信息存储电脑化。定期利用动态数据进行数值模拟，对生产动态作出预测、实现油田开发科学化。

八、钻井、采油工程技术要求

1. 潜在的地层伤害

从科学开发、保护油层的角度来讲，目前在火烧山油田存在的主要问题有如下几方面：

（1）井壁垮塌。

在火烧山地区由于侏罗系的煤层及上、下苍房沟群和平一段石膏脉（层）的存在，加之侏罗系和上苍房沟群比较疏松，所以在钻井中这些层位常出现井壁垮塌现象，几乎在所有井都发生过垮塌。这种井壁垮塌一方面给现场施工带来了困难，影响了钻井速度，另一方面又造成井内固相含量的急剧增加，加重了对油层的伤害。

（2）缩径。

如前所述，由于火烧山地区上覆地层的黏土矿物是以蒙皂石或其混层矿物为主，遇到矿化度较低的水就会膨胀，对于大段的泥岩层这种膨胀就更为显著。膨胀造成的直接结果就是井眼缩径，使得钻具在钻时遇阻、遇卡或其他下井仪器被阻。例如火 2 井在下 ϕ215mm 金刚石取心钻头时，于八道湾组 274.71～500m 井段遇阻，后经用 ϕ215.9mm 钻头通井才下成功。这种缩径在油层部位也常有发生，如火 18 井在进行完井电测时于 H_2 油层段的 1509m 处测井仪器遇阻、被卡。另外，据井径曲线分析，在火 18 井的 1453～1530m H_2 油层段井径很不规则，并在 1470m 处有一明显缩径尖峰，井径仅为 175mm，占钻头直径（ϕ215.9mm）的 81.1%。缩径现象的发生造成经常的钻具遇卡、遇阻，这样一方面浪费工时，影响钻井速度；另一方面，当在油层段发生事故后，在反复划眼处理事故中，又增加了钻井液对油层的浸泡时间，这对保护油层是很不利的。

（3）井漏。

在火烧山地区井漏现象是非常普遍的，包括钻井过程中的钻井液漏失和固井过程中的水泥浆漏失。从漏失的量上讲，一口井多者漏失几千立方米，少则几百立方米。从漏失的层位上讲，主要发生在 H_1、H_2、H_3 和 H_4 油层段。例如火 18 井，在第三次开钻后，在井深 1438～1747m 井段（H_2—H_4）钻进过程中漏失钻井液 4139m^3 的惊人数字。大量的钻井液漏入油层，不但影响了正常的钻井工作，而且造成了油层的严重伤害，对今后的油田开发造成隐患。

在固井过程中也曾出现水泥浆的大量漏失，例如火 18 井在技术套管固井时（1350m，H_1 段）漏失水泥浆 38m^3，水泥浆相对密度 1.20，预计返至距井口 500m，实际仅返 1225m；在油层套管固井（1747m、H_4 段）时漏失水泥浆 23.5m^3，预计返至距井口 1101m，实际仅 1630m，并且据声幅测井曲线表明其胶结质量差，油层套管固井质量不合格，给试油工作带来了一定的困难。大量的水泥浆漏入油层，必将对油层造成伤害，使油流渗滤通道受到堵塞。

2. 工程技术要求

（1）为了有效地使油层不受伤害，要求采用低密度完井液和固井液，避免伤害和水泥浆进入油层。

（2）针对上覆地层易于垮坍，要求将技术套管下至 H_1 顶部以上 5～10m，各单井的具体下入深度要求根据 H_1 顶部构造图进行设计。

（3）油层套管要求下扶正器，保证固井水泥的固井质量，水泥返高要求进入技术套管 50～100m。

（4）要求保证固井质量，一旦发现质量不合格，一定要采取补救措施。

（5）采取措施解除伤害，解放油层，提高油层动用程度。但是要求在解放油层过程中避免裂缝的延伸。

（6）完善和抽油相配套的堵水、防蜡、清蜡等工艺措施。

（7）为保护油层、提高水驱效果，应研制适于火烧山油田的注入液。

九、工艺技术

1. 钻井与完井工艺

1）套管程序与钻具结构

根据地层孔隙压力梯度、破裂压力以及保护油层需要，确定套管层次和下深。考虑油田压裂投产的需要，确定油层套管的强度。

套管程序为：

ϕ339.725mm×100m×地面；

ϕ244.475mm×1250m×800m；

ϕ139.7mm×1750m×1300m 或 ϕ177.8mm×1750m×1300m。

钻具结构为：

一开 ϕ444.5mm 3A+ϕ203.2mm 钻铤×2 柱+ϕ127mm 钻杆+ϕ133.35mm 方钻杆；

二开 ϕ311.15mm 3A+ϕ203.2mm 钻铤×2 柱+ϕ177.8mm 钻铤×3 柱+ϕ127mm 钻杆+ϕ133.35mm 方钻杆；

三开 ϕ215.9mm 3A+ϕ158.75mm 钻铤×7 柱+ϕ127mm 钻杆+ϕ133.35mm 方钻杆。

2）钻井参数及水力参数

钻井参数及水力参数见表 2-5-4。

表 2-5-4 钻井参数及水力参数

钻头		钻井参数			水力参数			
直径（mm）	喷嘴组合（mm）	钻压（tf）	钻速（r/min）	排量（L/s）	泵压（MPa）	钻头压降（MPa）	水马力（kW）	比水马力（kW/cm^2）
444.5	14.+12.7+11.1	适当	65	42				
311.15	12.7+11.1	18～24	65	40	15.6	12.0	473	0.57
	12.7+2	18～24	65	32	11.0	10.6	332	0.44
215.9	11.1+7.9	15	65	21	16.1	12.0	248	0.67
	15	15	65	21	14.0	10.0	206	0.54

3）钻井液系列和标准

根据火烧山油田压力系数低、裂缝发育、易漏失的特点，采用优质低固相钻井液，并尽力把钻井液密度降到最低限度，以保护油层。其类型：

一开：膨润土钻井液；

二开：膨润土—聚合物防漏钻井液；

三开：“水包油”—高比例混油钻井液。

基本组分：

一开：膨润土+NaOH+H_2O。

二开：H_2O+$NaCO_3$（0.2%～0.3%）+膨润土粉（8%～10%）+HPAN 或 CMC（0.2%～0.3%）+80A_5（0.05%）（或 PAC 系列≤0.09%）。

三开：（1）H_2O+NaOH（0.6%）+钻井粉（3%）+原油（30%）+HCHO（0.2%）+ABS（0.6%）；（2）H_2O+CPA（0.1%）（或 PAC141 0.1%+80A_{51}0.1%）+CMC（0.5%）+ABS（0.6%）+原油（30%）。

钻井液性能设计见表 2-5-5。

表 2-5-5　钻井液性能表

项目	相对密度	漏斗黏度（s）	API 失水（mL）	滤饼厚度（mm）	pH 值	含砂量（%）
一开	适当	40				
二开	1.07~1.25	30~50	≤3	0.5~1	9	≤0.5
三开	≤1.02	20~40	5~10	0.5~1	9	≤0.1

为了保证钻井液性能，必须安装罐式净化系统，出口钻井液必须经过振动筛清除固相；用好除砂器并加强人工捞砂，确保 ϕ311.15mm 井眼含砂量≤0.5%，ϕ215.9mm 井眼含砂量≤0.1%，混油前要清理沉砂罐。

4）下套管及固井工艺

（1）技术套管。

①下套管时带好浮箍、浮鞋，可自动罐注钻井液；

②正常情况下掏空 50~300m；

③为防止引鞋处堵塞，引鞋上部 0.2m 处应开两个直径 60mm 旁通孔；

④固井工艺同普通技术套管。

（2）油层套管。

①按套管设计将合格套管送至井场；

②下套管必须双钳紧扣，每 30 根套管灌钻井液一次，套管下放速度每根不少于 30s；

③按地质要求将标准接箍接入套管串中；

④阻流板下至油层底部以下 15m；

⑤下完套管后，先灌满钻井液，才能接方钻杆循环，排量由小到大；

⑥每口井必须按超低相对密度水泥—近平衡压力固井进行设计和施工，严格遵守条例规定；

⑦水泥浆相对密度控制在 1.25~1.30，固井后环空介质当量密度不得超过正常钻进时发生井漏的钻井液密度；

⑧固井过程做到各项工序紧密衔接，秩序井然；

⑨按规定进行试压和测井作业。

2. 注水工艺

1）注水压力的设计

井底破裂压力 p_t=0.172×1610×0.0981=27.69MPa。

含水达到 58%时保持原始地层压力生产时所需注入量：q_{iw}=105.6m^3/d，此时，井口注入压力 p_{wh}=6.79MPa，井底流压 p_{iwf}=22.89MPa。

目前所选水泵型号为 6D-150，其定额压力为 15.2MPa，即使考虑到地面管损，仍能满足注水时的井口压力。

2）注入水的水质

石油工业部曾对油田注入水的水质提出了一项参考指标，同时又指出注入水质标准应根据各油田的油层物性、流体物性、化学性质，并结合水源的水型通过试验确定。由火烧山油田水源水质（表2-5-6）可知，除溶解氧、腐蚀率超标和细菌总数待查外，其余4项指标合格。作为注入水源必须考虑清除杂质、除氧和灭菌。为此必须近期对火烧山地区的水源进一步取样化验，取得大量准确的资料后，制定出火烧山油田注入水的标准，并确定处理措施。

表2-5-6　火烧山油田水源水质评价表

序号	评价项目	单位	允许标准	实测数值	评价
1	机械杂质	mg/L	<5	0.4~0.2	合格
2	总铁	mg/L	<0.5	<0.5	合格
3	含油量	mg/L	<30		合格
4	溶解氧	mg/L	<0.05	3~5	超标
5	硫化物	mg/L	<10	0~0.5	合格
6	细菌总数	个/L	<10000	不稳定	待查
7	腐蚀率	mil/a	<3	3~5	超标

为了保证井下水质，注水井全部使用涂料油管。

3）注入水量的测算

根据开发指标要求及吸水指示曲线，测算了各油藏稳产期末（含水50%）的注水量，见表2-5-7。

表2-5-7　注入水量测算表

层位	油层深度（m）	比吸水指数［t/(MPa·d·m)］	破裂压力（MPa）	油层厚度（m）	地层压力（MPa）	注入压力（MPa）	地面		设备规范	
							注水压力（MPa）	井口破裂压力（MPa）	井口装置耐压（MPa）	注入水泵压力（MPa）
H_2	1500	4.7	25.8	9.4	14.42	19.42	4.42	10.8	25	15
H_3	1590	4.4~4.7	27.35	11.5	15.17	21.82	5.92	11.45	25	15
H_4^1	1610	4.39	27.69	8.8	15.4	22.89	6.79	11.59	25	15
H_4^2	1630	4.39	28.0	10.9	15.5	23.14	6.84	11.7	25	14

根据吸水指数、注入压差、注水井数可求得不同时期注入量。

4）分注与测试

火烧山油田 H_2、H_3 和 H_4 诸油层虽然分4套井网开采，但各油层内的小层仍较多。为了及时发挥各小层潜力，须进行分注提高水驱效率。分注以一级两层为主，有少量的可能进行两级三层或三层以上分注。

一级两层使用755封隔器进行油套分注，或用二级三层同心管柱只注两层（中心管注下层环空注上层）。

两级三层使用751封隔器+755封隔器用同心管分注，或用偏心配水器分注。

三层以上的使用偏心配水器分注。

前两种均使用涡轮流量计在地面进行计量。

注水井分层测试资料（压力、注入量）由地面压力表、涡轮流量计直接取得，吸水剖面的测示推广同位素微球载体测吸水剖面法。

5）设备仪表技术要求

选用高效注水泵，泵效达到70%以上，注水系统效率50%以上，最高泵压达到15MPa供水。高压注水系统采用全密闭流程，流程外部进行防腐，室外管线深埋在冻线以下。

在注水初期注入压力较低，可将6D-150泵拆除一级叶轮使用，降泵压提高排量。

注水井井口计量仪表及井下工具见表2-5-8。

表2-5-8　井口计量仪表与井下工具表

序号	名称	规格	数量	备注
1	涡轮流量计		100套	包括二次仪表及涡轮等
2	分注封隔器	751，755	50套	
3	12. 164mm油管（N80）	API标准	8×10^4m	用于同心管三层分注或76. 2mm×38. 1m油管组合
4	采油树	63. 5mm×250	80套	

3. 采油工艺

火烧山油田因天然能量不足，预计自喷期在一年左右，因此机械采油必然成为主要的采油方式。

（1）抽油泵的选择以有杆泵和游梁抽油机为机械采油基本方式。其原因是：机泵杆国内均可生产，技术成熟，测示仪表配套，能满足各油藏配产的要求，可单井逐个投产等。

根据油井含水后要求稳产的最大排液量和下泵深度，按机、泵、杆合理选配和参数优选法确定所需的设备及生产参数（表2-5-9）。

表2-5-9　抽油机、吸水泵、抽油杆及生产参数设计表

层位	水率（%）	配产油量（t/d）	泵效（%）	配产期末采液量（t/d）	泵				下泵深度（m）	抽油杆组合	抽油机	
					泵径（mm）	冲数（次/min）	冲程（m）	理论排量（t/d）			型号	悬点最大负荷（tf）
H_2	60	10	50	26. 2	56	6	2. 7	52. 4	1100	（25. 4×22. 225）mm（440~660）m①	CYJ-10	7. 318
			55	25. 7		6	2. 4	46. 7				
H_3	60	16	52	30. 3	56	6	3. 0	58. 3	1200	（25. 4×22. 225）mm（480~120）m	CYJ-10	8. 206
			55	32. 1		6	3. 0	58. 4				
H_4^1	60	12	50	39. 4	56	9	2. 7	78. 8	1200	（25. 4×22. 225）mm（480~720）m	CYJ-10	8. 620
			55	38. 5		9	2. 4	70. 0				
H_4^2	60	15	50	39. 4	56	9	2. 7	78. 8	1200	（25. 4×22. 225）mm（460~720）m	CYJ-10	8. 620
			55	38. 5		9	2. 4	70. 0				

①上部抽油杆440m，直径25. 4mm；下部抽油杆660m，直径22. 225mm。下同。

油井在非含水期或低中含水期（10%~50%）因排液量小，生产参数（主要指冲程、冲数、沉没度）可根据当时的排量用优选法确定，当含水大于60%以后不可能要求油井有原来稳定的产量（指采油量），因此表中所给的生产参数只适用于含水在60%左右的稳产末期的最大排液量。

根据万邦烈教授的计算，沉没度保持在200m为宜，为此下泵深度应以此为根据在不同的时期不断加深，但最深不得超过表中所给的深度。抽油管柱按以下标准组合：自上而下，调心防喷盒、扶正器、防脱器、泄油器、磁防蜡器、深井泵、气砂锚及套管放气阀。

（2）抽油井的清蜡方式。

以热油清洗为主，即不停抽反洗。热油温度、排量总油量根据试验确定，并在泵下装一个磁防器在结蜡井段装2～3个强磁防蜡器。积极开展油管热油清蜡试验，即在结蜡井段以下的油管上装定压单流阀，打热油正洗熔化油管结蜡。

（3）保温方式。采用硅碳棒保温盒保温，防喷管用电热带。

（4）测试方式。

监测井采用双管和单管环形测试两种方法测压和出油剖面（用DDLⅢ或MX-60测示仪）。一般抽油井采用贵州凯山厂的双频道回声仪测液面，选择25%抽油井并配备凯山厂的连续液面监测仪，采用环空液面法间接测压。

4. 油层改造及井下作业

1）*增产措施*

火烧山油田油层压力系数低、裂缝较发育，在钻井和固井过程中不可避免钻井液和水泥浆伤害油层。为了保护油层，提高其产油与注水能力，必须进行压裂增产措施，在压裂中要特别考虑破堵和有利返排两个因素，这就要求压裂液相对密度要小于0.93，耐温40～50℃。为此，必须使用油基压裂液或者用乳化液，并在压裂液中加入适当的助排剂、防腐剂，支撑剂使用强度较高的兰州砂并在部分井尾随适量的陶粒。普遍使用BJ程序进行压裂设计，确定施工参数并不断总结经验，对程序进行适当修改，全面推广。

在压裂工艺方面还要选择部分井应用投球选压、封隔器选压，并进行石油酸加磺化沥青压裂试验。

该油田砂岩胶结物为碳酸盐、沸石、石英等，在进行通岩心酸化试验后，根据试验结果，若认为有必要，应再在现场搞少量井的酸化试验。

2）*堵水措施*

火烧山油藏属于陆相沉积，非均质程度高，加上裂缝比较发育、注水开发后，必然会造成单层或单向突进，基至水窜水淹，从而影响油井产量和最终采收率。为了提高水驱效果，达到稳产的目的，解决的有效办法之一是油水井堵水。

（1）油井堵水。

①单层出水形成的高含水井，采用封隔器机械卡堵。

②多层出水高含水井采用非选择性化学堵水，一般用氯化钙加水玻璃封堵。

③裂缝发育油层进行选择性化学堵水。一般用活性稠油或聚丙烯酰胺加硅酸盐等进行堵水。

（2）注水井堵水。

①层段吸水强度相差悬殊的水井，应进行选择性化学堵水。一般采用：红土钻井液+水玻璃+聚丙烯酰胺。

②在注水井周围存在着单向受效井，其他油井长期见不到注水效果，则对注水井进行化学堵水，其方法同油井。

③长期注水后的高含水井组中存在未能很好动用的低渗透层或层内未波及到的中低渗透部位，应在注水井进行大剂量的化学堵水，其方法同油井。

第三章　火烧山油田初期开发及面临的问题

油田在编制初始开发方案初期，于1987年部署了2个开发试验区，由于对地下裂缝的影响估计不足及建产的紧迫性，油田在试验区井数未完成情况下便进入了正式开发。随着开发的进行，开发效果没有达到预期效果，暴露出一系列的问题。本章对油田开发初期的生产情况进行了概述，对比了开发方案主要设计指标与实际开采指标的差异，总结出了开发初期面临的四大问题，为以后的综合治理指明了方向。

第一节　油田初期开发方案设计

1987年编制油田初期开发方案时，火烧山油田共钻各类井64口、取心井14口，岩心实长1020.75m，试油21井72层，孔、渗分析分别为1909个和1908个样品，压汞275个样品，铸体薄片292个，高压物性22个样品，实测静压44个，压力恢复曲线42条，稳定试井14井层。

根据“立体开发，尽量多的储量投入”的指导思想，方案将含油层系分为H_1、H_2、H_3和H_4共4个油层组。据储量丰度和配置，先动用H_2北部、H_3北部和H_4的全部，H_1全部、H_2全部和H_3南部作为接替。H_4因储量丰度高分为H_4^1和H_4^2两个油层组单独进行开发。每个油层组一套井网，平面上H_2和H_4^1为一套井网，H_3和H_4^2为一套井网，井距为350m，平面上错开250m，基本上为反九点法面积注水井网。油藏天然能量主要为弹性和溶解气驱，由于地饱压差小，弹性产率低（14.87×10^4t/MPa），因此天然能量开采效果差，必须早期注水保持压力开采。由于油藏压力系数低，油井自喷能力差，因此采油方式立足于机械采油。开发方案及预测开发指标见表3-1-1。

表3-1-1　火烧山油田开发方案主要设计指标与初期实际开采指标对比表

层位			H_2	H_3	H_4^1	H_4^2	合计
动用含油面积（km^2）			13.2	20.8	15	9	35.6
动用地质储量（10^4t）			885	1986	1289	1074	5234
设计开发井数	总井数（口）		125	144	86	36	391
	采油井（口）		94	110	64	27	295
	注水井（口）		31	34	22	9	93
方案主要指标	产能	单井日产（t）	10	15	12	15	13
		区日产（t）	893	1573	737	413	3616
		年产油量（10^4t）	26.8	47.2	22.1	12.4	108.5
		采油速度（%）	3.03	2.38	1.71	1.15	2.07
	注水	单井日注（m^3）	39	60.4	42	56	49.4
		区日注（m^3）	785	1690	921	507	3903
		年注水量（10^4m^3）	28.67	61.7	33.6	18.5	42.5

续表

层位			H_2	H_3	H_4^1	H_4^2	合计
方案实施后初期主要开采指标（1990）	生产井	总井数（口）	126	148	86	33	396
		油井数（口）	99	118	67	26	313
		水井数（口）	27	30	19	7	83
	产能	单井日产（t）	7.1	6.5	7.4	9.5	7.1
		区日产（t）	589	668	439	237	1925
		年产油量（10^4t）	15.8	19.9	11.9	6.4	54.2
		采油速度（%）	1.8	1.0	0.9	0.9	1.0
	注水	单井日注（m^3）	24	29	30	26	27
		区日注（m^3）	579	779	474	181	2014
		年注水量（10^4m^3）	16.17	23.11	12.95	4.86	57.09

注：合计数据包括 H_1 层。

第二节　开发初期简史

1987 年油田开始钻开发井，当年在油田部署了 H_2 和 H_4 两个试验区。

H_2 试验区在 H_2 的中部，采用 350m 井距反七点面积注采井网，设计油井 13 口、水井 3 口，当年 16 口井全部投产，除 4 口井不出液外，12 口油井初期平均日产油 23t，年底投注 2 口井。

H_4 试验区在 H_4 的中部，设计油井 9 口、水井 4 口，采用 500m 井距的五点法面积注采井网，当年 13 口井全部完钻，投产油井 7 口。初期平均日产油 14t，年底投注 3 口井。

1988 年，在两个试验区设计井数还未投完的情况下，油田便正式投入开发，当年投产 207 口井、投注 34 口井。1989 年方案实施基本结束，当年投产 127 口井、投注 26 口井，累计投产井 387 口，其中油井 326 口、注水井 61 口，当年上报产能累计达 108.5×10^4t。

油田由于裂缝发育，压力系数低，钻井过程中尽管钻井液相对密度降至 1.05，但漏失仍相当严重。固井质量也普遍差，水泥返高达不到设计要求。按大层不窜、水泥返高高于油层作为合格标准，其合格率亦很低（表 3-2-1）。

表 3-2-1　火烧山油田固井质量一览表

层位	井数（口）	水泥返高			隔层固封效果				油层组固封效果		
		统计井数（口）	进技术套管≤10m 或未进井数（口）	占统计井数（%）	统计井层	隔层	未固封井数（口）	占统计井数（%）	统计井数（口）	差好—中等厚度<50%油层组厚度（m）	占统计井数（%）
H_2	123	103	42	40.7	110	H_3^{1-0}	33	30.0	110	34	30.9
H_3	148	143	82	57.3	145	H_3^{1-0}	42	29.0	145	29	20.0
					119	H_4^0	21	17.6			
H_4^1	89	61	31	50.8	82	H_4^0	15	18.3	82	17	20.7
H_4^2	32	32	14	43.7					32	8	25.0
合计	392	339	169	49.9	456		111	24.3	369	88	23.8

油田注水表现出单井吸水能力强。1989 年底，注水井的注入压力为 0 的井有 26 口，占注水井的 42.6%；注入压力小于 1MPa 的井有 11 口，占 18%；注入压力 1～2MPa 的井有 12 口，占 19.7%；注入压力为 2～4MPa 的井有 9 口，占 14.8%；注入压力大于 4MPa 的井有 3 口，占 5%。方案设计平均单井注入量均能达到。

根据油田综合开发曲线，将油田生产特征划分为两个阶段，即 1987—1989 年 12 月为产能建设阶段，这个阶段的主要特点是随着投产井数的增加，产量缓慢上升，但油田含水上升较快（1989 年 12 月油田综合含水为 31.2%）。随着注入水的水窜，油井水淹严重，不得不大幅度地控制注水量，1989 年底平均单井日注水量从 $50m^3$ 控制到 $25m^3$。1990 年 1 月至今为油田递减阶段，这个阶段的特点是产量大幅度下降，含水大幅度上升，1990 年底油田综合含水已达到 42.4%，1990 年和 1991 年含水上升率分别为 9.4%和 9.7%。于 1992 年开始综合治理，停关部分高含水井并进行停注、间注、调剖、堵水等试验，油田综合含水上升速度得以控制。1993 年 5 月，油田综合含水 64.5%，以后逐渐下降为 1994 年底的 53%。另外，随着油田亏空的逐步增加，地层压力下降严重，部分地区地层压力已低于饱和压力。由于供液不足和高含水，停关井增多。至 1994 年底停关井 65 口，占油井总数的 22.5%。

油田开采的主要指标与方案设计指标对比差距大。油田投产初期年产油量 54.2×10^4t（1990 年）只是方案设计产能的 50.0%（表 3-2-2）。开发方案指标预测至 1994 年，年产油 99.87×10^4t，综合含水 39.14%，采出程度 9.76%，采油速度 1.95%，而 1994 年核实年产油量为 33.86×10^4t，综合含水 53.0%，采出程度 6.71%，采油速度 0.65%（表 3-2-3），可见油田开发效果很差。

表 3-2-2　火烧山油田 1994 年方案预测主要开采指标与实际开采指标对比表

内容	总井数（口）	油井数（口）	水井数（口）	单井日产量（t）			单井日注量（m^3）	区日产量（t）		
				液	油	水		液	油	水
方案预测 1994 年指标	391	295	96	18.6	11.3	7.3	73.57	5469	3328	2140
1994 年实际指标	396	306	90	6.0	2.8	3.2	24	1821	855	966

表 3-2-3　火烧山油田 1994 年实际开采效果表

内容	区日注水量（m^3）	区年产量（10^4t）			年注水量（10^4m^3）	采油速度（%）	采出程度（%）	综合含水（%）
		液	油	水				
方案预测 1994 年指标	5811	164	99	64	174	1.91	9.76	39.14
1994 年实际指标	1451	73	33	37	49	0.65	6.71	53.0

第三节　开发初期的问题

油田投入开发后，主要开采指标与方案设计指标差距很大，开发效果很差，主要有在以下几个方面：

（1）含水上升块、产能不到位、低产井多、产量递减大。

油田投产初期（1990 年）年产油 54.2×10^4t，是设计产能的 50.0%。虽然油田绝大部分油井采用压裂方式投产，但投产初期产能仍较低。投产初期的 291 口采油井中有 155 口井未达到产能设计要求，占统计井数的53.3%，它们的产能仅占总产能的23.5%，其中H_3最突出（表3-3-1）。在未达设计产能井中，低产井多。从291口井的情况看，初期产能小于5t的井有83口，占统计井数的28.6%，小于2t的井有36口，占低产井数的43.4%。

表3-3-1 火烧山油田初期产能分级表

分级 \ 分层		H_2	H_3	H_4^1	H_4^2	合计
0~2t	井数（口）	13	19	4		36
	占比（%）	14.3	17.4	6.1		12.4
2.1~5t	井数（口）	16	20	10	1	47
	占比（%）	17.6	18.3	15.2	4.0	16.2
5.1~10t	井数（口）	21	17	10	5	53
	占比（%）	23.1	15.6	15.2	20.0	18.2
10.1~20t	井数（口）	25	23	28	9	85
	占比（%）	27.5	21.1	42.4	36.0	29.2
20.1~30t	井数（口）	8	24	12	6	50
	占比（%）	8.8	22.0	18.2	24.0	17.2
30.1~50t	井数（口）	7	6	2	4	19
	占比（%）	7.7	5.5	3.0	16.0	6.5
>50t	井数（口）	1				1
	占比（%）	1				0.3
合计	井数（口）	91	109	66	25	291
	占比（%）	31.3	37.4	22.7	8.6	100
大于设计产能井	井数（口）	41	42	37	16	136
	占比（%）	45.1	38.5	56.1	64.0	46.7
达不到设计产能的井	井数（口）	50	67	29	9	155
	占比（%）	54.9	61.5	43.9	36.0	53.3
井均产能（t）		11.7	12.0	13.5	19.1	13.1

油井初期不仅产能低，而且产量下降很快，统计了193口井，投产第1个月平均井日产油11.4t，第2个月日产油8.7t，第6个月日产油6.1t，只有第1个月的53.5%，到第12个月产能只有第1个月的22.8%，平均每个月井日产油减少约0.8t，投产后的前两个月下降最快。初期产能还具以下两个特点：

①初期产能的分布有较强的分带性。H_2产能大于15t的高产井主要分布在H_2的东部H1172井—H1198井一带，小于5t的低产井主要分布在西北部，呈条带状；H_3大于20t的高产井主要分为2片，东边在H1260井—H1296井—H1290井—H1323井、H1365井—H1350井—H1385井一带，西边在H1253井—H1318井—H1316井一带，低产井分布在油藏边部及中部；H_4高产井连片分布。H_4^1大于15t的高产井主要分布在油藏的腰部，特别是西南的H1420井—H1482井一带，低产井主要分布在油藏的边部。H_4^2大于20t的高产井以H1360井和H1381井为中心连成一片。这些区域也正与该层裂缝发育区相重合。

②初期产能的高低与油层发育状况没有明显关系，从有效厚度与初期产能关系图来看，点子分布散乱，分层看只有 H_4^2 的关系较好。平面上高产井与油层厚度的分布并不完全一致，可见初期产能的高低主要受油层裂缝发育程度的控制。但油层有效厚度大和距边底水远是油井长期高产的重要条件。

（2）油井见水快，水淹快，高含水井数多。

从统计的 291 口井看，投产见水的井有 120 口，占统计井数的 41.2%，投产至见水时间小于 100d（含投产见水井）的井共有 215 口，占 73.9%（表 3-3-2），平均无水采油期 133d。投产初期（投产 1~4 个月）不含水井只有 101 口（表 3-3-3），占 34.7%，投产见水井，既有注入水型也有地层水型，地层水井主要分布在油藏的边部。

油井不仅见水快，而且水窜方向多，水推速度大，含水上升速度快。经过细致的油水井动态对比（表 3-3-4），水窜方向以北西方向比例较高，但无明显的优势方向。分层看，H_4^1 水窜方向以北西向为主，占 61.5%。裂缝识别测井及示踪剂试验，确定裂缝方向以南北向为主，这是因为动态确定的方向是后期压裂改造等诸多因素影响的综合结果。油井见水速度快，110 口井动态鉴定的水推速度平均为 2.86m/d，最大水推速度 28.08m/d。5 个井组示踪剂试验计算的水推速度最大为 289.68m/d，推进速度慢的也有 6.79m/d。

电子压力计干扰试验的 7 对井的资料显示，有反应的 6 对井压力干扰响应时间不超过 3.5h。如 H251 井（观察）—H1254 井（激动）干扰试验，H251 井几乎在 H1254 井激动注水的同时就有压力响应。

水推速度快直接导致了油田的含水井数多（表 3-3-5），1988 年 12 月生产的 219 口井中就有 109 口见水，占生产井数的一半。1989 年底含水井数达到生产井数的 74.0%，1990 年底达到 88.1%。至 1993 年底达到 97.6%。

表 3-3-2　火烧山油田无水采油期（天数）分级表

分级 \ 分层		H_2	H_3	H_4^1	H_4^2	合计
0d	井数（口）	40	42	27	11	120
	占比（%）	44.0	38.5	40.9	44.0	41.2
0.1~100d	井数（口）	30	42	17	6	95
	占比（%）	33.0	38.5	25.8	24.0	32.6
100.1~300d	井数（口）	15	121	12	1	40
	占比（%）	16.5	11.0	18.2	4.0	13.7
300.1~500d	井数（口）	2	4	5		11
	占比（%）	2.2	3.7	7.6		3.8
500.1~1000d	井数（口）	2	4	4	3	13
	占比（%）	2.2	3.7	6.1	12.0	4.5
大于 1000d	井数（口）	2	5	1	4	12
	占比（%）	2.2	4.6	1.5	16.0	4.1
统计井数（口）		91	109	66	25	291
平均无水采油期（d）		90	132	147	259	133

表 3-3-3　火烧山油田油井初期含水分级表

分级＼分层		H_2	H_3	H_4^1	H_4^2	合计
不含水	井数（口）	22	39	28	12	101
	占比（%）	24.2	35.8	42.4	48.0	34.7
小于 5.1%	井数（口）	13	6	6	4	29
	占比（%）	14.3	5.5	9.1	16.0	10.0
5.1%~10%	井数（口）	10	8	5	2	25
	占比（%）	11.0	7.3	7.6	8.0	8.6
10.1%~20%	井数（口）	11	13	7	2	33
	占比（%）	12.1	11.9	10.6	8.0	11.3
20.1%~30%	井数（口）	5	9	4	2	20
	占比（%）	5.5	8.3	6.1	8.0	6.9
30.1%~50%	井数（口）	11	15	4	1	31
	占比（%）	12.1	13.8	6.1	4.0	10.7
50.1%~80%	井数（口）	15	12	7	2	36
	占比（%）	16.5	11.0	10.6	8.0	12.4
>80%	井数（口）%	4	7	5		16
	占比（%）	4.4	6.4	7.6		5.5
统计井数（口）		91	109	66	25	291

表 3-3-4　火烧山油田动态鉴定水窜方向统计

层位	统计井次	南—北		东—西		北西—南东		北东—南西	
		井次	占比(%)	井次	占比(%)	井次	占比(%)	井次	占比(%)
H_2	66	16	24.2	9	13.6	23	34.8	18	27.3
H_3	146	36	24.6	23	15.8	48	32.9	39	26.7
H_4^1	13	3	23.1	1	7.7	8	61.5	1	7.7
H_4^2	1							1	100
合计	226	55	24.3	33	14.6	79	35.0	59	26.1

表 3-3-5　火烧山油田历年高含水（>80%）井统计

层位	项目	1988.12	1989.12	1990.12	1991.12	1992.12	1993.12
H_2	总井数（口）	50	102	99	97	98	90
	含水井数（口）	22	71	84	95	98	90
	高含水井数（口）	0	4	15	31	28	21
	含水井比例（口）	0	3.9	15.2	32.0	28.6	23.3
H_3	总井数（口）	87	122	118	126	128	119
	含水井数（口）	45	91	105	108	118	115
	高含水井数（口）	0	18	41	65	58	61
	含水井比例（口）	0	14.8	34.7	51.5	45.3	51.3

续表

层位	项目	1988.12	1989.12	1990.12	1991.12	1992.12	1993.12
H_4^1	总井数（口）	64	72	67	64	61	59
	含水井数（口）	39	60	66	62	59	59
	高含水井数（口）	5	14	21	20	16	20
	含水井比例（口）	7.8	19.4	31.3	31.3	26.2	33.9
H_4^2	总井数（口）	18	27	26	24	25	24
	含水井数（口）	3	17	18	16	22	21
	高含水井数（口）	0	2	3	5	7	7
	含水井比例（口）	0	7.4	11.5	20.8	28.0	29.2
合计	总井数（口）	219	323	310	311	312	292
	含水井数（口）	109	239	273	281	297	285
	高含水井数（口）	5	38	80	121	109	109
	含水井比例（口）	2.3	11.8	25.8	38.9	34.9	37.3

油田见水井中高含水井多，含水上升速度快，1989—1991 年高含水井增加较多，平均每年增加近 40 口。1993 年 12 月含水超过 80.0%的井 109 口，占采油井的 36.5%，产量仅占 2.2%。H_2 的水淹井主要分布在北部和东北部，H_3 的高含水井主要分布在东部，H_4 水淹井主要分布在油藏的西南部及边部。

由于水淹水窜严重，致使油田很快进入中、高含水期，至 1993 年 5 月油田综合含水最高达到 64.5%。含水上升是威胁油田正常生产的主要因素（表 3-3-6）。

表 3-3-6　含水上升和压力下降影响产量表

年份	总减产油量（t）	含水上升减产		压力下降减产	
		油量（t）	百分数（%）	油量（t）	百分数（%）
1989	13531.3	5472.7	40.4	2801.9	20.7
1990	6241.4	1786.3	28.6	1379.8	22.1
1991	9130	4546	49.8	1365	15.0
1992	5053	2452	48.5	1881	37.2
1993	2646	1459	55.1	475	18.0
合计	36601.7	15716	42.9	7902.7	21.6

根据注采动态反应和含水井目前的 Cl^- 含量，鉴定了 299 口井的水型，将水型分为注入水、地层水和混合水 3 类。其中地层水的井 81 口，占 27.1%；注入水的井 151 口，占 50.5%；混合水的井 67 口，占 22.4%（表 3-3-7）。平面上 H_2 的地层水主要分布在东北部，H_3 的地层水主要分布在东部，H_4 的地层水主要分布在西南部及边部。

H_2 和 H_3 以注入水水窜为主。分析 1989 年 12 月 H_2 的 50 口水窜井，水窜通道有 4 种，本层窜、大层窜、管外窜和射孔偏低底水锥进（表 3-3-8），其中注入水水窜井占 80%，剖面上主要水窜层位依次为 H_2^{2-3}、H_2^{2-2}、H_3^{2-3}、H_3^{2-2}、H_2^{2-1} 和 H_1^{2-2}。

表 3-3-7 火烧山油田含水井水型分类表

分类＼分层	H_2		H_3		H_4^1		H_4^2		合 计	
	井数(口)	占比(%)	井数(口)	占比(%)	井数(口)	占比(%)	井数(口)	占比(%)	井数(口)	占比(%)
地层水	9	9.2	32	26.2	26	42.6	14	77.8	81	27.1
注入水	72	73.5	59	48.4	18	29.5	2	11.1	151	50.5
混合水	17	17.3	31	25.4	17	27.9	2	11.1	67	22.4
合计	98	32.8	122	40.8	61	20.4	18	6.0	299	100

表 3-3-8 火烧山油田 H_2 水窜途径分类

分类	注入水			地层水				合计
	本层窜	可能大层窜	小计	裂缝窜	管外窜	射孔低	小计	
井数（口）	31	9	40	2	3	5	10	50
占比（%）	77.5	22.5	80.0	20.0	30.0	50.0	20	100

H_3 以同层裂缝水窜为主，局部地区可见层间水窜现象。对比了见注入水的 74 口井 122 井次，同层水窜 88 井次，占 72.1%，层间水窜的 34 井次（其中大层窜 6 井次）占 27.9%。

H_4 以边水侵入为主，首先是油藏边部油水过渡带上的井见水，逐渐向内推进，故水淹井主要分布在油藏的边部。据计算的水侵系数，边水并不十分活跃，H_4^1 水侵系数为 $1.28\times10^4m^3/(mon\cdot MPa)$、$H_4^2$ 水侵系数为 $0.11\times10^4m^3/(mon\cdot MPa)$。至 1994 年 4 月水侵量分别为 $46\times10^4m^3$ 和 $22.8\times10^4m^3$，至 1991 年底水淹井和含水低于 20%的井分布状况已经基本固定。

由此可见，裂缝是引起水窜的根本原因，而注水井吸水量不均匀，单层吸水强度过大，也加快了水的推进速度。统计了 1991 年以前有测试资料的 63 口注水井，吸水层只占射开层的 68.5%，单层吸水量超过 60%的井占 49.2%，其中单层吸水的井占 15.9%，由于这些井单层吸水量过大，造成了围井的水窜。

根据投产后见地层水的 101 口井所作的无水采油量与射孔底界距油水界面高度（-1042m）的关系可知，地层水侵与射孔底界高度有一定的关系，但并不完全受射孔底界高度的控制，分析认为主要有 4 个原因：一是油层裂缝发育，边、底水沿裂缝窜的启动压差小；二是大量的油井固井质量差，造成管外窜；三是与距油水边界的远近有关，特别是投产就见地层水的井多分布在油藏的边部；四是生产压差过大，见地层水的井无水采油量在一定程度上受到总压差的控制。

油井转抽也是造成水窜的重要原因之一，转抽后加大了生产压差，加快了油井含水上升速度。根据 200 口井的统计，抽油后含水率平均上升 26.8%，上升最高的 H_3 为 34.3%。有 46.5%的暴性水淹井与转抽有关。

（3）部分地区压力降是油田稳产程度差、递减大的又一原因。

由于裂缝发育，注水水窜严重，于 1989 年 4 月对注水井的注水强度进行了控制，井日注水量由初期的 $50\sim60m^3$ 降至 $25\sim30m^3$，油田地层压力逐年下降（表 3-3-9）。至 1994 年油田各层地层压降为 $2.41\sim4.06MPa$，生产压差为 $4.71\sim5.08MPa$，压力下降直接影响着油田的稳产。压力下降减产油量占总减产油量的20%左右（表3-3-6）。

压力降比较显著的区域主要是 H_2 的西北部，H_3 的西北部和中部，H_4^1 的北部和 H_4^2 的东北部，生产井供液能力低，目前超过50%的井动液面低于1000m。压力低的地区主要为裂缝欠发育区。

压力保持程度较高的地区主要为油田的高含水区，特别是油藏的边部受边水影响大的区域。

表3-3-9 火烧山油田历年地层压力统计

年份		1989	1990	1991	1992	1993	1994
H_2	地层压力（MPa）	14.01	13.73	13.45	11.72	11.79	10.34
	总压降（MPa）	0.39	0.67	0.95	2.68	2.61	4.06
	生产压差（MPa）	1.81	2.03	2.52	3.21	5.23	4.82
H_3	地层压力（MPa）	14.70	13.26	13.46	13.23	12.67	12.76
	总压降（MPa）	0.47	1.91	1.71	1.94	2.5	2.41
	生产压差（MPa）	1.26	0.95	0.93	3.59	3.76	5.08
H_4^1	地层压力（MPa）	14.83	13.62	13.29	12.83	12.27	12.70
	总压降（MPa）	0.61	1.88	2.21	2.67	3.23	2.80
	生产压差（MPa）	4.2	4.1	3.8	3.2	3.3	4.71
H_4^2	地层压力（MPa）	14.19	13.93	12.54	12.39	12.25	12.82
	总压降（MPa）	1.31	1.51	2.96	3.11	3.25	2.68
	生产压差（MPa）	4.1	4.4	3.1	3.2	3.5	4.67
火烧山油田	地层压力（MPa）	14.62	13.61	13.45	12.64	12.44	12.16
	总压降（MPa）	0.31	1.32	1.5	2.29	2.49	2.77
	生产压差（MPa）	1.91	1.44	1.93	3.27	3.65	4.78

（4）水驱储量控制程度低，水驱效果差。

油田注入水利用率很低，至1994年存水率只有24%，水驱指数仅为0.12。根据水驱特征曲线测算，到1994年水驱动用储量为 2030×10^4t，储量水驱动用程度仅为48.2%，预测动态水驱采收率为13.0%。

H_2 和 H_3 沉积相变化大，砂体呈透镜状，油层钻遇率低。H_2 钻遇率为34.0%，H_3 为50.5%，H_4 的砂层呈席状，钻遇率大于95.0%。H_2 和 H_3 注采连通率低，H_2 为34.1%，H_3 为54.8%。H_4 连通率大于90.0%。

水驱特征曲线计算结果，目前全油田水驱动态储量为 2030.6×10^4t，仅为井网动用储量的38.8%。由水驱特征曲线预测的现状采收率仅13.0%，水驱效果差。

据H262井和H263井密闭取心资料，两井均位于高含水区，但岩心分析油层含油饱和度高，平均含油饱和度H262井为50.8%，H263井为60.3%，接近原始含油饱和度。油层水洗程度低，水洗部位的水洗程度一般为3~4级，水主要沿裂缝窜，只水洗到裂缝两侧3cm左右，说明水驱油效果很差。

由于油层中裂缝发育，有相当一部分油井表现为暴性水淹，全油田共有暴性水淹井86

口，暴性水淹阶段井平均生产106.1天，平均采出油761t，最低的仅采出8t油，这也说明水驱油效果很差。

另外，注转采井出油也从另一个侧面说明水驱效果差。如注转采井H1261井，转采前累计注水24740m^3，1993年10月转采，当月见效，日产液11.1t，日产油7.4t，含水33.0%，至1995年1月已累计采油3175t，说明注水井中只有一部分大裂缝段吸水，而小裂缝和微裂缝没有吸水，水洗厚度较小。

第四章　开发初期综合治理研究及稳产对策

针对火烧山油田开发初期暴露出来的问题，中国石油组织了“改善火烧山油田开发效果”科研攻关，在油藏地质、油藏工程、注采工艺等方面，开展了23个二级课题的研究，完成专题研究报告18篇；对裂缝的研究应用了国内外多种先进技术，从不同的侧面对裂缝进行了直接的和间接的、定量的和半定量的描述；进行了5个井组的示踪剂试验，进行了3种开采方式的试验；打密闭取心井2口；进行了6种堵剂、2种压裂液、2种分注管柱、2种酸化技术、2种热洗防漏管柱及井下放电解堵、高能气体压裂等采油工艺技术现场试验，均取得较大的进展，钻井工艺研究取得了突破性进展。

第一节　开发初期综合治理基础研究

一、沉积相研究

1. 沉积格架分析

火烧山油田基底岩系为中石炭统的巴塔玛依内山组槽型地层，以中基性火山熔岩为主，夹碎屑岩、碳质泥岩、劣质煤和石灰岩透镜体，含海相生物化石，是地槽回返阶段的火山碎屑岩建造。克拉美丽地槽在石炭纪末褶皱回返，隆起为山地，沿其南麓发育了滴水泉、火北、石树沟等断裂体系和强烈的差异断块活动，形成了五彩湾—大井坳陷盆地，在区域不整合面上接受了将军庙组、平地泉组、下仓房沟群等巨厚的晚古生代和新生代台型沉积。研究区北部火北断裂是控制盆地发育和沉积演化的主断层，走向东西和北西西向，断面北倾，与克拉美丽构造线一致。该坳陷盆地的中心靠近北部主断层一侧，是沉积的主体，此时盆地的外形具有鲜明的不对称性和箕状盆地轮廓，其中火北断层为逆断层。晚二叠世南部博格达地槽褶皱回返，来自南部的挤压大大增强，使整个准噶尔东部具有更明显的挤压盆地性质，火北断层差异断块活动加剧，研究区处于深坳陷阶段，沉积范围不断扩大，平三段、平二段的分布比将军庙组广泛得多；其次受克拉美丽山向南推覆的强大应力作用，盆地沉积中心不断向西南方向迁移。随着沉积中心迁移，盆地范围渐渐拓宽，盆地沉积作用从平三段、平二段深陷阶段演化成晚二叠世末期浅盆浅水的统一大湖盆的格局。中生代早期的地壳运动使研究区结束了长期坳陷，转变为受东西向挤压应力控制的以正向隆起和断褶构造发育形成的阶段，并使晚古生界遭受部分剥蚀，火烧山背斜就在晚二叠世末开始发育，形成于印支运动，同时火东断层的发育对两侧沉积有明显的控制作用。

研究区下二叠统将军庙组的岩性以红色砂砾岩为主，上部泥岩成分增多，砾石成分多与下伏火山岩相同，地表露头几乎全部为砾岩，砾石磨圆很差，属氧化环境下的近源堆积，为地槽回返后的一套类磨拉石建造，沉积厚度北厚南薄，至盆地南部分布范围缩小，相变大，反映盆地在早期断陷阶段古地形起伏较大，具明显的分割性，表明区域构造控制了将军庙组的沉积分布，为断陷初期的分隔盆地的沉积阶段。

上二叠统平地泉组是研究区最广泛、最重要的沉积，底部平四段继承了将军庙组的沉积特点，以粗碎屑砂岩、含砾砂岩为主，夹杂色泥岩、灰色凝灰岩薄层，砂砾成分基本上为火山岩碎屑或岩块，属浅水沉积环境。上部水深有加大的趋势，变为泥岩和泥质粉砂岩互层，且分布范围有所扩大。平三段和平二段是平地泉组的主体沉积，岩性主要为深灰色泥岩和粉细砂岩互层，夹油页岩、白云岩和凝灰质泥岩。深灰色泥岩质地较均一，呈块状，内部有差异压实变形构造，含较多的黄铁矿，表明为还原环境。砂岩属岩屑砂岩，碳酸盐岩或方沸石胶结，内部具水平层理、斜层理和波状层理等，单层一般数 10cm 至 3m。由若干正韵律叠加的砂体厚度可超过 10m，韵律底部往往有冲刷面和变形构造，沉积物较粗，以中粗砂岩为主，局部见细砾砂岩，往上渐变细，至顶部为细砂岩或粉砂岩，具典型水道砂特征。上部平一段岩性较单一，为灰绿色泥岩夹黄色粉细砂岩，泥岩块状内部以水平层理为主，属沉积环境中较稳定的浅湖沉积。

上二叠统下仓房沟群是二叠纪晚期沉积，下部为灰绿色粉细砂岩与泥岩互层，上部增粗为褐色砾岩、砂岩和紫色、灰绿色泥岩互层。其沉积中心和平一段大体保持一致，其沉积特点反映挤压盆地进入晚期后构造运动明显减弱，盆地在不断拓宽中接受大量陆源物质充填，使盆地趋于平坦，表现为统一盆地的广盆浅水沉积模式。

2. 区域沉积相分析

1）沉积体系

火烧山油田平地泉组（H_1—H_4）沉积体系属性的确定较为复杂，前人的研究观点不一，有学者认为是扇三角洲沉积体系；有学者则认为是河流三角洲沉积体系；还有学者认为上述观点各有其据，并且认为它不属于典型的河流三角洲沉积体系，也不属于典型的扇三角洲沉积体系，而是介于两者之间的一种来自山区的小型河流的入湖三角洲沉积体系。同时强调指出，物源基本来自东北与西北两个方向，源自东北方向的河流规模更小，所形成的三角洲具有扇三角洲的特性，而源自西北方向的河流规模要大些，所形成的三角洲更接近于常规河流三角洲。

2）主要沉积类型

研究结果表明，研究区主要沉积类型有三角洲水道沉积、水道间沉积、决口扇、三角洲前缘席状砂沉积、三角洲间湾沉积、河口坝、滨湖滩地沉积。

3）区域物源方向分析

通过结合砂岩陆源重矿物的组合特征及其平面变化、砂岩粒度分布特点、砂体展布方向及其厚度变化等方面的资料分析认为，火烧山油田平地泉组沉积时物源主要来自北部克拉美丽山区若干支小型河流，其中东北部和西北部两支河流对研究区沉积提供了主要的物源，且不同时期，它们的影响有所不同，H_4 沉积早期时，东北物源始终起控制作用，至 H_3^3 小层西北物源开始影响研究区，以后其影响强度越来越大，到 H_1 沉积时已成为研究区主要的物源。

4）沉积演化史

根据沉积物的元素地球化学特征、孢粉组合特征、沉积物中自生矿物成分、有机碳含量以及地层水矿化度的变化等资料，说明平地泉组（主要 H_4—H_1）沉积演化史具以下特征：

（1）该区于石炭纪海水大规模退出以后，上二叠统平地泉组发育了多层以灰—灰黑色泥岩、泥质白云岩为主夹灰色粉砂岩、砂岩多个沉积旋回的陆相湖泊沉积。

（2）H_4 的沉积过程是一个由湿润趋干旱、湖盆变浅、湖水浓缩的过程。

（3）H_3 以后的沉积环境明显与前不同，不论是砂体的发育程度还是孢粉的组合特征以及白云石和有机碳的含量均与 H_4 沉积期有较大区别，总趋势反映气候变温湿、湖泊水面扩大、湖水淡化、砂体发育。

（4）H_3—H_1 沉积期间虽然沉积环境变化的总趋势是由干渐湿、湖水由咸趋淡，但仍有多次干湿变动，沉积了干旱气候条件下所发育的白云岩和泥质白云岩。

总之，火烧山油田平地泉组沉积期内经历了盆地的统一—分隔—再统一的演化趋势。但前后期统一盆地的沉积并不是简单的同一性质的，前者是在构造影响下海水入侵至使湖盆扩大为统一盆地，所以在其沉积的高阻泥岩（“下三指掌”层）中，碳酸盐含量很高；后来海水退出，湖盆缩小分隔，湖水开始淡化；后者再统一是湖盆逐渐被充填变浅，坡度趋缓，这时气候湿润，降水丰富，湖水淡化，湖盆扩大而再次统一。

3. 主力层 H_3 的沉积相研究

平地泉组有“下三指掌”、“上三指掌”、“下剪刀”、“上剪刀”和 P_{2p}^{2-1} 等5个标志层，将含油层段划分成 H_4、H_3、H_2 和 H_1 四个油组。本次研究的重点是 H_3，结合研究区区域沉积相分析结果，对 H_3 的各个小层进行沉积相研究。首先观察了工区内 H_3 的岩心资料，详细描述了取心井段的岩性、颜色、沉积构造、沉积序列、含有物等特征，编制了火18井和H262井单井相分析图，在工区内沿北东、北西、南北方向分别编制了相分析剖面图，最后根据区域沉积背景及前人研究成果，结合各小层的砂岩等厚图、砂岩百分比等值线图编制了 H_3 以及其中6个小层（H_3^{1-1}、H_3^{1-2}、H_3^{1-3}、H_3^{2-1}、H_3^{2-2}、H_3^3）的沉积相平面展布图。

1）*岩石类型及其特征*

取心井段岩心观察表明，H_3 的岩性有砂岩类，包括细砂岩、粉—细砂岩、粉砂岩、泥质粉砂岩和少量中砂岩、含砾砂岩；泥云岩类，包括白云质泥岩和泥岩以及白云岩、泥质白云岩。

（1）砂岩类：研究区砂岩类有细砂岩、粉砂岩、泥质粉砂岩和少量中砂岩、白云质砂岩，普遍胶结致密，孔渗性极差。细砂岩中石英含量约15%（3%~20%），长石含量约20%（13%~25%），岩屑含量约60%（55%~65%），石英、长石等碎屑颗粒为棱角状、次圆状，石英、长石有时被方解石和方沸石交代。岩屑由安山岩、变泥岩、蚀变熔岩、硅质岩、凝灰岩、霏细岩等组成，说明成分成熟度和结构成熟度均较低。胶结物有黄铁矿、方沸石、方解石、铁白云石、泥质等，且含量高低变化不均。另外，细砂岩中还往往含有含量<10%的炭屑，经常呈层状分布；粉细砂岩中砂质含量超过70%，泥质含量约30%，石英、长石含量很低，且呈棱角状，以基底式胶结为主，方沸石、铁白云石、泥质等胶结物含量较高，且裂缝发育；白云质砂岩为浅灰色，泥晶砂状结构、致密块状，砂质70%左右，以岩屑为主，石英、长石含量次之，泥灰质约5%，泥晶白云石大于25%，主要分布于粒间，泥质岩屑均被泥晶灰质取代，熔岩块被方沸石所交代；深灰色泥质粉砂岩，不等粒砂质泥状结构，致密坚硬块状，泥质含量大于35%，砂质含量小于65%，砂质成分以泥岩块为主，石英、长石微量，磨圆度均较差，粒间分布有方沸石并有交代现象，研究区的泥质粉砂岩中也较发育裂缝，但微裂缝不发育。

（2）泥、云岩类：岩心观察中发现研究区泥、云岩类相对较发育，其岩性有白云质泥岩、泥岩、泥质白云岩和白云岩等。云泥岩中泥质约35%，白云质约55%，泥灰质约5%，还有一些有机质及砂质，分布较均匀，呈灰黑色，泥状结构，块状致密；深灰色白云岩，隐晶质结构，致密坚硬，岩石由泥晶方解石组成，在局部可见有泥晶粉—细粒状灰屑，粒间由微粒亮晶方解石胶结；其次可见砾状和粗粒状灰屑、粒间有泥晶方解石、粉砂质和泥质分布；灰黑色含粉砂质泥云岩是研究区有特色的一套岩性类型，主要是含粉砂云泥岩和粉砂质白云岩、微层理发育，且见炭屑，含量在1%~3%，白云岩大部分由微粒白云石组成，均含有自生方沸石，该类岩石的粒度结构细而致密极似泥岩，但它并非一般概念下的黏土质泥岩，而是由粉砂质、泥质和白云石组成的含粉砂泥云岩，含粉砂云泥岩和粉砂质白云岩。由于它们含黏土矿物少，因此吸附的放射性元素少，自身的放射性强度又很弱，因而表现在测井曲线上为高阻（1000Ω·m以上），高声波时差（260μs/m以上），低自然伽马和中子伽马值的特征，H_3^{1-0}、H_3^{3-0} 和 H_4^0 均由这一岩性组成。

2）粒度特征

火烧山油田 H_3 与河流三角洲前缘亚相带的砂体概率曲线相似，主要粒度曲线有3种类型，即具有截点偏粗、斜率较大的二段式或三段式以及截点偏粗的四段式等，统计全区砂岩粒度分析资料表明，H_3 层粒度中值介于1.69ϕ~4.01ϕ，平均约为2.6ϕ，分选系数介于0.40~0.70，平均约为0.50，球形悬浮总体占有较高比重。

3）沉积构造特征

对H262井、火18井和H204井 H_3 的取心观察发现，区沉积构造类型较丰富。主要的沉积构造有透镜状层理、交错层理、平行层理、斜层理、波状交错层理等，具有发育的冲刷面和变形构造、揉皱构造和砂泥岩不等厚互层现象，还见有厚度较大（1m左右）的均质块状层理细砂岩。另外，岩石中往往含有炭屑成层或杂乱分布。

4）沉积相类型及其特征

（1）单井相剖面分析及微相模式。

通过工区内取心井 H_3 的岩心观察，根据研究区主要岩石类型、沉积构造及含有物、砂岩粒度分析资料及镜下岩石薄片鉴定成果，对H262井和H18井单井剖面相分析。这两口井均位于工区的中北部，砂体普遍比较发育，主要相带类型有三角洲分流水道和分流水道间两种类型，其次是远沙坝微相，所见的典型三角洲分流水道微相有以下特点：

①通常由细砂岩组成，上部为粉砂岩，底部为中砂岩或粉细砂岩。

②有冲刷面。

③单砂层厚度较大，一般超过3m，可达6m，没有粉砂质泥岩或泥岩夹层或夹层薄而少。

④单砂层具明显的正韵律特征，测井曲线（SP、GR、RT等）往往显示不太明显的钟形、箱形或雪松形。

⑤沉积构造类型多样，可见有各种层理类型，如交错层理、斜层理等，砂岩中常含有炭屑、泥砾等，具典型的牵引流沉积特征。

⑥砂岩的分选磨圆均相对较好。另外一种微相类型是分流水道间沉积，是三角洲前缘分流水道与分流水道之间的沉积，是河道漫溢、泛滥沉积，砂岩粒度变细，分选变差，单砂层厚度变薄，砂岩百分比变小，以灰色、浅灰色的水平层理或块状层理或微波状层理的

粉砂岩、泥质粉砂岩、白云质粉砂质泥岩等较细粒岩性为主，通过单井相分析表明，研究区水道间沉积的特征不很典型，有的水道间存在底部岩性较粗、上部岩性较细的正韵律，也见有细砂岩，但厚度较薄，一般小于 2m，故仍把其定为水道间沉积。远沙坝微相仅分布在 H_3^{2-2} 中，位于三角洲前缘前端，砂体厚度均比周围井区大，砂体展布不规则。河流能量减弱时，带入湖泊的沉积物受到湖泊波浪、潮流的作用，往往在河口区形成若干个小的正韵律砂层。

（2）连井剖面相分析。

在单井剖面相分析基础上，为了把各种相带展布到平面上，又编制了北东—南西向、北西—南东向和南北向的 3 条连井剖面，进行了连井剖面相分析，分析结果表明，由北向南、北东向南西、北西向南东方向，砂体发育程度有所减弱，单层厚度有所减薄，三角洲前缘分流水道和水道间沉积相间分布，但总体上在 H_3 北部工区内变化不大。

（3）砂体展布趋势及平面沉积相分析。

本次 H_3 层沉积相研究过程中，在取心井单井相和连井剖面相分析的基础上，根据各小层砂岩等厚图和砂岩百分比等值线图的展布趋势，结合前人对平地泉组区域沉积相研究成果，研究分析了 H_3 及其 6 个小层的沉积相，其特征如下：

①H_3^{3-3}。该小层砂体分布范围较广，平面上厚薄相间，砂岩厚度 8.0~25.4m，平均约为 18m。其中在研究区的 H1306 井、H1257 井、H1249 井、H1295 井及 H1313 井区，砂岩厚度较小，砂岩百分比也低，砂岩厚度 0~12m，平均为 10m，属三角洲前缘分流水道间沉积相区。其他井区砂体呈条带状分布，砂岩厚度也较大，一般在 20m 左右，砂岩百分比较高，平均达 70%，是三角洲前缘分流水道沉积相区。从砂体展布趋势来看，本小层沉积时物源以东北方向为主。

②H_3^{2-2}。该小层在工区内由三角洲前缘亚相和前三角洲亚相组成，北部砂体厚度较大，砂岩百分比较高，以三角洲前缘分流河道沉积为主，其中在 H1234 井、H1258 井、H1271 井及 H1295 井区的砂体厚度相对较小，砂岩百分比较低，属分流水道间沉积。另外，在研究区南部 H1335 井及 H1375 井区，砂岩厚度及砂岩百分比均比周围井高，属于三角洲前缘远沙坝沉积相带。本小层的物源方向可分成北东和北西两个方向，且两者能量相近。

③H_3^{2-1}。本小层以三角洲前缘亚相沉积为主，砂体平面展布呈朵状，基本由分流水道和水道间组成，且此时的分流水道水流能量较弱，使砂体呈宽带状近似于席状分布，物源来自北部，仅在 H1255 井和 H1262 井区形成范围很小的水道间沉积。

④H_3^{1-3}。沉积范围进一步扩大，沉积能量明显增强，砂体在全区内均有分布，砂岩百分比也较高，工区北部基本以分流水道为主，在 H1258 井、H1254 井、H1304 井及 H1320 井区砂岩厚度较小，砂岩百分比较低，为分流水道间沉积，向南分流水道分叉，沉积能量减弱。本小层沉积时的物源可能来自北东和北西两个方向。

⑤H_3^{1-2}。本小层沉积时河流能量也较强，砂岩百分比较高。分流水道及水道间沉积遍布全工区。分流水道分布较宽，能量较强，南北向展布，其中在北部的 H1242 井、H1258 井和 H1306 井及南部的 H1283 井、H1304 井和 H1383 井等井区砂体厚度相对较薄，砂岩百分比较低，属于水道间沉积相区，该小层沉积时也有北西向和北东向两个物源区。

⑥H_3^{1-1}。本小层沉积时，河流能量减弱，且只有北东方向一个物源，砂体厚度相对其他小层也较小，总体上在北部也以分流水道沉积为主，水道宽度略变小。

⑦H_3。从整个 H_3 来看，沉积环境与 H_4 明显不同（李新兵，1991），由于气候变温湿，湖水面扩大，湖水淡化，河流能量增强，使得砂体较发育。来自北东和北西两个方向的物源时而有所侧重，时而合并向研究区提供碎屑沉积物，在工区形成广泛的分流水道沉积，砂体厚度大，砂岩百分比高，水道宽，仅在 H1244 井、H1290 井、H1305 井及 H1322 井等井区砂体厚度相对较小，砂岩百分比较低，属于水道间沉积相带。

5）H_3 沉积演化史及物源方向分析

纵观 H_3 各小层沉积相带的展布特征，结合区域沉积背景及前人对工区沉积相的认识，认为：H_3^3 沉积时期处于 H_4^0 和 H_3^{3-0} 两组高含白云质高阻泥岩沉积期，经历 H_4^0 沉积时期干旱气候以后，进入气候比较潮湿、湖水淡化、砂体较发育的沉积时期。研究区普遍发育了多层细砂和粉砂岩，分流水道遍及全区，北部基本处于三角洲前缘亚相之中，物源以北东方向为主，据李新兵（1991）研究认为：孢粉组合特点是 H_3^3 沉积早期还是以干旱种属为主，沉积晚期喜湿水边植物孢粉明显增多，含量达 22%，白云石明显减少，除胶结物中有少量成岩作用形成的次生白云石外，砂层之间粉砂质泥岩和泥岩夹层几乎不含白云石，有机碳含量只有 4.72%，Sr/Ba 为 0.34，Mn/Fe 为 0.015，Mg/Ca 为 1.51，均说明了这个时期气候湿润、湖水淡化、水系发育，大量陆源物质带入研究区沉积。H_3^2（H_3^{2-2}、H_3^{2-1}）又是经历了 H_3^{3-0} 干旱气候以后转变为气候湿润的沉积时期。由于气候湿润，降水丰富，入湖水系发生了变化。由原来 H_3^3 沉积时期单一的东北物源方向变成东北、西北两个方向（H_3^{2-2} 沉积时期），沉积能量相对较强，但到了 H_3^2 的沉积后期（H_3^{2-1} 沉积时期），研究区气候又开始变化，降水量有所减少，河流水体能量减弱，西北物源不再向研究区提供沉积物，只有东北方向的物源继续向研究区携带碎屑物质在研究内发生沉积。

H_3^1 沉积时期，在 H_3^2 的后期研究区气候发生变化，变得较为干旱化，但干旱的程度远不及 H_3^{3-0} 沉积时期。以后，研究区气候再次发生明显变化，气候变得非常湿润，降水也更加丰富，入湖水系也发生变化，曾一度停止向研究区提供沉积物的西北物源区再次向研究区提供物源，使研究区形成相对较发育的砂体（H_3^{1-3} 和 H_3^{1-2} 沉积时期），到后晚期（H_3^{1-1} 沉积时期），研究区气候开始变得干旱，降水量变小，西北物源再次停止向研究区提供沉积物，只有东北物源继续向研究区提供沉积物，形成砂体相对较发育的分流水道及水道间沉积，此后气候继续变化，变得更加干旱，降水量更少，以致形成 H_3^{1-0}。

总之，H_3 沉积时期，研究区气候经历了由干旱—潮湿—干旱（H_3^3）—潮湿—再干旱（H_3^2）—潮湿—干旱（H_3^1）的几个阶段，反映了沉积盆地由统一—分隔—再统一的演化趋势。

6）沉积相与裂缝发育程度

对研究区岩心观察发现，裂缝发育程度与岩性有密切关系，而不同的沉积相带具有不同的岩石类型及其组合，由此说明沉积相与裂缝发育程度具有明确的关系。

前人曾对火烧山油田研究层段内的岩石力学性质进行了测定，结果表明，中砂岩为高弹高塑性岩石，既有较高的抗剪能力，又有较高的抗压能力；粉砂岩、中细砂岩、泥质粉砂岩为中弹低塑性岩石，其抗压抗剪能力和可塑性均低于细砂岩；而细砂岩的弹性及其抗压抗剪能力均介于中砂岩和粉砂岩、中细砂岩、泥质粉砂岩、粉砂质泥岩之间；白云质泥岩、含白云质泥岩为低弹高塑性岩石，其抗压抗剪能力最低，但它们具有较高的可塑性。因此，剪应力逐渐加强时最先产生裂缝的岩类应是：粉砂岩、中细砂岩、泥质粉砂岩和粉砂质泥岩，其次是细砂岩，第三是白云质泥岩类岩石，最后是中砂岩。

根据各相带岩石组合特征及 H_3 岩石类型与沉积相带的展布分析，H_3 各小层段的沉积相均以三角洲前缘分流水道及水道间为主和前三角洲亚相，岩性也相对较细，是研究区极易产生构造裂缝的层段。

4. 结论

（1）H_3^3—H_4 具小型河流三角洲的特点，H_1—H_3^2 更具扇三角洲特点，理由是：

①沉积区距物源近，在 10km 左右。

②岩石成熟度低，岩屑占砂岩的 60%以上。

③粒度变化大，中砂岩、细砂岩、粉砂岩、泥质粉砂岩都有分布。

④冲刷构造、平行层理发育。

⑤相带窄，相变大。

⑥砂体展布面积小，在 10km^2 以内。

⑦砂体形态多呈朵状、裙边状。

与以上理由相反，H_3^3—H_4 具河流三角洲的特点，但它们是小型河流三角洲体系。

（2）小层沉积复杂，微相变化大。

据岩电特点、沉积构造、单层厚度、粒度和碎屑物含量分析，共划分了主水道沉积、水道间沉积、决口扇沉积、三角洲前缘席状砂沉积、间湾沉积、河口坝和滨湖滩地沉积等 7 种亚相 12 种微相，并作出了 H_1—H_4 的 28 个小层中 26 个小层的微相。研究表明，小层沉积复杂，微相变化大。因此造成储层具以下特点：

①油砂体数量多、厚度小、面积小、形状复杂。据统计，H_1—H_4 油砂体共 47 个，平均单层厚度仅为 2.0~3.4m，平均油砂体面积 3.38~8.14km^2，形状系数 4.4km/km^2。由此可见，H_1—H_4 的非均质程度是很高的。

②钻遇率低，水驱控制程度低。

二、微观孔隙结构研究

重新整理分析 100 块压汞和 81 块铸体薄片资料，得出下列结论。

（1）储层储渗能力极差。

用压汞资料中的 6 项参数（孔隙度、渗透率、中值压力、孔隙度均值、变异系数和退汞效率）作聚类分析，将孔隙结构分为 4 种类型。Ⅰ类与其余三类相似系数为 0.14，Ⅱ类与Ⅲ类和Ⅳ类相似系数为 0.76，Ⅲ类与Ⅳ类相似系数为 0.57。类内样品的相似系数均大于 0.9，四类孔隙界限明显。

但各种指标显示储渗能力很差，孔隙内部非均质程度极高（表 4-1-1）。

表 4-1-1　孔隙结构分类对比

分类	样品数（块）	孔隙度（%）	渗透率（mD）	中值压力（MPa）	孔隙度均值（ϕ）	变异系数	退汞效率（%）
Ⅰ	6	19.9	36.16	0.436	9.377	0.312	37.5
Ⅱ	51	16.9	5.77	1.136	10.260	0.217	35.8
Ⅲ	19	12.1	0.96	6.143	12.719	0.114	21.0
Ⅳ	21	8.1	0.09	19.086①	13.407	0.062	19.5

①含仪器最高限压值压力。

纵向上，H_4 以Ⅱ类为主、H_2 以Ⅲ类为主、H_3 以Ⅳ类为主（表 4-1-2）。

表 4-1-2　分层孔隙结构对比表

分类	样品数（块）	孔隙度（%）	渗透率（mD）	中值压力（MPa）	孔隙度均值（%）	变异系数	退汞效率（%）	分类分布			
								Ⅰ	Ⅱ	Ⅲ	Ⅳ
H_2	15	11.2	4.62	9.479	12.038	0.135	23.2	7	20	40	33
H_3	27	10.0	5.15	11.811	12.219	0.113	22.0	11	22	8	59
H_4	55	17.1	5.87	2.128	10.768	0.193	34.3	4	76	20	0

（2）流动孔隙少，渗吸采收率低。

选取各油层样品的毛细管压力曲线，经 J 函数处理后确定流动孔喉分布（表 4-1-3），反应出流动孔隙少，主要流动孔隙汞饱和度贡献只占 35%～50%，而难于流动孔隙以下的竟占 35%～50%。利用油田 16 块岩样，按规定的条件进行渗吸实验，其渗吸采收率为 5.2%～16.5%，渗吸终止时间为 14.7～478.6h。据相似原则，计算实际渗吸时间为 2～50 年，可见渗吸采油效果很差（表 4-1-4）。

表 4-1-3　不同孔喉分布空间表

	层　位		H_2	H_3	H_4^1	H_4^2
主要流动空间	孔隙半径（μm）	范围	0.45～1.07	0.83～0.43	2.5～0.85	3.4～1.47
		平均	0.76	0.63	1.67	2.4
	汞饱和度贡献值（%）		0.76	0.63	1.67	2.4
	渗透率贡献值（%）		35	50	45	45
一般流动空间	孔隙半径（μm）	范围	87.2	88	89.3	84.4
		平均	0.45～0.17	0.43～0.158	0.85～0.44	1.47～0.48
	汞饱和度贡献值（%）		0.31	0.29	0.64	0.98
	渗透率贡献值（%）		15	15	15	20
难于流动空间	孔隙半径（μm）	范围	11.3	10.6	16.7	14.5
		平均	0.17～0.07	0.158～0.07	0.44～0.2	0.48～0.23
	汞饱和度贡献值（%）		0.12	0.11	0.32	0.36
	渗透率贡献值（%）		10	10	10	8
无效空间	孔隙半径（μm）		<0.7	<0.7	<0.2	<0.23
	汞饱和度贡献值（%）		40	25	30	27
	渗透率贡献值（%）		0.2	0.19	0.24	0.2

表 4-1-4　岩心物性及最终吸渗情况表

单位	井层	岩心编号	氮气孔隙度（%）	水测孔隙度（%）	气测渗透率（mD）	束缚水饱和度（%）	渗吸终止时间（h）	比拟油藏生产时间（a）	最终排油量（mL）	采收率（%）
西南石油学院	H263-H_4	7	16.60	13.99	0.4965	0.757	142.3	15.1	0.04794	5.22
	H263-H_4	10	22.00	13.67	0.3887		334.3	35.6	0.04392	
	H262-H_2	31	7.45	8.13	0.052		72.2	7.7	0.03975	
	H262-H_2	32	12.73	7.44	0.0462	0.685	311.8	33.2	0.05564	7.83
	H262-H_2	34	13.50	10.48	0.4776		478.6	50.9	0.17706	8.85
	H262-H_2	35	10.25	10.12	0.2961	0.245	334.2	35.6	0.14707	6.52
	H262-H_3	47	8.83	6.64	0.0124	0.626	298.9	31.8	0.06481	3.24
	H262-H_3	49	10.11	6.50	0.0208		145.9	15.5	0.11605	
	H262-H_3	52	13.23	10.62	0.1490	0.765	334.1	35.5	0.07949	15.2
	H262-$H_4$①	57	19.01	12.81	0.7324	0.574	334.5	35.6	0.10975	6.49
	H263-H_4	59	13.63	20.38	25.3191	0.450	334.5		不出油	
	H262-H_3	63	15.64	11.35	0.0461		334.5	35.6	0.19858	
	人工岩心	71	19.79	7.91	0.0471		145.7		0.12365	
	人工岩心	72	18.50	8.01	0.0550		146.4		0.19747	
新疆石油管理局研究院	火 11-H_4^2	9	13.64		1.2908	0.5034	30.89	3.3		16.50
	火 11-H_4^2	11	18.31		60.104	0.3381	45.70	4.9		14.80
	H065-H_4^2	14	14.49			0.3499	9.65	1.0		8.36
	H065-H_4^2	18	14.49			0.3834	14.69	1.6		9.07

①H262 井没有钻到 H_4 层，原始资料如此。

三、裂缝研究

1. 认识裂缝

火烧山油田认识裂缝的方法分 5 类 20 种（表 4-1-5），能够提供裂缝的一个或多个方面的信息。

表 4-1-5　火烧山油田裂缝研究方法表

种类	亚　类	成因			性质	产状		大小				人工缝			综合			定向判断
		构造应力	围压	层厚		方向	倾角	开度	密度	切深	长度	方向	长度	倾角	类型	孔隙度	渗透率	
地质方法	相似露头区调查			√	√	√	√	√	√	√	√					√	√	√
	区域构造史研究				√	√						√						√
	岩心观察			√	√		√	√	√	√						√	√	√
	薄片鉴定				√			√	√	√	√					√	√	

续表

种类	亚类	成因			性质	产状		大小				人工缝			综合			定向判断
		构造应力	围压	层厚		方向	倾角	开度	密度	切深	长度	方向	长度	倾角	类型	孔隙度	渗透率	
地球物理方法	测井响应				√	√	√	√	√	√	√					√	√	√
	古地磁测定					√												
	岩力学参数测定																	√
	凯塞效应测定											√						
	波速测定											√						
	微地震											√	√					
	电法找水																	√
油藏工程方法	试井					√					√						√	√
	动态分析					√												√
	同位素测试																	√
	压裂曲线分析																	√
井工程方法	井壁崩落	√										√						
	水泥浆漏失分析																	√
	固井质量显示																	√
	钻井曲线分析																	√
数值模拟	板壳模拟	√			√	√												√

2. 裂缝的成因

构造运动是形成裂缝的外因，岩性及其组合是形成裂缝的内因。据油田裂缝的特点，火烧山的天然裂缝是构造裂缝。火烧山背斜是在区域南北向挤压应力作用下，由基底断裂旋转派生的东西应力挤压所形成。共经历了印支期、燕山早期、燕山晚期和喜玛拉雅期 4 期构造运动，局部最大主应力方向为南北、东西交替，裂缝有很强的继承性。

对单井而言，裂缝的产生和发育主要由下列因素决定：

（1）岩性。按层位和岩性选样，共做成岩石力学合格样 76 块，分别计算泊松比（μ）、杨氏模量（E）、剪切模量（G）、体积模量（K）（图 4-1-1）。由图可见相同层中，岩性从中砂岩至泥岩抗张（剪、压）强度依次降低，但白云质泥岩和泥质白云岩显著增大。相同岩性从 H_1 至 H_4 其强度依次增加。据此推理，粉砂质泥岩、粉砂岩易产生裂缝，H_1—H_3 更易产生裂缝。

（2）岩石厚度。在相同应力下，不同大小的相同岩性岩石厚度、裂缝发育强度是不一样的。据野外资料统计，层厚与裂缝密度成反比（图 4-1-2）。由此推断，平面分布稳定、粒度分选性好、厚度较大的岩石不易产生裂缝，如 H_3^3—H_4。相反亦然。

（3）围压。据 H002 井、H065 井、H263 井、火 5 井和火 9 井 5 口井不同深度选取的不同岩性的 43 块样在不同围压下的破裂测试，同一岩性随围压增加，破裂强度增加，同一围压下，白云质泥岩至泥岩破裂强度减弱。对应统计岩样的裂缝面密度（cm/cm^2），

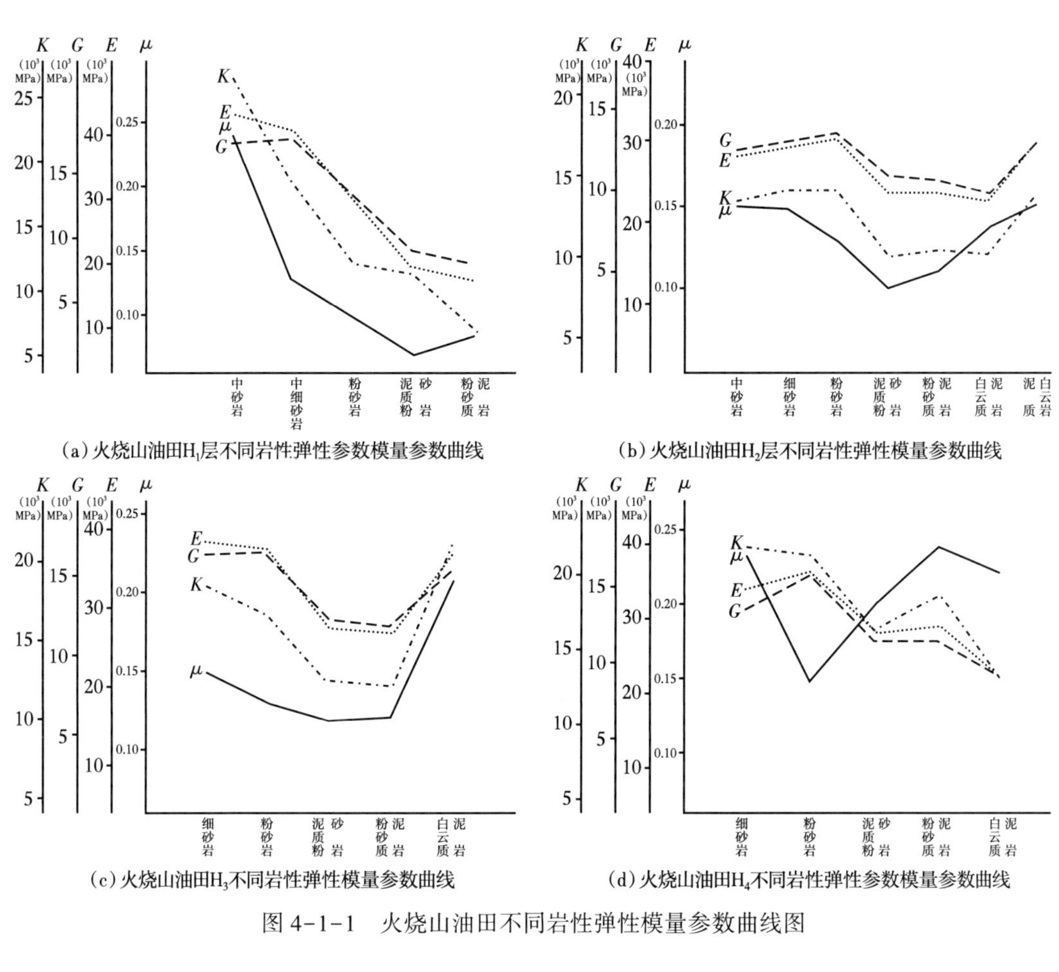

(a) 火烧山油田H_1层不同岩性弹性参数模量参数曲线

(b) 火烧山油田H_2层不同岩性弹性模量参数曲线

(c) 火烧山油田H_3不同岩性弹性模量参数曲线

(d) 火烧山油田H_4不同岩性弹性参数模量参数曲线

图 4-1-1　火烧山油田不同岩性弹性模量参数曲线图

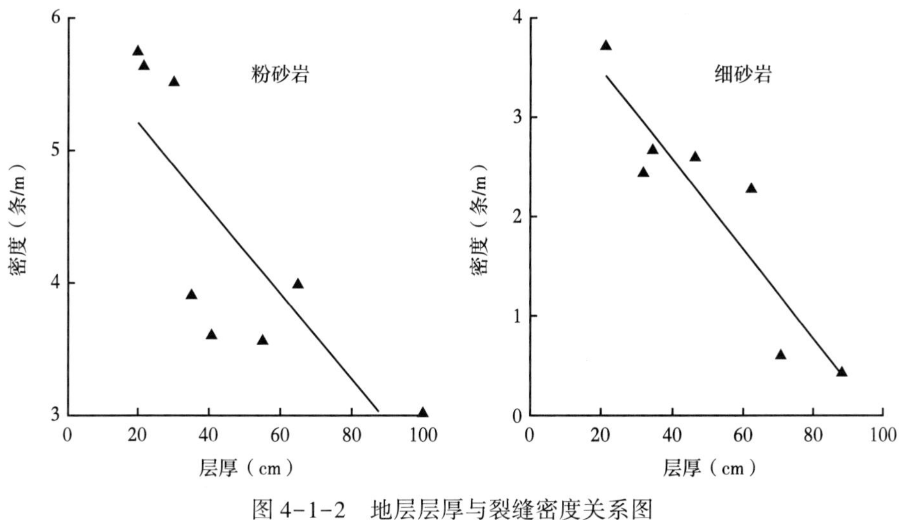

图 4-1-2　地层层厚与裂缝密度关系图

结果见表 4-1-6。其结果与破坏强度测试结论稍有出入，这可能是由岩性样品数量差异造成的。

表 4-1-6　不同围压下裂缝密度表

岩性	裂缝密度（条/m）			
	0MPa	15MPa	30MPa	50MPa
云质泥岩		1.035		
粉砂岩		0.86	0.745	
细砂岩	0.94	0.765	0.735	
泥　岩	0.38	0.46	0.44	0.47

注：统计 46 块样，其中云质泥岩 4 块、粉砂岩 14 块、细砂岩 10 块、泥岩 18 块。

3. 裂缝的性质、产状和规模

1）裂缝的性质

在 13 口井的岩中观察到 313 条裂缝，其中剪切缝 173 条，占 55.3%；张剪缝 95 条，占 30.3%；张性缝 45 条，占 14.4%。

野外调查观察到，充填矿物纤维方向大多与裂缝壁斜交，只有少数矿物的纤维方向与裂缝垂直，这说明该区裂缝以张剪性为主，少数为张性缝。张性缝主要分布在背斜的轴部。

不同性质的裂缝在平、剖面分布情况见表 4-1-7。

表 4-1-7　火烧山油田裂缝性质及其分布

层位		油田北部	油田中部		油田南部
H_1—H_2	裂缝类型	张或剪、共轭裂缝	张或张剪缝		张裂缝
	裂缝走向	NEE、NE	NW—SE		NEE 为主，NW、NE
H_3	裂缝类型	张或张剪缝	张或张剪缝		裂缝混合带
	裂缝走向	NEE	NEE、NNW		NEE 为主，NW、NE
H_4	裂缝类型	张或张剪缝	共轭剪切缝	张裂缝	张或张剪缝
	裂缝走向	NNW—SSE、NEE—SWW	NNW—SSE、NEE—SWW	NNW—SSW、NEE—SWW	NW—SE、NW—SW

2）裂缝的产状

（1）裂缝方向。

地面露头调查：共观察 18 个点，发育南北向、北西向、东西向和北东向 4 组裂缝，并依次减弱。

测井处理结果：据 8 口 FMS 测井，测井总厚度为 312.6m，南北向 213.6m，占 68.3%；北西向 56.5m，占 18.1%；东西向 23.1m，占 7.4%；北东向 19.4m，占 6.2%。据 17 口井的地层倾角测井，以南北向为主，北西向次之，北东向和东西向较少。H065 井、火 15 井、H1101 井和 H1414 井 4 口井所测的微导异常测井，反映出的方向与地层倾角测井结果相近。

古地磁测试：据火 5 井、火 12 井、火 18 井、H002 井、H065 井、H262 井和 H263 井 7 口井 9 个样的测定，天然裂缝方向均在 NW34°—NE26°。

板壳模型数模：利用计算机模拟南北向、东西向应力挤压下裂缝的生成情况。它们一般生成南北向、北西向、北东向三组裂缝。

示踪剂：5 个井组的水串方向主要为南北向。

综上所述，火烧山油田裂缝主要为三组，即南北向、北西向和北东向，但南北向起主导作用，东西向裂缝不太发育。

（2）裂缝倾角。

相似露头区调查，裂缝倾角从 20°~90°都有分布，但以 60°~90°较为集中。

据岩心统计，裂缝倾角分布在 65°~90°，其中以大于 80°为主，占 77.4%。

3）裂缝的规模

（1）裂缝开度（d）。

目前显裂缝的开度，只能从 FMS 粗略获得，但早期的 FMS 测井未作开度解释。据 H263 井 1523~1659m（H_3^3—H_4^2）136m 解释，井下开度呈正态分布，峰值 100~300μm。镜下观察微裂缝的开度一般为 10~30μm。

（2）裂缝切深。

野外调查，裂缝的切深一般小于 2m，其中小于 0.5m 的占 49.4%，0.5~1.0m 的占 20.6%，大于 1m 的占 29.0%。

岩心观察，裂缝的视切深一般小于 1m，占 70%，其中小于 0.5m 的占 49.6%。但在 H002 井 1391~1410.6m 井段也见到 19.6m 的长裂缝。隔层中裂缝的切深小于 1m。

测井解释的裂缝切深一般小于 2.5m，H_2^1、H_3^{1-0} 和 H_4^0 中更是如此。纵向上，H_4 中裂缝的切深最大，与生产不符合，这可能与国产测井的局限性有关。

（3）裂缝密度或间距。

野外观察的裂缝密度（y）服从正态分布，峰值为 3.3~4.0 条/m。不同岩性裂缝密度差异大。据 31 个观察点度量，裂缝间距（$D=1/y$）与切深（x）的统计关系为：

$$D=0.753x-3.973\ (\mathrm{cm}) \tag{4-1-1}$$

式（4-1-1）的相关系数为 0.85。由此，据常规测井解释的切深可分别计算单井裂缝间距。裂缝密度在 2~4 条/m 比较集中，纵向上从 H_2 至 H_4 密度变小。

（4）裂缝长度。

野外观察到的裂缝长度（l）一般小于 5m，最长 70~80m。据 12 个观察点度量，裂缝长度与切深成正比，统计关系式为：

$$l=2.818x+371.95\ (\mathrm{cm}) \tag{4-1-2}$$

式（4-1-2）的相关系数为 0.814。因此，据常规测井的裂缝切深可计算长度。长度一般小于 6m，纵向上从 H_2 至 H_4 长度渐大。

（5）孔渗大小的估算。

宏观单条裂缝孔隙度和渗透率的关系为：

$$\phi_f=d/(D+d)\times100\% \tag{4-1-3}$$

$$K_f=d^3/(12D)\cos\alpha \tag{4-1-4}$$

式中 ϕ_f，K_f——单条裂缝孔隙度（%）和渗透率（D）；

d——裂缝开度，μm；

D——裂缝间距，μm；

α——裂缝面与最大压力梯度轴夹角，(°)。

按各层裂缝密度和开度分别取值（主峰值）：

H_2 的裂缝密度为 4 条/m，裂缝间距为 0.25m，裂缝开度为 100~300μm；

H_3 的裂缝密度为 4 条/m，裂缝间距为 0.25m，裂缝开度为 100~300μm；

H_4 的裂缝密度为 3 条/m；裂缝间距为 0.33m，裂缝开度为 100~300μm。

α 都取 0°，计算得：

ϕ_f 主峰值：H_2 的 ϕ_f 主峰值为 0.04%~0.12%，H_3 的 ϕ_f 主峰值为 0.04%~0.12%，H_4 的 ϕ_f 主峰值为 0.03%~0.09%。

K_f 主峰值：H_2 的 K_f 主峰值为 0.3333~9.0D，H_3 的 K_f 主峰值为 0.3333~9.0000D，H_4 的 K_f 主峰值为 0.253~6.818D。

微裂缝的孔隙度采用薄片法计算，其计算式为：

$$\phi_f = \frac{1}{S}\sum_{i=1}^{n}(d_i l_i) \tag{4-1-5}$$

微裂缝的渗透率采用迈霍夫公式计算，计算式为：

$$K_f = \frac{C}{S}\sum_{i=1}^{n}(d_i^3 l_i) \tag{4-1-6}$$

式中 d_i——开度，μm；

l_i——长度，cm；

n——裂缝数，条；

S——薄片面积，cm^2；

C——系统系数。

考虑火烧山油田实际，C 取值为 1.71×10^{-6}，计算得 19 块样的孔隙度、渗透率平均值 $\phi_f=0.1\%$，$K_f=11.44mD$。

由上计算结果可知，裂缝孔隙度为 0.13%~0.22%，其储集能力可以忽略不计，而渗透率为 252.5~9000mD，是基质渗透率（平均取 5mD）的 50.5~1800 倍，是极为可观的。

4. 人工压裂及人工裂缝

据取心井裂缝面为无充填物的新鲜面这个事实，推测这些缝在地下是闭合的，在钻井尤其是水力压裂中将产生人工裂缝。

据水力压裂破裂理论，当垂向主应力大于水平主应力时，将产生垂向裂缝，裂缝的延伸方向与水平最大主应力方向平行。据 H065 井和火 5 井 10 块样凯塞效应的测定，垂向主应力（σ_v）为 39.1~40.6MPa，水平最大主应力（σ_{max}）为 34.8~35.2MPa，水平最小主应力（σ_{min}）为 30.5~32.6MPa。可见油田压裂将产生垂向裂缝。据井壁崩落原理确定了火 2 井、火 9 井和火 11 井 9 层段的崩落块长轴方向为 44°~71°，即水平最大主应力方向为 134°~161°（北西—南东）。可见油田压裂将产生北西—南东向裂缝。

这个结论已被微地震资料所证明。压裂缝的方向接近反九点井网中水井至边井的方向。

5. 裂缝在平面和剖面上发育不均一

据 343 口测井解释裂缝视切深分布，H_1、H_2^1 和 H_4^0 层裂缝不发育，其余各砂层组裂缝都很发育。东西部比较，东部切深大；南北部比较，北部切深大。纵向上，H_1 至 H_4 切深增大。

据 7 口井 FMS 剖面资料，裂缝多发育在油层中，个别井层的隔层也有裂缝（H065 井，H_4^0 层）。

据板壳模型模拟，整体上东部裂缝发育，西部欠发育，南北差异不明显。纵向上，H_3 最发育，H_2 次之。

据生产动态，结合以上研究成果，将各油层组划分为裂缝发育区和欠发育区。

裂缝发育区的特点是：测井曲线反映微侧向与深浅侧向异常大，试井曲线呈“厂”字形，初期产能高，注水后水淹水窜严重，注采压差小于 1MPa，注入水不起驱油作用，目前供液能力强。测井异常如火 18 井，试井如 H1304 井。

裂缝欠发育区的特点是：测井也有异常，试井曲线一般呈正常孔隙型，初期产能低，注水后水淹水窜不太严重，但少数井也水窜，注采压差 2~4MPa，注入水可起驱油作用，供液能力差。

四、储量升级核实

1. 用于研究的基础资料

1987 年底，油田钻各类井 64 口，其中系统取心 4 口；共试油 72 井层，其中获工业油流 42 井层。在此基础上，上报未开发探明储量 6741×10^4t。

于 1988 年正式投入开发，至 1993 年底，新钻开发井 379 口，密闭取心井 2 口，新增试油 35 井层，试油水界面 42 口，并补充了大量分析化验资料，进行了沉积相的研究，为储量复核提供了条件。

2. 储量计算方法和原则

（1）储量计算仍采用容积法。

（2）储量计算以砂层组为计算单元。由于 H_1—H_3 砂体呈透镜状分布，每个油砂体可能是多井点也可能是单井点。H_4 砂体连片性好，但油水过渡带面积大，单独作为一个计算单元。这样 H_1—H_3 共 121 个油砂体（计算单元）、H_4 共 4 个计算单元，合计 11 个砂层组 125 个计算单元。

（3）油砂体储量逐级叠加合成砂层组、油层组和含油层系储量。砂层储量据含油体积分配。

（4）孔隙度和含油饱和度分别采用孔隙体积和含油体积权衡。油密度和体积系数分别采用地面原油体积和地下含油体积权衡。反推有效厚度。

（5）使用两套井网的全部井点。

3. 储量参数的变更

（1）含油面积。

①以统一的油水界面深度-1042m 控制最大边界。

②以生产井井距之半扣除可能是非含油的面积。

③各单元面积逐级叠加，得总面积 35. 2km²，比未开发含油面积 40. 7km² 少 13. 5%。

（2）有效孔隙度。

①岩性图版的修改。由于 H_3 增加的资料很多，岩性图版由原来的 H_1—H_3^2 和 H_3^3—H_4 两段改为 H_1—H_3^{2-1}、H_3^{2-2}—H_3^3 和 H_4 三段。

②Δt—ϕ 关系式的修改。由于泥质含量较少，原用泥质含量建立的 Δt—ϕ 关系式改为用岩性建立，其结果为：

H_1—H_2^3：中—细砂岩，$\phi=0.1494\Delta t-23.61$；粉砂岩，$\phi=0.147-26.76\Delta t-23.61$。

H_3^3—H_4：中—细砂岩，当 $\Delta t\geqslant 250\mu s/m$ 时，$\phi=10^{-34.7985(\lg\Delta t)^2+170.4386\lg\Delta t-207.33}+0.05$；当 $\Delta t<250\mu s/m$ 时，$\phi=0.2564\Delta t-44.87$。粉砂岩，当 $\Delta t\geqslant 250\mu s/m$ 时，$\phi=10^{-33.4826(\lg\Delta t)^2+164.6493\lg\Delta t-201.0779}+0.05$；当 $\Delta t<250\mu s/m$ 时，$\phi=0.2734\Delta t-51.934$。

由岩性图版确定岩性后再由以上公式确定各层孔隙度（表 4-1-8）。

表 4-1-8　储量参数变化对比表

层位	项目	储量参数						N (10^4t)
		A (km²)	h (m)	ϕ (%)	S_{oi} (%)	ρ (g/cm³)	B_{oi}	
H_1	Ⅱ级储量	22.3	4.6	13	65	0.882	1.120	690
	Ⅰ级储量	23.2	3.8	13	63	0.882	1.130	565
H_2	Ⅱ级储量	33.1	7.4	12	62	0.883	1.128	1425
	Ⅰ级储量	28.3	7.2	12	64	0.882	1.135	1216
H_3	Ⅱ级储量	28.6	11.5	14	63	0.884	1.136	2263
	Ⅰ级储量	27.5	10.0	13	66	0.883	1.145	1820
H_4	Ⅱ级储量	15.0	15.7	19	68	0.886	1.139	2363
	Ⅰ级储量	14.0	13.0	19	69	0.884	1.148	1842
合计	Ⅱ级储量	40.7	21.8	15	65	0.884	1.134	6741
	Ⅰ级储量	35.2	21.7	14	66	0.883	1.143	5443

（3）有效厚度。

由于资料较多，分别确定了 H_1、H_2、H_3^{1+2}、H_3^3、H_4^1 和 H_4^2 层的物性下限。

①物性分析方法。利用补充的 120 块物性样品，共计 948 块样品，分 6 个层分别做出直方图和交会图，并依据油浸以上为物性下限的规定，确定的物性下限（表 4-1-9）。

②毛细管压力曲线方法。据孔喉半径和累计渗透率贡献值与汞饱和度建立的关系曲线，确定最小流动半径，然后利用它与孔、渗、饱的关系确定物性下限（表 4-1-9）。

③试油资料。由试油资料，结合测井解释编制有效厚度图版，确定的各层物性下限（表 4-1-9）。

④综合判断。由于裂缝的存在，以上方法判别的油层存在着较大误差，所以必须综合判别。据研究，给出下列判别式：

$$S_t=R_t/R_T\times a_R+\phi/\phi_T\times a_\phi+K/K_T\times a_k+S_{oi}/S_{oT}\times a_S+h_f a_f \tag{4-1-7}$$

式中　S_t——判别指标；

R_t——真电阻率，取侧向电阻率；

R_T——有效厚度图版上的电阻率下限；

ϕ，K，S_{oi}——地层孔隙度、渗透率和含油饱和度；

ϕ_T，K_T，S_{oT}——毛细管压力曲线确定的孔、渗、饱下限；

h_f——裂缝指数；

a_R，a_ϕ，a_k，a_S，a_f——权重系数，经试油确定 $a_k=a_\phi=a_f=0.2$；$a_k=0.1$，$a_S=0.3$，各项比值若大于1时，令其等于1。

将试油层的综合判别指标（S_t）与含油饱和度交会，确定出油层判别指标下限除 H_4^2 为0.8外，其余均为0.77。

表 4-1-9　油层物性下限值对比表

层位	岩心物性分析			试油、测井		毛细管压力曲线			未开发探明储量标准		
	ϕ (%)	K (mD)	S_{oi} (%)	ϕ (%)	S_{oi} (%)	ϕ (%)	K (mD)	S_{oi} (%)	ϕ (%)	K (mD)	S_{oi} (%)
H_1	8.5			8.5	50	11.5	0.2	50	8.5	0.15	47
H_2	8.5	0.1	42	10.0	50	11.5	0.2	50	8.5	0.15	47
H_3	9.5	0.1	42	9.7	50	10.0	0.2	60	8.5	0.15	47
H_3	12	0.2		13.5	52	12.5	0.32	56	12.0	0.30	53
H_4	12.0	0.3	57	15.2	50	15.0	0.8	60	12.0	0.30	56
H_4^2	13.0	0.3	57	17.5	63	17.0	1.5	64	12.0	0.30	56

⑤有效厚度的划分。先用有效厚度图版卡取储油井段，再用判别指标进行判断。采样点为0.125m，起扣厚度0.125m，起算厚度0.375m。油砂体有效厚度采用井点平均值，单个井点油砂体用本井点厚度的1/3。H_4 油水过渡带厚度为内含油面积厚度的1/2。用储量反推砂层组、油层组有效厚度（表4-1-8）。

（4）含油饱和度。

含油饱和度是据所确定的参数，用阿尔奇公式算出，井点用孔隙体积权衡、计算单元用地下原油体积权衡，结果见表4-1-8。

（5）地面原油密度和体积系数。

利用新补充的资料将 ρ_0—H 关系修改为：

$$\rho_0=0.8775-803\times10^{-8}H$$

其中 H 为海拔深度。据各单井各油层组平均海拔深度分别计算得地面原油密度：H_1 的地面原油密度为0.882、H_2 的地面原油密度为0.882、H_3 的地面原油密度为0.883、H_4 的地面原油密度为0.884。

由于油层组中部海拔的变化，饱和压力也相应变化，重新计算的 H_1、H_2、H_3 和 H_4 的体积系数分别1.130、1.135、1.145和1.148。对比结果见表4-1-8。

4. 储量计算

按以上确定的参数，计算全油田开发探明储量为 5443×10^4t，比未开发探明储量减少了19.3%（表4-1-10）。据各参数的变更对储量减少的比重，有效厚度影响最大，含油面积次之。含油饱和度增加了 148×10^4t。

表 4-1-10　储量参数汇总表

计算单元	H_1				H_2				H_3				H_4			H
	H_1^1	H_1^2	H_1^3	H_1	H_2^1	H_2^2	H_2^3	H_2	H_3^1	H_3^2	H_3^3	H_3	H_4^1	H_4^2	H_4	
含油(km^2)	8.8	18.0	9.2	23.2	17.6	21.6	9.5	28.3	19.1	21.4	12.5	27.5	14.0	7.9	14.0	35.2
油层厚度(m)	1.9	3.1	2.1	3.8	3.7	4.6	3.6	7.2	4.2	6.6	4.2	10.0	7.4	9.9	13.0	21.7
孔隙度(%)	13	13	12	13	12	12	12	12	11	13	16	13	19	19	19	14
含油饱和度(%)	65	64	59	63	65	65	61	64	65	67	66	66	67	72	69	66
密度(g/cm^3)	0.882	0.882	0.882	0.882	0.882	0.882	0.882	0.882	0.883	0.883	0.883	0.883	0.884	0.884	0.884	0.883
体积系数	1.130	1.130	1.130	1.130	1.135	1.135	1.135	1.135	1.145	1.145	1.145	1.145	1.148	1.148	1.148	1.143
地质储量(10^4t)	98	361	106	564	417	606	193	1216	440	954	426	1820	1019	823	1842	5443
溶解气油比(m^3/t)	54	54	54	54	57	57	57	57	51	61	61	61	62	62	62	60
采收率(%)	15	15	15	15	15	15	15	15	15	15	15	15	20	20	20	17
可采原油地质储量(10^4t)	15	56	16	87	64	93	30	187	68	147	65	280	201	163	364	918
溶解气采收率(%)	17	17	17	17	17	17	17	17	17	17	17	17	18	18	18	18
溶解气地质储量(10^8m^3)	0.53	1.95	0.57	3.05	2.38	3.45	1.10	6.93	2.68	5.82	2.60	11.10	6.32	5.10	11.52	32.50
可采溶解气地质储量(10^8m^3)	0.09	0.34	0.10	0.53	0.40	0.58	0.18	1.16	0.47	1.03	0.46	1.96	1.15	0.93	2.08	5.73

第二节　开发试验研究

为摸索油田合理的开发注水方式，1991—1993 年共开展了间注、停注和行列注水三项开发试验，已得出了初步结论。

一、试验区的选择原则

（1）具有代表性。油田以裂缝发育为主要特点，但也存在大量裂缝欠发育储层，在试验区选择时要兼顾这两种储层特点。

（2）具有一定规模。试验区选定后，试验区外围注水井和边水对试验区将产生影响，所以试验区要有一定数量的不受边界条件影响的单井。

（3）历年资料相对丰富。

（4）对全油田生产不会产生严重影响。

据以上原则，在 H_2 和 H_3 分别选择了 6 个井组作为间注试验区，H_2 的 10 个井组作为停注（天然能量）试验区，H_3 的 15 个井组为行列注水试验区。

二、间注试验

1. H_2 间注试验

1）基本情况

H_2 试验区位于 H_2 的北部，6 个井组连片分布，有 28 口采油井。

主力油层为 H_2^{2-3}、H_2^{2-2}、H_2^{2-1} 和 H_1^{2-2}，油层平均厚度 7. 5m。主力层大部分井处在主水道上。据裂缝研究成果综合判断，本区裂缝欠发育，H1173 井组存在 3~4 口裂缝相对发育的井。

试验区油井初期日产能一般都在 10t 以下，但 H1171 和 H1173 井组东侧的少部分井单井日产能超过 20t，平均日产能 8. 4t，比全区平均日产能低 2. 9t。同期注水井注水，注水后部分采油井即见水，统计该区 15 口见水井，日平均水推速度 2. 1m。水窜井组多集中在 H1148、H1173、H1170 和 H1144 井组，水窜方向 53. 3%为北东—南西向、31%为北西—南东向。

停注前区日产液 99. 0t，日产油 43. 0t，综合含水 56. 6%，累计采油 6.96×10^4t，产水 5.53×10^4m^3，累计注水 11.3×10^4m^3，注采比 0. 8，存水率 0. 51。在试验前试验区已进入中含水期。试验阶段累计产油 3.02×10^4t，产水 6.74×10^4t，累计注水 4.25×10^4m^3，累计注采比 0. 62，存水率 0. 21。

2）试验简况

试验从 1991 年 11 月开始，至 1994 年 12 月已进行了 3 个半周期（表 4-2-1）。

表 4-2-1　H_2 间注试验区试验简况

时间	简况
1991. 11—1992. 12	第一轮停注
至 1993. 5—7	第一轮复注
至 1993. 10. 1	第二轮停注
至 1993. 10. 20	第二轮复注
至 1994. 4	第三轮停注
至 1994. 10	第三轮复注
至 1994. 12	第四轮停注

采油井实行连采。第一轮、第二轮、第三轮复注分别以 1. 65m^3/(d · m)、3. 18m^3/(d · m) 和 1. 0m^3/ (d · m) 强度注水。

3）生产特点

从单井分析看，各轮停复注分别表现出相似的生产特征，即在停注期间液量、含水、压力下降，油量稳定或稍上升；复注时，液量、含水、压力上升，油量下降。具体表现为以下几点：

（1）停注和复注时，含水和液面反应显著，油量稍有变化（表 4-2-2），如第二轮停注前后对比，19 口可对比井日产液下降 49t，日产油上升 14t，含水下降 21. 3%，动液面平均降 187m。据中心井统计，注水井停注的有效期一般为 1~4 个月。平面上东侧边缘井在停注后，由于裂缝发育存在含水上升现象。

表 4-2-2　H_2 层间注区生产对比表

轮次	停注					复注				
	对比井数（口）	液量（t/d）	油量（t/d）	含水（%）	液面（m）	对比井数（口）	液量（t/d）	油量（t/d）	含水（%）	液面（m）
第一轮	19	-26.5	-12.1	+1.2	-85	19	-61.2	-9.6	+21.8	+63
第二轮	19	-49.0	+14.0	-21.3	-187	19	+22.4	-1.3	+7.8	+76
第三轮	19	-49.6	+6.0	-21.0	-56	18	+54.3	-15.5	+32.9	+205
第四轮	15	-34.6	+18.1	-32.3	-101					

（2）复注注水强度不同采油井水窜速度也不同。据可靠的 2 口井分析，复注期注水强度为 1.0m^3/(d·m)、1.65m^3/(d·m) 和 3.183m^3/(d·m)，水窜速度分别为 2m/d、7m/d 和 10m/d。

（3）间注区停注时堵水能产生更好的效果。统计 1992—1994 年间注区堵水 15 井次，成功率 80%，平均单井年增油 446t。部分井在复注后即堵水失效，如 H1161 井于 1993 年 11 月堵水有效，而 1994 年 4 月 H1148 和 H1173 复注后日产液量从 9.8t 上升至 27.5t，日产油量从 2.9t 降至 0.6t，含水从 70%升至 98%。

4）效果评价

整体而言，间注有一定效果，表现为：

（1）递减减缓，第一轮停注期间，间注区水平自然递减从 54.6%降为 9.1%，按试验前的递减趋势计算，间注试验期间共增油 5677t。

（2）水驱控制程度增加，据 8 口中心井试验前数据计算水驱控制储量为 25.5×10^4t，目前数据计算水驱控制储量为 121.6×10^4t。全试验区的驱替特征曲线也明显变缓。

（3）地层压力未大幅度下降。据油井统计，试验前地层压力 10.7MPa（3 口井），而目前地层压力 9.63MPa（5 口井），在少注水 7.1×10^4m^3 的情况下地层压力下降幅度很小。

2. H_3 间注试验

1）基本情况

H_3 试验区位于 H_3 北部，6 个井组连片分布，有 29 口采油井。

试验区主力油层为 H_3^3 和 H_3^{1-2}，油层平均厚度 14.1m，发育良好的主河道沉积。据区内取心井 H262 统计，在 H_3 段共见 110 条裂缝，绝大部分为垂直裂缝。

试验区初期产能较高，日产大多超过 20t。在注水井投注后采油井即见水，平均日水推速度 5.3m。水窜主方向不明显。

试验前区日产液 209.2t，日产油 20.7t，综合含水 90.1%，累计采油 9.4×10^4t，采水 12.4×10^4m^3，注水 12.4×10^4m^3，注采比 0.51，地层压力 12.18MPa。

2）试验进展简况

试验于 1991 年 11 月开始，当月停注 4 口井，1992 年 1 月停注 1 口井，共日停注水量 140m^3。至 1992 年 12 月全面复注。由于停注期压力稳定，供液能力强，未产生明显效果，以后再未进行停注。

3）生产特征

改变注水方式后，采油井变化不大，主要特征为：

（1）采油井含水不降。对比20口采油井，停注和复注均未造成明显变化的井16口，占80%。16口井中，原水淹井14口。

复注后造成含水上升井2口、下降井1口。

（2）少部分井停注液量降，复注又回升。对比20口井，6口井在停注后液量明显下降，下降幅度为3~12.5t，复注后又回升。这些井含水变化都不大。

（3）裂缝发育，有外围水源补充。在1992年2月至1992年11月停注期间，试验区共采水5.35×$10^4$$m^3$，此时累计注水量已小于采水量，动液面却稳定在500~600m，说明试验区外围有水量补充。因此，地层压力在1992年12月复注前仍高达13.34MPa。

4）效果评价

与H_2间注区比较，H_3试验区效果不理想，但驱替特征曲线仍有变缓趋势，水驱储量从20×10^4t增加至25×10^4t，递减也变缓。

3. 结论

由上面的分析可得出下列结论：

（1）间注在裂缝欠发育区可在一定程度上改善开发效果。

（2）裂缝发育区实行间注受到外围水源的严重影响，效果也不如裂缝欠发育区。

（3）复注时的注水速度与含水上升速度有直接关系。

三、停注（天然能量驱）试验

1. 基本情况

1993年9月，在H_2南部开辟了10个井组的停注试验区，试验天然能量开发的效果。为避免外围注水井的干扰，与试验区相邻的H1186井、H1194井、H249井也实行了停注。

试验区有10口水井32口油井，面积约3.0km^2，主力油层为H_2^{2-3}、H_2^{2-1}、H_2^{1-2}和H_2^{2-2}，油层平均厚度10.7m。据区内H262取心，在H_2段共见裂缝112条，绝大部分为垂直裂缝。

试验区初期产量较高，平均日产油10.4t。注水后油井见水很快，平均日水推速度1.84m。

停注前，区日产液290.6t，日产油量131.7t，综合含水54.7%，累计采油35.7×10^4t，采水21.0×$10^4$$m^3$，注水46.4×$10^4$$m^3$。地层压力12.43MPa。

试验从1993年9月开始，分三批停注，当月全部停完。

2. 生产特点

停注试验区表现出如下特点：

（1）产液量下降、含水下降、油量上升。对比23口油井，液量下降井15口，占65.2%。油量下降井7口、油量上升11口，稳定井3口。这23口井平均日产液由10.1t降为9.5t，目前为7.7t，日产油由4.6t升至5.4t，目前为5.5t；综合含水由54.5%降为33.2%，目前为27.9%。

（2）地层压力下降幅度小，气油比稳定。据8口相同井点压力对比，停注前为12.64MPa，目前为12.1MPa，下降幅度为0.54MPa，平均月降0.03MPa。平面上，南部油

井地层压力下降幅度大些，为0.72MPa，而北、东部地层压力基本保持在停注前压力附近，说明边部地层水对试验区有供给。据Cl^-资料，东部部分井Cl^-有上升趋势，如H1195、H1198井Cl^-都从1800mg/L上升至目前的2900mg/L。

（3）停注后堵水效果优于全区。试验区在1994年7—11月间，共堵水7口，成功率100%，单井平均年增油524t，比全层高153t，有效期277.6d，比全层长157.7d。

3. 效果评价

（1）停注后水平自然递减稳定（2.0%），按此计算至1994年12月共增油3850t。

（2）驱替曲线变缓，水驱控制程度增加。

（3）在少注水$8.2\times10^4m^3$的情况下，地层压力未见大幅度下降。

（4）停注后地层压力在饱和压力附近时，是可以改变开发效果的。当地层压力降至饱和压力以下时开发效果无法预测。

四、行列注水试验

1993年7月，为试验沿裂缝主方向注水改善开发效果的可能性，在H_3东部开辟了15个井组二排注水井夹五排采油井的行列注水试验区。试验区共有油水井78口。试验区主力油层为H_3^2，平均有效厚度17.7m，属主河道沉积。试验前，区日产液592.9t，日产油66.4t，综合含水88.0%。累计采油33.8×10^4t，采水$72.3\times10^4m^3$，注水$44\times10^4m^3$。

按注水井点的变换，试验分为两个阶段：

1993年7月至1994年6月，注水井排注水井加大注水量注水，采油井排注水井转采。

1994年6月至1996年2月，注水井排采油井转注、并再一次增加东侧注水井水量。

1. 生产特征

（1）单井反应不明显。据单井对比分析，除个别井因停注产量有所增加外，其余单井液量、含水、液面变化均不明显。对比25口单井，液量稳定井14口，占56%；含水稳定井18口，占72%；液面稳定井13口，占52%。但由于个别井的影响左右了全试验区的形势。据1994年资料，油量增加明显的有2口井，即H1276井和H1324井，它们分别是由于H1292井停注、H1325井复注造成油量升、含水降的，合计增油4000t。

（2）注水井排压力稳定。比较注水井排原6口注水井井口压力，压力上升的有2口，下降或稳定的有4口。压力上升井分布在西侧井排，压力下降井分布在东侧井排。整体上压力无大的起伏，由此可见在注水井排增加注水$6.0\times10^4m^3$后，沿南北向憋压还未见到效果。

2. 效果评价

从递减和水驱特征曲线上看，行列注水区有一定效果，但要最终准确评价试验效果还为时过早。

第三节　数模研究

一、运行环境和黑油模型

运行环境：SUN470工作站。

模拟软件：SIMBESTⅡ1.2版。

黑油模型：三维三相双孔双渗模型。数学模型为沃特—茹特模型。

二、工作区的选择原则及选择

（1）具有代表性，能反映油田地质和生产特点，对生产有指导作用。

（2）具有丰富齐全的动、静态资料。

据此选择了5个区，各工区概况见表4-3-1。

表4-3-1　各工区概况

工区	层位	中心井组	总井数（口）	面积（km^2）	储量（10^4m^3）	网格数
Ⅰ	H_2	H205，H1144，H1171	40	4.6	377.08	25×4×3＝300
Ⅱ	H_3	H1230，H1256，H1292	50	5.84	608.66	29×19×4＝2204
Ⅲ	H_3	H1284，H1317	20	1.32	308.35	12×11×3＝396
Ⅳ	H_4^1	H004，H1429，H1371，H1450	6.72	6.72	890.00	24×18×3＝1296
Ⅴ	H_4^2	H1345，H1347，H1371，H1373	27	6.72	916.00	24×18×1＝432

Ⅰ区主要代表低产低含水的生产特点，裂缝欠发育。Ⅱ区主要代表中产高含水的生产特点，裂缝发育。Ⅲ区主要为确定H1284和H1317两个未注水井组今后的开发方式。Ⅳ区主要代表H_4低产低含水的生产特点，裂缝欠发育。Ⅴ区主要为确定H_4^2加密的可行性。为准确得到以上井组的模拟结果，各工区都向外扩充一、二排井。

三、数学模型

1. 网格设置、地质参数场

平面上设*X*方向为东西向，*Y*方向为南北向。采用不等距网格，地质参数和PVT数据都来自开发方案。

2. 裂缝渗透率和孔隙度

由于基质渗透率很小，对动态生产不敏感，故设置为常数。

裂缝渗透率据FMS测井、试井、示踪剂和统计资料计算，南北向取850mD，东西向184mD。测井平均渗透率90mD，各井层以此值进行相对校正。裂缝孔隙度不大，取0.5%。

3. 非油层的处理

由于非油层可能是油流通道，所以令其有效厚度为0.1m。

四、历史拟合

按一般拟合的工作方法，先后进行了储量拟合、敏感性分析和动态参数拟合，其中对采注量和含水率进行了重点拟合。单井含水拟合结果见表4-3-2。

表4-3-2　各工区单井含水率拟合结果

工区	符合率	符合	基本符合	不符合
Ⅰ	井数（口）	12	11	6
	占比（%）	41	38	21
Ⅱ	井数（口）	9	18	9
	占比（%）	25	50	25

续表

工区	符合率	符合	基本符合	不符合
Ⅲ	井数（口）	7	4	4
	占比（%）	47	27	27
Ⅳ	井数（口）	20	10	4
	占比（%）	59	29	12
Ⅴ	井数（口）	18	1	2
	占比（%）	86	5	9

五、方案设计及预测

Ⅰ区设计了5套方案，即周期注水、行列注水、沿水窜井注水、停注和加密反九点（图4-3-1和图4-3-2）。

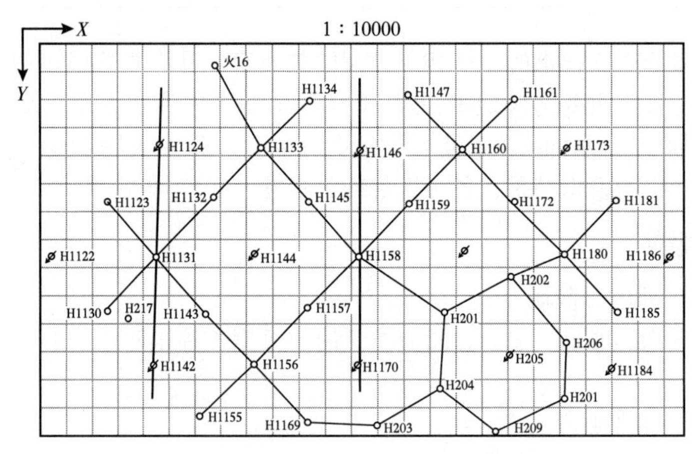

图4-3-1　H_2层模拟区（Ⅰ区）行列注水井网图

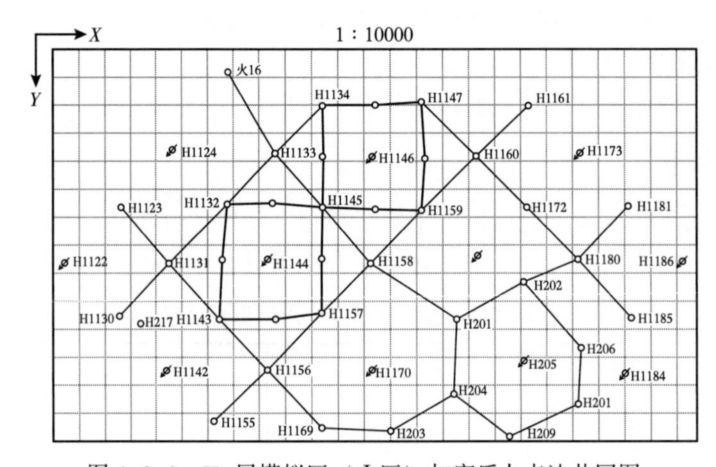

图4-3-2　H_2层模拟区（Ⅰ区）加密反九点法井网图

Ⅱ区设计了 3 套方案，即二夹五行列注水、边部井排注水、停注（图 4-3-3 和图 4-3-4）。

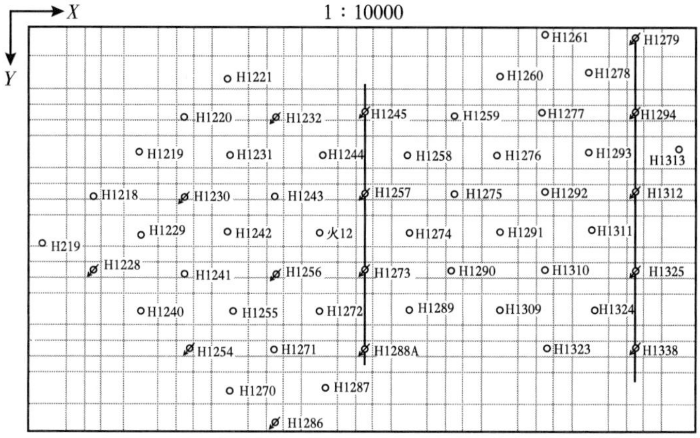

图 4-3-3　H_3 层模拟区（Ⅱ区）二排加五排行列注水井网图

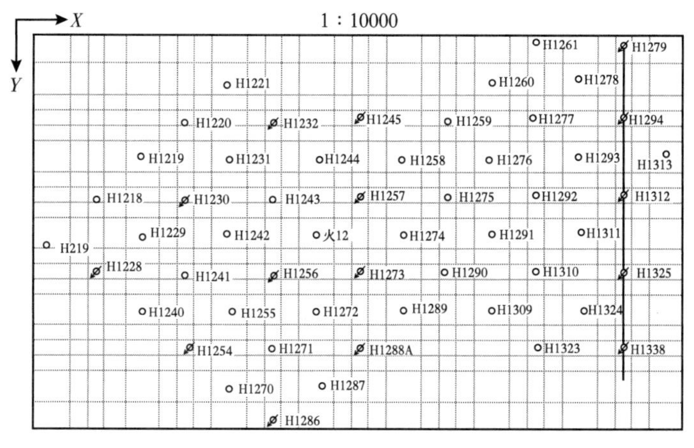

图 4-3-4　H_3 层模拟区（Ⅱ区）边部井排注水井网图

Ⅲ区设计了 1 套方案，即注水方案（图 4-3-5）。

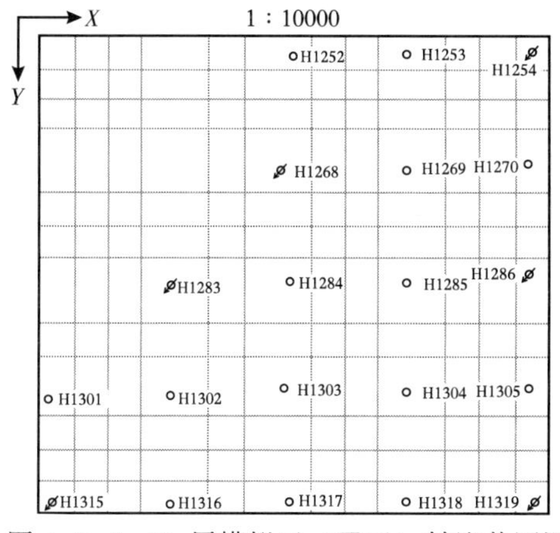

图 4-3-5　H_3 层模拟区（Ⅲ区）转注井网图

Ⅳ区设计了 2 套方案，即五点加行列，加密反九点加行列（图 4-3-6 和图 4-3-7）。

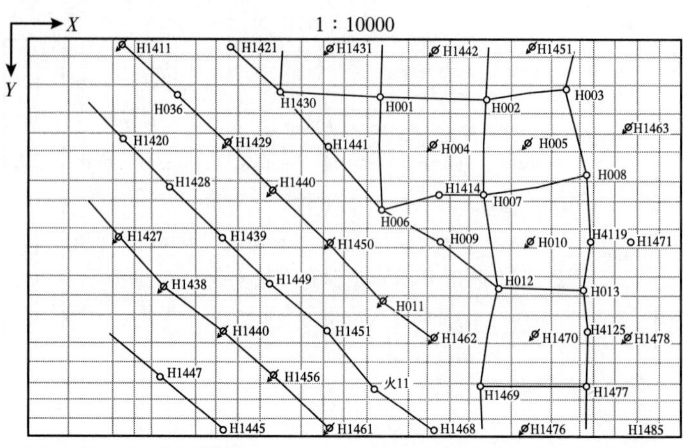

图 4-3-6　H_4^1 层模拟区（Ⅳ区）反五点法加行列注水井网图

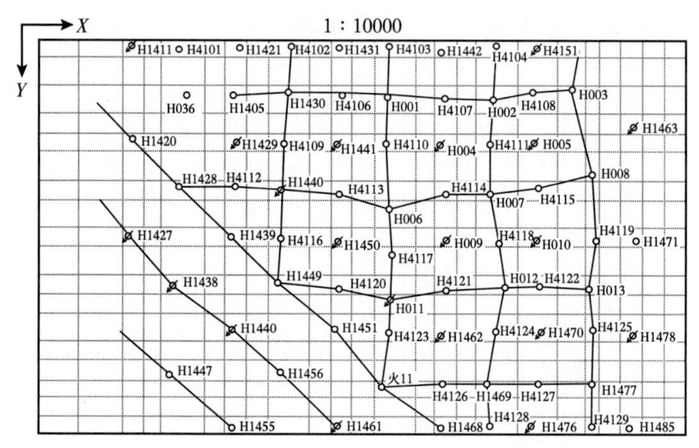

图 4-3-7　H_4^1 层模拟区（Ⅳ区）加密反九点法加行列注水井网图

Ⅴ区设计了 3 套方案，即五点、加密反九点、停注（图 4-3-8 和图 4-3-9）。

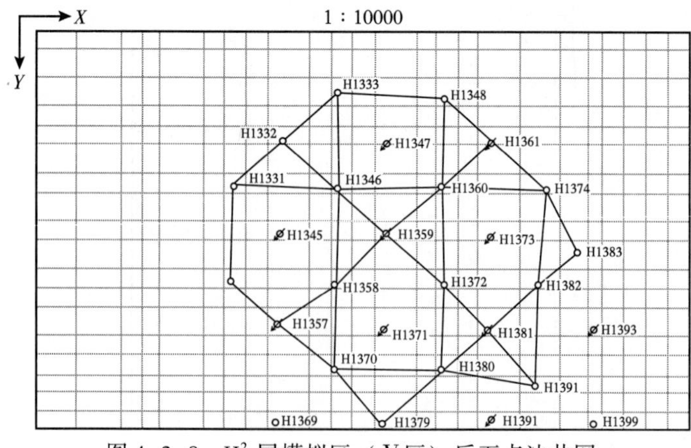

图 4-3-8　H_4^2 层模拟区（Ⅴ区）反五点法井网

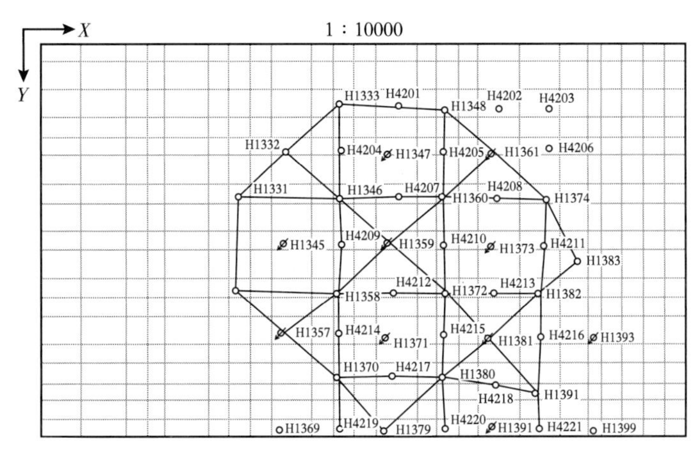

图 4-3-9　H_4^2 层模拟区（Ⅴ区）加密反九点法井网

预测结果见表 4-3-3。

表 4-3-3　预测至 2000 年各方案开发指标表

模号	方号	开发方式	井数（口）			累计产油量（10^4t）	累计产水量（10^4m^3）	年末含水率（%）	综合含水率（%）	累计注水量（10^4m^3）	采出程度（%）	地层压力（MPa）
			总井数	油井数	水井数							
Ⅰ	0	维持现状	40	29	11	31.35	24.85	52.0	44.2	64.13	8.32	13.7
	1	周期注水	40	29	11	32.43	27.25	53.1	45.7	77.45	8.60	13.2
	2	行列注水	40	27	13	29.2	38.69	71.1	57.0	71.53	7.75	12.5
	3	加密反九点法	48	37	11	39.06	31.62	51.1	44.7	69.01	10.36	13.3
	4	停注	29	29	0	30.44	23.28	45.3	43.3	27.95	8.07	11.4
	5	沿裂缝注水	40	25	15	28.61	18.26	46.5	39.0	77.62	7.56	13.1
Ⅱ	0	维持现状	53	39	14	36.36	63.04	83.85	63.46	99.05	5.97	14.9
	1	2 夹 5 行列注水	53	38	15	41.85	81.13	88.17	65.94	110.24	6.88	14.7
	2	边部井排注水	53	38	15	40.24	61.12	85.06	60.30	109.90	6.61	15.1
	3	停注	38	38	0	40.26	42.38	76.24	51.28	46.59	6.61	14.5
Ⅲ	0	维持现状	20	15	5	29.16	5.62	33.00	16.16	24.73	9.46	10.7
	1	注水开发	20	13	7	33.78	12.03	50.44	26.26	40.80	10.96	11.0
Ⅳ	0	维持现状	47	34	13	96.26	83.29	82.54	46.39	105.10	10.81	14.2
	1	反五点加行列	47	26	21	89.02	54.61	50.00	38.02	135.71	9.99	14.9
	2	加密加行列	76	55	21	136.80	56.19	84.89	80.42	151.90	15.36	14.2
Ⅴ	0	维持现状	27	21	6	73.40	66.25	72.47	47.44	82.40	8.01	12.2
	1	反五点法	27	17	10	67.03	86.94	85.28	56.46	112.96	7.31	13.7
	2	加密反九点法	48	38	10	87.51	139.42	83.10	61.44	109.74	9.55	11.4
	3	停注	21	21	0	79.50	80.87	72.89	50.43	32.14	8.67	12.1

由此可见，Ⅰ区周期注水，Ⅱ区停注，Ⅲ区注水开发，Ⅳ维持现状或加密加行列（经济上若允许），Ⅴ区停注方案开发效果较好。

六、工艺试验初析

近年来，油田已采用的工艺试验有压裂、堵水、酸化、隔水和挤油（共施工267井次，增油5.6×10^4t）。综合起来有下列认识：

（1）压裂、堵水是主要措施，取得了一定效果。

据历年资料统计，1989—1993年共压裂111井次，有效井82井次，成功率73.9%，平均单井增油206t，年合计增油2.3×10^4t，占5项措施增油的41.1%；共堵水104井次，有效井60井次，成功率57.7%，平均单井增油252t，年合计增油2.7×10^4t，占47.4%。

（2）措施成功率高，但低效井多。

由上面数据可见，主要措施压裂和堵水成功率是很高的，但据历年年增油分级分析，措施有效井中低效井很多。按一个作业井总成本10万元计算，达到收支平衡的增油量应为100t左右，若以此为界限，在82口压裂有效井中低效井26口，占31.7%；在9口隔水有效井中低效井5口，占55.6%；60口堵水有效井中低效井13口，占21.7%；在8口酸化有效井中低效井5口，占62.5%。

由压裂井的分析，可得出下列结论：

①分压成功率高，增油量大。据1992年分压井统计，分压18口，成功15口，成功率为83.8%。如H012井于1991年8月投球选压效果极差，1992年7月分层压裂，日产油由2.7t上升至10.4t，增产效果显著。

②裂缝欠发育区压裂效果优于裂缝发育区。统计裂缝发育区压裂井8口，有效2口，成功率25.0%。它们一般伴有含水上升，所以无效。如H1279井处在H_3裂缝发育区，于1992年8月压裂后日产液从10.4t上升至15.9t，含水从87%上升至99%，完全水淹。

③据压裂数模研究，在渗透率很小时（$K<1$mD），加砂量虽增大1倍，井增产能量变化不大。在渗透率较大时（$K=50$mD），加砂量增加井增产量变化不大，压裂井的效果与油层厚度、地层压力有直接关系。

由堵水井的析可得出下列结论：

一是聚丙PSE-1、聚丙FSE-1和聚丙—黏土双液法3种堵剂（方法）有较高的成功率和较高的增油量（表4-3-4）。据目前资料分析，FSE-1更适合微缝，双液法较适应小裂缝。如H1220据示踪剂计算裂缝开度1.01mm，半长664.7m，1993年5月用176.7双液封堵后，含水从98%降为60%，日产油从0.2t升为3.2t，累计增油690t。

表4-3-4　不同堵剂效果对比

堵　剂	施工井数（口）	有效井数（口）	成功率（%）	井有效日（d）	井增油量（t）	井减水量（m^3）	年增油量（t）	年减水量（m^3）
碱渣+$CaCl_2$	6	3	50	613	4426	2691	13279	9273
水玻璃+$CaCl_2$	7	2	29	33	54	291	107	581
聚丙PSE-1	3	2	67	94	537	53	714	107
聚丙FSE-1	71	49	69	128	593	1493	29074	53569
聚丙—黏土双液法	20	13	65	131	460	1396	5983	18148

二是处理强度大，成功率高（表 4-3-5）。

表 4-3-5　处理强度与成功率的关系

堵剂	一级						二级						三级					
	措施井数（口）	有效井数（口）	成功率（%）	处理半径（m）	处理强度（m^3/m）	规模量（m^3）	措施井数	有效井数	成功率（%）	处理半径（m）	处理强度（m^3/m）	规模量（m^3）	措施井数	有效井数	成功率（%）	处理半径（m）	处理强度（m^3/m）	规模量（m^3）
聚丙 FSE-1	29	12	41	3	5	80	37	31	83	4~5	5~15	80~150	5	5	100	>6	>15	>150
聚丙—黏土双液法	5	3	60				11	8	73				4	4	100			

三是重复堵水效果变差（表 4-3-6）。

表 4-3-6　FSE-1 重复堵水效果统计

轮次	措施井数（口）	有效井数（口）	成功率（%）	年增油（t）	井均增油（t）	井均有效日（d）	措施后增油（t）
一次	96	66	96.9	51067	532	127	11.8
二次	31	16	52.0	3894	119	40.4	40.0
三次	7	3	43.0	678	97	37.4	77.0
四次	1	0	0				

第四节　油藏潜力分析

一、已开发区潜力分析

已开发区油藏潜力分析的目的是找出剩余油富集区、带并确定存在形式。目前要搞清这一问题难度较大，平面潜力只能用单井控制储量和累计采出量进行比较。剖面潜力只能利用吸水出液剖面、工艺措施效果、密闭取心资料以及近期 3 口井的水淹层解释资料进行综合分析。

1. H262 和 H263 两口检查井水洗特征

H262 井位于 H_2 和 H_3 的注入水水淹区，从 H_2 的顶部至 H_3 底部进行全井密闭取心，取心进尺 251.1m，岩心实长 244.55m，取得各种级别含油岩心 31.6m，现场观察Ⅱ级水洗段 1 段 1.1m，层位为 H_3^{2-1}，Ⅲ级水洗段 2 段 4.5m，层位为 H_3^{1-2} 和 H_3^{1-3}，电测解释：无中—强水淹层，基质含油饱和度 60.5%，接近原始含油饱和度。目前已试油 3 层（表 4-4-1）。

H263 井位于 H_1^1 和 H_1^2 的地层水水淹区，从 H_4 层顶部至底部密闭取心，取心进尺 96.1，岩心实长 90.67m，取得各种级别含油岩心 36.67m，现场观察Ⅱ级水洗 2 段 4.3m，层位 H_4^{1-3} 和 H_4^{2-2}。Ⅲ级水洗 2 段 11.0m。见沿裂缝水洗 4 段 6.7m。岩心分析基质中的平均含油饱和度高达 60.3%。目前已试油 3 层（表 4-4-1）。

表 4-4-1 H262 井和 H263 井试油成果表

井号	序号	试油井段(m)	层位	岩心分析			水洗级别	试油初期				备注
				S_o(%)	ϕ(%)	K(mD)		日产液(t)	日产油(t)	含水(%)	累计油(t)	
H262	1	1636.5~1642.	H_3^3	60.6~69.5	8.93~9.82	0.014~0.102	4			100	0	出水
	2	1589~1591	H_3^{2-1}	66.5	9.86~11.69	0.144~1.418	3	21.3	0.4	98.0	33	
	3	1556~1559	H_3^{2-1}	48.9~33.3	8.64~10.38	0.180~0.229	3~4	20.5	0.4	98.0	130	
	4	1504~1510	H_2^{3-2}					不出				非油层
H263	1	1604~1606	H_4^{2-2}	47.2~72.1	15.5~16.3	2.19	3~4	14.2	11.6	18.0	2898	试时含水98%
	2	1583~1588	H_4^{1-3}	32.1~77.8	12.12-15.9	0.13~24.66	3	5.4	2.2	60.0	317	
	3	1571~1574	H_4^{1-2}	53.2~57.2	9.06~11.95	0.101~2.442	3	13.8	3.1	78.0	164	

注：S_o 为含油饱和度，ϕ 为孔隙度，K 为渗透率。

2. H2316、H266 和 H2413 三口新井水淹层测井解释结果

从 1994 年新钻的 3 口井水淹层解释资料（表 4-4-2 至表 4-4-4）看，H2316 井和 H2413 井油层水淹程度低，仅见弱水淹，H266 井水淹程度较高为中—强水淹。结合密闭取心井试油资料认为主要是裂缝见水使得测井解释含油饱和度偏低。

表 4-4-2 H2316 井水淹层解释结果及建议试油井段

层位	井段(m)	H(m)	Rt(Ω·m)	AC(μs/m)	S_o(%)	解释结果	层号	试油井段(m)	h(m)
H_2^{1-2}	1312.4~1324.5	12.1	44.9	249.3	63.5	油层			
H_3^{1-2}	1436.4~1440.2	3.8	56.2	232.6	42.1	油层			
H_3^{1-3}	1448.8~1452.8	4.0	57.1	228.0	42.1	油层			
H_3^{2-1}	1466.2~1473.2	7.0	90.4	231.9	56.5	油层		1466.5~1473.0	6.5
H_3^{2-2}	1475.8~1484.0	8.2	55.2	237.1	36.9	强水淹层		1480.0~1483.0	3.0
	1486.0~1494.0	8.0	43.2	247.9	29.8	弱水淹层	1	1489.5~1494.0	4.5
H_3^3	1508.0~1510.0	2.0	105.9	224.3	55.1	油层		1508.0~1510.0	2.0
	1512.0~1523.4	11.4	50.8	235.3	33.6	弱水淹层		1519.5~1522.5	3.0
H_4^{1-1}	1546.6~1549.8	3.2	78.2	251.6	47.9	油层			
H_4^{1-2}	1560.6~1562.8	2.2	95.7	250.2	44.0	油层			

注：H 为厚度，Rt 为地层电阻率，AC 为声波时差。

表 4-4-3 H266 井水淹层解释结果及建议试油井段

层位	井段(m)	H(m)	Rt(Ω·m)	AC(μs/m)	S_o(%)	解释结果	层号	试油井段(m)	h(m)
H_2^{1-2}	1420.2~1426.0	5.8	47.0	240.3	60.3	油层			
H_2^{2-3}	1475.0~1477.5	2.5	26.9	230.4	31.7	弱水淹层			
H_2^{3-1}	1489.0~1491.0	2.0	18.3	244.2	15.1	弱水淹层			
	1492.5~1497.0	4.5	37.9	234.7	46.1	弱水淹层			

续表

层位	井段（m）	H（m）	Rt（Ω·m）	AC（μs/m）	S_o（%）	解释结果	层号	试油井段（m）	h（m）
H_2^{3-3}	1512. 0~1529. 5	17. 5	20. 2	241. 4	16. 3	强水淹层			
H_3^{1-2}	1562. 0~1564. 5	2. 5	55. 2	226. 6	40. 8	强水淹层			
	1564. 5~1565. 8	1. 3	36. 3	228. 2	17. 3	强水淹层			
H_3^{2-1}	1571. 0~1574. 5	3. 5	52. 2	224. 9	32. 6	强水淹层			
	1590. 0~1592. 0	2. 0	36. 2	231. 2	25. 1	强水淹层			
H_3^{1-3}	1592. 5~1594. 0	1. 5	30. 6	238. 7	14. 74	强水淹层			
	1599. 0~1603. 7	4. 7	99. 3	229. 2	57. 0	中水淹层			
	1604. 0~1607. 0	3. 0	68. 7	255. 2	61. 3	中水淹层			
	1608. 0~1609. 0	1. 0	41. 1	256. 6	50. 2	中水淹层			
H_3^{2-2}	1610. 0~1613. 5	3. 5	49. 7	235. 9	45. 3	中水淹层			
	1616. 0~1619. 0	3. 0	56. 1	233. 6	46. 7	中水淹层			
	1624. 0~1626. 0	2. 0	80. 7	279. 2	68. 1	中水淹层			
	1636. 5~1637. 2	0. 7	54. 2	233. 5	44. 0	油层	1	1636. 5~1637. 5	1. 0
	1638. 0~1643. 0	5. 0	44. 5	241. 8	39. 3	中水淹层		1638. 5~1643. 0	4. 5
H_3	1643. 7~1645. 5	1. 8	42. 3	242. 2	36. 8	强水淹层			
	1646. 0~1650. 0	4. 0	46. 7	237. 0	39. 3	强水淹层			
	1651. 0~1656. 0	5. 0	54. 5	248. 0	52. 7	强水淹层			

表 4-4-4 H2413 井水淹层解释结果及建议试油井段

层位	井段（m）	H（m）	Rt（Ω·m）	AC（μs/m）	S_o（%）	解释结果	试油层号	试油井段（m）	h（m）
H_2^{2-2}	1369. ~1374. 4	5. 4	32. 3	259. 1	44. 8	油层			
H_3^{1-3}	1464. ~1471. 0	7. 0	41. 0	242. 5	34. 3	油层			
H_3^3	1524. ~1527. 0	3. 0	123. 5	226. 4	41. 8	油层			
	1534. ~1537. 0	3. 0	108. 3	245. 5	61. 6	油层			
H_4^{1-1}	1559. ~1561. 8	2. 8	56. 2	252. 86	51. 7	弱水淹层			
	1563. ~1567. 8	4. 8	127. 2	241. 4	59. 6	弱水淹层			
H_4^{1-3}	1580. ~1591. 0	10. 7	52. 6	258. 0	54. 1	弱水淹层			
H_4^{2-1}	1592. ~1598. 4	6. 4	94. 0	257. 2	63. 3	弱水淹层			
	1598. ~1603. 0	4. 4	90. 6	254. 1	55. 8	弱水淹层			
H_4^{2-2}	1604. ~1607. 4	3. 4	146. 3	295. 9	70. 3	油层			
	1607. ~1608. 4	0. 6	42. 7	251. 2	33. 5	油层			
	1609. ~1613. 6	4. 4	71. 3	256. 1	49. 1	弱水淹层			
H_4^{2-3}	1624. ~1630. 8	6. 6	275. 1	258. 0	73. 8	油层	1	1625. 0~1630. 0	5. 0
	1631. ~1634. 0	2. 6	130. 9	250. 5	88. 2	油层		1632. 0~1634. 0	2. 0

1995年3月，H266井1636.5~1643.0m井段试油（抽油）。日产油3.0t，含水5%；H2316井1466.5~1522.5m井段试油（抽油），日产油11t，含水1%~2%（可能为作业水）；H2413井1625.0~1634.0m井段试油（抽油），日产油3.0t，含水5%。这3口井都未进行压挤等破堵措施。

从以上资料可以得出如下认识：

（1）部分裂缝已被水充填。水驱油仅在进水裂缝两侧，且厚度不大。

（2）与油层顶部相接的粉砂岩或泥质粉砂岩中也有裂缝被水充填，成为水窜通道。

（3）剩余油主要存在于基质中，而且开采难度大。

剩余油主要分布在基质中，但基质物性差，裂缝又十分发育，渗流孔喉小，渗吸能力差，据H262井和H263井孔喉半径大于1μm的所占比例一般小于5%，仅H_4^{2-2}达到42.9%~51.2%。剩余油开采难度大，如H262井试油第一层的1636.5~1642.0m段H_3^3分析含油饱和度为60.5%~69.5%，未水洗，试油后出水，第二层的1589.0~1591.0m层位H_3^{2-1}弱水洗，分析含油饱和度高达66.5%，试油时日产液21.3t，日产油0.4t，含水98%。主要原因是基质物性太差，第一层岩心分析孔隙度为8.93%~9.82%，渗透率0.014~0.102mD；第二层岩心分析孔隙度为9.86%~11.69%，渗透率0.144~1.418mD。基质岩块的渗流、渗吸能力低，当裂缝与水源沟通后，只出水不出油。

3. 剩余油分布特点

根据重新核实的地质储量，油田动用储量4211×10^4t，H_2、H_3按15%的采收率、H_4按20%的采收率，油田可采储量724.0×10^4t。截至1995年2月累计采油352.1×10^4t，剩余可采储量371.9t，H_2、H_3、H_4^1和H_4^2层的剩余可采储量分别为39.0×10^4t、98.4×10^4t、112.1×10^4t和122.4×10^4t（表4-4-5）。从剩余可采储量情况来看，H_3、H_4^1和H_4^2是今后重点治理挖潜的层块。

表4-4-5　火烧山油田动用储量情况表

层区	动用储量（10^4t）	标定采收率（%）	可采储量（10^4t）	累计采油量（至1995年2月）（10^4t）	剩余可采储量（10^4t）	采出程度（%）
H_2	849	15	127.0	88.0	39.0	10.4
H_3	1520	15	228.0	129.6	98.4	8.5
H_4^1	1019	20	204.0	91.9	112.1	9.0
H_4^2	823	20	165.0	42.6	122.4	5.2
火烧山油田	4211	17	724.0	352.1	371.9	8.4

通过单井统计资料和动态分析，分层剩余油分布及其特点分述如下：

（1）H_2。

平面上大部分地区剩余可采储量小于0.5×10^4t。剩余油富集区零星分布，但主要在西部、东北部的边缘及中部向南延伸的一个条带，剩余可采储量在0.5×10^4~3.0×10^4t，主要是1.0×10^4t左右。剩余油富集区是原始有效厚度较大的地区，其中东北部目前是高含水的地区，主要潜力区在西部和东北部边缘。

剖面上，统计了44口采油井累计动用程度为71.6%，除H_2^{1-1}、H_2^{3-1}和H_2^{3-3}外，动用程度均在70%在上，据23口53井次注水井吸水剖面资料，只有H_2^{1-2}动用程度较低，为

31%，剖面上主要潜力层为 H_2^{1-2}。

（2）H_3。

平面上潜力区主要分布在 H_3 中部和北部地区，尤其是中部地区，剩余可采储量一般大于 3×10^4t，并且连片分布。这一地区原始有效厚度较大，目前也都处在高含水区。分砂层组看，H_3^1 主要分布在油藏的东北部和西南部，H_3^2 层主要分布在油藏北部、中部和东南部，H_3^3 分布在油藏中部和东南部。

（3）H_4^1。

剩余可采储量主要分布在目前的水淹区，一般大于 2.5×10^4t，最高可达 6.9×10^4t，其次为 H1462 井区。该区原始有效厚度较大。剖面上油层动用较为均匀。

（4）H_4^1。

H_4^1 剩余储量大，一般大于 3×10^4t，成片分布，剖面上油层动用也较均匀。

二、储量未动用区的潜力

按核实储量，动用地质储量为 4211×10^4t，未动用储量为 1232×10^4t（表 4-4-6）。

表 4-4-6　砂层组储量动用状况表

层位	地质储量		动用储量							未动用储量						
	A（km^2）	N（10^4t）	A（km^2）	h（m）	ϕ（%）	S_{oi}（%）	ρ_o（g/cm^3）	B_{oi}	N（10^4t）	A（km^2）	h（m）	ϕ（%）	S_{oi}（%）	ρ_o（g/cm^3）	B_{oi}	N（10^4t）
H_1	23.2	565								23.2	(3.8)	13	63	0.882	1.130	565
H_2^1	17.6	417	9.5	(3.9)	12	66	0.882	1.135	226	8.1	(3.8)	13	62	0.882	1.135	191
H_2^2	21.9	606	13.6	(5.5)	12	65	0.882	1.135	450	8.3	(2.9)	13	64	0.882	1.135	156
H_2^3	9.5	193	6.9	(4.3)	12	62	0.882	1.135	173	2.6	(1.6)	11	57	0.882	1.135	20
H_2	28.3	1216	15.7	(9.1)	12	64	0.882	1.135	849	12.6	(4.6)	13	63	0.882	1.135	367
H_3^1	19.1	440	15.5	(4.6)	11	66	0.883	1.145	396	3.6	(2.2)	11	64	0.883	1.145	44
H_3^2	21.4	954	18.0	(6.8)	13	66	0.883	1.145	812	3.4	(6.0)	14	65	0.883	1.145	142
H_3^3	12.5	426	9.2	(4.2)	16	66	0.883	1.145	312	3.3	(4.2)	16	67	0.883	1.145	114
H_3	27.5	1820	23.2	(12.9)	12	66	0.883	1.145	1520	4.3	(10.7)	13	65	0.883	1.145	300
H_4^1	14.0	1019	14.0	(7.4)	19	67	0.884	1.148	1019							
H_4^2	7.9	823	7.9	(9.9)	19	72	0.884	1.148	823							
H_4	14.0	1842	14.0	(13.0)	19	69	0.884	1.148	1842							
H	35.2	5443	35.2						4211							1232

注：( ) 内为反推数据。

1. H_3 未动用储量

H_3 未动用的地质储量主要集中在油田的中南部即 H_4^2 井网覆盖区。地质储量 300×10^4t，含油面积 $4.3km^2$，丰度 $69.8\times10^4t/km^2$，平均油层厚度 10.7m。储层物性、岩性及流体性质等与已开发的 H_3 相近。

开发方案设计这部分储量作为 H_4^2 层的接替，但从 H_4^2 目前采油速度看，在短时间里接替动用 H_3 是不可能的，所以，对 H_3 有必要再设一套井网进行开发。

2. H_2 未动用储量

H_2 未动用地质储量主要集中在油田的南部，含油面积 12.6km²，地质储量 367×10⁴t，丰度 29.1×10⁴t/km²，储层的物性、岩性及流体性质等与已开发区相近，但油层发育程度较差，平均有效厚度 4.6m。开发方案设计作为 H_4^1 井网的接替。从目前 H_4^1 的采油速度看，依靠 H_4^1 的井接替这部分储量将要等较长时间。另外，层未动用区非均质性严重，储量丰度低。单布一套井网开发，经济效益很差。

3. H_1 储量分布特点

（1）储量丰度低：含油面积 23.2km²，地质储量 565×10⁴t，储量丰度 24.4×10⁴t/km²，在未动用储量中，丰度最低，反推油层厚度 3.8m。

（2）连片性差：据 3 个砂层组统计，H_1 共有 64 个油砂体，其中单井点油砂体 38 个，平均油砂体面积 0.55km²。要单独布一套井网开发是不可能的。但在东北部油层较发育，平均有效厚度 8m 左右，可优先接替开发。

（3）试油、试采情况：在制订开发方案时，H_1 有 7 口井 8 个井层进行了试油，产能较低（表 4-4-7）。

表 4-4-7　火烧山油田 H_1 试油成果表

井号	射开层位	射孔井段（m）	射开厚度（m）	措施种类	油嘴或液面	日产量			压力（MPa）			
						油（t）	气（m³）	水（m³）	油压	套压	流压	静压
火 12	H_1^{2-2}	1352.0～1347.0	5.0	挤油	4.0	1.40			0.5	0.2		
火 5	H_1^{2-3}	1417.0～1415.5	1.5	挤油	1260	2.20						
	H_1^{2-2}	1396.0～1393.5	2.5	挤油	1000	2.84						
火 9	H_1^{2-2}	1381.5～1375.5	6.0	压裂	4.0	4.30	184		0.4	1.6	10.1	
火西 1	H_1^{3-2}	1476.0～1472.5	3.5	压裂	427	0.79						12.8
火 1	H_1^{3-2}	1353.0～1358.0	5.0	挤油	900	3.42						
H233	H_1^{1-2}	1505.5～1503.5	2.0	干层								
H234	H_1^{3-2}	1412.0～1416.0	4.0	压裂	262.5	2.60						

从目前 6 口井的生产井情况（表 4-4-8）看，除个别井产能较高外，其他井的产能均较低。这些井零星分布在油田的东部、南部和西部。

表 4-4-8　H_1 目前生产状况表

井号	射开层位	射开厚度（m）	日生产情况			月生产情况			累计生产情况			
			油（t）	水（t）	含水率 %	油（t）	水（t）	工作日（d）	油（t）	水（t）	气（m³）	工作日（d）
火西 1	H_1^{3-2}	3.5	3.1	0.4	11.4	13	1	3.7	602	30	12283	112
H220	H_1^{2-1}											
	H_1^{2-2}	13.5	4.7	0.2	4.1	75	3	15.9	5306	99	93887	756
	H_1^{2-3}											
	H_1^{1-2}											

续表

井号	射开层位	射开厚度(m)	日生产情况			月生产情况			累计生产情况			
			油(t)	水(t)	含水率%	油(t)	水(t)	工作日(d)	油(t)	水(t)	气(m^3)	工作日(d)
H229	P_{2p}^{2-1}											
	H_1^{1-2}	8.5	1.1	0.1	8.3	7	1	7.0	607	63	8851	241
	H_1^{2-2}											
H250	H_1^{3-1}	3.5	19.4	0.8	4.0	576	24	29.7	22286	213	1027915	1148
H259	H_1^{3-1}	6.5	3.8	0.3	8.0	117	10	31.0	4790	293	110441	1121
H1406	H_1^{2-2}	7.0	2.7	0	0	3	0	1.1	3827	164	516523	660

三、工艺措施是油田挖潜提高采收率的有力手段

油田自1989年以来在油井上进行了压裂、酸化、堵水等措施，至1994年12月共措施339井次，有效213井次，成功率62.8%，平均单井年增油332t，累计增产油11.3×10^4t，其中压裂、堵水效果好，共增油10.7×10^4t，占措施总增油量的94.9%。

至1994年12月，水井共进行76井次的调剖，有效52井次，成功率68.4%，对应油井见效74井次，累计增产油2.1×10^4t。由此可见，工艺措施是油田挖潜提高采收率的有力手段。

第五节　Ⅰ期综合治理对策

一、方案编制的原则

(1) 综合治理以增加可采储量，改善开发效果，提高经济效益为目的。

(2) 不同渗流介质类，从生产实际出发，分层系分井区确定开采方式和调整内容，不搞一种模式。

(3) 原则上不打乱现有开发层系，但生产井可根据实际情况进行层系互换。

(4) 井网部署应在经济技术条件允许的前提下，最大限度的控制地质储量，提高储量动用程度和采油速度。

(5) 对生产中出现的问题在未弄清原因又未找到适应的对策前，应先进行试验，待试验取得成功后再进行全面实施。

(6) 对未动用储量应择优加速动用，作好产量接替。

二、实现的开发指标

(1) 使油田的产能从1994年底的34×10^4t恢复到40×10^4t。

(2) 采收率在总公司1993年标定的15%的基础上提高3~5个百分点，力争达到20%。增加可采储量100×10^4~150×10^4t。

(3) 含水上升率控制在5%以下。

三、治理区的划分

1. H_2

根据渗流介质的分布和目前的生产特点，将 H_2 层划分为东部高含水区和西部低含水区。东部高含水区可分为地层水水淹区和注入水水淹区。南部还有储量未动用区（图 4-5-1）。

（1）地层水水淹区 H_2^{2-0}。

地层水淹区共有生产井 16 口，其中采油井 12 口。主要生产特点是 H_2^{2-0} 以下基本水淹，全井含水都在 95%以上，历年堵隔措施基本无效。这个区的主要治理措施是，灰封 H_2^{2-0} 以下油层，上返 H_1。待以后有成熟工艺措施时再回采。理由是：

①目前工艺条件要采 H_2 的剩余油难度极大。

②H_1 有一定油层厚度，而同时可发挥 H_2^1 的储量潜力。

③能产生好的经济效益。

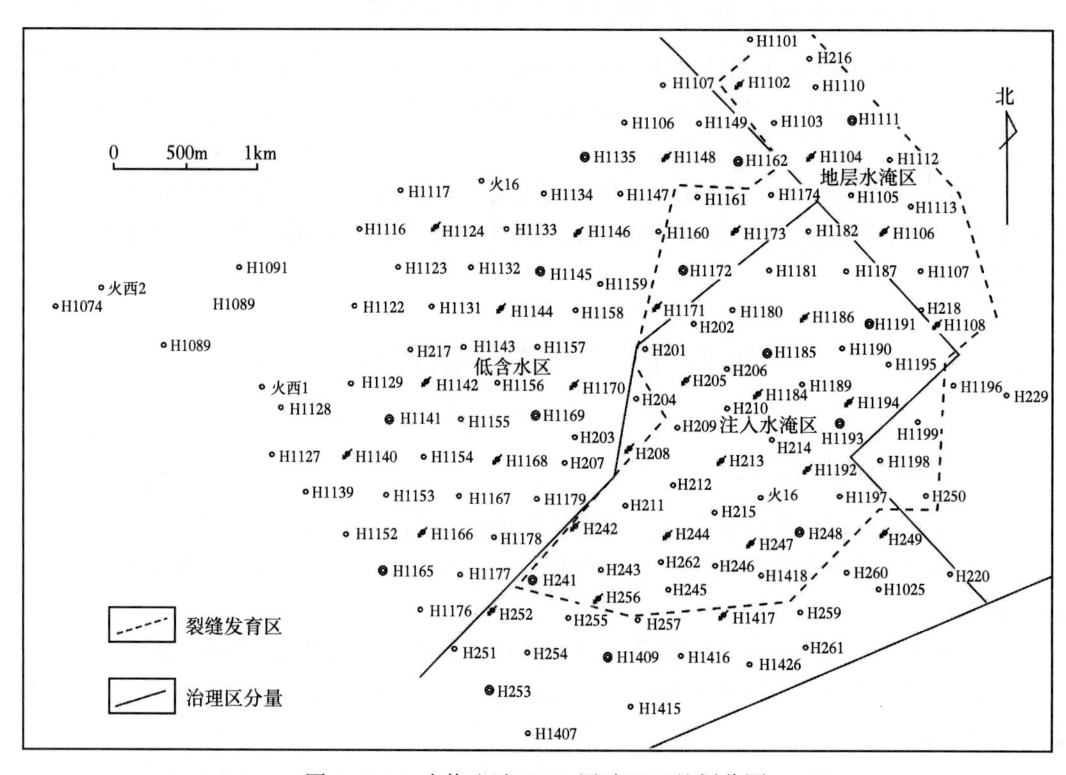

图 4-5-1　火烧山油田 H_2 层治理区的划分图

（2）注入水水淹区。

注入水水淹区共有 47 口生产井，其中采油井 33 口。它的主体处在 H_2 的裂缝发育区，也正与目前 H_2 停注试验区重叠。主要生产特点是初期产能高，水窜速度快，注入水沿裂缝窜流，基本不起驱油作用。目前 H_2 的高产井也主要分布在这个区。

这个区主要治理措施是停注。当地层压力降至明显影响油田生产时，选择合适的井点复注。整体上形成大时间段的间注。理由是：

①停注试验区效果较好，有必要继续进行下去。

②压力在短时间内不会降至严重影响生产的程度。

③H_3 高产区所产生的好的开发效果，与不注水有直接关系。

④H_2 的高产井集中分布在此区，注水井不宜作大的调整。

（3）低含水区。

低含水区共有60口生产井，其中采油井48口。它的主体处在西部的裂缝欠发育区。主要生产特点是注水见效差，低压、低产、低含水，部分井也存在水窜，水窜方向多为北东向，但不严重，所以此区的主要措施是如何搞好注水。理由是：

①裂缝欠发育，多为微裂缝。

②此区的间注试验产生了好的效果。

（4）储量未动用区。

按核实储量，H_2 未动用储量为 367×10^4t，分布在目前 H_2 井网的南部，被 H_3 和 H_4 的井网覆盖。据评价分析，要单打一套井网开发是不经济的，所以只能作为下步开采层的接替层。据其油层分布特点，在东侧有一南北向厚砂体条带，油层发育较好，可优先动用。下伏 H_3 的井含水均超过95%，剩余可采储量极少，故选择 H_3 的井上返 H_2。

2. H_3

根据渗流介质和生产特点，将 H_3 层已开发区划分为3个治理区，即东部高含水区、西部中含水区和高产低含水区。南部还有储量未动用区（图4-5-2）。

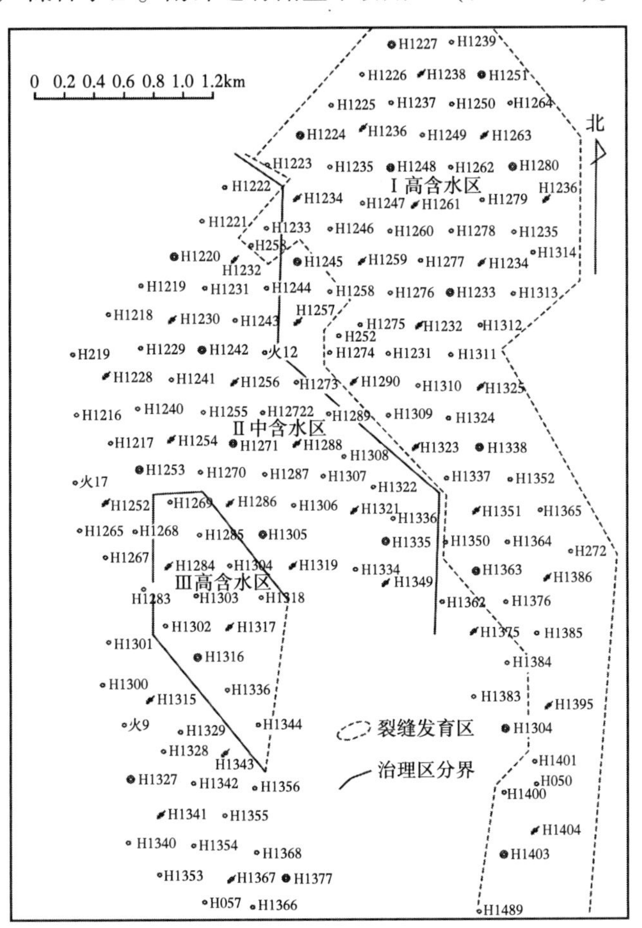

图4-5-2 火烧山油田 H_3 层治理区的划分

（1）高含水区。

东部高含水区共有生产井69口，其中采油井50口（原方案）。主要生产特点：初期产量高，目前高含水，水型既有注入水、又有地层水，水驱油效果差，各种治理措施见效甚微，裂缝极发育。此区主要措施是注水井停注；剩余储量少的高含水井上返 H_2，作为未动用储量的接替和剩余油富集区的调整加密。

（2）中含水区。

西部中含水区共有生产井89口，其中采油井74口（原方案）。此区主要生产特点是：初期产能低，注水后有一定的驱油效果，目前表现为低压、低产、中含水，但也有部分井水淹水窜严重，但整体上裂缝欠发育。所以，此区主要措施是立足于注水，搞好日常维护性措施，在剩余油富集区选少数井点钻调整井。

（3）高产低含水区。

此区即为H1284和H1317井组，共有生产井11口。该区的特点是：初期高产，目前仍高产，裂缝很发育，也是 H_3 层目前的主要产区，所以周围注采井不宜进行大的措施。

（4）储量未动用区（详见本节第四部分）。

3. H_4^1

根据渗流介质和生产特点，将 H_4^1 划分为三个治理区（图4-5-3），其中低含水两个区，高含水一个区。

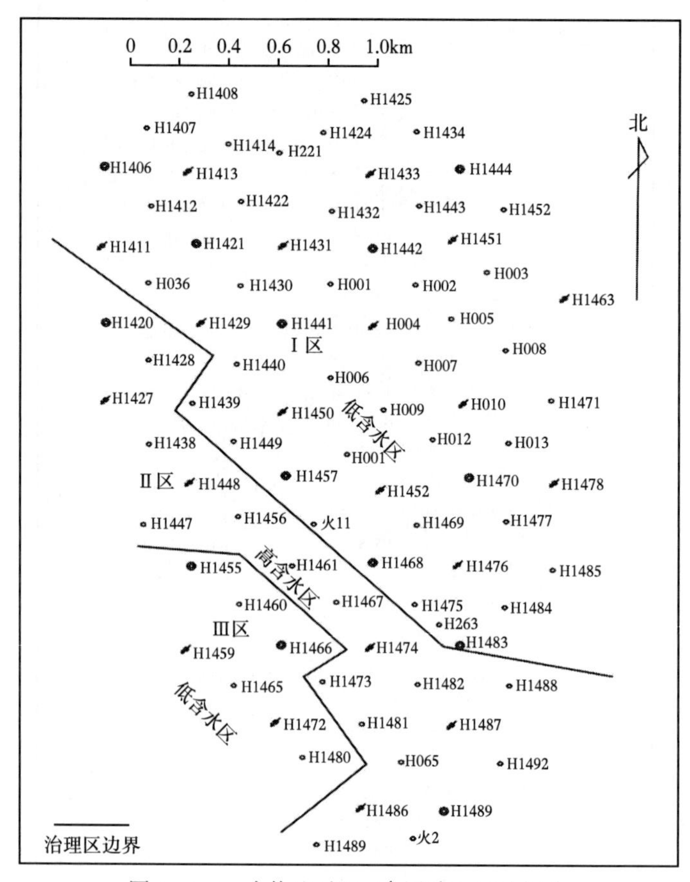

图4-5-3　火烧山油田 H_4^1 层治理区的划分

（1）低含水区。

区内（Ⅰ区）共有生产井53口，其中采油井40口。此区的主要生产特点是：初期产能大、递减大、注采压差大（图4-5-4），采油井见水缓慢，注水有一定的效果，表现为孔隙（微裂缝）渗流特点，所以要立足于注水开发。

（2）高含水区。

区内（Ⅱ区）共有生产井21口，其中采油井15口。此区的主要生产特点是初期产能极高，自喷期短，转抽后即暴性水淹，注水后水窜方向为北西向，注采压差只有0.5MPa。表现为裂缝渗流特点。

（3）低含水区。

区内（Ⅲ区）共有生产井7口，其中采油井6口。此区生产的特点与Ⅰ区相近。

4. H_4^2

H_4^2 的开发特点和渗流介质差异不大，表现为孔隙（微裂缝）渗流特点。故治理时可整体考虑。H_4^2 层的主要特点是：注采压差大（一般大于7MPa）、产量递减大、采油速度低（0.6%）、注入水水窜不严重，而且单井控制储量过大（34.3×10^4t），在井网密度7.9井/km^{2}的情况下，实际供油半径只有120m左右，所以要立于注水开发，加密开发井点提高地层压力和采油速度。

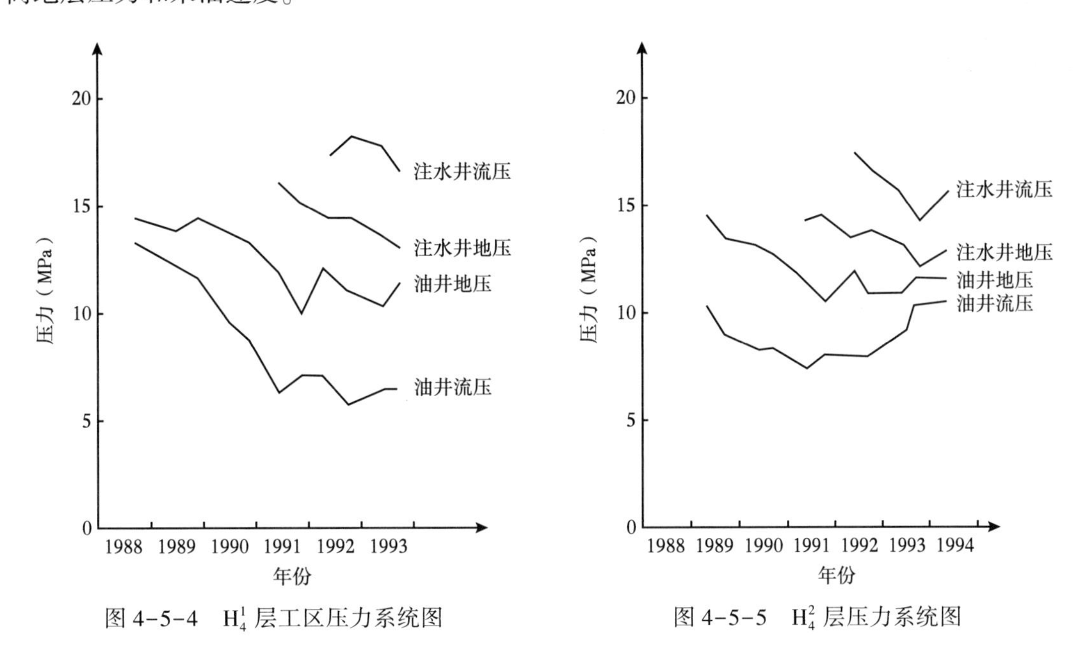

图4-5-4　H_4^1 层工区压力系统图　　图4-5-5　H_4^2 层压力系统图

四、对策及要求

1. H_2

（1）地层水水淹区。

①合采12口。其中11口井射开 H_1 与 H_2^1 合采，H_2^1 以下油层灰封；H1196井射开 H_1 与 H_2 合采。据采油强度和油层情况，设计单井日产能4t，合计日产能48t，可建年产能15840t。补孔后用高能气体压裂解堵。

②观察井 4 口。这 4 口井 H_1 无油层，H_2 又完全水淹。提出井下结构，光管完井，作为观察井。

③二次固井 4 口。封住 H_2^{2-0} 隔层。

④暂利用天然能量开发。

⑤另外，为减缓边水推进速度，控制与此区相邻的大压差生产井共 6 口，其中地面调参 4 口、地下调参 2 口。

（2）注入水水淹区（图 4-5-6，图 4-5-7）。

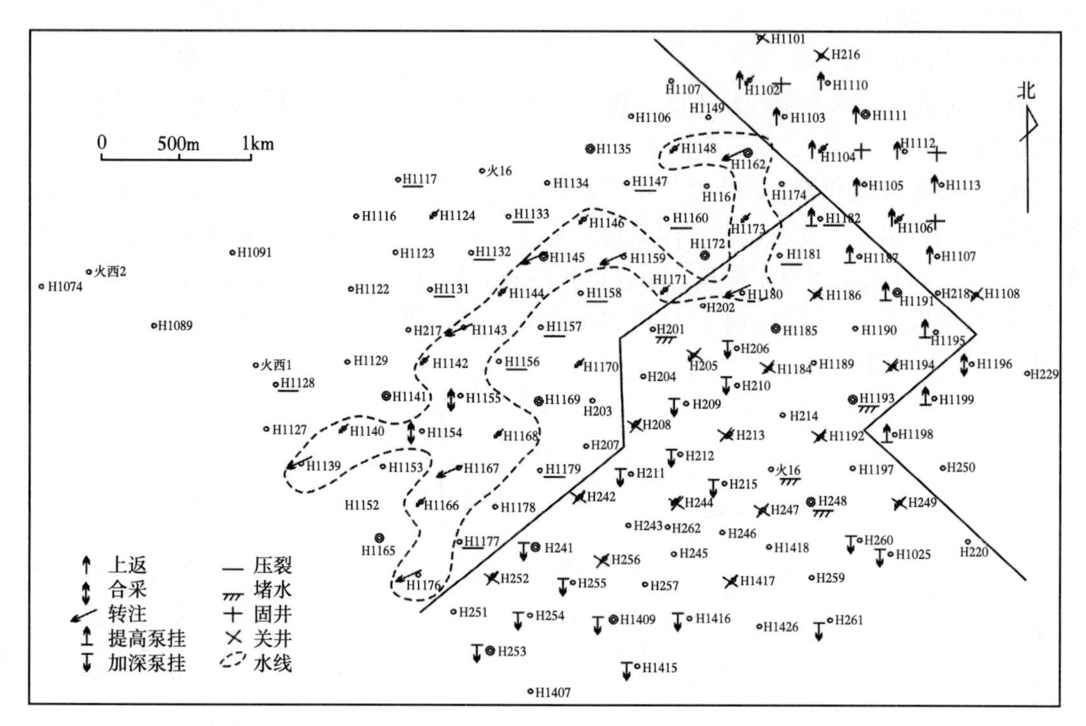

图 4-5-6　火烧山油田 H_2 层方案工作量（沿水道注水、转注）

①注水井停注。

②深抽供液不足井 20 口。泵下至油层顶部。

③堵水 4 口井。

④复注。当地层压力降至饱和压力以下，油层出现严重脱气时据当时形势复注。整体上形成大周期轮注。

⑤加密试验 8 口井。其中 1 口井是 H_1 回采，要钻水泥塞；7 口为 H_3 多次措施无效井或低产井。上返时一般只射开 H_2^{2+3}，用高能气体压裂解堵。据采油指数、剩余油分布，设计单井日产能 3t。

（3）低含水区（图 4-5-6）。

①转注 7 口井。根据水窜方向和目前含水大于 90% 选井。转注后先按笼统注水方式注水，测得吸水剖面资料，而后根据情况分注或调剖。并按 3~5 个月一个周期间注。

②原注水井调剖 11 口。暂定每年调剖一次。

③低产井压裂 15 口。

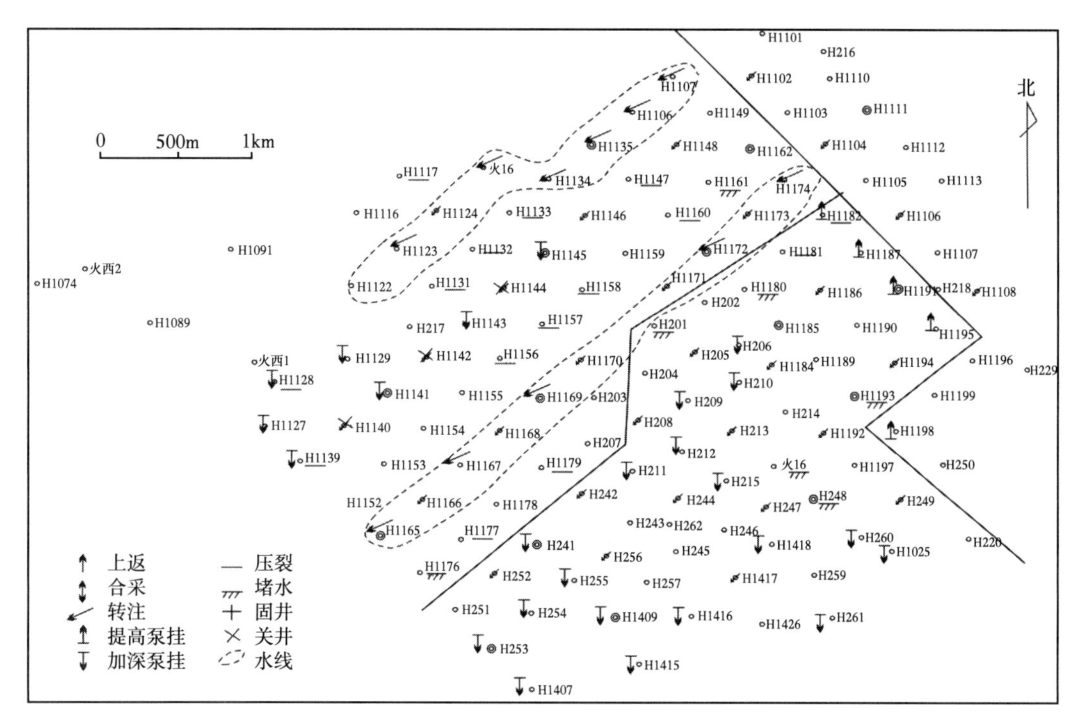

图 4-5-7　火烧山油田 H_2 层方案工作量（行列注水、不转注）

④H1154 井和 H1155 井回采 H_3。

（4）储量未动用区。

据储量未动用区评价，单独布一套完整井网开发不经济，只有作为 H_3 和 H_4 的接替。据目前 H_3 和 H_4 生产及 H_1 储量分布情况，选择 H_3 水淹井或低产井上返 H_2 储量丰度较高的井点，共 8 口井。除 H1301 井、H1394 井与 H_3 合采外，余井均灰封 H_3。

据采油指数和油层情况，设计单井日产能 7t，日产能合计 56t，可建年产能 18480t。

2. H_3

由于行列注水试验时间短，采油井反应不太明显，在未得出明确结论之前还继续进行。下列方案在行列注水试验无效的情况下实施。

（1）高含水区（图 4-5-8）。

①注水井停注共 10 口。停注后定期测得压力资料。行列区已转采的 7 口井，除 H1238 和 H1261 两口有效井外，其余各井停采。

②控制采油井生产压差共 8 口。这些井日产液量都均超过 10t，含水大于 95%，并受地层水影响。泵挂提高至 800m，地面参数调至最小。按 1994 年 12 月数据，已停采的高液量、12 口高含水井暂不开井，以后按 2 个月一个周期开井取得含水资料，若含水仍高则继续关井，否则正常开井生产。

③上返 H_2 动用未动用储量 7 口井。

④上返 H_2 剩余油富集区 7 口井。

⑤侧钻水平井 1 口（H1260 井）、打调整井 1 口（H266 井）。

（2）中含水区（图 4-5-8）。

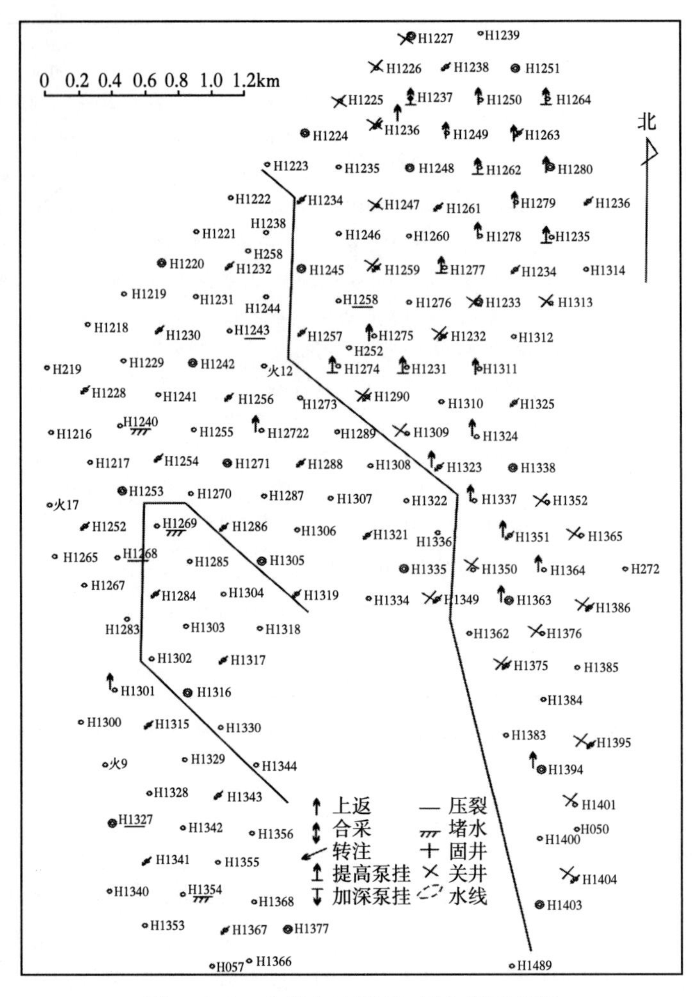

图 4-5-8　火烧山油田 H_3 层方案工作量

①停注。2 口井。对长期注水见不到效果而水窜又很严重的两个不完善井组实行停注。停注后定期测压力资料。

②调剖。14 口井。按每年 1 次的要求对注水井进行调剖。推荐采用聚丙—黏土双液法或聚丙 FSE-1 堵剂。剂量按调剖机制逐次增加。

③高含水井堵水。目前共 3 口。按单井日产液大于 10t、含水大于 85%、油层厚度大于 10m 选井。推荐堵剂聚丙 FSE-1 或聚丙—黏土双液法，剂量逐次增加。

④低产井压裂。目前共 6 口。按单井日产液小于 3t，油层厚度大于 10m 选井。用水力压裂。

⑤利用 H_2 的井回采 2 口井。

（3）高产低含水区。

加强管理，注意分析动态变化，取全取准各项资料，进行日常性措施，维持现状生产。

（4）储量未动用区。

①井网布置原则：新井网与 H_3 老井网自然衔接，仍采用350m 反九点井网，地面上错

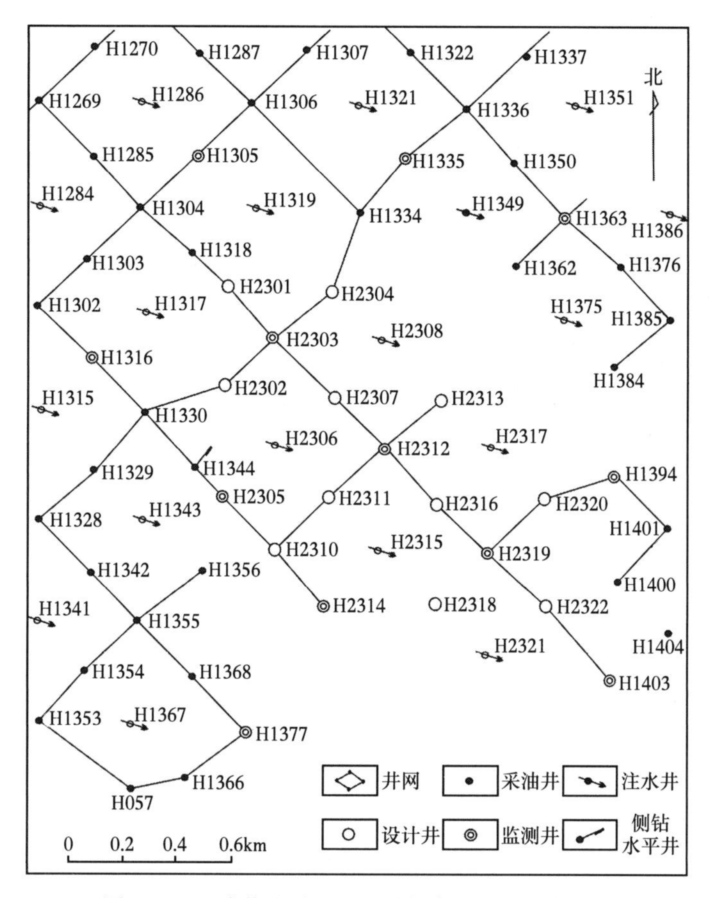

图 4-5-9　火烧山油田 H_3 层未动用区开发井网图

开 H_4^1 和 H_4^2 现井点和 H_4^2 加密井点（图 4-5-9）。

②钻井：共布井 21 口，目的层为 H_3，平均井深 1580m，总进尺 3.32×10^4m。钻井过程中要有切实可行的防漏措施。固井质量要求完好，水泥返高为 H_1 顶 50m 以上。

③测井：除 H2316 井外再选择 1 口井测 FMS。常规测井系列按相关文件确定。

④投产方式：采用 YD-89 射孔弹负压 5.0MPa 射孔，孔密 16 孔/m。射孔后用高能气体压裂或直接抽油生产。

⑤开发方式：据对已开发区域的认识，裂缝性油藏不宜早期注水。从已有资料看，该区裂缝也较发育，因此，先利用天然能量开发，注水时间视生产情况决定。设计的 5 口注水井地面管线按注水井建设，其他按采油井建设。

⑥产能设计：据试油统计 H_3 采油指数为 0.61t/(m·MPa·d)。若动用油层厚度按 65%，生产压差按 2.0MPa 设计，单井日产能 8.0t，产能 5.04×10^4t/a。

3. H_4^1

此方案井别不动、不钻新井，仅采用常规措施，采油速度可维持在 0.9%左右。主要措施为：

（1）上返 $H_3$4 口井。这些井处在油藏边部，在投产后不久被地层水水淹，历年做了大量工作见不到效果，测试资料显示全井水淹。上返 H_3 后直接抽油生产，泵挂深度控制在1000m左右。

（2）注水井调剖。5口井。对剖面动用差异大的井调剖。推荐采用聚丙FSE-1堵剂。H1411井和H1427井继续停注。

（3）高含水井堵水。对日产液大于10t、含水大于80%、油层厚度大于10m的井堵水10口井。推荐采用聚丙FSE-1堵剂。

（4）低产井改造。14口井。其中水力压裂11口、酸化3口。这些井一般都未进行过措施。由于H_4^1微裂缝发育，压裂规模不宜过大。

4. H_4^2

此方案主要内容是将原反九点井网角井改成注水井，在原注水井与角井间补打1口加密井，使其变为250m×350m反九点井网。据试井和动态资料，井间不会产生大的干扰。这样共钻井22口（进尺1680×22=36960m），采转注4口。实施后油井总数为41口，水井总数12口，注采井数比1∶3.4。井网密度由7.9井/km^{2}提高至13.1井/km^2，单井控制储量由34.2×10^{4}t降为20.0×10^{4}t，按目前采油指数1.7t/（MPa·d），并设想将地层压力恢复到原始地层压力的90%左右，若保持目前生产压差，则单井日产能为7.5t。因此，新井日产能按7t/d设计，产能3.78×10^{4}t/a（其中新井产能4.62×10^{4}t/a，采转注损失产能0.84×10^{4}t/a），采油速度可达1.01%。

据目前生产情况，还需上返1口，水力压裂2口，酸化1口，堵水2口，调剖3口。

据以上综合治理内容，推荐方案总工作量为269井次；其中钻井43口（进尺70140m、产能8.82×10^{4}t/a），上返调层50口；压裂40口，堵水44口，调剖32口，采转注12口，停注停采8口，加深泵挂20口，提高泵挂11口。若以上工作于1995年全部完成，新井和调层井产能到位，老井产量按目前所确定的递减规律递减，那么1995—2000年油田累计采油234×10^{4}t，平均年产油39×10^{4}t，可连续3年超过40×10^{4}t的生产能力。

第六节　采油工艺对策

一、工艺实施原则

火烧山油田的综合治理是地质与工艺紧密结合协调的系统工程的综合成果，工艺必须采取与地质相符合的配套采油工艺技术，总治理措施是：老区以调剖、分注、堵水、油层改造、深抽、清防蜡、新技术试验为重点的配套技术；新区搞好油层保护、固井质量、射孔、采油、压裂、机抽的配套技术。

二、老区治理措施

1. 高含水区（包括注入水和地层水）

（1）措施工作量。

H_2层73口井，H_3层27口井，H_4^1层20口井，H_4^2层10口井。

（2）采用工艺技术。

①水淹区上返（合采）投产工艺技术。

②为便于今后挖潜上产，建议封闭层段填沙后打水泥塞，然后进行射孔作业。打水泥塞时，在保证强度的条件下，尽可能地留足口袋。

（3）射孔采用电缆传输近平衡射孔。

①射孔弹：YD-89 型射孔弹。

②布孔方式：螺旋布孔，相位角 120°，孔密 16 孔/m。

③射孔液：LS-1 低伤害射孔液。

（4）采用调堵工艺技术、治理裂缝发育区的高含水、水淹井。

①对于含水小于 85%的油井，用改进的 FSE 进行堵水，堵剂用量 100～180m^3/井次；注入设备建议用双环液压调堵泵。

②对于含水大于 95%油井的对应注水井调剖，调剖剂用量小于 1000m^3/井次，油井堵水剂量小于 180m^3/井次、或提高泵挂，注入设备采用双环液压调堵泵。

③对注转采井，用改进的 FSE 先堵水，然后转抽。

④对采转注井，先试注、测吸水剖面，然后用 FSE 调剖。

2. 对边水治理采用工艺技术

（1）措施工作量。

H_2 层 33 口井，H_3 层 20 口井，共计 53 口井。

（2）采用工艺技术。

①采用高含水区的水淹区上返（合采）工艺技术。

②排水堵水工艺技术。

H_2、H_3、H_4^1 和 H_4^2 都存在边水推进造成油井水淹的问题，H_2 和 H_3 尤其严重，为了控制边水推进，采用大排量螺杆泵（排量≥100m^3/d）减缓地层压力上升；同时，用高强度复合型堵剂堵水。

3. 综合治水的原则及地质要求和措施意见

（1）综合治水的原则。

①在受注入水影响的井组，要先进行调剖后进行对应堵水。

②由于油水动态主要受裂缝控制，裂缝在井区又相当发育，特别大孔道的裂缝影响比较大，堵剂强度要强一点、剂量也要适当大点、影响地层深一点，封堵对象主要是大于 32～79μm 的水窜孔道。

③由于注水关系比较复杂，应连片施工以达到比较好的效果，具体施工可分批进行，但时间间隔不要太长。

④为取得对这次双液法施工工艺的效果认识，在施工期间最好不进行其他油层改造工艺措施。

（2）地质要求。

①对含水大于 80%、初期日产能大于 10t、累计产油少于 1×10^4t 的油井是治理的重点，要优先调堵。

②每口井施工要认真做好地质、工艺施工设计，施工中对堵剂的配制、用量进行具体的要求和监督。

③效果对比。要应用油藏动态分析各种方法进行对比。井区日产油基准数为 46t，日产水为 73t，综合日含水率为 61. 5t，综合递减 27. 1%。

（3）施工井号。

①调剖：H1256井、H1228A井、H1230井、H1286井、H1254井。

②堵水：H1271井、H1272井、H1273井、H1307井、H1285井、H1269井、H1253井、H1220井、H1241井、H1219井。

三、堵剂及调剖施工工艺方案

1. 堵剂方案

在综合治水中，堵剂的使用是一个重要环节。由于水井和油井用不同的堵剂，所以堵剂方案应包括两个方案：调剖剂方案和堵水剂方案。

1）调剖剂方案

（1）调剖剂的选择。

裂缝性地层调剖剂的选择应遵循下列原则：

①能进入地层深处。

②能在一定位置固定下来。

③主要进入10μm以上的大、中裂缝。

④在不同的位置可提供不同的强度。

⑤来源广、成本低、能大量使用。

按以上原则，应选择黏土作裂缝性地层的调剖剂，并以双液法的方式使用。在新疆地区所选用的黏土为夏子街土，因为：

①夏子街土可在水中产生粒径最频值为9.6μm的悬浮体。该悬浮体能进入裂缝宽度大于29μm的地层。H1230井示踪剂试验证实火烧山油田H_3有64~158μm的裂缝水窜孔道，因此夏子街土可进入这些裂缝的深处。

②夏子街土可用聚丙烯酰胺絮凝，所生成的絮凝体可封填裂缝窄处，因此夏子街土悬浮体可与聚丙烯酰胺溶液组成双液法调堵剂使用。

③夏子街土可与高价金属离子交联的冻胶偶合产生高强度的偶合体，因此夏子街土悬浮体可与这些冻胶组成高强度的双液法调剖剂使用。

④夏子街土来源广、成本低（250元/t），因此，可大量使用。

（2）调剖剂的配方。

①黏土双液法稀体系配方。指由夏子街土与聚丙烯酰胺溶液组成的双液法调剖剂的配方。该配方由正交试验得出：第一工作液是10%夏子街土，第二工作液是0.045%HPAM，两工作液体积比为1:1。隔离液为水（清水或污水）。

②黏土双液法浓体系配方。指由夏子街土悬浮体与木钙复合堵剂组成的双液法调剖剂配方，由研究得出：第一工作液是10%夏子街土，第二工作液是木钙复合堵剂，两工作液体积比为1:1。隔离液为水（清水或污水）。

木钙复合堵剂由聚丙烯酰胺、木钙、重铬酸钠、氯化钙等成分组成。它通过木钙中的还原成分将重铬酸钠的Cr^{6+}还原为Cr^{3+}，再将聚丙烯酰胺和木钙交联冻胶。它与黏土悬浮体结合（偶合体）可对裂缝产生高强度封堵，适用于封堵大裂缝及压差大的近井地带。

③调剖剂用量。根据H1230井黏土试注结果，即注水压力每升高1MPa，需用夏子街土13t。考虑到地层的射开层段厚度、吸水层段、井口注入压力、压力指数和黏土封堵能

力的滞后作用，可用下式计算黏土用量：

$$W=(0.130h_s+0.174h_f)(I_p-p_i) \tag{4-6-1}$$

式中　W——黏土用量，t；

h_s——射孔层段厚度，m；

h_f——吸水层段厚度，m；

I_p——井口注水压力（按 12.0MPa 计），MPa；

p_i——压力指数（由井口压降曲线算出），MPa。

由式（4-6-1）计算出黏土设计用量，其准确用量应在调剖过程中核算，即先注入 1/3 设计用量的黏土，转注 2d，测井口压降曲线，算出 p_i，代入式（4-6-1）算出黏土还需注入的量，再注入其中的 1/2，转注 2d 后测井口压降曲线，再算出 p_i，并计算黏土尚需注入的量，然后将此量一次注入地层。

④聚丙烯酰胺用量。考虑到聚丙烯酰胺在地层中的损耗，应将其浓度由 0.045%提高到 0.06%，然后按工作液体积比 1:1，算出试验区各井聚丙烯酰胺（HPAM）用量。

⑤木钙复合堵剂用量。按每吨木钙复合堵剂配 15m³ 的要求，对每口需用浓体系的注水井，可用 4t 木钙复合堵剂（Lc-1）。

⑥隔离液用量。隔离液采取渐增的方式注入，其中的工作液体积为通常的选择值。注入工作液各一段塞及相应的隔离液为一单元。隔离液参考用量数见表 4-6-1。

表 4-6-1　隔离液参考用量表

单元	1	2	3	4	5
第一工作液（m³）	30	30	30	30	30
隔离液（m³）	3	5	7	9	11

2）堵水剂方案

可选用 FsE-1 或 Lc-1，其配方和用量参照各堵剂的研究报告。

油井堵水应在水井调剖效果观察后再进行，其作用在于进一步改变试验区的开发效果。

2. 调剖施工工艺方案

调剖施工工艺是保证按方案设计要求按时按量向试验区块投放大量堵剂，实施区块整体改造方案的重要技术手段。

1）施工主要设备及井场布置

（1）主要设备。主要设备有：400 型水泥车 3 部，2 部达到额定要求，注堵剂及循环搅拌；投料漏斗一个，用于投加粉土及 HPAM；20m³ 方罐 4 个，其中钻井液罐 2 个、清水罐 1 个、HPA 罐 1 个。

（2）井场平面布置。配液、配浆、施工用水：从注水井井口引出。

2）堵剂配制

黏土双液法堵剂的配制可在泥浆站、配液站进行，也可根据施工要求在配水间或井场附近进行，现场配制方法如下：

（1）黏土悬浮体的配制。

关闭 2 井阀门，缓慢打开 1 井阀门从井口引入高压水开 3 井阀门并按投料要求调整好排量，从投料漏斗按设计量连续加入优质钠基膨润土，同时一部400型泵车泵车循环搅拌，待配好一罐后，循环30min，启动一部400型泵车开始连续向井内注入，同时，第二罐开始配制。

（2）HPAM溶液配制。

用C_2H_5OH或柴油将HPAM浸透分散，开泵循环清水，由出口缓慢倒入HPAM（设计量）循环30min即可注液。

（3）木钙复合堵剂配制。

利用井口配浆系统配制，调整为投料漏斗加入木钙堵剂，配好后水泥车充分循环30min，罐内加入1%二甲基硅油、煤油溶液，即可用泵车注入井内。

3）施工程序

（1）如无特殊要求油管柱结构采用ϕ62mm油管尾带ϕ2mm管柱完成于油层底界以下2~5m，井底清洁无落物。

（2）施工前三个月内测取稳定注水时的同位素吸水剖面，指示曲线、压降曲线。

（3）按单井施工设计、备料、配液，挤入各种添加剂。

（4）注入黏土—HPAN稀体系后即可投注，注入黏土—木钙复合堵剂后，需关井候凝3天，调剖前后注水井的工作制度不变，以利效果对比。

（5）施工后稳定注水1天测压降1次，3天后复测1次15天再测1次，以后每隔半月测1次，以判断堵剂在地层中的运移状况，确定施工周期。

（6）施工后稳定注入1个月后，测指示曲线一次，同位素1次，3个月复测1次，半年再测1次。

四、重复堵水技术

对于注入水窜先用FSE堵，用量500~1000m^3；接着用胶质水泥堵，用量40~80m^3，堵住大裂缝，提高注水压力，调整吸水剖面把水注到中、低渗透层里去。

对于油井水窜，先用高黏度堵液50~70m^3，不同颗粒架桥剂10~20t，接着用胶质水泥30~50m^3堵住大裂缝水窜，堵后可以对基质进行酸化。

五、低产中低含水区治理措施

（1）措施工作量：H_2的50口井，H_3的55口井，H_4^1的14口井，H_4^2的3口井。

（2）采用工艺技术。

①对低渗透区压裂，压裂液用复合型低表面张力压裂液即前置液为酸液，携砂液为乳化液，后置液为酸性液，对固井质量好的井采用分层选压井下工具进行压裂改造，压裂液总量控制在100m^3/井次，平均砂比在30%以上，前置液中必须加入表面张力小于240m/m助排剂。

②对于含水小于50%的低产井，采用乳化酸进行深层酸化。

③对于生产一段时间后油井由于堵塞而影响产量井及外围井可进行高能气体压裂，井下放电技术，也可以用抽油工况参数优化设计进行加深泵挂、负压采油工艺技术。

④对于固井质量好的井，采用轮注或多级自调配水器进行周期注水或分层注水。

六、油井清蜡

火烧山油田油层压力低，油井结蜡严重，为使油井能正常工作，又不伤害油层，采用温控短路热洗技术和化学防蜡技术及油层清洗技术。

七、新井

1. 措施工作量

H_3 钻新井 21 口，H_4^2 钻新井 22 口。

2. 采用工艺技术

（1）保护油层技术。

火烧山油田属于低渗透低压油田，基质渗透率小于 5mD，裂缝又特别发育，油层保护很重要，所以要求钻井采用屏蔽暂堵技术，减少泥浆漏失和对油层的伤害，射孔液用 LS-1。

（2）采用两种完井工艺技术。

①裂缝发育区，技术套管下至油层上部，水泥固井后，采用近平衡方式钻开油层，裸眼下打孔套管加管外封隔器完井，管外封隔器下在隔层段，打孔套管段下至油层部位。

②非裂缝区，技术套管下到油层上部，水泥固井，按地质要求返高，油管与套管下至目的层。

射孔方式：

射孔——采用电缆传输近平衡射孔。

射孔弹——YD-89 型射孔弹。

布孔方式——螺旋布孔，相位角 120°，孔密 16 孔/m。

射孔液——LS-1 低伤害射孔液。

③投产方式。射孔后下螺杆泵抽汲，抽汲不出油，提泵，采用复合型压裂液（前置液为酸液，携砂液为乳化液，后置液为酸性液）进行压裂，再下泵抽油，泵深度为 1200~1400m。

八、老区大修井

（1）措施工作量：H_2 老区大修 4 口井。

（2）采用工艺技术：对于固井质量不好的井，二次固井前先确定被封固位置，再依次采取不同工艺措施：

①油层上部窜通过管外钻孔，一般 30~50m，插管挤水泥封固；

②油层部位窜重新射孔 1m，作为通道挤水泥封固，声幅检查二次固井质量。

九、新工艺技术试验

侧钻 1 口井，堵压一体 5 口井。采用工艺技术：

（1）在剩余油富集区打侧钻水平井一口，钻井过程中遇到高含水层，用堵剂堵住水层，然后再继续钻井。

（2）对水淹井采用堵压一体化技术试验5口，在水淹井上，先挤入隔离液，接着挤入高强度胶质水泥，封堵半径4~6m，然后射孔，酸化或压裂。

第七节　钻井工艺对策

通过火烧山地层岩性和压力系数的综合分析可知，地质条件给火烧山地区的钻井工程提出了3个需要重点解决的问题：

（1）J_1s—J_1b的上部地层为蜂窝状烧变砂砾岩，孔洞较多，且该井段煤层发育。因此，该井段钻井时极易发生漏失。

（2）T_1ch—$P_2^{2-1}p$井段，上部的T_1ch—P_2ch苍房沟群地层有大段红色水敏性泥岩，造浆性强，水化膨胀后易形成应力性坍塌。

（3）$P_2^{2-2}p$—$P_2^{3-3}p$的主要目的层裂缝发育，且以高角度直劈裂缝为主，油层压力系数低，由于油田的长期开采，油层压力系数降低更快，因注水等原因造成裂缝张开，属于极易漏失段。钻井过程中的防漏保护油层和固井成为了一大技术难题。

一、低压钻井工艺技术的相应措施

针对火烧山钻井过程中影响施工质量和进度的几个难点，制订相应的工艺技术措施。

1. 一开表层套管防漏失技术措施

表层钻进时，上部侏罗系由于烧变至使孔洞发育较好，易漏，钻井液漏失严重，可采用快干水泥浆堵漏。一般采用水泥堵漏1~2次可彻底堵住漏层钻进至设计井深。

一开完钻后，下入ϕ340mm表层套管封隔该井段，以保证下部钻井工作的顺利进行。

2. 二开钻井中防漏、防卡、堵漏的技术措施

二开钻进的地层中，上部苍房沟群压力系数较高，达1.20，地层水敏性强，在钻井过程中如果钻井液密度确定低了，易形成应力型跨塌。因此，钻进中一定要做好堵漏、防塌、防卡的工作。

（1）二开井段钻进时，及时按钻井液设计转换钻井液体系，必须补充抑制地层垮塌的防塌剂，加够KCl和SAS数量，防塌、防卡。进入苍房沟群之前，逐步把钻井液密度提高到1.20~1.25g/cm^3，确保井眼稳定。

（2）在钻进过程中如果发生井漏，当漏失量大、漏失井段判断准确时，可用快干水泥堵漏；若漏失量小，可采用多级桥塞堵漏。

（3）堵漏基浆要求膨润土含量7%~10%，加0.6Na_2CO_3（适当补充0.1%的NaOH），加堵漏剂时的基浆漏斗黏度不低于45s。

（4）每钻200m，进行小提下钻一次，保证井眼畅通。

（5）合理使用钻头，提高钻头的机械钻速，缩短钻井液浸泡时间，避免井壁坍塌。

3. 三开钻井油层保护技术措施

三开钻井主要是防渗漏、保护油气层。目的层平地泉组平均地层压力14.93MPa，压力系数0.956。最低压力系数0.7。

（1）实施近平衡压力钻井，减少钻井液对油气层的伤害。

（2）三开前，配制无固相完井液时，严格按照钻井液设计，控制钻井液密度，必须加够各种储层保护剂，井眼内外的二开钻井液必须全部放干净，配制好聚合物完井液方能开钻，使用密度合理、流变性好、滤失量低、性能优质、稳定的钻井液体系，以满足保护油气层的要求。

（3）在安全钻井的同时，加快钻速，使油层浸泡时间缩短，以达到油层保护的目的。

（4）钻进中漏失量小或渗漏时，可用绒棉或多级配桥塞堵漏剂，加量均为3%~5%。

（5）使用除砂器、沉砂罐等设备将钻井液中的有害固相控制在最低限度，确保钻井液密度小于1.05g/cm^3。

（6）目前地层压力系数低，裂缝发育，每项操作和工序都应注意防漏，提下钻要平稳，开泵要缓慢。防止人为诱导闭合的裂缝扩张和裂缝封堵后的二次扩张伸展。

4. 低压易漏油田固井工艺技术

完井固井，要求返高达到设计深度，封固段固井质量良好。由于油层压力系数较低，主要通过憋压堵漏、超低密度水泥浆和小排量顶替的方法提高地层承压能力。

（1）憋压堵漏工艺。

通过憋压堵漏工艺可以大幅度地提高地层的承压能力，增加水泥封固井段的长度。其主要步骤如下：

①若在目的层钻进过程中发生漏失，可用桥堵剂进行堵漏。

②下套管通井前，使用多级配桥堵工艺堵漏钻井液，通井时注入目的层段关防喷器憋压1.0MPa左右。憋压时装一只精度为0.1MPa压力表，用水泥车一挡低速进行憋压。以小于0.1MPa的速度提高压力，增强地层承压能力。同时，要求钻井液密度小于1.05g/m^3，漏斗黏度小于50s。

（2）超低密度、空心微珠水泥浆。

降低水泥浆密度，减小环空压差，是增加水泥封固长度的有效方法。

（3）低返速、小排量的固井施工技术。

在低压、易漏地层采用的低返速、小排量的固井施工技术，是一项成熟、可靠的固井方法。可有效降低环空动液柱压力，提高顶替效率，保证固井质量。

①下完套管后洗井1~1.5h（循环两周），泵排量小于15000mL/s。

②配制4m^{3}前置冲洗液，注水泥开始前配置2m^{3}密度为1.15~1.20g/cm^{3}的前导水泥浆。注入时排量不大于15000mL/s。

③注水泥配灰时，先配到混浆过渡罐内，充分搅拌均匀，达到设计要求后方可注入井内。注水泥量以水泥返至技套内50m为依据。注水泥排量小于12000mL/s。

④顶替时分两步进行，尾浆出套管前的顶替排量为10000~12000mL/s，出套管时采用5500~6500L/s的低排量塞流顶替。碰压不超过10MPa。并准确计量顶替量。

⑤每口井下入40只扶正器，确保套管居中。

⑥采用上下胶塞固井，保证了水泥浆质量。

二、钻井工程主要技术实施方案

1. 井身结构方案

井身结构如图4-7-1所示。

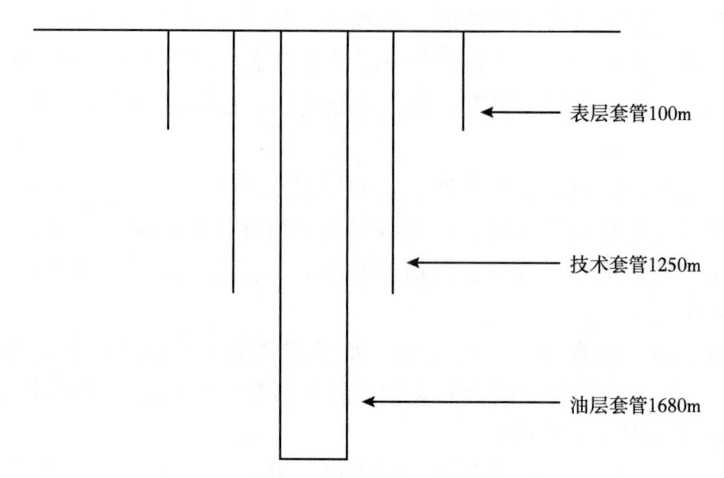

图 4-7-1　井身结构示意图

2. 钻井液、完井液体系

根据火烧山油田前期开发及 1994 年底所钻 3 口调整井情况，拟定钻井液、完井液体系如下：

（1）表层（0~100m）采用优质预水化膨润土钻井液钻进，密度控制在 1.05~1.10g/cm^3。

（2）二开（100~1250m）从 400m 开始由膨润土浆逐步转换成聚合物钾盐防塌钻井液体系钻进，密度控制在 1.20~1.25g/cm^3，防止八道湾碳质泥岩、煤层掉块坍塌及苍房沟群泥岩水化膨胀后的应力性坍塌。

（3）三开完井液采用聚合物防塌堵漏屏蔽式完井液体系。通过加入适量短棉绒、3%的磺化沥青、3%的粗目和细目碳酸钙（粗:细 = 1:2），能够有效地保护油气层，保证电测的一次成功率和油层套管的顺利下入。

3. 水泥浆方案：超低密度水泥浆固井体系

（1）水泥浆体系。

低温超低密度漂珠水泥浆体系，按照水泥浆的 API 标准，采用美国千得乐公司的水泥化验仪，经过上百次模拟试验得出的配方，其性能达到了设计要求。

（2）水泥浆性能。

密度：1.30~1.35g/cm^3，水灰比：57%。

稠化时间：45℃，20MPa，195min，初稠：14.7Bc。

失水：6.9MPa，30min 失水为 38mL。

抗压强度：0.1MPa，45℃养护 24h 强度为 12.5MPa。

第八节　开发初期综合治理生产效果

上述方案获得原则通过，并同意按此方案分步实施。根据开发部署，到 1995 年，完成了以下工作量：钻井 33 口，累计 35 口，调层 15 口井 16 井次，压裂 32 井次（包括气体压裂 7 井次），调堵 63 井次。

方案实施过程中，根据实际情况，将 H_3 新区有效厚度小于 5m 的井提出缓打，减少井数 5 口。H_4^2 有高含水可能的井缓钻 1 口，方案中 H_3 新井数由 21 口减为 16 口，H_4^2 新井由 22 口减为 21 口，并对 H_3 新井加深 2 口，先采 H_4^1，实际当年新井投产 H_3 层 14 口，H_4^1 层 2 口、H_4^2 层 19 口。

通过以上工作，油田日产由上年底的 890 吨回升到 1100 吨，综合含水由 55%下降到 41.1%，年产油由 34.7×10^4t 上升到 36.8×10^4t，并表现出以下特点：

一、井产能到位，低效井仅为 2.8%

H_3 新井设计产能为 8t，初期均达到设计产能，平均为 9t，年底仍保持平均水平 8.5t。

H_4^2 除 H2401 井初期为高含水日产水平为 0.1t 外，其余井均达到或超过设计水平 7.5t，初期平均水平 9.3t，年末水平 156t。平均单井日产 8.1t。

二、初期含水低

新井投产初期含水较低，平均为 18%，大部分含水在 30%以内，特别是 H_4^2，在注水开发 8 年的情况下，加密井 89%仍为低含水，说明了加密调整的必要性。

三、H_4^1 两口加密井见到好的效果

H2308 井 H_4^1 油层有效厚度 14.5m，射开 10m，9 月投产，12 月生产 31 天，平均日产液 13.1t、日产油 12.3t，含水 6%。H2318 井 H_4^1 油层有效厚度 18m，射开 11.5m，初期产量为 11.3t，产油 10.7t，含水 5%。说明 H_4^1 存在加密调整的可行性。

四、H_4^2 加密调整后开采形势趋好

主要表现在水驱储量控制程度提高，水驱特征曲线变缓，主要对比指标见表 4-8-1。

表 4-8-1　H_4^2 加密前后主要技术指标初步对比

项　　目	调整前	调整后
水驱动态储量（10^4t）	604.4	986.7
水驱控制程度（%）	56.5	91.9
水驱特征曲线预测现状采收率（%）	18.8	3.05
水驱指数	0.29	0.30
存水率	0.47	0.48
采油速度（%）	0.5	0.9
综合含水（%）	36.8	24.1
日产水平（t）	137	256

五、调层达到预计目标

按方案要求，1995 年实施调层井 14 口，其中 H_2 返 $H_1$6 口井，H_3 返 $H_2$6 口井，H_2 与 H_3 合采 1 口井，H_4^1 返 $H_3$1 口井。初期单井日产达 7.4t，日总水平为 104t，综合含水 28.4%，尤其在 H_2 高含水区优选实施的 3 口井，平均日产 5.8t，含水仅为 26%，单井初期产能、含水分级见表 4-8-2。

表 4-8-2　调层井初期产能、含水分级

分层	产能分级				含水分级				统计井数（口）
	<2t/d	2～5t/d	5～10t/d	>10t/d	<10%	10%～30%	30%～60%	>60%	
H_1	1		2	2	2	2		1	5
H_2	1	2		3	3	2		1	6
H_3	1	1				1		1	2
合计	3	3	2	5	5	5		3	13

第五章　开发调整期综合治理研究及稳产对策

火烧山油田开发初期综合治理方案顺利实施，钻了各类高速井35口，调层15口，新建7.2×10^4t的产能，实施压、挤、堵、酸化措施79井次，增产油量2.05×10^4t，油田生产形势发生了显著变化，油田日产油由1994年底的890t回升到1100t，年产能力由33×10^4t回升到40×10^4t，综合含水比由55%下降到40.3%，可采储量增加了150×10^4t，取得了较好的经济效益。为调整期综合治理提供了物质基础。开发调整期的主要任务是全面实施火烧山油田综合治理方案，重点解决好裂缝性双重介质与现行开采方式不适应的问题、部分井区剩余油动用不充分的问题、油田内未动用储量择优加速动用的配套开采技术问题，通过治理，从根本上改善油田整体开发效果，夯实油田稳产基础。

第一节　开发初期综合治理取得的成果及认识

一、开发初期取得的成果

1. 储层的评价与分类基本符合油田开发特点

如前所述，火烧山油田属于低渗透裂缝性砂岩油藏，储层渗储能力差，孔隙结构差异大，流动孔隙少，渗吸效率低。据100块岩石样品的压汞和81块铸体薄片的资料：汞类分析孔隙度、渗透率、中值压力、孔隙均值、变异系数和退汞效率6个参数，把储层孔隙结构分为4类，类内样品相似系数均大于0.9，类间指标界限明显。其中Ⅰ类储层较好，Ⅳ类储层极差；纵向上孔隙结构H_4最好，H_2次之，H_3最差；流动孔隙汞饱和度贡献只有35%~50%，而难于流动孔隙以下的占50%~35%，利用油田16块岩样进行渗吸实验，渗吸采收率为16.5%~5.2%，渗吸终止时间为14.7~178.6h，而在油藏条件下实际渗吸时间将达到2~50年，可见利用渗吸采油效率很差。

火烧山油田储层裂缝发育，前期研究已基本搞清了裂缝的成因和分布，并能定量或半定量描述裂缝的性质、产状和规模。采用了20种方法研究和认识火烧山油田储层裂缝，认为构造运动是形成裂缝的外因，岩性及其组合是形成裂缝的内因。火烧山背斜是在区域南北向挤压应力作用下，由基底断裂旋转派生的东西应力挤压而成。火烧山背斜历经4期构造运动，局部最大主应力方向为南北、东西交替。裂缝的发育有很强的继承性。76块岩石样品的岩石力学测定结果表明，粉砂质泥岩、粉砂岩易产生裂缝，露头野外观察厚度大、粒度分选好、分布稳定的岩石不易产生裂缝，H_1—H_3^2比H_3^3—H_4裂缝发育；裂缝以张性裂缝和剪切裂缝共同发育为特征，早期的张性裂缝多被充填，统计13口井岩心的313条裂缝，剪切裂缝占55.3%，张剪裂缝占30.3%，张性裂缝占14.4%。裂缝倾角大、开度宽、切深、密度和长度变化区间大，孔隙度小，渗透率高，其中裂缝渗透率是基质的（平均 5mD）50. 5~1800 倍。综合地面露头调查、测井、古地磁测试和板壳模拟结果表明，火烧山油田储层天然裂缝主要有 3 组：南北向、北西向和北东向，并以南北向起主导作用；裂缝在平面和剖面上发育不均一，平面上东部和北部裂缝发育且切深大，纵向上 H_3 裂缝最发育，H_2 次之，H_4 相对较差，切深也有类似特征；现代地应力测定结果表明，人工裂缝主要为北西—南东向，这些都被示踪剂试验、微地震资料和注采动态所证实。

油砂体已不是油田开发的最小单元，火烧山油田储层岩性主要为砂岩，其次粉砂岩，隔层为泥质粉砂岩、粉砂质泥岩和砂质泥岩；在泥岩小于 2m 的部位，由于泥质粉砂岩和粉砂质泥岩中裂缝发育，已将其上下砂体层沟通形成一个开采单元，多个连通的油砂体构成的单元暂且称为裂缝连通体。

丰富的试油试采及沉积研究成果和密闭取心资料，为储量核实奠定了坚实的基础。火烧山油田历时 8 年的开发，钻开发井 379 口（不含 1995 年新投井），密闭取心井 2 口，新增试油 35 井层，据细分沉积相研究的大量的分析化验资料，重新修订储量参数标准，核实储量为 5443×10^4t，探明储量核减了 19. 3%。

据生产动态，结合以上研究成果，平面上将储层的渗流类型划分为 3 种：显裂缝发育的低渗透砂岩储层、隐微裂缝发育的低渗透砂岩储层和界于两者之间的微裂缝发育的低渗透砂岩储层。由具显裂缝发育的低渗透砂岩储层和隐微裂缝发育的低渗透砂岩储层渗流特征的井区构成的区域，分别称为裂缝发育区和裂缝欠发育区。裂缝发育区的特点是：测井曲线微侧向与深浅侧向曲线异常大，压力恢复曲线呈“厂”字形，初期产能高，注水后水淹水窜严重，注采压差小于 1MPa，注入水难起驱油作用，目前供液能力强，石油地质储量（70 口井）1111.5×10^4t，占总储量的 30%；裂缝欠发育区的特点是：微侧向与深浅侧向曲线有异常，但幅度小，压力恢复曲线呈正常孔隙型，初期产能低，注水后水淹水窜不严重，但少数井也水窜，注采压差为 2~4MPa，注入水可起驱油作用，供液能力差，石油地质储量（155 口井）2155.9×10^4t，占总储量的 50%。

2. 注水试验开发见到成效

火烧山油田基本上是注采同步开发，注入水和地层水窜严重，为此，先后在 H_2 和 H_3 开辟了由 12 个井组、10 个井组和 15 个井组构成的 3 个试验区，分别进行间注、停注、行列注水 3 种开采方式的试验。目前，3 种试验有各自的生产特征，并取得了一定的开发效果。

间注试验在 H_2 和 H_3 中部的 6 个连片井组上进行，试验区分别有油井 28 口和 29 口，平均油层厚度为 7. 5m 和 14. 1m，试验前日产液分别为 99t 和 209. 2t，日产油 43t 和 20. 7t，含水比为 56. 6%和 90. 1%，地层压力为 10. 7MPa 和 12. 18MPa，H_2 间注试验区进行了三个半周期，每轮停注、复注分别表现出相似的生产特征，即停注连采期间液量含水和压力下降，油量稳定或稍有上升，连注连采期间液量含水和压力上升、油量下降。具体表现为：

（1）停注和复注时含水和液面反应显著，油量略有变化，中心井停注有效期一般为 1~4mon；

（2）复注注水强度增加，其水窜速度也相应增大，据 2 口井分析，日注水强度为 $1m^3$、$1.65m^3$ 和 $3.18m^3$，日水窜速度分别达到 2m、7m 和 10m；

（3）停注期间堵水取得好的效果，1991—1994 年间注区 15 井区，成功率 80%，平均单井年增油 446t，而部分井复注后即堵水失效。

H_3 间注试验区进行了一个周期，其生产特征表现为：停注期含水不降，绝大多数井仍为高含水，部分井停注时液量下降，复注后又回升。

就整体面言，H_2 和 H_3 间注试验区取得了一定开发效果：（1）产量递减减缓；（2）水驱特征曲线变缓，水驱控制程度得到提高；（3）地层压力未大幅度下降，H_2 间注试验区平均月下降 0.036MPa，目前地层压力为 9.63MPa（5 口井），压力保持程度 65.3%，累计少注水 $12\times10^4m^3$，H_3 间注试验区地层压力不降，1992 年底地层压力为 13.69MPa，保持程度 90.2%，累计少注水 $5.74\times10^4m^3$。裂缝发育区（H_3）由于受到外围水源的严重影响，间注效果不如裂缝隙欠发育区（H_2）。

在 H_2 中部 10 个井组上进行停注试验（东部的 3 个井组同时停注），试验区有油井 32 口，平均油层厚度 10.7m，初期产量较高（10.4t/d），注水后油井见水很快，试验前日产液 290.6t，日产油 131.7t，综合含水 54.7%，地层压力 12.43MPa。停注试验期间的生产特征为：

（1）产液量含水下降，油量上升，对比 23 口油井，液量下降井占 65.2%，油量上升占 62.5%，井平均日产液由 10.1t 下降到 7.7t，日产油由 4.6t 上升到 5.5t，含水比由 54.5%降至 27.9%。

（2）地层压力下降幅度小，气油比稳定，地层压力平均月降 0.026MPa，中西部比东部下降幅度大，东部井 Cl^- 有上升势头，表明地层水对试验区有供给。

（3）停注后堵水取得好的效果，1993 年至 1995 年共进行堵水 26 井次，成功率达 76.9%，累计年增油量 10202t，单井年增油 392t，保证了试验区近两年半的稳产。

H_2 间注试验区整体上取得了好的开发效果：（1）产量自然递减减缓，递增持续时间长达 7 个月，只是在 1996 年上半年递减加大到 30.5%；（2）在少注水 $20.1\times10^4m^3$ 情况下，地层压力仍保持在原始饱和压力附近。

行列注水试验在 H_3 东北部 15 个井组上进行，拥有油井 63 口，平均有效厚度 17.7m，试验前日产液 592.9t，日产油 66.4t，含水比 88%，试验期间生产特征为：（1）第一排和第二排个别井点见到新的注水反映，有 3 口采转注井相邻的 3 口油井见效，日产液由 35t 下降到 20.8t，含水比由 98%下降到 69%，日产油由 0.7t 上升到 6.5t，同时也有 3 口油井相继含水，含水比由 75.6%上升到 86.7%，日产油量由 8.6t 下降到 5.2t；其余单井液量、含水比和动液面变化不明显（不含 4 口停注见效和 2 口注转采产油上升井）；（2）中排油井地层压力下降，致使底水锥进，新增底水上窜井 5 口，东排注水井对边水的推进起到了一定抑制作用，与试验前相比，东排注水井附近油井 Cl^- 下降井 8 口，其东侧 Cl^- 下降井 3 口；从递减和水驱状况来看，行列注水区有一定开发效果，表现在递减减缓和水驱控制程度略有提高上。

3. 低渗透低压易漏地层的钻进技术有新突破

火烧山油田开发钻井中，出现了 3 个钻进工程难点：（1）J_1s—J_1b 的上部地层为蜂窝状烧变砂砾岩，孔洞多且煤层发育，钻井时极易发生漏失；（2）T_1ch—$P_2^{2-1}p$ 井段，上部的 T_1ch—P_2pch 苍房沟群有大段红色水敏性泥岩，水化膨胀后易形成应力性坍塌；（3）$P_2^{2-2}p$—$P_2^{3-3}p$ 裂缝发育，且以高角度直劈裂缝为主，加之油层压力系数低，极易漏失，因此，防漏保护油层和保证固井质量成为一大技术难题。针对这些难点，进行了室内和现场试验攻关，形成了 4 方面配套的钻井工艺技术：

（1）一开表层套管防漏失技术，采用快干水泥浆堵漏措施。

（2）二开钻井中防漏、防卡和堵漏技术，采用加固防塌剂（KCl 和 SAS）并提高钻井液密度至 1.20~1.25g/cm^3，以水泥堵漏或多段桥塞堵漏，每钻 200m 进行短程提下钻一次，以保井眼畅通，合理使用钻头，提高钻速，缩短浸泡时间，避免井壁坍塌。

（3）三开钻井油层保护技术，实行近平衡压力和无固相完井液钻井，配以绒棉或多级桥塞堵漏，在安全钻井条件下，加快钻进、缩短油层浸泡时间，达到油层保护目的。

（4）低压易漏油层固井技术，采用憋压堵漏、超低密度空心策珠水泥浆和低返速小排量顶替方法，提高地层承压能力，确保固井质量良好。

通过 1995 年 35 口钻井实践，取得了好的效果，钻井液漏失量减小，水泥返高合格率达到 74.3%，隔层固封好的井层占 88.6%，比投产初期（水泥返高合格率 55%，隔层固封好井层占 75.7%）分别提高了 19.4%和 12.9%；在控制了压裂规模（压裂缝延伸长度控制在 70~80m）的情况下，35 口井投产初期达到设计产能井占 75.8%，比油田初期（46.7%）提高了 29.1%，说明采用新的钻井技术，油层伤害程度大大降低。

4. H_4^2 加密效果显著

H_4^2 生产主要表现出隐裂缝型渗流特征，注采压差大（一般大于 7MPa），产量递减大，采液速度和采油速度低，注入水水窜不严重，因井距偏大造成单井控制储量高达 34.3×10^{4}t，水驱储量控制程度低（只有 56.5%）。为此，1995 年对 H_4^2 进行加密，将 350m×495m 的反九点法注水井网加密成 247m×350m 反九点法注水井网，设计新井 22 口，实钻 19 口，钻井进尺 31384m，除 H2401 井初期投产为高含水、日产油仅 0.1t 外，其余 18 口井初期含水较低，有 15 口井初期产能达到和超过设计水平（7.0t/d），占投产井数的 78.9%。初期井均产能为 9.5t，新井日产油 181.3t，新增产油 4.75×10^{4}t（不含 3 口老井转注产油 22.3t），目前新井平均日产油 7.2t，新井日产油 137t。特别是在注水开发 8 年的情况下，H_4^2 加密井的含水比仍然较低（25%），其中含水比小于 30%的占 84.2%，说明对这类隐裂缝孔隙型低渗透砂岩油藏加密调整是可行的。

H_4^2 层加密调整之后开发形势显著变好，主要表现在：全层日产油由 137t 上升到 282t，水驱特征曲线明显变化，采油速度和水驱储量控制程度都有显著提高。

5. 择优动用后备石油地质储量实现了油田产量接替

火烧山油田后备石油地质储量为 1507×10^{4}t，按照综合治理第一步实施要求，1995 年对后备石地质油储量丰度较高的地区，10 口老井上返 H_1 和 H_2、H_3 新钻井 16 口（其中 2 口加深至 H_4^1），动用石油地质储量 364.4×10^{4}t，新增年产油能力 6.01×10^{4}t。初期上返井和新井均达到设计产能，日产油 203.9t，单井日产 8.5t，1996 年 12 月日产 167.3t，单井日产 7.0t，实现了油田产量接替。其中老井上返 H_1 未动用区 6 口井，初期达到设计产能井占 50%，井均日产油 1.4t，新增产能 0.98×10^{4}t，1996 年 12 月单井仍保持产油 6.4t，尤其是 H_2 边部 H1112 井和 H1113 井上返 H_1 获得高产，为今后该层扩边提供了依据。老井上返 H_2 未动用区 4 口井。初期达到设计产能井占 50%，单井日产 10t，新增产能 1.2×10^{4}t，1996 年 12 月井均日产油下降到 4.8t；动用 H_3 后备石油地质储量 277×10^{4}t，钻新井 16 口（包括 2 口加深至 H_4^1 试采井），钻井进尺 25445m，初期达到设计产能井点 71.4%，井均日产油 9.4t，新建产能 3.94×10^{4}t，单井日产仍保持在 7.8t。

6. 采油工艺试验有所进展，对具微细裂缝油层的开发初见成效

自正式开发以来，针对火烧山油田水淹、水窜和油层伤害的问题，进行了调剖、堵水、隔水、压裂、挤油和酸化等6项工艺试验，现场施工539井次，有效率72.5%，累计年增油13.58×10^4t，其中采油井措施441井次，有效率72.3%，累计年增产油量11.3×10^4t，平均年增油250t，压裂堵水措施井381井次，占油井总措施井的86.4%，累计年增油量10.32×10^4t，占油井总措施增产量的93.5%；注水井调剖98井次，注水井有效率为73.5%，相关油井见效率18.3%，累计年增油量2.55×10^4t，平均井组增油量260t。

对微裂缝油层的封堵、压裂和酸化试验见到好的效果，其中FSE-1、PSE-1和聚丙—黏土双液法3种堵剂（方法）的堵水、水力压裂及乳化酸酸化效果较好，单井具较高的成功率和年增产油量。

油井治理措施低效井多、有效期短，重复堵水效果逐年轮次变差。据统计分析，若按增产油量150t为收支平衡量，措施低效井占60.3%；有效天数小于一个月的占44%，大于3个月井只占33.3%；随着堵水轮次增加，单井增产油量和有效期都逐次减小或缩短，前三轮重复堵水，增产油量和有效天数逐次分别下降50%和35%左右。

二、开发初期综合治理思考

1. 隐裂缝发育的低渗透砂岩油藏井网密度不宜过大

火烧山油田隐裂缝发育的低渗透砂岩油藏尤以H_4^2层为代表。方案设计采用350m反九点法面积注水井网开发，注采井比1:3，井网密度为8.16井/km^2，初期生产特征表现为：产能低（一般在10t左右），递减大（年水平递减为46.4%），供油半径小（一般小于120m），注采压差大（一般大于7MPa），开发中后期产量递减相对较小，油井受效程度差，据统计，油见效井8口，占总井数的42.1%，未见非正常水窜井，无水采油期长（平均490d），由于井网偏大，造成单井控制储量高（34.3×10^4t/井），水驱储量控制程度、采液采油速度低（分别为56.5%、0.74%和0.46%）。具有加密调整的条件，初期综合治理时，经过加密，水驱储量控制程度、采油速度都得到明显提高，水驱预测现状采收率提高了11.62%，此类油藏进行注水开发可以取得较好的效果。属此种储层类型的层块还有H_4^1，其石油地质储量为1289×10^4t，具有加密调整的可能。

2. 显裂缝发育的低渗透砂岩油藏不宜注水开发

显裂缝发育的低渗透砂岩油藏不宜注水开发，若是边底水，其分布范围和射孔高度应讲究，初期采油压差应严格控制，水淹后以堵水措施来解放未进水裂缝和基质的产能是治理的主要措施之一。

显裂缝发育的低渗砂岩油藏（井区），初期产能高（一般在20t以上），递减大（年水平递减为58.1%），注采压差小（一般小于1MPa），开发中后期产量递减仍然较大，注入水和地层水沿裂缝水窜严重，非正常水淹井占该类储层井总数的74.1%，1996年12月采出程度不到10.5%，综合含水比高达69.3%，人工注水驱油效果较差，已被停注和间注试验结果所证实。裂缝发育的H1284和H1317两个井组未投注，从投产到1996年12月一直保持高产低含水的良好开采趋势。累计采油27.31×10^4t，采出程度为24.2%，综合含水比为52.1%，这与该区两口裂缝发育的排注井未注水有着重要的关系。

显裂缝低渗透砂岩油藏若具边底水，其采油速度不宜过高，布井范围、射孔高度和生产压差应严格控制。据统计分析：离边水越近，无水采油期短，以H_4^1的35口井为例，距含油边界大于1000m井6口，无水采油期高达472d；小于1000m井29口，无水采油期约

200d，许多见地层水井多分布于油藏边部；地层水浸与射孔底界离油水界面的高度有一定的正相关性；生产压差大，采油速度过高、边水、底水过早突进和锥进，无水采油量较低。后期一旦地层水淹，采取堵隔水措施解放未进水裂缝和基质的产能。如位于显裂缝发育区的底水锥进井 H1467 井和 H1259 井的堵隔水试验取得成功，截至Ⅰ期综合治理后（1995 年）H1467 井累计产油量 1460t。

3. 微裂缝发育的低渗透砂岩油藏早期不宜注水

微裂缝发育的低渗透砂岩油藏早期不宜注水，注水作为其二次采油的基本方法，调剖和堵水技术是二次采油的主要配套工艺。

微裂缝发育的低渗透砂岩油藏储层渗流具有双重介质特征，既有孔隙型特征又有裂缝型特点，初期产能中等（一般 15~20t），递减较大（年水平递减为 50.7%），注采压差为 1~3MPa，开采中后期产量递减介于孔隙型和显裂缝型储层井之间，注入水和地层非正常水淹井占该为储层井总数的 60%。注水之后虽有水窜现象，但产水量不太高，注水对稳产起到一定能量补给作用。实践证明，这类油藏早期不宜注水，利用裂缝这一通道，充分发挥地层能量，延长无水采油期，火烧山油田实行早期注水，是导致注入水沿裂缝突进而过早水淹水窜的重要原因；同时，地层压力保持是其稳产的根本因素，优选投注时机至关重要。当地层压力降至原始饱和压力附近时，是进行注水开发的最佳时机，否则易于出现注采压差大、供液能力差和脱气严重等矛盾，影响开发效果的改善，这被火烧山油田间注和停注试验成果所证实。注水早期要进行调剖，改善剖面吸水状况，防止注入水沿裂缝突进，火烧山油田前期调剖堵水的现场试验表明，调剖和堵水技术是改善注水开发效果的主要手段。例如，H1288A 井就是典型微裂缝发育的调剖井，其效果较为显著，这类储层的高含水井堵水 18 井次，成功率达 83.3%，单井年增油量 375t，仅次于隐裂缝孔隙型储层井的堵水（井产增油量 415t）。

4. 强化油层保护，控制压裂规模

裂缝性低渗透砂岩油藏应强化油层保护，控制压裂规模，避免油层伤害和复杂化。火烧山油田属于裂缝性低渗透砂岩油藏，由于压力系数低于 1.0MPa 和裂缝的发育，在钻井和修井作业过程中，更易造成钻井液、水泥浆和洗井液的漏失，伤害油层。如 H216 井射于 H_2 压裂投产不出，抽吸出钻井液，经过 12d 抽吸，能自喷生产日产油量高达 25t，H1392 井自喷生产水平 21.8t；在经过两次修井作业，受到压井液、洗井液污染，既使转抽，其产量也不及自喷产量的一半。甚至吞蚀压裂解堵效果变成调开生产，所以强化油层保护是发挥油层能力的关键。

同时，搞好油田固井质量，控制压裂规模，是避免油层复杂化的首要条件。火烧山油田由于裂缝和低压力系数共同作用，初期固井质量差，管外易形成水窜通道，给分析和治理带来困难，如前文所述，1995 年采用新的钻井工艺和油层保护技术，不仅钻井液漏失量大幅度降低，而且固井质量和新井初期生产能力都得到明显提高。根据水力压裂理论和凯塞效应测定及井壁崩落原理，油田压裂会产生垂向裂缝，其延伸方向为北西—南东向，H262 井和 H263 井微地震资料结果证实了这一点，并测得裂缝延伸长度分别为 284.23m 和 232.12m，在 350m 的井网上很容易导致井间裂缝连通，这是火烧山油田动态反映裂缝方向多、水窜严重的一个重要原因，对 1995 年新井的压裂规模进行控制（压裂缝延伸长度控制在 70m 以内），目前未出现暴性水淹水窜和严重井间干扰。

第二节　开发初期综合治理后油藏潜力分析

一、已开发区剩余油的分布形式和特点

截至1996年6月，油田动用地质储量5677×10^4t，动用可采储量851.7×10^4t（采收率按1993年标定的15%计算），累计采油409.3×10^4t，剩余可采储量442.4×10^4t。

由H262和H263密闭取心井分析可知：（1）储层无中强水淹层；（2）在裂缝两侧仅2~3cm的宽度被水洗；（3）基质含油饱和度在60%左右，接近原始含油饱和度。另外，水淹层测井资料解释及试油结果也与密闭取心结果一致，再结合动态分析，油田剩余油的存在形式具如下特点：

（1）显裂缝发育的低渗透砂岩储层，大部分裂缝中的油已采出并被水取代，密闭取心井只见到裂缝两侧仅2~3cm的宽度被水洗，基质含油饱和度很高，剩余油分布其中，这类储层采出程度很低，潜力最大，但动用难度也很大。

（2）隐裂缝—孔隙型低渗透砂岩储层，只在高渗透带形成小规模水窜，油井水淹是井点或条带式的，平面上不成片，而且反应为低液量高含水，目前注水见效程度低，油层动用程度较低，潜力较大，也是方案主要的挖潜对象。

（3）微裂缝发育的低渗透砂岩储层，这类储层一部分地区裂缝已被水淹，剩余油分布在基质中，另一部分地区未水淹，但被水窜裂缝切割封堵为死油区，这已被上返到水淹区的井有的出油、有的出水所证实。这部分储层的剩余油动用难度也较大。

根据不同类型储层剩余油的存在形式及特点，结合动态分析资料，分区剩余油分布情况分述如下：

（1）H_2西部中含水区。

该区以隐裂缝—孔隙低渗透砂岩储层为主，共有采油井46口，注水井13口，地质储量408.2×10^4t。1996年6月抽油井开井36口，日产液151.1t，日产油62.4t，含水58.7%，地层压力9.63MPa。注水井开井13口，日注水量255.9m^3，累计采油29.6×10^4t，累计采水20.93×10^4m^3，采油速度0.56%，采出程度7.3%，存水率44.0%。

根据水驱特征曲线计算，水驱动用储量347.4×10^4t，动用程度85.1%，预测水驱采收率26.2%。从目前的情况看注水井开发效果较好，但平面和层间矛盾依然存在。

根据标定采收率和油井实际产量计算，有58.7%的采油井剩余可采储量在1.0×10^4~3.0×10^4t，8.7%的井剩余可采储量大于3.0×10^4t，这些井主要分布在该区的西部和南部，剩余可采储量小于1.0×10^4t的井主要分布在东部和北部。

剖面上，出液剖面厚度动用程度66.8%，层数动用程度42.9%，动用程度较高的是H_2^{2-2}，其他层动用程度均较低。吸水剖面厚度动用程度69.1%，层数动用程度53.4%，动用程度较高的是H_2^{2-1}、H_2^{2-2}和H_2^{2-3}，主力油层H_2^{2-2}动用较差。

该区以隐裂缝—孔隙低渗透砂岩储层为主，在油层中的高渗透带上形成一些小的规模的水窜，H1140—H1146和H41166—H1171井排就是两个较明显的与裂缝发育方向一致的水窜条带。但水线两侧油井依然表现为低产、低含水的低渗透砂岩储层的开采特点。

（2）H_3 东部高含水区。

该区以隐裂缝发育的低渗透砂岩储层为主，共有采油井 47 口，注水井 11 口，动用地质储量 854.7×10^4t。1996 年 6 月油井开井 26 口，日产液 245.9t，日产油 39.6t，综合含水 83.9%；注水井开井 10 口，日注水量 184.7m^3，累计采油 43.5×10^4t，累计采水 75.2×10^4m^3，累计注水 62.7×10^4m^3，采油速度 0.16%，采出程度 5.1%，存水率-20.0%，利用水驱特征曲线计算，水驱动用储量 180.4×10^4t，水驱动用程度 21.1%，注水开发效果很差，预测水驱采收率 7.4%。

根据标定采收率和油井产油量计算，该区剩余可采储量主要连片分布在 H1260 井区，单井剩余可采储量大于 3.0×10^4t，最高可达 11.5×10^4t。其次是南部的广大地区，单井剩余可采储量普遍在 1.0×10^4~3.0×10^4t，全区油井平均可采储量 3.6×10^4t。

剖面上出液剖面厚度动用程度 40%，层数动用程度 37.7%，动用层的含水均高于 85%，H_3^{1-2} 出油量最高，动用程度也最高，吸水剖面厚度动用 75.5%，层数动用 54.9%，动用程度高的是 H_3^{2-1}、H_3^{2-2} 和 H_3^3，结合采出程度来看，该区总的动用程度均较差。

本区显裂缝发育，裂缝渗透率比基质渗透率大 2~4 个数量级，裂缝中的油很快采出并被水取代，油井投产后不久就暴性水淹，剩余油在基质中，而基质又被网络状裂缝包围，所以该区的挖潜是如何增大裂缝系统与基质的压差，启动基质中的油。

（3）H_3 层西部中含水区。

该区以隐裂缝孔隙低渗透砂岩储层为主，个别区域发育有显裂缝低渗透砂岩储层。共有采油井 54 口，注水井 14 口，动用地质储量 608.3×10^4t。1996 年 6 月油井开井 50 口，日产液 258.2t，日产油 108.9t，综合含水 57.8%，地层压力 11.11MPa；水井开井 14 口，日注水量 363.5m^3。累计采油 48.9×10^4t，累计采水 39.1×10^4m^3，累计注水 72.0×10^4m^3，采油速度 0.65%，采出程度 8.0%，存水率 45.7%。利用水驱特征曲线计算，水驱动用储量 510.9×10^4t，水驱动用程度 84.0%，预测水驱采收率 25.6%，注水效果相对较好。但平面和层间矛盾较为严重。

根据标定采收率与油井产量计算，剩余可采储量大于 3.0×10^4t 的井占油井总数的 18.5%，全部分布在北部，剩余可采储量在 1.0×10^4~3.0×10^4t 的井连片分布在中部和南部，剩余可采储量小于 1.0×10^4t 的油井分布在西部和南部。

剖面上，产液剖面厚度动用程度 52.0%，层数动用程度 53.8%，各层动用程度低，但比较均匀。吸水剖面厚度动用 54.6%，层数动用 47.4%，动用程度高的是 H_3^{2-2}、H_3^3、H_3^{2-1} 三个主力油层动用程度较低。

该区以隐裂缝孔隙低渗透砂岩储层为主，分布在西部和南部，水窜、水淹只在个别井点上和方向上，而且不严重。但在 H1321 井组一带，部分井段发育有裂缝，开采过程中，裂缝被水淹，这部分水淹裂缝的存在，形成了局部地区被水淹裂缝切割封堵的死油区。

（4）H_4^1 东部中低含水区。

该区以隐裂缝—孔隙低渗透砂岩储层为主，共有采油井 36 口，注水井 11 口，动用地质储量 802.7×10^4t。1996 年 6 月油井开井 35 口，日产液 264.0t，日产油 146.3t，综合含水 44.6%，地层压力 11.78MPa；注水井开井 10 口，日注水量 355.0m^3，累计采油 75×10^4t，累计采水 32.7×10^4m^3，累计注水 71.8×10^4m^3，采油速度 0.67%，采出程度 9.3%，存水率 54.5%。水驱储量与地质储量一致，预测水驱采收率 34.0%。

根据标定采收率和油藏产油量计算，该区剩余可采储量主要分布在 H1462 井区和 H1422 井区，剩余可采储量大于 3.0×10^4t，其他地区较低。

剖面上，油液剖面统计，厚度动用程度 72.9%，层数动用程度 76.4%，各层动用程度较均匀，吸水剖面统计厚度动用程度 86.5%，层数动用程度 70.4%，其中 H_4^{1-1} 动用程度较低，厚度和层数动用程度分别为 22.6%和 22.2%。

该区属隐裂缝—孔隙低渗透砂岩储层，主要表现为孔隙低渗透砂岩储层的渗流特点。存在的问题是：油藏注采压差大（14.29MPa）；单井控制储量大（16.2×10^4t），采油速度低（0.67%）。具备加密条件，其主要依据是：

①该区目前见效程度低，含水低，无明显注入水窜，剩余可采储量较大。

②根据初期 7 个井层的试井资料，供油半径在 120m 左右，加密后不会产生严重的井间干扰。

③据 1995 年新钻井的测井解释资料，目前 H_4^1 层的含油饱和度还较高，油层水淹程度低。

④H2308 井和 H2318 井的 H_4^1 试采资料表明，H_4^1 目前的水淹程度还比较低，两井目前含水均小于 5.0%，相邻的生产井 H006 井、H1438 井和 H1469 井均未产生明显的井间干扰。

⑤H_4^2 与 H_4^1 属同一油层组，储层特征相近。H_4^2 的加密取得了较好的效果，采油速度由 0.5%提高到 1.0%。综合含水由加密前的 36.1%降至 1996 年 12 月的 29.1%，预计采收率可提高 4.3%。

⑥加密后可以提高水驱控制程度，提高采收率，据数模研究，采收率可以提高 2.5%。

二、未动用储量分析

截至 1996 年 6 月，油田已动用地质储量 5677×10^4t，还剩 1064×10^4t，而且都分布在 H_1 和 H_2。这两个层剩余储量的特点是：分布零散，连片性差；储量丰度低，平均有效厚度小，不具备单独布一套井网进行开发的条件，只能作为现井网的接替层。

三、扩边的潜力

火烧山油田已开发近 10 年，积累了大量的资料。经过对沉积相、构造、油田边底水、裂缝分布、边部油层厚度以及边部油井生产能力的分析，认为在下列区域存在扩边的可行性：

（1）H_1 的东北部。

从东北部上返 H_1 的 11 口井生产情况看，产能与有效厚度关系较为密切，有效厚度大于 8.0m 的井日产能可达 10t，有效厚度在 5.0m 以下的井日产能不到 1.0t。因此，有效厚度在 8m 以上是扩边的必备条件。

H_1 东北部 H228 井一带位于古河道沉积区，H_1 的 6 个小层在该区域处在河道沉积区，砂层沉积厚度大，油层有效厚度在 9.8~20.0m，物性好。构造剖面图上，H228 井外推两个井距，H_1 的底界都在油水界面（海拔-1042m）以上，该部位裂缝也较发育，初期日产能为 6.8~40.0t，平均单井日产能 16.3t，这一区域是 H_1 扩边最有利的部位。

其次 H1196 井一带 H_1 为又一古河道沉积区，H_1 的 4 个小层在该区域处在水道沉积区，砂层厚度大，油层有效厚度在 H1199 井附近达 20.9m，从构造剖面看，H1196 井外推两个井距，H_1 底界在油水界面以上。该区 H_1 生产井产能差异大，可能受到裂缝发育的控制，附近H250井有效厚度5.4m，累计采油已达3.44×10^4t，日产能仍在10t以上，含水低于15%。H229井和H1108井有效厚度分别为9.2m和5.7m。1996年12月日产能小于1.0t。该区扩边风险较大，应采用滚动方式扩边。

（2）H_2的扩边潜力。

H_2西部H1139井附近，处在H_2两个小层的水道沉积区，从构造剖面图上看，H1139井外推一个井距，H_2底界海拔在水油界面以上近40m。H1139井有效厚度13.2m，1989年11月压裂投产，ϕ5.0mm油嘴日产油53.3t，不含水。该井日产油50.0t以上，稳产430.6天。1991年2月见水，水型为注入水，来水方向H1140井，到1996年12月该井日产液18.2t，日产油4.9t，含水73.0%，累计产油4.0×10^4t，该部位是H_2层扩边的较好部位。

（3）H_4^2扩边潜力。

H_4^2为湖泊三角洲沉积，沉积稳定，砂体连片，储层物性好，油层厚度在10m以上，1995年H_4^2加密时在北部布井3口（H2404井、H2405井、H2410井），取得较好的效果，3口井平均有效厚度16.2m，平均日产液10.8t，日产油10.1t，综合含水6.5%，生产情况良好。从构造剖面图上看，在目前边部生产井外250m处，H_4^2层底界在油水界面附近，这与上面提到的3口射孔底界海拔相近，所以H_2北部还有继续扩边的可能性。

第三节　开发调整期综合治理研究

按照油田开发总体部署要求，火烧山油田已被列入“九五”期间老油田治理调整的主攻目标之一，要在“八五”工作的基础上，全面实施火烧山油田综合治理方案，重点解决好裂缝性双重介质与现行开采方式不适应的问题、部分井区剩余油动用不充分的问题、油田内未动用储量择优加速动用的配套开采技术问题，通过治理，从根本上改善油田整体开发效果，夯实油田稳产基础，这对于加快工程的实施步伐和实现准东第三次腾飞都具有重要的意义。

一、初期综合治理的原则

（1）以增加可采储量，改善开发效果，提高经济效益为目的。

（2）从生产实际出发，不限储层类型和层区可采取不同的开采方式和治理措施，不靠一种模式。

（3）认识一片、治理一片，成熟一项、推广一项，解放思想，引进新工艺，先试验后推广。

（4）动用储量应择优，作好产量接替。

二、综合治理的目标

（1）油田产油量稳产在40×10^4t以上，力争达到50×10^4t。

（2）采收率提高3%~5%，力争达到20%。

（3）年含水上升率控制在5%以内。

三、综合治理措施

根据不同地质条件和生产特点，进行分区治理。本期方案主要对 H_2 东北部，H_4^2 西部，H_3 东部和 H_4^1 东部提出治理措施。方案设计的工作量为：钻新井 30 口（总进尺 5.02×10^4m，建产能 6.48×10^4t），上返 4 口，停注 12 口，采转注 9 口，老井压裂 16 井次，堵水 21 井次，隔水 8 井次，调剖 3 井次，新区压裂 30 井次。方案总工作量为 143 井次。

1. H_4^1 东部

该区为隐裂缝—孔隙型低渗透砂岩储层。在受效程度差，剩余油富集的低含水区进行加密。将原 350m 反九点井网变为 250m 不规则反九点井网。共设计布井 19 口（进尺 19 口×1660m=31540m），全部为采油井，同时老井转注 3 口。按采油指数 1.3t/（d·MPa），并将地层压力保持在饱和压力（13.46MPa）附近，生产压差 6.0MPa 计算单井日产能 7.8t。考虑投产采用小规模压裂投产方式，储层渗流能力有所改善，新井初期日产能暂定 8.0t，年产能力 3.84×10^4t。

钻井分二批进行，第二批井根据第一批实施后的产能情况决定。

2. H_1、H_2 和 H_4^2 扩边

为搞好油田产能接替，对目前已有生产井控制、厚度大而且产能高的有利地区进行扩边。根据沉积相资料，对扩边潜力较大的几个地区的砂体分布进行了追踪研究。决定在 H_1 东北部，H_2 西部和 H_4^1 北部扩边。所布的扩边井预计有效厚度大于 8.0m，目的层均位于油水界之上。

H_1 东北部扩边井 7 口，总进尺 11970m（7×1710）。据相邻井的资料，设计单井产能 8.0t，年产能力 1.68×10^4t。

H_2 西部 1 口井，进尺 1560m。设计单井产能 8t，年产能力 0.24×10^4t。

H_4^2 北部 3 口井，进尺 5160m。设计单井产能 8.0t，年产能力 0.72×10^4t。

共设计钻井 11 口，总进尺 18690m，平均井深 1699m。平均单井产能 8.0t，建成年产能力 2.64×10^4t。

钻井分二批进行，第二批井能否实施必须据第一批井实施情况决定。

3. H_2 西部中含水区

目前，该区注水有一定效果，预测水驱采收率可达 26.2%，因此应立足于注水开发。

根据油水井生产状况，将水窜方向明显，目前已被注入水水淹的采油井转注，进行沿水道注水。该区采转注井 6 口，油井堵水 4 口，油井压裂 4 口，注水井调剖 3 口。

4. H_3 东部高含水区

该区注水效果差，水驱特征曲线预测水驱采收率仅 7.4%。同时，受边、底水和注入水水窜影响，来水方向多且复杂，应改变现有注水开采方式，全面停注，依靠天然能量进行开采；同时，对高含水井实施堵、隔水和调层措施。具体内容为：

（1）停注 11 口井，将行列注水试验区东边的注水井和南边的注水井全部停注。

（2）调剖 3 口井（行列注水区西边注水井）。

（3）上返 $H_2$4 口井，将北部和东部地层水水淹井上返 H_2。

（4）压裂 7 井次（其中上返井压裂 4 井次）。

（5）隔抽 8 井次（其中先堵隔 2 口井，先压后隔 1 口井）。

（6）堵水9井次（其中先压后堵1口井，先隔后堵2口井）。

5. H_3 西部中含水区

该区注水有一定效果，预测水驱采收率5.6%。继续保持注水开发，主要采取调剖堵水措施。在该区内调剖8口井，停注1口井，堵水8口井，压裂5口井。

第四节　采油工艺对策

一、工艺实施原则

火烧山油田的综合治理是地质与工艺紧密结合协调的系统工程的综合结果，工艺必须采取与地质相符合的配套采油工艺技术。总的实施原则是采用成熟技术、突出重点工艺、服从经济规律、确保安全生产。

二、老区治理措施

1. 高含水区治理

（1）上返调层。

（2）采用工艺技术。

考虑到今后回采的可能性，上返调层井采用射孔井段填砂注水泥封顶工艺技术，底水泥塞必须试压合格，并留5m以上口袋，射孔工艺和射孔参数均与新钻调整井相同。

2. 裂缝发育区高含水井和水淹治理工艺技术

（1）调剖、堵水。

（2）采用如下工艺技术。

①采用油水井对应调堵以井组为单元的整体治理工艺技术。

②对于含水低于85%的油井，采用FFS进行堵水，堵剂用量8～12m^3/m，堵剂总量控制在100～180m^3/井次。注入速度15～25m^3/h为宜，注入压力平稳。

③对于含水大于85%的油井，采用CTG-1调堵剂进行堵水，堵剂用量10～12m^3/m，堵剂总量控制在100m^3/井次，采用双液法多单元注入，注入速度1520m^3/h，注入压力平稳。

④对于含水高于95%的油井，相应注水井进行大剂量的调剖，调剖剂控制在100 m^3/井次以下，对应油井用CTG-1堵剂堵水，堵剂用量10～12m^3/m，堵剂总量控制在180m^3/井次以下。

⑤对于采转注井，先进行试注，并测取吸水剖面，然后根据吸水剖面资料决定是否需要调剖。可采用CTG-1调堵剂调剖。H_4 采用分层注水工艺。

3. 边水、底水治理工艺技术

（1）对于边底水水淹需要上返井，采用水淹区上返井抽产工艺技术。

（2）对于边水浸入的井，采用排水堵水工艺技术，火烧山油田单个层位普遍存在边水推进造成水淹的问题，特别是裂缝发育的 H_2 和 H_3 严重水淹，选择边水突进的边缘井排，采用大排量螺杆泵（日排量超过100m^3）进行排液，减缓边水向油田腹部推进，并在边水前沿区采用高强度复合型堵剂堵水。

(3) 对于油层底部出水井，采用封堵隔抽技术，对固井质量较好井，可通过注水泥塞封堵底部水层或下封隔器封隔底水层，然后抽上层油，但生产压差不能太大，以免底水快速上升。

4. 低产、中低含水区治理工艺技术

(1) 对于非裂缝发育区的低产、低含水井，单井采出程度低，采出复合型压裂液投球选取压工艺技术。如果固井质量好可采用管柱分层选压。压裂液总量控制在 $100m^3$/井次以内。平均砂比 30%以上。前置液中加入表面张力小 24mN/m 的助排剂。

(2) 对于裂缝发育的低产、中低含水、单井采出程度低的井，由于地层伤害堵塞，采用油外相乳化酸酸化工艺技术，酸液用量：预处理液 0.5～$1.0m^3/m$；处理液：$2m^3/m$；后置处理液：$1.0m^3/m$；顶替液：1.5 倍井筒容积；处理半径：1～2m/Cycle。为提高酸化效果，酸化前后，分别挤入 KLT 热化学处理液和 KLT 热化学助排液。

(3) 对于伤害堵塞较浅的井，可采用高能气体压裂，超声波及进下放电处理工艺技术解堵。

5. 油井清防蜡工艺

火烧山油田原油含蜡量高，油层压力低，油井结蜡严重。为使油井及时有效清除结蜡，又不伤害油层，必须采取综合性清防蜡措施。采用工艺技术：

(1) 对含水较低的井，采用磁防蜡+化学清蜡+热溶蜡的清防蜡工艺技术。磁防选用磁通量 160mT 内磁式磁防蜡器，定期加入高效防蜡降黏剂。

(2) 对于中高含水井，采用磁防+化学热溶蜡的清防蜡工艺。磁防选用磁通量为 160mT 内磁式磁防器，在热溶液中加入 10～20mg/L 的高效清防蜡剂，既提高热溶蜡效果，又降低清蜡成本。

(3) 推广防漏热洗工艺技术。火烧山油田地层压力低，热洗液容易进入油层，既伤害油层，又降低了油井有效生产时间，采用在油层上部下入封隔器，封隔器下部装一单流阀，这样即可防止热清液进入油层，又可减小油层回压，提高油井产量。

第五节 调整井采油工艺对策

一、完井工艺技术

1. 完井方式选择

火烧山油田属低渗透裂缝性砂岩油藏，压力系数低且裂缝连通性差，需压裂投产。常规稀油井完井方式分裸眼完井和套管射孔完井两类。火烧山油田选择套管射孔完井方式优于其他完井方式。

2. 油管直径的选择

通过节点分析对不同油嘴、不同油管直径下的最佳产量进行计算。从计算结果看出，不同管径的最佳排量均能满足火烧山油田的配产量。但综合考虑机械采油期间需下入各种机采设备因素，选择内径为 62mm 的 N80 平式油管为采油管柱，按螺纹强度完全能满足火烧山油田抽油泵的下入深度需要。

3. 油层套管选择

根据采油工艺要求，仅就油层套管，对5½in和7in两种套管做了比较。综合考虑两种套管的投资及采油需要，选择ϕ139.7mm N80长螺纹套管作为油田的生产套管。需要套管的内径从井口至井底保持一致。井口连接采用简易套管头。

4. 射孔参数选择

射孔弹为YD-89；射孔密度为16孔/m；射孔孔径为12.5mm；射孔相位为90°或120°；射孔格式为螺旋布孔；射孔液为沙南地层水；射孔方式为负压射孔，采用油管传输负压射孔，负压值根据计算选用5~9MPa，负压最佳值现场试验确定；负压方式为气举或抽吸。

5. 投产方式

射孔后，采用小规模压裂破堵，如无自喷能力，则下泵转抽。压裂破堵规模为加砂0.3~0.5m^3/m，处理半径80~100m。

二、压裂工艺技术

（1）采用BJ压裂软件进行优化设计。

（2）压裂规模为加砂0.3~0.5m^3/m，处理半径80~100m。

三、机械采油工艺技术

1. 采油方式选择

目前火烧山油田地层压力小，油层生产能力低，不能采用自喷采油，因此对新井采用有杆泵采油。

2. 抽油设备的选择

（1）抽油机选型。

按下泵深度最大，根限产量计算抽油机悬点最大载荷为6~7tf，考虑现场实际应用，推荐使用CYJ10-3-53HB抽油机。其冲程为4个挡次：1.8m、2.2m、2.6m和3m，冲次3个挡次：6次/min、9次/min和12次/min。

（2）下泵深度。

根据1996年测压资料，当年12月H_4^1平均产油指数J_o=1.3t/(d·MPa)；H_1平均产油指数J_o=1.0t/(d·MPa)。根据设计产能（8t/d），沉没度为300m，经计算下泵深度1200~1400m。

（3）抽油杆选择。

抽油杆选择AP10级抽油杆，杆径根据不同生产阶段下泵深度而进行选择，一般选用7/8in和3/4in的抽油杆。

第六节　新技术试验

一、美国ACT公司大孔道堵水技术试验

该试验所用堵剂是以刚性粒子（Carbmurte、sluggit及sluggit-CN）为主体的颗粒性堵剂，主要用于注水井调剖，油井堵水后采用封口剂封口。堵剂的主要特点是采用固体颗粒

粒径范围大，可在2~3400μm范围内调整选择，因此适应性强，对不同的裂缝，选择相应粒径的堵剂。目前，已投入现场试验，效果有待观察。

二、美国HES公司大孔道堵水技术试验

采用开发的Permtrol新型调剖剂，该调剖剂可适应不同的油藏温度，可泵时间长，对于油井堵水，已开发出适应不同油层温度的两种系列：Matrol3⁺Service（70~225℉）和Matrol Ⅱ⁺HT Aervice（200~325℉）。对于大裂缝，打断塞式封口，与冻胶形成复合封堵，设计的调剖剂有效期为3~5年。

三、堵压一体化工艺技术试验

在单井采出程度低的高含水井，即先挤入高强度堵剂后，然后进行压裂，以达到降水增油目的。已投入现场试验井2口，效果需进一步观察。

第七节　钻井工艺对策

通过实施火烧山油田Ⅰ期综合治理钻井方案的技术设计，已经能够较好地解决在钻进中易漏而出现的主要问题，完井固井质量也有突破性进展。1995年，火烧山油田钻井固井优质率达81.81%，优质合格率达100%。Ⅱ期方案钻井技术仍按Ⅰ期方案设计实施。

一、钻井工程主要技术实施对策

根据火烧山油田Ⅰ期方案的钻井情况，拟定钻井液、完井液体系如下：

（1）表层（0~100m）采用优质预水化膨润土浆钻进，密度控制在1.05~1.10g/cm^3。

（2）二开（100~1250m）从400m开始由膨润土钻井液逐步转换成聚合物钾盐防塌钻井液体系钻进，密度控制在1.20~1.25g/cm^3，防止八道湾组碳质泥岩、煤层掉块坍塌及苍房沟群泥岩水化膨胀后的应力性坍塌。

（3）三开完井液采用聚合物防塌堵漏屏蔽式完井液体系。通过加入适量短棉绒、3%的磺化沥青、3%的粗目碳酸钙（粗:细=1:2），能够有效地保护油气层，保证电测的一次成功率和油层套管的顺利下入。

二、水泥浆对策

超低密度水泥浆固井体系：

（1）水泥浆体系。低温度低密度漂珠水泥浆体系，按照水泥浆的API标准，采用美国千得乐公司的水泥化验仪，经过上百次模拟试验得出的配方，其性能达到了设计要求。

（2）水泥浆性能。密度为1.30~1.35g/cm^3；水灰比为57%；稠化时间是在45℃、20MPa条件下为195min；初稠为14.78℃；在6.9MPa、30min条件下失水38mL；抗压强度在0.1MPa、45℃下养护24h为12.5MPa。

第六章 整体综合治理研究及稳产对策

经过油田开发初期治理及开发调整期综合治理，裂缝性双重介质与现行开采方式不适应的问题、部分井区剩余油动用不充分的问题、油田内未动用储量择优加速动用的配套开采技术问题，逐步得到解决，为进一步改善油田整体开发效果，夯实油田稳产奠定了基础。本章通过开发初期、调整期综合治理效果分析，发现治理后面临的新问题，分析影响开发效果的关键因素及油田潜力，开展了油田整体综合治理先导性试验、不同类型储层措施研究、综合治理对策与综合治理关键技术研究，并取得了显著效果。

第一节 调整期综合治理生产效果

一、注水动态管理，合理调配水量，收效显著

在分析各区块、井组的基础上，根据井组实际情况，对水井注水量进行了大规模调整，改变了地下流体的分布状况，合理配注，收效显著。如 1997 年共调水 49 井次，占注水井数的 56. 3%。其中上调水量 35 井次，下调 14 井次。相关油井 187 口，见效油井 43 口，见效率 23%，累计增油 5356t（表 6-1-1）。效果最好的是 H_3，调水 13 井次，见效油

表 6-1-1 火烧山油田调水效果统计表

层块	水井总数（口）	调水井次	类别	井数（口）	日注水量（m^3）		调水量（m^3/d）	阶段增减水量（m^3/d）	相关油井总数（口）	见效油井总数（口）	见效井调前			见效井调后			增产油量（t）
					调前	调后					日产液（t）	日产油（t）	含水（%）	日产液（t）	日产油（t）	含水（%）	
H_2	26	7	上调	4	0	65	65	3900	21	0							
			下调	3	105	55	-50	-14275	16	4	13. 5	5. 0	63. 0	13. 0	5. 9	54. 6	240
H_3	31	13	上调	9	180	270	90	15600	41	20	158. 4	50. 6	68. 1	164. 4	74. 0	55. 0	1470
			下调	4	100	50	-50	-7300	15	3	34. 4	6. 8	80. 2	33. 1	14. 9	55. 0	659
H_4^1	19	16	上调	11	245	380	135	17650	36	4	22. 9	11. 3	50. 7	26. 4	12. 7	51. 9	402
			下调	5	200	160	-40	-4500	20	2	10. 5	5. 5	47. 6	10. 2	5. 7	44. 1	588
H_4^2	11	13	上调	11	340	495	155	25850	28	9	88. 8	62. 2	30. 0	102. 5	69. 7	32. 0	1881
			下调	2	50	10	-40	-4000	10	1	8. 6	1. 0	88. 4	8. 6	1. 1	87. 2	116
合计	87	49	上调	35	765	1210	445	63000	126	33	270. 1	124. 1	54. 1	293. 3	156. 4	46. 7	3753
			下调	14	455	275	-180	-30075	61	10	67. 0	18. 3	72. 7	64. 9	27. 6	57. 5	1603

井23口，增产油2129t，占调水增油量的39.7%，其次是H_4^2和H_4^1。H_4^2在Ⅰ期加密后，在地层压力急需提高的情况下，上调水量155m³，年增水量2.5×10⁴m³，加强了油藏稳产基础，Ⅰ期加密井的水平自然递减由1996年的23.8%下降为1997年的−3.4%；H_4^2全区水平自然递减由治理前的15.3%下降为12.7%，实现了油量综合不递减的形势，巩固了Ⅰ期方案的成果。

二、H_2和H_3层稳油控水试验区取得重大进展

稳油控水取得一定经验，如1997年继续进行了稳油控水工作（表6-1-2），对低渗透裂缝性油藏进行了调堵压一体化的综合治水技术。

表6-1-2　稳油控水区措施效果表

层位	调剖（井次）	见效油井（口）	增产油量（t）	堵水（井次）	堵水有效（井次）	增产油量（t）	压裂（井次）	压裂有效（井次）	增产油量（t）	合计增油（t）
H_2	7	3	617	1	1	107	4	4	1004	1782
H_3	6	10	1784	2	2	2327	6	5	1752	5863
合计	13	13	2401	3	3	2434	10	9	2756	7591

H_2稳油控水区调剖、对应堵水、压裂等12井次，合计增产油量1728t。通过以上工作，H_2稳油控水区，日产液由1996年底的98.5t，升至1998年1月的106t，日产油量由34.3t升至36.4t，综合含水稳定在65%左右（图6-1-1）。

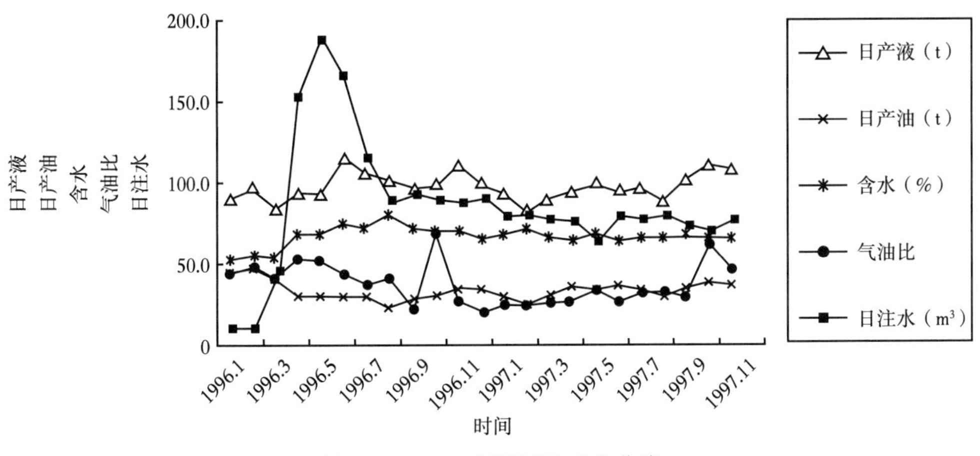

图6-1-1　H_2调堵试验开发曲线

H_3稳油控水区实施调剖、对应堵水、压裂等14井次，合计增产油量5863t。试验区日产油量由1996年底的44.1t上升至49t，含水率由70.9%下降至65.7%，试验区的产量呈上升趋势（图6-1-2）。稳油控水试验区有效地控制住了含水上升，累计增油7591t，取得了可喜的成果。

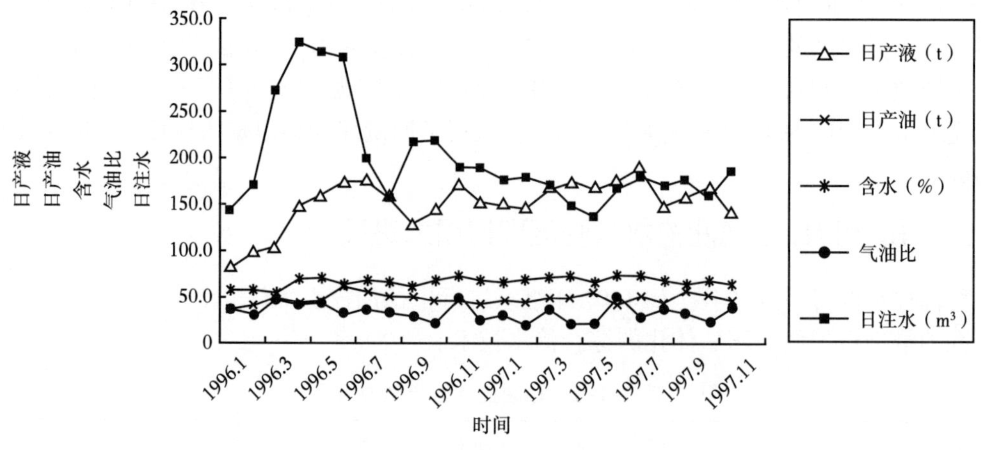

图 6-1-2　H_3 调堵试验开发曲线

三、措施成功率及措施效果明显提高

在方案实施过程中，加强了先实施的井的跟踪分析，及时对方案中风险大的区块项目进行了调整。在前期试验的基础上，建立和完善了两个稳油控水示范区，根据试验区取得的成功经验，在 H_2 西部注水还有一定效果和 H_3 行列注水区停注隔底水无效的情况下，将该区原方案暂停实施，大大地提高了方案的成功率。如 1997 年，采油井共完成各项增产措施 82 井次，有效 68 井次，成功率 82.9%，比 1996 年提高 11.3%（表 6-1-3）。全年累计增产油量 2.72×10^4t，平均单井增产油量 332.1t，单井增油量较 1996 年提高 52.8t，平均单井有效天数较 1996 年提高 29.9d。其中压裂措施最为显著，年增油量 1.11×10^4t，占措施总增产油量的 41.0%，单井年增油量比 1996 年提高 165.8t。

表 6-1-3　火烧山油田 1996—1997 年措施效果对比表

时间	层位	合计			补返			压裂			堵隔水			酸化			其他		
		措施井（口）	有效井（口）	累计增油（t）	措施井（口）	有效井（口）	累计增油（t）	措施井（口）	有效井（口）	累计增油（t）	措施井（口）	有效井（口）	累计增油（t）	措施井（口）	有效井（口）	累计增油（t）	措施井（口）	有效井（口）	累计增油（t）
1996	H_1	6	5	6432	5	5	6432												
	H_2	18	14	3906				3	2	713	12	9	2993				3	3	200
	H_3	33	20	7059				8	4	427	21	13	6120	1	1	45	3	2	467
	H_4^1	13	10	2150	3	2	120	3	3	969	2	1	267	4	3	785	1	1	9
	H_4^2	4	53	1404				2	2	774	1	1	482				1	1	148
小计		74		20951	8	7	6552	16	11	2883	36	24	9862	5	4	830	8	7	824
1997	H_1	2	2	614	2	2	614												
	H_2	28	21	10036	7	6	6962	9	7	1955	6	5	926				6	3	193
	H_3	28	22	5579	5	3	524	13	11	2661	10	8	2394						
	H_4^1	16	16	7028				8	8	5215	3	3	765	5	5	1048			
	H_4^2	8	7	3972				2	2	1327	5	4	2169	1	1	476			
小计		82	68	27229	14	11	8100	32	28	11158	24	20	6254	6	6	1524	6	3	193

四、油田开采形势好转

随着火烧山油田综合治理Ⅱ期方案工程的继续实施，油田的开采形势趋于稳定，主要表现在以下几个方面。

1. 油田含水上升速度得到有效控制

综合治理后，油田含水上升率仅为2%，大大低于综合治理方案目标（5%）。与治理前相比，油田含水上升率下降13.8%。油田综合含水稳定在51.4%，比治理前同期提高2.1%。含水上升率下降幅度最大的是H_3，其次是H_2。这两个层开展了综合治水工作，有效地控制了含水上升。两层含水上升率分别下降了22.8%点和12.6%（表6-1-4）。

动态对比240口含水井，含水稳降井比例为69.2%，较治理前同期上升3.1%。除H_4^2稳定程度略有下降外，其余各层都有不同程度的提高（表6-1-5）。

表6-1-4　火烧山油田开采形势同期对比

分区	时间	水平自然递减（%）	水平综合递减（%）	油量自然递减（%）	油量综合递减（%）	含水率（%）	累计年产油量（t）	含水上升率（%）
H_2	1996	27.1	22.2	19.3	15.4	57.1	80753	15.3
	1997	45.2	13.4	9.7	-3.3	65.4	73462	2.7
H_3	1996	13.6	11.5	2.2	-4.6	59.6	111831	22.8
	1997	12.4	4.6	3.6	-1.5	59.4	102107	0.0
H_4^1	1996	16.2	8.7	14.1	12.5	44.0	92196	0.0
	1997	18.1	0.2	10.1	2.9	45.0	103333	0.0
H_4^2	1996	15.3	6.6	2.2	0.8	33.7	99041	0.0
	1997	12.7	-0.2	3.5	-0.7	33.5	87290	5.4
油田合计	1996	19.8	7.1	8.2	3.3	49.3	415355	15.8
	1997	18.8	1.3	6.6	-0.2	51.4	392639	2.0

2. 油田递减明显减缓

治理后水平自然递减18.8%，水平综合递减1.3%，比治理前同期分别下降0.7%和5.8%。油量自然递减6.6%，油量综合递减-0.2%，比治理前同期分别下降1.6%和3.5%（表6-1-4）。油井生产稳定，动态对比244口井，产量稳升68.4%，比1996年同期提高4.2%（表6-1-5）。

表6-1-5　火烧山油田动态对比表

层区	时间	井数（口）	产量对比					含水对比				
			可对比井数（口）	上升（口）	稳定（口）	下降（口）	稳定程度（%）	可对比井数（口）	上升（口）	稳定（口）	下降（口）	稳定程度（%）
H_2	1996.12	89	58	8	11	39	32.8	58	33	18	7	43.1
	1997.11	92	62	14	16	32	48.4	58	28	25	5	51.7
H_3	1996.12	121	77	28	27	22	71.4	77	26	35	16	66.2
	1997.11	115	83	12	48	23	72.3	83	26	29	28	68.7

续表

层区	时间	井数（口）	产量对比					含水对比				
			可对比井数（口）	上升（口）	稳定（口）	下降（口）	稳定程度（%）	可对比井数（口）	上升（口）	稳定（口）	下降（口）	稳定程度（%）
H_4^1	1996.12	65	56	7	39	10	82.1	52	14	37	1	73.1
	1997.11	83	57	6	37	14	75.4	57	15	40	2	37.7
H_4^2	1996.12	40	38	7	20	11	71.1	40	4	33	3	90.0
	1997.11	45	42	6	28	8	81.0	42	5	35	2	88.1
合计	1996.12	315	229	50	97	82	64.2	227	77	123	27	66.1
	1997.11	335	244	38	129	77	68.4	240	74	129	37	69.2

3. 油田动用程度大幅度提高

经过一系列综合治理措施后，油田动用程度较 1996 年有了大幅度的提高。同井点对比 17 口注水井，吸水厚度和吸水层数动用程度分别为 71.5%和 65.3%，分别较 1996 年同期提高 9.6%和 6.4%（表 6-1-6）。特别是 H_4^1 和 H_3 提高较大，动用厚度分别比 1996 年提高 15.3%和 11.4%。同井点对比 28 口油井，出液厚度和出液层数动用程度分别为 80.1%和 78.2%，分别较 1996 年提高 14.6%和 10.9%。H_2 和 H_4^2 动用程度提高较大，厚度动用程度分别提高 29.0%和 23.9%（表 6-1-7）。

表 6-1-6　火烧山油田注水剖面动用程度对比表（同井点对比）（1996—1997 年）

层位	统计井（口）	射开		吸水		动用程度		吸水量（m^3/d）	吸水强度[$m^3/(d\cdot m)$]
		层数	厚度（m）	层数	厚度（m）	层数	厚度（m）		
H_2	5	34	95	18	50.2	52.9	52.8	125.0	2.49
				17	55.0	50.0	57.9	65.0	1.18
H_3	7	43	136	20	77.8	46.5	57.2	169.1	2.17
				27	93.3	62.8	68.6	161.8	1.73
H_4^1	4	15	57	15	44.3	100.0	77.7	134.0	3.02
				15	53.0	100.0	93.0	130.0	2.45
H_4^2	1	3	16	3	16.0	100.0	100.0	35.0	2.19
				3	16.0	100.0	100.0	45.0	2.81
合计	17	95	304	56	188.3	59.0	61.9	463.1	2.46
				62	217.3	65.3	71.5	401.8	1.85

表 6-1-7　火烧山油田出液剖面动用程度对比表（同井点对比）（1996—1997 年）

层位	统计井（口）	射开		出液		动用程度		出液量（m^3/d）	出液强度［t/(d·m)］
		层数	厚度（m）	层数	厚度（m）	层数	厚度（m）		
H_2	7	27	110	18	64.9	66.7	59.0	102.7	1.58
				24	96.8	88.9	88.0	104.9	1.08
H_3	13	53	194	31	119.5	58.5	61.6	155.7	1.30
				34	128.5	64.2	66.2	168.5	1.31
H_4^1	5	20	60.5	17	48.5	85.0	80.2	79.8	1.65
				18	55.5	90.0	91.7	83.5	1.50
H_4^2	3	10	56.5	8	43.0	80.0	76.1	41.8	0.97
				10	56.5	100.0	100.0	34.6	0.61
合计	28	110	421	74	275.9	67.3	65.5	380.0	1.38
				86	337.3	78.2	80.1	391.5	1.16

4. 老区加密扩边和储量动用效果显著

火烧山油田Ⅰ期和Ⅱ期综合治理主要对 H_4 加密、H_4^2、H_1、H_2 扩边和 H_3 剩余储量（277×10^4t）的动用，共设计钻井 73 口，实施钻井 63 口，进尺 10.3625×10^4m，建成产能 11.28×10^4t，单井平均产能 6.5t，其中达到或超过设计产能井 33 口，占投产井数的 52.4%（表 6-1-8），低效井 8 口，占投产井数的 12.7%；H_4^2 和 H_4^1 加密和 H_4^2 扩边井平均产能 7.2t，达到和超过设计产能井 25 口，占投产井数的 58.1%，低效井 4 口，只占投产井数的 9.3%，基本达到了方案设计要求。初期新井日产液量 619.7t，日产油量 410.9t，综合含水比 33.6%。

表 6-1-8　老区加密扩边与储量动用井初期生产状况

层位	类别	设计井数（口）	设计产能(t/d)		完钻井数（口）	初期产能（t/d）		大于设计产能		初期状况		
			井	区块		井	区块	井数（口）	占比[①]（%）	日产液（t）	日产油（t）	含水率（%）
H_1	扩边	7	8	7200	3	1.1	0	0	0	3.6	3.4	5.6
H_2	扩边	1	8	2400	1	0	0	0	0	0	0	0
H_3	动用	21	8	38400	16	6.9	33270	8	50	140.9	110.9	21.3
H_4^1[②]	加密	19	8	38400	19	6.2	31440	7	36.8	227.2	116.8	48.6
H_4^2	加密	18	7	31500	17	7.7	32400	12	70.6	174.4	131.1	24.8
H_4^2	扩边	7	8	16800	7	8.3	15660	6	85.7	73.6	58.7	20.2
合计		73		134700	63	6.5	112770	33	52.4	619.7	410.9	33.6

①表示大于设计产能的井占设计总井数的百分比。

②H_4^1 层老井转注 3 口，占产 12.1t/d；H_4^2 层老井转注 3 口，占产 23t/d。

在方案实施过程中，实行项目管理，加强了方案实施过程的跟踪分析，及时对方案中风险大的区块（井）和项目进行优化调整，减少了部分地区油层变差的低效储量动用和加密区出水可能性大的井点，优化了调整井、扩边井的方案，减少10口井的工作量，少建地面计量站一座，提高了综合治理加密、调整的整体效益。

H_4^2、H_4^1和H_3经过加密、扩边、储量动用，日产油量分别由137t、255t和276t上升到282t、317t和304t，采油速度分别由0.46%、0.67%和0.43%提高到0.96%、0.81%和0.54%。增加可采储量187×10^4t，H_4^2和H_4^1含水上升趋势趋于正常。

5. 调层井的后备储量动用，实现油田产量接替

在火烧山油田Ⅰ期、Ⅱ期综合治理方案中，对后备接替的石油地质储量丰度较高的地区择优动用，实施上返调层井37口，初期平均日产油量6.8t，超过了6.0t的设计产能，综合含水为47%，截至1998年12月，已累计产油12.1×10^4t。

6. 油水井改造措施取得了好的效果

针对火烧山油田各层部分区域油井地层水、注入水水窜、油层伤害、注水井剖面吸水不均等现状，Ⅰ期、Ⅱ期方案对油水井进行各类改造治理措施195井次，其中采油井进行压裂、酸化、挤油和堵水措施141井次，有效井125井次，成功率89.0%，措施当年累计增油4.0381×10^4t，井均年增油量286t，压裂、堵水和酸化单井年增油分别达到392t、306t和283t，注水井进行调剖分注措施54井次，其中调剖48井次，成功率68.8%，剖面层数和厚度动程度用分别由64.3%和67.5%提高到71.7%和76.6%，有22.5%相关油井见效，累计年增油量0.8973×10^4t，降水量$0.4896\times10^4m^3$，平均井组累计增油量841t；分注6井次，累计年增油量0.2124×10^4t，平均井组增油354t。

火烧山油田通过Ⅰ期、Ⅱ期的综合治理，油田开发效果得到了改善，采油速度由0.69%提高到0.79%，综合含水由治理前55%下降到40.3%，1998年12月稳定在53.4%，含水和采出程度曲线偏向采出程度轴，接近方案预测值。水驱控制程度由51.1%提高到68.2%，预测水驱动态采收率由13.88%提高到17.80%，增加可采储量223×10^4t，提高了油田的整体效益，与此同时，对该油田的开发也有新的认识：

（1）隐裂缝发育的低渗透砂岩油藏井网密度不宜过大，注水开发能取得较好的效果。

（2）显裂缝发育的低渗透砂岩油藏不宜注水开发，若有边底水，其布井范围和射孔高度应讲究，初期采油压差应严格控制，水淹后采取措施解放未进水裂缝和基质的产能，是治理的主要措施之一。

（3）微裂缝发育的低渗透砂岩油藏早期不宜注水，注水作为二次采油的基本方法，调剖和堵水技术是二次采油的主要配套工艺。

（4）裂缝性低渗透砂岩油藏应强化油层保护，控制压裂规模，避免油层伤害和裂缝复杂化。

第二节　前两期治理后面临的问题

一、油田稳产基础不牢固

火烧山油田的控水、稳油初见成效，尤其是经过两期综合治理后，产能有所恢复，但油田稳产基础不很牢固，具体表现在：

（1）油田已进入中含水期，稳产难度加大，采液速度的提高弥补不了因含水上升引起的采油速度下降，尤其是 H_2 和 H_4 的部分井主力层水窜以及堵水失效，已威胁油田的稳产。

（2）油田稳定程度降低。根据油田综合治理Ⅰ期试验的要求，H_2 的 26 个注水井组有 13 个井组进行停注试验近 4 年，H_3 的 15 个井组行列注水区中部油井受效差，H_4^2 地层压力保持程度低（62.5%），H_1 和 H_3 是 1995 年新动用区，火 8 井区、火南油藏都是衰竭开采，以消耗油藏基本能量为代价，随之产生负效应会严重威胁油田稳产，如 1995 年 H_3 新动用区递减高达 30.9%；H_2 地层压力下降大，1998 年 1 月压力保持程度只有 59%，边水浸入，产量大幅度下滑。日产液量由 1996 年同期的 231t 降至 126.5t，日产油量逐月递减。1998 年 1 月，产量只有 1997 年同期的 43.8%，开采效果明显变差（图 6-2-1）。

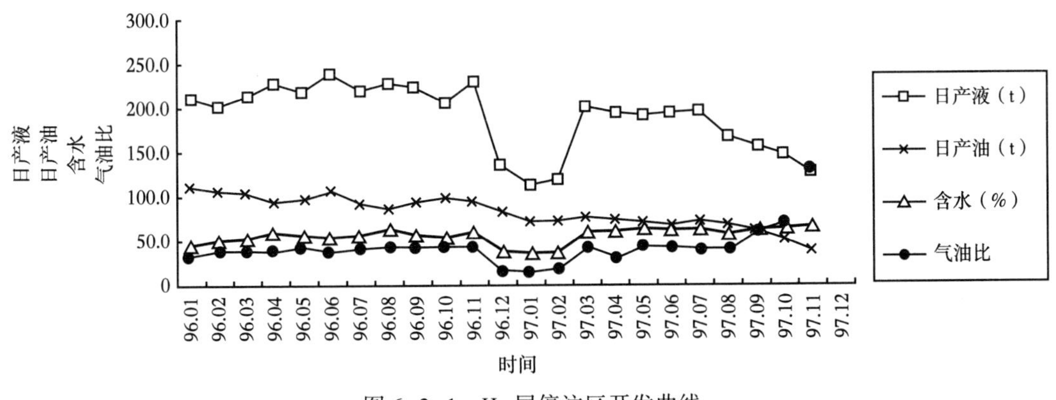

图 6-2-1　H_2 层停注区开发曲线

（3）油田开发效果南北差异大。开发区北部储量占全油田储量的 40%，日产油却仅占总水平的 27%，南部采油速度为 26.5%，尤其是 H_3 层采油速度低，仅为 H_4^2 的一半。

二、老区调整风险大，调整方案新井产能不到位

（1）H_1 和 H_2 扩边 4 口井，均为低效调开。4 口井日产液 3.2t，日产油 2.7t，含水 15.6%，除 H1031 井油层发育差外，其余井均因裂缝不发育而低效。裂缝是否发育是 H_1 和 H_2 高产的必备条件。扩边井的资料证实裂缝发育在构造的腰部和顶部。

（2）整体看，H_4^1 的 19 口加密井产能亦不到位。主要是有 5 口含水在 70%以上的裂缝水窜井，扣除这 5 口井后，1989 年 12 月 14 口井日产液 98.5t，日产油 74.2t，综合含水 24.5%，低于老井含水。由于地层压力保持程度低，井日产油仅 5.3t。

由于以上原因，Ⅱ期方案实建产能 4.68×10^4t，产能到位率为 74.5%。油田进攻性增产措施少，堵水效果变差，大中型裂缝治水技术无突破。

火烧山油田是裂缝发育、具边底水的特低渗透砂岩油藏，开发治理难度大是众多石油开发专家和技术人员的共识。为了改善油田开发效果，不断引进和研制新工艺、新技术，寻求配套治理措施，但“九五”末仍没有形成有效的系列配套治理技术，总体措施效果变差。据统计，堵水效果随轮次增加逐次变差，前三轮重复堵水，年增油量和有效时间分别降低月 50%和 35%。大部分井已进入第 4 轮堵水，甚至第 6 轮、第 7 轮，该区今后堵水还有待于攻关，尤其是大中型裂缝的堵水技术。

第三节　开发效果影响因素分析

H_2 和 H_3 油藏于 1988 年投入开发，到 1989 年 12 月方案基本实施完毕，共钻井 274 口，其中采油井 217 口，注水井 57 口，1990 年 H_2 和 H_3 层年产油分别为设计产能的 58.9%和 46.6%，采油速度分别为设计的 59.4%和 42.0%，综合含水分别达到 42.1%和 48.1%，开采效果极差（表 6-3-1）。

表 6-3-1　H_2 和 H_3 方案设计指标与初期开采指标对比表

项目			H_2	H_3
动用含油面积（km^2）			13.2	20.8
动用地质储量（10^4t）			885	1986
设计开发井数	总井数（口）		125	144
	采油井（口）		94	110
	注水井（口）		31	34
方案主要指标	产能	单井日产（t）	10	15
		区日产（t）	893	1573
		年产油量（10^4t）	26.8	47.2
		采油速度（%）	3.03	2.38
	注水	单井日注（m^3）	39	60.4
		区日注（m^3）	785	1690
		年注水量（10^4m^3）	28.67	61.7
方案实施后初期主要开采指标（1990 年）	生产井数	总井数（口）	126	148
		油井数（口）	99	118
		水井数（口）	27	30
	产能	单井日产（t）	7.1	6.5
		区日产（t）	589	668
		年产油量（10^4t）	15.8	19.9
		采油速度（%）	1.8	1.0
	注水	单井日注（m^3）	24	29
		区日注（m^3）	579	779
		年注水量（10^4m^3）	16.17	23.11

经过 10 年的开采，到 1998 年底，H_2 和 H_3 共有采油井 206 口，年产油 16.4×10^4t，综合含水分别为 65.3%和 59.9%，注水井 59 口，年注水 $40.9\times10^4m^3$，采油速度分别为 0.7%和 0.4%，采出程度分别为 12.0%和 7.5%（表 6-3-2）。地层压力分别是 10.65MPa 和 11.07MPa，压力保持程度只有 73.96%和 72.97%，累计注采比 0.46 和 0.54，存水率为 0.03 和 0.013，水驱指数为 0.02 和 0.08，水驱动用程度分别是 42.1%和 62.7%，水驱现状采收率分别是 14.10%和 19.15%。

虽然两期综合治理后油田开发形势有所好转，但从开采指标看，油田的开发效果仍然较差，归纳起来，影响 H_2 和 H_3 层开发效果的因素有如下几个方面。

表 6-3-2　H_2 和 H_3 层 1998 年综合开发数据表

层位	采油井（口）	注水井（口）	单井产量（t/d）	年产油量（10^4t）	综合含水（%）	年注水量（10^4m^3）	累计注采比	采油速度（%）	采出程度（%）
H_2	96	26	2.1	6.5	65.3	11.8	0.46	0.7	12.0
H_3	110	33	3.2	9.9	59.9	29.1	0.54	0.4	7.5

一、储层沉积相变大，物性差异大

H_2 和 H_3 层沉积相变大，砂体为透镜状，数量多、厚度薄、面积小。统计 H_2 和 H_3 的 32 个油砂体，平均单层厚度仅为 1.8~3.2m，平均油砂体面积 2.78~7.14km²，而且平面上油层分布也不均匀，如 H_2 的主力油层 H_2^{1-2} 厚度大于 3.0m 的油层在井网上成“Y”字形分布，H_2^{2-1} 分布在井网的中部和东南部，H_2^{2-2} 成“环状”分布在井网上，连通性差。这些因素造成了钻遇率低，H_2 钻遇率和连通率分别是 34.0%和 34.1%，H_3 钻遇率和连通率分别是 50.5%和 54.8%。另外，储层物性差，非均质程度很高，H_2 和 H_3 的油层有粉砂岩、细砂岩和中砂岩，平面、剖面上物性差异较大，孔隙度为 9.0%~22.0%，H_2 和 H_3 的平均孔隙度分别为 12.0%和 13.0%；渗透率为 0.02~8.0mD，平均渗透率分别为 0.32mD 和 1.8mD。油藏储层的沉积相变和物性差异，影响了 H_2 和 H_3 油藏开发效果。

二、油水井注采对应不完善

油水井注采对应不完善，平面上造成压力分布不均匀，引起水窜。H_2 和 H_3 连通率低，油井的单层上分别有 22.3%和 20.2%的方向上无注水控制，平面上压力分布不均匀，注采对应方向上压力高造成水窜，统计 H_2 和 H_3 有测试资料注采对应不完善的出液层，其中注入水窜水的层占 75.0%（表 6-3-3），高于 H_2 和 H_3 层 41.4%的窜水层比例。

表 6-3-3　H_2 和 H_3 层注采对应不完善的井层水窜状况表

层位	层数	注水水窜	
		层数	比率（%）
H_2	15	11	73.3
H_3	13	10	76.9
合计	28	21	75.0

三、储层非均质性严重

油层非均质性严重，造成油水井产、吸剖面不均匀，动用程度差，H_2 和 H_3 累计出液剖面动用程度在 65%左右，吸水剖面略大一点（表 6-3-4），吸水剖面厚度动用程度大于层数动用程度，其主要是裂缝发育和管外固井质量差造成吸水层厚度增大。

表 6-3-4 H_2 和 H_3 层剖面分层累计动用程度表

层位	吸水剖面				出液剖面			
	射开厚度（m）	厚度动用（%）	射开层数	层数动用（%）	射开厚度（m）	厚度动用（%）	射开层数	层数动用（%）
H_2^{1-1}					36.5	54.8	9	55.6
H_2^{1-2}	499	23.8	127	28.3	353.7	96.6	86	70.9
H_2^{1-3}	7	48.6	2	50.0	18	91.7	11	90.9
H_2^{2-1}	351	96.0	121	62.8	391.5	77.3	101	77.2
H_2^{2-2}	311.6	76.7	104	72.1	340.1	75.5	102	73.5
H_2^{2-3}	419.5	112.9	141	82.3	329.5	69.5	107	67.3
H_2^{3-1}	55	206.4	35	74.3	12.5	12.0	12	8.3
H_2^{3-2}	211	132.2	76	85.5	238.5	66.5	61	67.2
H_2^{3-3}	422.5	81.0	133	56.4	288.9	45.0	86	55.8
合计	2276.6	83.8	739	63.6	2009.2	72.5	575	68.0
H_3^{1-1}					17.5	100.0	10	100.0
H_3^{1-2}	482	69.6	179	49.2	580	73.7	206	68.0
H_3^{1-3}	472.5	73.2	174	56.9	512.5	67.3	139	69.1
H_3^{2-1}	683	65.9	184	56.5	920.7	68.7	204	62.3
H_3^{2-2}	1032.5	61.3	320	51.6	1144.1	51.0	318	49.1
H_3^3	1065.5	75.0	273	74.0	781.5	30.1	182	28.6
合计	3735.5	68.6	1130	58.2	3956.3	56.6	1059	54.9

由于物性的差异，除了造成 H_2 和 H_3 动用程度低，还使部分主力油层产、吸剖面动用程度和产液量百分比、吸水量百分比不成比例，如 H_2^{1-2}、H_2^{2-3} 和 H_3^3（表 6-3-4 和表 6-3-5）。吸水剖面动用程度高，吸水量百分比也大，而产液剖面动用程度和产液量百分比低，含水高，如 H_2^{2-3} 和 H_3^3 以粉砂岩为主，裂缝发育，油层吸水启动压力较裂缝发育程度低的细砂岩要小 2.5MPa 以上，所以吸水能力强，油层一旦形成水窜，水流方向不易改变，油井上反映出高含水，不窜水的方向上，油层供液能力低，在层间矛盾的影响下，油井基本不出液；相反，吸水剖面动用程度低，吸水量百分比也低，而产液剖面动用程度和产液量百分比高，含水低，如 H_2^{1-2} 以细砂岩为主、裂缝不发育、物性好，是主力出油层，而在水井上注水启动压力高于裂缝发育的层，它的吸水能力明显较差。但由于水井的动用程度低，所以地层压力下降较大，出液强度已从 1.5t/(m·d) 持续下降到 0.8t/(m·d)。

表 6-3-5 H_2 和 H_3 层剖面产、吸强度状况表

层位	产液剖面				吸水剖面		
	出液量（t）	出液百分比（%）	含水（%）	出液强度[t/(m·d)]	吸水量（m^3）	吸水百分比（%）	吸水强度[m^3/(m·d)]
H_2^{1-1}	23.4	1.0	87.6	1.17			
H_2^{1-2}	374.8	15.5	41.2	1.10	199.98	5.4	1.68
H_2^{1-3}	16.4	0.7	65.6	0.99	6.1	0.2	1.79
H_2^{2-1}	406.4	16.8	32.1	1.34	534.45	14.4	1.59

续表

层位	产液剖面				吸水剖面		
	出液量（t）	出液百分比（%）	含水（%）	出液强度[t/(m·d)]	吸水量（m^3）	吸水百分比（%）	吸水强度[m^3/(m·d)]
H_2^{2-2}	500.6	20.6	70.5	1.95	645.49	17.4	2.70
H_2^{2-3}	451.8	18.6	60.5	1.97	959.5	25.9	2.03
H_2^{3-1}	2.7	0.1	0.0	1.80	167.44	4.5	1.48
H_2^{3-2}	445.2	18.4	49.6	2.81	536.44	14.5	1.92
H_2^{3-3}	208.2	8.6	63.1	1.60	655.32	17.7	1.91
H_2 小计	2429.4	100	53.3	1.67	3704.72	100	1.94
H_3^{1-1}	36.8	1.0	18.5	2.10			
H_3^{1-2}	934.8	25.3	76.5	2.19	575.92	13.1	1.72
H_3^{1-3}	556.1	15.0	60.5	1.61	477.3	10.9	1.38
H_3^{2-1}	1010.3	27.3	52.4	1.60	822	18.7	1.83
H_3^{2-2}	853.9	23.1	63.7	1.46	941.9	21.5	1.49
H_3^3	306.3	8.3	76.5	1.30	1572.5	35.8	1.97
H_3 小计	3698.2	100	64.0	1.65	4389.62	100	1.71

四、裂缝与固井质量

裂缝发育，固井质量差，是影响开采效果的主要原因。

火烧山油田是一个南北向的长轴背斜油藏，背斜东陡西缓，储层内高角度裂缝发育，有充填裂缝、闭合裂缝、微裂缝、开启裂缝和潜在裂缝5类，有相当数量的裂缝为显裂缝，南北、北西、北东三组裂缝并存，以南北方向为主。人工力可形成北西—南东向垂直裂缝。按裂缝密度排序，泥质粉砂岩、粉砂岩、粉砂质泥岩、细砂岩、中砂岩、泥岩依次减小。在剖面上，H_3 裂缝最发育，H_2 次之。平面上，油田东部裂缝发育，西部欠发育。裂缝渗透率为252.5~9000mD，是基质渗透率（均值0.8mD）的315.6~11250倍。另外，油田隔层固封井层合格率仅25.7%，这就加剧了储层内部的矛盾，使油田开发效果极差。

五、裂缝—基质渗透率

H_2、H_3 的物性较差，由于裂缝发育，油井投产初期，裂缝系统的油被迅速采出后，基质岩块受渗透率限制，供油能力弱，不能维持较长时间稳产，且裂缝系统压力得不到补充，注入水或地层水乘虚而入，使与注水井和地层水连通的裂缝系统被水连通，而且将基质中的油封堵形成死油区，不仅油井过早见水，而且含水大幅度上升，致使油田递减大（表6-3-6）不能稳产。

表 6-3-6　H_2 和 H_3 层投产初期递减统计

层位	项目		1989.12	1990.12	1991.12
H_2	年水平递减（%）	自然	50.2	50.9	44.9
		综合	29.8	14.2	20.4
	年油量递减（%）	自然	19.9	20.8	27.8
		综合	6.0	4.2	22.3
H_3	年水平递减（%）	自然	49.7	29.6	37.3
		综合	25.3	10.1	14.4
	年油量递减（%）	自然	44.1	28.2	20.0
		综合	33.0	21.5	12.8

H_2 和 H_3 的 112 口油井，投产第 1 个月平均井日产油 10.3t，第 2 个月为 8.5t，第 6 个月为 6.7t，（仅是第 1 个月的 65.0%），到第 12 个月产能只有第 1 个月的 28.2%，投产后的前两个月下降最快（表 6-3-7）。1989 年 12 月，H_2 和 H_3 的 224 口生产井有 162 口井见水，占生产井的 73.3%，1991 年底达到 91.9%（表 6-3-8）。1989 年，H_2 和 H_3 的水平自然递减和油量自然递减都大于 40.0%（表 6-3-6）。由上述可知，投产第一年油田递减的主要原因是油层供油能力低，之后的递减的主要因素是水窜造成的含水上升，这可由产量变化数据（表 6-3-9）证实。

表 6-3-7　H_2 和 H_3 层初期产能变化统计表

分层	统计井数	平均井日产能力（t/d）				
		第 1 个月	第 2 个月	第 3 个月	第 6 个月	第 12 个月
H_2	50	8.0	6.7	6.2	4.2	1.1
H_3	66	12.1	9.4	9.8	8.2	4.1
合计	112	10.3	8.5	8.5	6.7	2.9

表 6-3-8　H_2 和 H_3 层投产初期高含水（>80%）井统计

层位	项目	1989.12	1990.12	1991.12
H_2	总井数（口）	102	99	97
	含水井数（口）	71	84	95
	高含水井数（口）	4	15	31
	高含水井比例（%）	3.9	15.2	32
H_3	总井数（口）	122	118	126
	含水井数（口）	91	105	108
	高含水井数（口）	18	41	65
	高含水井比例（%）	14.8	34.7	51.5
合计	总井数（口）	224	217	223
	含水井数（口）	162	189	203
	高含水井数（口）	22	56	96
	高含水井比例（%）	9.8	25.8	43.0

表 6-3-9　H_2 和 H_3 层早期含水上升和压力影响产量表

时间	总减产油量（t）	含水上升减产		压力下降减产	
		油量（t）	百分数（%）	油量（t）	百分数（%）
1989	9554	2962	31.0	3917	41.0
1990	5870	2172	37.0	1056	18.0
1991	6121	2999	49.0	979	16.0
1992	3941	2089	53.0	749	19.0

六、水泥沿裂缝漏失，固井质量差，造成管外窜

油田由于裂缝发育，压力系数低，钻井过程中尽管泥浆比重降至 1.05，但水泥漏失仍然相当严重。固井质量也普遍差，水泥返高达不到设计要求。即使按大层不窜，水泥返高高于油层作为合格标准，其合格率也很低（表 6-3-10）。固井质量差，造成管外窜。H_2 的 55 口井中管外窜的有 7 口，占 12.7%。

表 6-3-10　火烧山油田固井质量一览表

层位	井数	水泥返高			隔层固封效果				油层组固封效果		
		统计井数（口）	进技套不大于 10m 或未进井数（口）	占统计井（%）	统计井层	隔层	未固封井数（口）	占统计井（%）	统计井数（口）	差好—中等厚度 <50%油层组厚度（口）	占统计井（%）
H_2	123	103	42	40.7	110	H_3^{1-0}	33	30.0	110	34	30.9
H_3	148	143	82	57.3	145	H_3^{1-0}	42	29.0	145	29	20.0
					119	H_4^0	21	17.6			
合计	271	246	124	50.4	374		96	25.7	255	63	24.7

七、水窜影响水驱效果

裂缝发育导致油藏严重水窜，在 200 口采油井中，投产见水井有 82 口，占采油井数的 41.0%，投产至见水时间小于 100d（包括投产见水）的井有 154 口，占 77.0%（表 6-3-11），平均无水采油期 39d。

表 6-3-11　H_2 和 H_3 层无水采油期分级表

分级（d）	项目	H_2	H_3	合计
0	井数（口）	40	42	82
	占比（%）	44.0	38.5	41.0
0.1～100	井数（口）	30	42	72
	占比（%）	33.0	38.5	36.0
100.1～300	井数（口）	15	12	27
	占比（%）	16.5	11.0	13.5

续表

分级（d）	项目	H_2	H_3	合计
300.1~500	井数（口）	2	4	6
	占比（%）	2.2	3.7	3.0
500.1~1000	井数（口）	2	4	6
	占比（%）	2.2	3.7	3.0
大于1000	井数（口）	2	5	7
	占比（%）	2.2	4.6	3.5
统计井数（口）		91	109	200

油井不仅见水快，而且水窜方向多，水推速度大，含水上升速度快。经过油水井动态对比，北西—南东向水窜比例较高，但无明显优势方向（表6-3-12）；110口井动态鉴测水推速度日均2.86m，日水推速度最大为28.08m；5个井组示踪剂试验计算的日水推速度最大为289.68m，日水推速度慢的也有6.79m。水推速度快直接导致了油田高含水井的增多，1989年底高含水（超过80%）井占9.8%，到1991年底高含水井比例已上升到54.2%。1989年12月，H_2和H_3的含水分别为22.4%和36.7%（表6-3-13）；到1991年12月，含水分别上升到55.3%和59.9%，3年中含水上升率都大于8.0%。1989年，H_3的含水上升率高达21.6%（表6-3-13）。

表6-3-12 火烧山油田动态鉴测水窜方向统计表

层位	统计井次	南—北		东—西		北西—南东		北东—南西	
		井次	%	井次	%	井次	%	井次	%
H_2	66	16	24.2	9	13.6	23	34.8	18	27.3
H_3	176	41	23.3	31	17.6	57	32.4	47	26.7
H_4^1	29	5	17.2	4	13.8	13	44.8	7	24.2
H_4^2	8	3	37.5	2	25.0	1	12.5	2	25.0
合计	279	65	23.3	46	16.5	94	33.7	74	26.5

表6-3-13 火烧山油田 H_2 和 H_3 初期含水状况表

层位	项目	1989年	1990年	1991年	1992年
H_2	含水（%）	22.4	42.1	55.3	61.0
	含水上升率（%）	8.4	8.9	8.3	5.9
H_3	含水（%）	36.7	48.1	59.9	63.0
	含水上升率（%）	21.6	11.7	9.5	2.8

H_2的水淹井主要分布在北部和东北部，H_3的高含水井主要分布在东部。水型有注入水、地层水、混合水，H_2和H_3层水型为注入水的井占70.1%，水型为地层水的井占14.4%，混合水型井占15.5%（表6-3-14）。H_2地层水淹井分布在东北部和东部，H_3地层水淹井分布在东部和北部。

表 6-3-14　火烧山油田 H_2 和 H_3 层含水井水型分类表

项目	H_2		H_3		合计	
	井数（口）	占比（%）	井数（口）	占比（%）	井数（口）	占比（%）
地层水	6	6.7	22	20.9	28	14.4
注入水	73	82.0	63	60.0	136	70.1
混合水	10	11.3	20	19.1	30	15.5
合计	89		105		194	

裂缝发育方向复杂，裂缝渗透率与基质岩块渗透率级差较大，水窜严重，存水率低，水驱指数小。从存水率曲线上看，H_2 和 H_3 存水率从投产到 1998 年一直在下降。H_3 存水率仅在 1995 年以后略有上升。1998 年底，H_2 和 H_3 水驱指数只有 0.02 和 0.08。水窜造成地层压力得不到有效补充而持续下降，到 1998 年，H_2 和 H_3 的地层压力分别是 10.65MPa 和 11.07MPa，压力保持程度只有 73.96%和 72.97%（表 6-3-15），地层压力下降又会加剧水窜，形成恶性循环。

表 6-3-15　H_2 和 H_3 层压力保持程度表

时间	H_2		H_3	
	地层压力（MPa）	保持程度（%）	地层压力（MPa）	保持程度（%）
1988	13.90	96.53	14.86	97.96
1989	14.11	97.99	14.70	96.90
1990	13.65	94.79	13.26	87.41
1991	13.07	90.76	13.45	88.66
1992	11.72	81.39	13.23	87.21
1993	11.79	81.88	12.67	83.52
1994	10.84	75.28	12.76	84.11
1995	10.42	72.36	12.24	80.69
1996	10.58	73.47	11.39	75.08
1997	9.71	67.43	11.85	78.11
1998	10.65	73.96	11.07	72.97

从 H262 和 H263 两口观察井取出的岩心看，裂缝两侧只有 2cm 厚度的储层被水洗，岩心内部含油饱和度接近原始含油饱和度，说明注入水进入裂缝后基本上没有起到驱油作用。在 H_2 和 H_3 开发过程中，注入水利用率低，水驱效果差，到 1995 年 12 月，水驱特征曲线计算 H_2 和 H_3 水驱动态储量仅为动用储量的 41.3%，水驱采收率只有 12.4%。注水开发技术和油藏储层条件不匹配，投产后的注水开发技术和油藏储层条件不匹配是制约 H_2 和 H_3 开发效果改善的重要因素。

火烧山油田采取早期注水补充能量的方式开采，开发初期因对裂缝的认识不足，油藏还没有完成注水试验，于 1988 年底就开始了全面注水，初期单井日注水量都超过 50m^3，注水强度超过 2.5m^3/(m·d)，井口注水压力为 0 的井占注水井数的 37.7%，而且吸水剖面极不均匀，层数和动用程度较低（表6-3-16）。注水后油井含水迅速上升，见水时间低于1个月的注入水窜井占15.3%，致使油田含水上升速度太快，1989年H_3的含水上升率高达21.6%（表6-3-12）。当时注水井没有成熟的调剖技术和分注工艺，水井的水窜得不到有效的控制和治理。为了降低油藏水窜，将注水井日注水量减小到$30m^3$以下，注水强度降低到$1.5m^3/(m \cdot d)$左右，对水窜严重的地区实施了停注，这样地层压力得不到有效保持，地层水又趁虚而入，从计算的水浸量曲线可以看出，在油藏投产早期水浸系数较大，到1991年有29.9%的采油井受到地层水的影响，而这一部分井的产量只占油藏总产量的5.3%。

表6-3-16　H_2和H_2初期产、吸剖面动用程度表

层位	时间	出液剖面动用程度（%）		吸水剖面动用程度（%）	
		层数动用	厚度动用	层数动用	厚度动用
H_2	1989	56.9	58.6	61.1	89.6
	1990	55.1	44.2	65.6	95.8
	1991	65.6	67.7	69.8	103.8
H_3	1989	47.3	55.4	54	72.2
	1990	46.2	45.8	66.2	77.2
	1991	42.9	47.6	65.3	87.8

针对油田存在的这些问题，为了寻求适合油田的开发方式，参考国内外裂缝砂岩油藏开发经验，在H_2和H_3选择具有一定油层厚度，储层类型和生产动态既具有代表性，又能全面反映油田开采存在问题的区域开展了停注、间注和行列注水试验。

在H_3裂缝发育储层的间注试验进行了长达2年的时间，试验区的日产液和含水未下降，地层压力稳定，因停注又引起了地层水的窜入，于1992年底结束试验；H_2间注试验历时4年2个月，进行了三个半周期，其中有停注连采、间注连采，注水时既有低强度，也有高强度，每轮表现出的生产特征基本相似，即停注连采期间，液量含水和压力下降，油量稳定或稍有上升；复注连采期间，液量、含水和压力上升，油量下降，复注时的注水强度增加，其水窜速度也相应增大。停注时，由于减少了注入水窜，一些低含水的油层得到一定程度的解放，油井含水会有一定幅度的下降，油量上升，但供液能力低，油量上升的幅度不大，一旦水井复注，因无有效控制水窜的工艺手段，注入水立即沿裂缝窜入油井，停注的效果被破坏。整个停注期间，油田递减有所减缓，但地层压力由试验前的11.48MPa下降到8.39MPa，压力保持程度只有58.3%。油层剖面动用程度低，1995年油井层数和厚度动用程度分别为44%和54%；注水井吸水剖面吸水程度和厚度动用程度为77%和56%。

H_2停注试验早期，液量含水下降，油量有较大幅度上升，地层压力下降幅度小，取得了较好的效果。但随着时间的延长，油量逐渐下降到停注前的水平，并持续下降。因地层亏空加大，在距地层水近的地区地层水又会沿裂缝代替注入水窜入油井，并向试验区内部侵入，在地层水影响不到的区域，油井受供液能力的限制，不能正常生产。

鉴于油田裂缝主方向为南北向的认识，行列注水试验采用两排南北向注水井夹五排采油井的方式进行。生产特征为日产液量和含水略有下降，油量基本稳定，地层压力先下降后稳定。因裂缝发育的多方向性以及没有控制水窜的有效手段，注水井排上不能形成高压水线，东排 2 口水井日注水量上调到 $60m^3/t$，井口注水压力仍为 0MPa，所以注水井排两侧只有个别井点的油井见效，内部油井因行列切割距太大，注入水基本上影响不到，所以试验区压力早期下降，从而导致北部地层水侵入，地层压力趋于稳定，地层水的介入又加大了治理难度。

总体上，几种试验可在一定程度上降低油田的递减，但油层的动用程度和水驱效率并没有得到改善，不能从根本上改善油田的开发效果。

投产后注水开发的技术和油藏储层条件不匹配也严重制约了油藏的开发效果。

第四节　整体综合治理前油田潜力分析

一、油田动用程度与剩余储量

截至 1998 年 12 月，火烧山油田动用地质储量 5723×10^4t，按方案测算采收率 25%计算，动用可采储量 1419.31×10^4t，累计采油 505.93×10^4t，剩余可采储量为 913.38×10^4t（表 6-4-1）。单井地质储量按油井的油层厚度折算，剩余可采储量用折算的地质储量减去油井累计产油量，这样计算油田剩余可采储量在 1.0×10^4~3.0×10^4t 的采油井 143 口，占 38.1%，主要分布在 H_2 的大部分地区，H_3 西部地区，H_4^1 中部和南部地区，H_4^2 西南部和 H1382—H1399 一线；剩余可采储量大于 3.0×10^4t 的采油井 124 口，占 33.1%，主要分布于 H_3 北部行列注水区和南部 1995 年动用区、加密区；H_4^1 的 H1428A—H1447—H1456 井区；H_4^2 的大部分地区；H_2 的 H1185—H1111 一线和 H254—H207—H1117 井区（表 6-4-2）。

表 6-4-1　火烧山油田储量动用状况表

层位	地质储量（10^4t）	动用储量（10^4）	动用储量（%）	累计采油（10^4）	采出程度（%）	可采储量（10^4t）	剩余可采储量（10^4）	剩余可采储量（%）
H_1	690	115	2.0	12.22	12.6	17.31	5.09	0.6
H_2	1425	982	17.2	118.03	12.0	245.50	127.47	14.0
H_3	2263	2263	39.5	169.89	7.5	565.75	395.86	43.2
H_4^1	1289	1289	22.5	129.61	10.1	322.25	192.64	21.1
H_4^2	1074	1074	18.8	76.18	7.1	268.50	192.32	21.1
合计	6741	5723	100.0	505.93	8.8	1419.31	913.38	100.0

表 6-4-2　火烧山油田单井剩余可采储量分级

层位	>3×10^4（t）		2×10^4~3×10^4t		1×10^4~2×10^4t		<1×10^4t		合计
	井数（口）	百分比（%）	井数（口）	百分比（%）	井数（口）	百分比（%）	井数（口）	百分比（%）	井数（口）
H_2	14	12	16	14	30	26.5	53	46.9	113
H_3	49	36.6	25	18	30	22.4	30	22.4	134

续表

层位	>3×10⁴（t）		$2\times10^4\sim3\times10^4$t		$1\times10^4\sim2\times10^4$t		<1×10⁴t		合计井数（口）
	井数（口）	百分比（%）	井数（口）	百分比（%）	井数（口）	百分比（%）	井数（口）	百分比（%）	
H_4^1	29	34.5	16	19	16	19	23	27.8	84
H_4^2	32	72.7	7	15	3	7	2	5	44
合计	124	33.1	64	17.1	79	21.0	108	28.8	375

根据水驱特征曲线测算，水驱动用储量为3912.2×10^4t，动用程度为68.2%，预测动态水驱采收率为17.80%，存水率低（仅为0.03），水驱指数小（仅为0.28）。H_2、H_3及H_4的部分地区，注水开发效果较差，平面和层间注采矛盾依然突出。油水井产、吸剖面动用程度较低，尤其是H_3（表6-4-3）。

油田低产井较多，据统计，日产油水平小于1.0t的井99口，占26.3%，日产油水平为29t，占全区水平的2.4%，这些井低产的主要原因是高含水和地层压力低造成的，但采出程度也较低，后期治理潜力大。

表6-4-3 火烧山油田各层剖面动用状况

层位	产液剖面动用程度（%）		吸水剖面动用程度（%）	
	厚度动用	层数动用	厚度动用	层数动用
H_2	72.5	68	83.8	63.6
H_3	56.6	54.9	68.6	58.2
H_4^1	70.5	64.8	90.2	78.2
H_4^2	78.4	71.5	100.1	73.4

由H262和H263两口密闭取心井分析结果：储层无中强水淹层，在裂缝两侧仅2~3cm的宽度被水淹，基质分析含油饱和度在60%左右，接近原始含油饱和度；H266和H2413井水淹层测井资料解释及其试油结果也与密闭取心结果一致（表6-4-4和表6-4-5），结合油井动态分析成果，油田剩余油的存在形式有以下特点：

（1）显裂缝发育的低渗透砂岩储层，大部分裂缝中的油已采出并被水取代，基质含油饱和度很高，剩余油分布其中，这类储层采出程度很低，潜力最大，但动用有较大难度，是本次综合治理主攻对象之一。

（2）隐裂缝—孔隙型低渗透砂岩储层，只在高渗透带上形成小规模水窜，油井水淹是井点或条带式，平面上不成片，而且反应为低液量高含水，目前注水见效程度低，油层动用程度低，潜力较大，也是本次方案综合治理的挖潜对象。

（3）微裂缝发育的低渗透砂岩储层，一部分地区裂缝已被水淹，剩余油分布在基质中，另一部分地区未水淹但被水窜裂缝切割封堵为死油区，这已被上返到水淹区的井有的出油，有的出水所证实。

表 6-4-4　H266 井水淹层解释结果及试油情况

层 位	井段（m）	H（m）	S_o（%）	解释结果	初期试油		
					日产液（t）	日产油（t）	含水（%）
H_2^{1-2}	1420. 2～1426. 0	5. 8	60. 3	油层			
H_2^{2-3}	1475. 0～1477. 5	2. 5	31. 7	弱水淹层			
H_2^{3-1}	1489. 0～1491. 0	2. 0	15. 1	弱水淹层			
	1492. 5～1497. 0	4. 5	46. 1	弱水淹层			
H_2^{3-3}	1512. 0～1529. 5	17. 5	16. 3	强水淹层			
H_3^{1-2}	1562. 0～1564. 5	2. 5	40. 8	强水淹层			
	1564. 5～1565. 8	1. 3	17. 3	强水淹层			
H_3^{1-3}	1571. 0～1574. 5	3. 5	32. 6	强水淹层			
H_3^{2-1}	1590. 0～1592. 0	2. 0	25. 1	强水淹层			
	1592. 5～1594. 0	1. 5	14. 74	强水淹层			
	1599. 0～1603. 7	4. 7	57. 0	中水淹层			
	1604. 0～1607. 0	3. 0	61. 3	中水淹层			
H_3^{2-2}	1608. 0～1609. 0	1. 0	50. 2	中水淹层			
	1610. 0～1613. 5	3. 5	45. 3	中水淹层			
	1616. 0～1619. 0	3. 0	46. 7	中水淹层			
	1624. 0～1626. 0	2. 0	68. 1	中水淹层			
H_3^3	1636. 5～1637. 2	0. 7	44. 0	油层	8. 4	2. 6	65
	1638. 0～1643. 0	5. 0	39. 3	中水淹层			
	1643. 7～1645. 5	1. 8	36. 8	强水淹层			
	1646. 0～1650. 0	4. 0	39. 3	强水淹层			
	1651. 0～1656. 0	5. 0	52. 7	强水淹层			

表 6-4-5　H2413 井水淹层解释结果及试油情况

层位	井段（m）	h（m）	S_o（%）	解释结果	初期试油		
					日产液（t）	日产油（t）	含水（%）
H_2^{2-2}	1369. 0～1374. 4	5. 4	44. 8	油层			
H_3^{1-3}	1464. 0～1471. 0	7. 0	34. 3	油层			
H_3^3	1524. 0～1527. 0	3. 0	41. 8	油层			
	1534. 0～1537. 0	3. 0	61. 6	油层			
H_4^{1-1}	1559. 0～1561. 8	2. 8	51. 7	弱水淹层			
	1563. 0～1567. 8	4. 8	59. 6	弱水淹层			
H_4^{1-3}	1580. 3～1591. 0	10. 7	54. 1	弱水淹层			

续表

层位	井段（m）	*h*（m）	S_o（%）	解释结果	初期试油		
					日产液（t）	日产油（t）	含水（%）
H_4^{2-1}	1592.0~1598.4	6.4	63.3	弱水淹层			
	1598.6~1603.0	4.4	55.8	弱水淹层			
H_4^{2-2}	1604.0~1607.4	3.4	70.3	油层			
	1607.8~1608.4	0.6	33.5	油层			
	1609.2~1613.6	4.4	49.1	弱水淹层			
H_4^{2-3}	1624.2~1630.8	6.6	73.8	油层	7.6	7.4	3.0
	1631.4~1634.0	2.6	88.2	油层			

注：*h* 为厚度，对应用前面的井段。

根据储层剩余油赋存形式及特点，结合动态资料，各层系剩余油分布状况如下：

1. H_2 剩余油分布

H_2 地质储量 1425×10⁴t，占火烧山总地质储量的 21%；动用地质储量是全油田的 17%，采出程度 12.0%，采出程度是目前 4 个开发层系中最高的；剩余可采储量为 127.47.2×10^4t（表 6-4-1）。H_2 的 113 口井剩余可采储量大于 3×10^4t 的占 12%；2×10^4~3×10^4t 的井占 14%；1×10^4~2×10^4t 的井占 26.5%；1×10^4t 以下的井占 46.9%（表 6-4-2）。

表 6-4-6　H_2 动用状况明细表

层位	原始储量（10^4t）	储量百分比（%）
H_2^{1-1}	20.48	2.09
H_2^{1-2}	243.28	24.77
H_2^{1-3}	14.62	1.49
H_2^{2-1}	132.55	13.50
H_2^{2-2}	175.11	17.83
H_2^{2-3}	176.54	17.98
H_2^{3-1}	13.98	1.40
H_2^{3-2}	112.80	11.49
H_2^{3-3}	92.62	9.43

平面上，剩余可采储量较高的区域零星分布在 H254、H208、H1117 和 H1364 井组周围，其中连片分布高于 3×10^4t 的井在东北部，但因裂缝发育、高含水经过多次治理无效，油井已上返 H_1。剖面上，根据砂层的地质储量和历年剖面动用状况，潜力较大的层为 H_2^{1-2}、H_2^{2-2} 和 H_2^{2-3}（表 6-4-6 至表 6-4-8），是 H_2 的重点挖潜层。

H_2^{1-2} 的油井产液剖面动用程度较高，含水低，水井动用程度低，但吸水不均匀且吸水强度高（表 6-4-7 和表 6-4-8），油井采液强度下降幅度较大，整体上该层要加强注水，提高动用程度，恢复地层压力，提高油井产能。

表 6-4-7　火烧山油田 H_2 产液剖面动用状况

层位	射开厚度百分比（%）		厚度动用（%）		层数动用（%）		产液量百分比（%）		含水（%）		出液强度[t/(d·m)]	
	历年	1998 年 12 月	历年	1998 年 12 月	历年	1998 年 12 月	历年	1998 年 12 月	历年	1998 年 12 月	历年	1998 年 12 月
H_2^{1-1}	1.8		54.8		55.6		1.0		88		1.2	
H_2^{1-2}	17.6	26.7	96.6	77.5	70.9	77.8	15.4	32.7	41	66	1.1	1.5
H_2^{1-3}	0.9	0.8	91.7	100.0	90.9	100.0	0.7	1.6	66	52	1.0	1.9
H_2^{2-1}	19.5	19.9	77.3	100.0	77.2	100.0	16.7	13.8	32	83	1.3	0.7
H_2^{2-2}	16.9	16.5	75.5	88.5	73.5	71.4	20.6	11.6	70	74	2.0	0.9
H_2^{2-3}	16.4	14.7	69.5	69.6	67.3	71.4	18.6	7.6	61	89	2.0	0.7
H_2^{3-1}	0.6		12.0		8.3		0.1		0		1.8	
H_2^{3-2}	11.9	9.7	66.5	100.0	67.2	100.0	18.3	17.7	50	88	2.8	1.7
H_2^{3-3}	14.4	14.7	45.0	62.5	55.8	62.5	8.6	14.9	63	98	1.6	1.6
合计	100.0	100.0	72.5	82.5	68.0	80.9	100.0	100.0	53	79	1.7	1.2

H_2^{2-2} 的历年产液和吸水剖面动用程度高，但目前水井吸水剖面动用程度较低只有 40.0%（表 6-4-7 和表 6-4-8），吸水强度高，所以油井剖面含水较高，下一步重点工作提高水井动用程度，降低吸水强度，减小水窜，发挥油层产能。

H_2^{2-3} 目前水井剖面动用程度高于油井动用程度，油井含水高（表 6-4-7 和表 6-4-8），整体上进一步调整注水井吸水状况，对水井吸水较好，对不出液油井进行分层引效改造，以期取得好的效果。

表 6-4-8　火烧山油田 H_2 吸水剖面动用状况

分层	射开厚度百分比（%）		厚度动用（%）		层数动用（%）		吸水量百分比（%）		吸水强度[m^3/(d·m)]	
	历年	1998 年 12 月	历年	1998 年 12 月	历年	1998 年 12 月	历年	1998 年 12 月	历年	1998 年 12 月
H_2^{1-1}										
H_2^{1-2}	21.9	23.0	23.8	28.1	28.3	38.5	5.4	13.4	1.7	2.0
H_2^{1-3}	0.3		48.6		50.0		0.2		1.8	
H_2^{2-1}	15.4	16.5	96.0	119.7	62.8	69.2	14.4	21.5	1.6	1.1
H_2^{2-2}	13.7	11.6	76.7	50.4	72.1	40.0	17.4	4.1	2.7	0.7
H_2^{2-3}	18.4	20.9	112.9	96.4	82.3	80.0	25.9	28.3	2.0	1.4
H_2^{3-1}	2.4	1.4	206.4	450.0	74.3	66.7	4.5	4.0	1.5	0.6
H_2^{3-2}	9.3	7.2	132.2	118.1	85.5	80.0	14.5	16.1	1.9	1.8
H_2^{3-3}	18.6	19.3	81.0	57.6	56.4	46.2	17.7	12.6	1.9	1.1
合计	100.0	100.0	83.8	78.2	63.6	58.3	100.0	100.0	1.9	1.2

2. H_3 剩余油分布

H_3 的地质储量 2263×10⁴t，占总地质储量的 34%，动用储量占总动用储量的 39%，采出程度 7.5%，剩余可采储量为 395.86×10⁴t，占油田剩余可采储量的 43.2%（表 6-4-1），是个开发层系中最高的，但剩余油分布较高的地区裂缝也发育，治理难度也大。

平面上，134 口采油井中剩余可采储量大于 3×10⁴t 的占 36.6%，主要分布于 95 新井周围和行列注水区，其余井呈零星分布，2×10⁴～3×10⁴t 的井占 18%，1×10⁴～2×10⁴t 的井占 22.4%，剩余可采储量小于 1×10⁴t 的井占 22.4%（表 6-4-2），多分布在南部。

由于裂缝最发育，油水井剖面动用程度在 4 个开发层系是最低的。根据砂层的地质储量和历年剖面动用状况，潜力较大的层是 H_3^3、H_3^{2-2}、H_3^{2-1} 和 H_3^{1-2}（表 6-4-9 至表 6-4-11）。

H_3^3 是 H_3 油藏剩余储量最大层，但它的平面矛盾最突出，吸水剖面动用程度高，层数动用和厚度动用程度分别 75.0%和 74.0%，产液剖面动用程度低，层数动用和厚度动用程度分别为 28.6%和 30.1%（表 6-4-10 和表 6-4-11），H_3^3 以粉砂岩为主物性差但易产生裂缝，砂层物性与油层物性差异小而且厚度大，非油层的吸水能力强，而油井出液层多数水窜，所以 H_3^3 含水高。这是水井油层动用程度高油井油层动用程度低的主要原因，鉴于该层存在的问题，在注水井不断调剖的基础上提高注水量，油井上采用高强度堵剂分层堵水，减小水窜，提高注入水利用效率来解放油层的生产能力。

表 6-4-9　H_3 动用状况明细表

层位	原始储量（10^4t）	储量百分比（%）
H_3^{1-1}	22.63	1.00
H_3^{1-2}	377.92	16.70
H_3^{1-3}	303.24	13.40
H_3^{2-1}	538.59	23.80
H_3^{2-2}	493.33	21.80
H_3^3	527.28	23.30

表 6-4-10　火烧山油田 H_3 出液剖面动用状况

层位	射开厚度百分比（%）		厚度动用（%）		层数动用（%）		产液量百分比（%）		含水（%）		出液强度[t/(d·m)]	
	历年	1998 年 12 月	历年	1998 年 12 月	历年	1998 年 12 月	历年	1998 年 12 月	历年	1998 年 12 月	历年	1998 年 12 月
H_3^{1-1}	0.4	1.6	100.0	100.0	100.0	100.0	1.0	0.6	18	27	0.2	0.3
H_3^{1-2}	14.7	15.0	73.7	58.2	68.0	46.2	25.3	17.6	76	46	1.1	1.5
H_3^{1-3}	13.0	11.8	67.3	43.4	69.1	40.0	15.0	12.1	61	28	0.9	1.8
H_3^{2-1}	23.3	17.0	68.7	89.5	62.3	80.0	27.3	28.4	52	68	0.8	1.4
H_3^{2-2}	28.9	32.8	51.0	53.7	49.1	50.0	23.1	27.6	64	76	1.3	1.2
H_3^3	19.8	21.9	30.1	20.4	28.6	27.3	8.3	13.7	76	73	2.7	2.3
合计	100.0	100.0	56.6	52.7	54.9	50.0	100.0	100.0	64	62	1.7	1.4

表 6-4-11 火烧山油田 H_3 层吸水剖面动用状况

层位	射开厚度百分比（%）		厚度动用（%）		层数动用（%）		吸水量百分比（%）		吸水强度［$m^3/(d \cdot m)$］	
	历年	1998年12月	历年	1998年12月	历年	1998年12月	历年	1998年12月	历年	1988年12月
H_3^{1-1}										
H_3^{1-2}	12.9	10.2	69.6	35.5	49.2	27.3	13.1	1.6	1.7	0.6
H_3^{1-3}	12.6	11.7	73.2	107.9	56.9	75.0	10.9	19.9	1.4	2.0
H_3^{2-1}	18.3	19.8	65.9	17.1	56.5	13.3	18.7	4.1	1.8	1.5
H_3^{2-2}	27.6	26.0	61.3	31.7	51.6	31.6	21.5	12.4	1.5	1.9
H_3^3	28.5	32.3	75.0	77.5	74.0	83.3	35.8	62.0	2.0	3.1
合计	100.0	100.0	68.6	52.9	58.2	46.7	100.0	100.0	1.7	2.4

H_3^{2-2} 油水井累计和 1998 年 12 月的剖面动用程度均低于 55.0%，尤其目前的水井层数动用程度只有 31.6%，虽然目前出液和吸水强度都不高，分别为 1.2m^3/（d·m）和 1.9m^3/（d·m），但含水却是小层中最高的，高达 76%，并且是目前的主力出液层，出液量占 27.6%（表 6-4-10 和表 6-4-11）。下一步做好水井调剖和分注工作后，适时在油井上采取堵水和分压措施，提高该层的生产能力。

H_3^{2-1} 产吸剖面动用程度目前差异较大，油井动用程度高（89.5%），水井动用程度低（13.3%）。出液量占 28.4%，是 1998 年 12 月 H_3 最高的，含水仅次于 H_3^3 和 H_3^{2-2}（表 6-4-10 和表 6-4-11），这主要是累计吸水量和吸水强度较高造成的。为此，首先要改善吸水状况，然后做好油井分层堵水，平面上，高含水的强出液层主要分布于西北部的 H1228-H1225 井区，呈条带状分布，该区剩余可采储量较高，是重点治理的区域。

H_3^{1-2} 剖面水井动用程度小于油井动用程度，目前油水井动用程度较前期有较大幅度下降（表 6-4-10 和表 6-4-11），但油层在井网的北部连片发育，物性好，油层含水较低。下一步的主要工作是提高水井动用程度，发挥油层产能。平面上油层动用程度较低，剩余可采储量主要分布在 H1230-H1277 一线，呈条带状分布，是该层重点挖潜的区域。

3. H_4^1 剩余油分布

H_4^1 的地质储量为 1289×10^4t，占总地质储量的 19%，动用储量占总动用储量的 23%，采出程度 10.1%，仅次于 H_2，剩余可采储量为 192.64×10^4t，占油田剩余可采储量的 21.1%（表 6-4-1）。

84 口采油井中剩余可采储量超过 3×10^4t 的占 34.5%，2×10^4～3×10^4t 的井占 19%，1×10^4～2×10^4t 的井占 19%，1×10^4t 以下的井占 27.8%。超过 3×10^4t 的井主要分布于东部加密区域和北部部分地区。大部分区域剩余可采储量为 1×10^4～3×10^4t，剩余可采储量小于 1×10^4t的井主要分布在北东方向（表 6-4-2），目前这些井仍保持着较好的生产形势。

根据砂层的地质储量和历年剖面动用状况，H_4^1 各小层潜力都较大（表 6-4-12 至表 6-4-14）。

表 6-4-12 H_4^1 动用状况明细表

层位	原始储量（10^4t）	储量百分比（%）
H_4^{1-1}	323.54	25.1
H_4^{1-2}	333.85	25.9
H_4^{1-3}	631.61	49.0

表 6-4-13 火烧山油田 H_4^1 出液剖面动用状况

层位	射开厚度百分比（%）		厚度动用（%）		层数动用（%）		产液量百分比（%）		含水（%）		出液强度[t/(d·m)]	
	历年	1998年12月	历年	1998年12月	历年	1998年12月	历年	1998年12月	历年	1998年12月	历年	1998年12月
H_4^{1-1}	33.0	32.6	67.4	86.4	56.4	80.0	22.3	32.0	43	42	1.8	1.4
H_4^{1-2}	29.1	30.9	72.9	71.4	67.9	77.8	27.6	35.5	36	61	2.3	1.9
H_4^{1-3}	37.8	36.5	71.4	40.9	71.4	33.3	50.1	32.5	28	44	3.2	2.6
合计	100.0	100.0	70.5	65.2	64.8	64.3	100.0	100.0	33	49	2.5	1.7

表 6-4-14 火烧山油田 H_4^1 吸水剖面动用状况

层位	射开厚度百分比（%）		厚度动用（%）		层数动用（%）		吸水量百分比（%）		吸水强度[m^3/(d·m)]	
	历年	1998年12月	历年	1998年12月	历年	1998年12月	历年	1998年12月	历年	1998年12月
H_4^{1-1}	29.6	30.7	74.8	68.2	67.4	66.7	30.6	28.5	3.3	3.7
H_4^{1-2}	31.2	32.7	94.6	78.0	74.2	78.3	27.6	32.3	2.2	3.5
H_4^{1-3}	39.3	36.5	98.4	83.0	93.5	87.5	41.8	39.2	2.5	3.5
合计	100.0	100.0	90.2	76.8	78.2	77.8	100.0	100.0	2.6	3.6

H_4^1 是油田油层动用程度较高而且均匀的层，各小层剩余可采储量较大，油层含水低，水窜井主要分布在油藏边部，受地层水影响较大，内部注入水水窜井点零星分布。今后加强注水管理，在目前基础上继续提高油水井剖面层动用程度，稳步恢复地层压力。目前矛盾较突出的是 H_4^{1-3}，油层厚度动用程度只有40.9%，该层油层厚度较大，累计出液量超过50%，地层亏空大，下一步在控制水窜的前提下，提高注水量，尽快恢复产能。另外 H_4^{1-1} 西北地区油层动用程度较低，在治理时应予以足够的重视。

4. H_4^2 剩余油分布

H_4^2 的地质储量是 1074×10^4t，占总地质储量的16%，占油田动用储量的19%，采出程度为7.1%，是各层系中最低的，剩余可采储量为 192.32×10^4t，占油田剩余可采储量的21.1%（表6-4-1）。

H_4^2 油层储量丰度是4个开发层系中最高的，单井控制储量大（井均 19.1×10^4t），采出程度低，44口采油井中剩余可采储量大于 3×10^4t 的井占到72.7%，是4个开发层系中最高的，7口剩余可采储量 2×10^4～3×10^4t 的井零星分布于东部和南西部，占15%，剩余

可采储量 $1\times10^4\sim2\times10^4$t 的占 7%，剩余可采储量 1×10^4t 以下占 5%（表 6-4-2）。

H_4^2 各小层剖面动用程度较均匀，动用程度较高（表 6-4-15 至表 6-4-17），目前主要的矛盾是地层压力低，只有 9.92MPa，压力保持程度只有 64%，是 4 个开发层系中最低的，今后的重点工作是，继续提高油层动用程度，平稳恢复地层压力，提高采油速度。

表 6-4-15　H_4^2 动用状况明细表

层位	原始储量（10^4t）	储量百分比（%）
H_4^{2-1}	394.02	36.7
H_4^{2-2}	393.53	36.6
H_4^{2-3}	286.44	26.7

表 6-4-16　火烧山油田 H_4^2 出液剖面动用状况

层位	射开厚度百分比（%）		厚度动用（%）		层数动用（%）		产液量百分比（%）		含水（%）		出液强度［t/（d·m）］	
	历年	1998 年 12 月	历年	1998 年 12 月	历年	1998 年 12 月	历年	1998 年 12 月	历年	1998 年 12 月	历年	1998 年 12 月
H_4^{2-1}	30.6	34.4	84.7	74.7	77.6	70.0	35.1	41.6	40	16	1.4	1.0
H_4^{2-2}	38.4	39.5	79.7	58.0	71.0	54.5	29.4	58.4	24	30	1.0	1.5
H_4^{2-3}	30.9	26.1	70.6	0.0	66.1	0.0	35.5	0.0	32	0	1.6	0.0
合计	100.0	100.0	78.4	48.6	71.5	44.8	100.0	100.0	33	24	1.3	1.2

表 6-4-17　火烧山油田 H_4^2 吸水剖面动用状况

层位	射开厚度百分比（%）		厚度动用（%）		层数动用（%）		吸水量百分比（%）		吸水强度［m^3/（d·m）］	
	历年	1998 年 12 月	历年	1998 年 12 月	历年	1998 年 12 月	历年	1998 年 12 月	历年	1998 年 12 月
H_4^{2-1}	35.6	31.0	89.1	75.9	71.4	75.0	26.8	21.2	2.1	2.5
H_4^{2-2}	36.2	40.8	109.8	76.3	70.0	88.9	41.1	50.9	2.6	4.6
H_4^{2-3}	28.2	28.2	101.5	62.5	82.9	90.9	32.1	27.9	2.8	4.4
合计	100.0	100.0	100.1	72.3	73.4	85.4	100.0	100.0	2.5	3.9

二、油藏压力保持程度低，供液能力提高的潜力大

火烧山油田油藏压力保持程度普遍较低，1998 年 12 月平均地层压力为 10.91MPa，保持程度只有 72.3%，压力保持程度小于 70%的区域占油田面积的 37.6%。特别是裂缝不发育的 H_4^2，油藏平均压力保持程度仅为64%（表 6-4-18 和表 6-4-19），压力下降比较显著的区域在油藏的东部 H1392 井、北部 H2409 井地带，地层压力保持程度仅为 48%，与油藏的主力采油区（加密区）范围基本一致。由此可见，油藏边底水作用较弱。H_4^1 位于 H1442 井以东的两个井组压力较低，压力保持程度为 39%。H_3 油藏西北角及南部较低，尤其是 H2319 井新投井区目前压力保持程度不足 30%。尽管 H_2 压力保持相对均衡，但是

在相对较低的区域（H1169—H212 井一带），地层压力保持程度仅为 38%~59%。

油田压力保持程度低，直接导致了油井供液能力差，油井低能、低产，统计油田沉没度小于 100m 的井，占油田统计井数 50.9%，但日产油量只占 36.2%，而沉没度大于 500m 的井，占油田统计井数 25.2%，日产油量占 34.8%（表 6-4-20），反映了油田地层压力对产量影响。因此应针对油田出现的低压区域，加强注水，完善注采井网，改善注采状况，提高油田能量保持水平及油井产能，这也是油田增产、增效的潜力所在。

表 6-4-18　火烧山油田压力保持程度分级表（1998 年 12 月）

层位	原始地层压力（MPa）	目前地层压力（MPa）	目前压力保持程度（%）	所占油藏面积比例（%）			
				<70%[1]	70%~80%[1]	80%~90%[1]	>90%[1]
H_2	14.40	10.65	74	28.4	46.8	22.5	2.3
H_3	15.17	11.07	73	42.9	18.5	24.5	14.1
H_4^1	15.37	11.62	75	28.5	36.5	22.4	12.6
H_4^2	15.54	9.92	64	73.8	20.6	5.6	0.0
H	15.08	10.91	72.3	37.6	29.9	22.7	9.8

①地层压力保持程度。

表 6-4-19　火烧山油田 1998 年测压井点压力保持程度分级

层位	统计井数（口）	<70%		70%~80%		80%~90%		>90%	
		井数（口）	占比（%）	井数（口）	占比（%）	井数（口）	占比（%）	井数（口）	占比（%）
H_2	18	5	27.8	7	38.9	2	11.1	4	22.2
H_3	27	9	33.3	3	11.1	8	29.7	7	25.9
H_4^1	14	6	42.8	1	7.2	1	7.2	6	42.8
H_4^2	10	6	60.0	2	20.0	2	20.0		
H	69	26	37.7	13	18.8	13	18.8	17	24.7

表 6-4-20　火烧山油田不同沉没度油井产量统计表

项目	统计总数		沉没度分级							
			<100m				> 500m			
	井数（口）	油量合计（t/d）	井数（口）	油量合计（t/d）	井数百分比（%）	油量百分比（%）	井数（口）	油量合计（t/d）	井数百分比（%）	油量百分比（%）
H_1	22	47	14	21.8	63.6	46.4	0	0	0	0.0
H_2	112	227	59	86.4	52.7	38.1	23	68.7	20.5	30.3
H_3	129	348	63	134.4	48.8	38.6	37	149.4	28.7	42.9
H_4^1	67	313	41	120.4	61.2	38.5	19	93.8	28.4	30.0
H_4^2	47	268	15	73	31.9	27.2	15	107.5	31.9	40.1
H	377	1204	192	436	50.9	36.2	95	419.4	25.2	34.8

三、H_4^2 和 H_3 北部具扩边潜力

1. H_4^2 北部扩边潜力

H_4^2 储层属三角洲沉积，沉积稳定，砂体连片，储层物性好。“火烧山油田综合治理方案”Ⅰ期、Ⅱ期方案先后在 H_4^2 北部完钻了6口扩边井（H2404、H2405、H2410，H2423、H2424、H2425），取得了较好的效果（表6-4-21）。初期日产达7.7t以上，平均含水低于15%，特别是位于扩边区西部的井生产情况更好。

表6-4-21　火烧山油田 H_4^2 扩边井生产基本情况

项目＼井号		H2404	H2405	H2410	H2423	H2424	H2425
投产年月		1996.5	1995.11	1996.5	1997.7	1997.10	1997.11
投产方式		压裂	压裂	压裂	压裂	压裂	压裂
生产方式		抽油	抽油	抽油	抽油	抽油	抽油
射开油层厚度（m）		17.0	11.0	15.0	11.0	8.0	10.0
射孔底界海拔（m）		-1037.56	-1027.03		-1036.85	-1049.69	-037.33
初期	日产液（t）	10.3	10.1	8.6	8.6	8.9	10.0
	日产油（t）	9.4	9.7	7.8	7.7	8.0	8.7
	含水（%）	9.0	4.0	9.0	10.0	10.0	13.0
目前	日产液（t）	7.5	7.0	10.2	7.3	3.5	3.6
	日产油（t）	6.6	6.7	8.7	6.0	3.1	3.3
	含水（%）	12.0	5.0	15.0	18.0	10.0	8.0
累计产油（t）		7810.0	7980.0	8337.0	4142.0	3218.0	3555.0
累计生产时间（d）		1166.8	955.8	1153.2	721.3	639.0	611.5
备注		H_4^{2-3}5m				H_4^{2-3}5m	

H_4^2 北部已扩边井取得了较好的开发效果，北部地区仍有进一步扩边的余地和可能性，主要有以下有利条件：

（1）沉积相带。

H_4^{2-2} 属小型河流三角洲前缘相，开发区基本上为一完整的河口坝。位于坝体中部略偏河流来水方向一侧，砂体最好，砂层厚，粒级粗，分选好。分析产能与沉积微相的关系，认为产能的高低与相带砂体发育的好坏密切相关。其中以坝脊产量最高，坝背次之。H_4^2 北部扩边区则位于坝背及水道微相带，储层物性条件较好。

（2）构造位置。

由构造分析可知，H_4^2（顶部）为一轴向近南北的背斜构造，高点位于构造南部（H1380井与H1469井之间）。西翼稍缓（倾角约3°）。北部扩边区则更缓（倾角2°～3°），利于外扩。

（3）油水界面。

火烧山油田早期（井点较少）确定的油水界面为-1042m，而油田开采实践表明，H_4^2

油藏油水界面应为一向北倾斜的界面。从早期产能可知，在相同的油水界面所确定的射孔方案下，H_4^2 北部边缘因油水界面较低，投产初期油井不含水（北部完钻的 H2404、H2405、H2423、H2424、H2425 几口扩边井除外），而南部边缘井则普遍含水较高（超过 20%）。从表 6-4-21 中可知，这些扩边井射孔底界深度均在油水界面之上，从生产数据看，这些井早期含水低于 10%，至目前含水仍无上升趋势。据 H2403 井的多次水样分析，Cl^- 含量在 1240. 75~1666. 15mg/L，显然与地层水 Cl^- 含量相差甚大，应属注入水，该井含水较高是 H1347 井注水影响所致。

补开 H_4^{2-3} 的 H1430 井、H1432 井和 H2424 井，除 H2424 井外，射孔底界深度仍在原方案确定油水界面（-1042m）以上。H2424 井补开海拔底界深度为-1049. 69m，经重新压裂改造，油井产液量从 3. 6t 上升到 10. 4t，含水 16%，进一步证实该区油水界面较低，有一定的扩边潜力。故此可将 H_4^2 北部扩边区的油水界面位置暂定为-1050m。

（4）油层厚度。

H_4^2 储层砂层组由 3 个小层组成，各小层在平面上分布较稳定。由 H_4^2 油层图可知，在北部扩边区，H_4^{2-1} 和 H_4^{2-2} 油层均有一定厚度，如在 H1431 井油层厚度分别为 4. 0m 和 3. 9m，H1432 井为 2. 5m 和 4. 0m。油藏 H_4^{2-1} 和 H_4^{2-2} 油层平均厚度为 5. 3m 和 5. 2m。边缘井确定的油层厚度较小，这与油水界面位置有关。

综合上述各方面，H_4^2 在北部扩边的各种条件较为有利。若按油水界面-1050m 进行扩边布井，在该区域设计钻的 3 口井均可钻遇 H_4^{2-2}，按新确定的油水界面，结合邻井油层厚度估算，这 3 口井 H_4^{2-1} 和 H_4^{2-2} 油层平均厚度可达 8m。

2. H_3 层扩边简况

H_3 扩边井位于火烧山油田西北部 H1091 和 H1141 井附近，目前 H_3 在该区的生产井只有 H1091 井和 H1141 井，这两口井距 H3 井网相对较远。

（1）H1091 井射开层位 H_3^{1-2}，射开厚度 6. 0m，1989 年 5 月挤油投产为低能不出，后来一直调开，1993 年 7 月因油层差低能调开报废，1999 年 7 月压裂后，日产液 14. 1t，日产油 12. 7t，含水 10. 0%，到 1999 年 8 月 29 日产量仍保持稳定。H1141 井射开 H_3^{1-2}，射开厚度 13. 0m，1989 年 8 月压裂投产，ϕ4. 5mm 油嘴日产液 12. 3t，日产油 12. 1t，含水 2. 0%，1998 年 12 月抽油生产日产液 4. 4t，日产油 3. 4t，含水 15. 0%，累计采油 16272t。

（2）从 H1089 井和火西 1 井的电测图上看，H1091 井的射开层位在这两口井上砂层连通较好，该区域处在同一水道上。从 H1129 井和 H1154 井的电测图上看，H1141 井的射开层位在这两口井上砂层连通较好，而且 H1091 井的射开层位在 H1154 井和 H1141 井上也是油层。

（3）从构造上看，该扩边区处在与火烧山背斜西北部相邻的宽缓的鼻状构造上，地层较为平缓。该区域处在水道相带，所形成的水道砂是较好的储层。

（4）H1091 井射孔底界距油水界面（-1042m）7. 0m，H1141 井射孔底界距油水界面（-1042m）5. 0m，从目前的情况看边底水并不活跃。

综上所述，在 H1091 井和 H1141 井周围有扩边的可能，根据滚动开发原则，在两口井周围较好的位置上暂分别布井 1 口，待扩边后据实际情况再进行下一步扩边。另外，原井网中 H1320 井因位于联合站内部未钻，此次方案可考虑实施。

第五节　整体综合治理先导性试验

火烧山油田经过初期和调整综合治理，虽然油田开发形势变好，但是油田有相当一部分地区地层压力保持程度低、油层动用程度低、供液能力差、注入水和地层水窜的现象依然存在，地层水和注入水沿大裂缝水窜的高含水井重复性堵水工艺没有新突破。H_2 和 H_3 前期停注、间注、行列注水试验，虽然在短期内减缓了油田递减，但油田开发效果未得到根本上的改善。为此，在进行前期综合治理方案实施的同时，在 H_2 和 H_3 开辟 12 个井组控水稳油试验区，进行了整体治理的先导性试验，H_2 的 13 个井组的停注区进行了提高地层压力控制水窜的复注试验，对油井的酸化和大裂缝储层油、水井的深堵、深调工艺技术进行了先导性现场试验，都取得了新的进展，为火烧山油田整体综合治理和方案编制提供了科学依据。

一、区域控水稳油试验

火烧山油田 H_2 和 H_3 曾先后进行过间注连采试验以及停注和行列注水试验，但油田开发效果未得到根本上的改善，为了寻求和完善火烧山油田综合治理配套开采技术，进入“九五”，决定在 H_2 北部 6 个井组（H1144、H1146、H1148、H1170、H1171、H1173，即原间注试验区）和 H_3 西部的 6 个井组（H1228、H1230、H1254、H1256、H1286、H1288A）进行区域控水稳油综合治理试验。试验区具有一定的有效厚度、初期既有高产井也有低产井、目前既有高产液高含水井也有低产液低含水井、水淹水窜严重、水驱效果差、采出程度低、储层特征和注采动态反映都具有代表性。对该区实行区域整体治理：注水井以深度调剖和分注为手段，在注水井吸水剖面均一和控制含水上升速度的基础上，适时地提高注水强度，逐步恢复地层能量和提高注入水波及体积，采油井辅以对应堵水、压裂等改造措施，提高单井产油能力，经过 3 年的整体综合治理，共进行剖面和平面配套治理措施 77 井次（调剖 24 井次、分注 6 口，堵水 19 井次、压裂 26 井次、补层 2 井次），适时上调注水强度，共调水 21 井次，增加日注水量 140m^3，扩大了治水效果，措施增油 2.1148×10^4t，老井递减减缓，多产油 1.6218×10^4t，取得了显著效果。

（1）试验区产油水平稳中有升，采油速度明显提高：日产液量由 195.3t 上升到 330.5t，日产油量由 73.3t 提高到 100.7t，综合含水由 62.5%上升到 69.5%，采油速度由 0.44%提高到 0.61%，年生产能力增加 0.82×10^4t，含水上升率只有 4.6%（表 6-5-1）。

表 6-5-1　H_2 和 H_3 层控水稳油试验区前后开采指标对比表

项目	试验前	试验后	增加值
日产液（t）	195.3	330.5	135.2
日产油（t）	73.3	100.7	27.4
含水（%）	62.5	69.5	7.0
采油速度（%）	0.44	0.61	0.17
水平自然递减（%）	27.26	-2.4	-29.66
水驱动用程度（%）	62.1	72.4	10.3

续表

项目		试验前	试验后	增加值
水驱采收率（%）		18.75	21.45	2.7
注水井层数动用程度（%）	H_2	54.5	86.4	31.9
	H_3	53.8	65.0	11.2
注水井厚度动用程度（%）	H_2	58.1	88.4	30.3
	H_3	52.2	63.4	11.2

（2）自然递减明显减缓，第三年实现老井自然不递减：从1996年6月到1997年11月水平自然递减由27.26%下降到16.05%，下降了11.21%，1997年底至1998年老井净产水平出现递增（表6-5-2）。

（3）油水井产吸剖面得到改善，地层压力稳中有升：注水井层数和厚度动用程度分别由（H_3）53.8%和52.2%、（H_2）54.5%和58.1%，上升到（H_3）65%和63.4%、（H_2）86.4%和88.4%（表6-5-1），吸水剖面趋于均匀；油井措施47井次，成功率达到80.8%，累计增油$2.1148×10^4t$，单井年增油达到450t。

（4）试验区水驱储量动用程度和采收率有所提高：水驱储量动用程度由62.1%上升到72.4%，提高了10.3%，动态预测采收率由18.75%提高到21.45%（表6-5-1），增加可采储量$16.3×10^4t$。

通过控水稳油试验加深了对油田开发的认识，并对前期综合治理的认识加以补充和修改。Ⅰ期和Ⅱ期综合治理认为显裂缝发育的低渗透砂岩油藏不宜注水开发；微裂缝发育的低渗砂岩油藏不宜早期注水开发，这主要是因为当时油水井治水工艺技术相对落后，油藏水淹水窜得不到有效控制，注入水利用率低、水驱效果差，注水引起的水窜使油藏无法正常生产。通过油藏油水井治水工艺技术的不断提高，老区控水稳油试验取得了显著效果，油水井水窜得到了有效的控制，对裂缝发育的低渗透砂岩油藏的开发有了新的认识。

裂缝发育的低渗透砂岩油藏在有配套的治水工艺技术的基础上应立足于注水开发，即要有适应油藏不同发育级别裂缝的封堵技术，水井上分注调剖相结合，在吸水剖面趋于均匀、控制裂缝水窜和油藏含水上升的基础上，适时提高注水强度，保持地层能量，使注入水进入低渗透的储层及次级裂缝中，有效地驱替其中的原油，提高注入水利用率和驱油效果；对应水窜的高含水油井进行堵水，低液量的油井在分析产吸剖面的基础上进行分层压裂或酸化引效，油藏能够取得较好的开发效果。

二、H_2停注区调剖后复注

火烧山油田H_2东部13个井组曾在前期治理中进行停注试验长达4年多，在停注的最初两年半效果较好，但随着停注时间的延长，负效应日益显露，突出表现为：地层压力下降快，边水推进3~4排井，水淹严重，产量递减明显加大，1997年，该区年水平自然递减高达43.9%。可见长期停注油田的生产形势由好变差。鉴于H_2和H_3控水稳油见到好的效果及取得新认识的基础上，将新认识推广这一区域，1997年底至1998年先后对压降大、边水推进较快的区域调剖复注8口井（H1194、H1417、H247、H208、H205、H256、H249、H1186），在调剖的基础上，实行低强度温和注水，取得明显效果：

（1）产量、压力回升，含水下降。日产液由1997年12月的131.1t上升到1998年11月的153.3t，日产油由38.2t上升到57.4t，增油19.2t，综合含水由70.9%下降到62.5%，含水上升率由1997年的16.4%下降到1998年的4.8%，下降了11.6%，地层压力由9.3MPa上升到11.74MPa，压力保持程度达到78.7%（表6-5-2）。

（2）自然递减明显减缓。复注前后年水平自然递减由43.9%下降到4.2%，年油量自然递减由27.4%下降到10.6%，分别下降了39.7%和16.8%（表6-5-2）。

（3）水驱特征曲线变缓。计算水驱动态控制储量由169×10^4t提高到280×10^4t。

表6-5-2　H_2层停注区复注前后开采指标对比表

项目	复注前	复注后	增加值
日产液（t）	131.1	153.3	22.2
日产油（t）	38.2	57.4	19.2
含水（%）	70.9	62.5	-8.4
地层压力（MPa）	9.3	11.74	2.44
含水上升率（%）	16.4	4.8	-11.6
水平自然递减（%）	43.9	4.2	-39.7
油量自然递减（%）	27.4	10.6	-16.8

三、大孔道堵水、深部调剖、酸化技术及效果

1993年和1994年，在火烧山油田H_4和H_3的部分井点上采用聚丙烯酰胺和黏土—聚丙烯酰胺堵水，取得了显著效果，年单井增油409t，但因油田储层物性非均质性相当严重，重复性堵水、裂缝相对较大的油井堵水和水井调剖以及储层改造技术有待进一步改进。为此，1997年和1998年先后对重复堵水效果差的大裂缝油井堵水和大裂缝注水井深部调剖以及乳化酸酸化技术进行了现场实验，取得了新的进展。大孔道高含水井采用胜利采油院DKD-1堵水技术，堵水5口井，有效率100%，井均增油189t，井有效时间74.4d；新疆石油管理局SD-1深部堵水井6口井，有效率66.7%，井均增油319t，有效时间68d；H_4^1乳化酸酸化10口井，有效率60.0%，井均增油1586t，有效时间422d。此外在H1288A井、H1461井上进行深部调剖，1口油井见效，增油349t，降水78m^3。

第六节　不同储层类型的各种措施

根据火烧山油田试井、动态分析和测井裂缝解释，将储层分为显裂缝发育的特低渗砂岩储层，隐裂缝发育的特低渗砂岩储层和介于两者之间的微裂缝发育的特低渗砂岩储层。从1991年到1998年，油田共进行压裂、堵水和酸化等油井改造措施548井次，成功率56.9%，累计增油40.77×10^4t，有效井均增油1293t，井有效时间367d（表6-6-1）。1995至1998年共实施调剖118井次成功率75.4%，累计增油3.65×10^4t，累计降水$1.64\times10^4m^3$（表6-6-1）。油水井各类储层不同措施的效果有一定的差异。

表 6-6-1 火烧山油田 1991—1998 年措施效果统计表

项目		措施井次	有效井次	成功率（%）	有效井均增油量（t）	井有效时间（d）	总增油量（t）
采油井	压裂	238	137	57.6	915	340	128428
	酸化	31	20	64.5	1050	336	21302
	堵水	279	155	55.6	1657	395	258010
	合计	548	312	56.9	1293	367	407740
注水井	调剖	118	89	75.4			36523

注：水井调剖是 1995—1998 年。

一、堵水及效果

在 1991 年至 1998 年间，共进行 10 种堵剂堵水 279 井次，成功率 55.6%，累计增油 25.8×10^4t，有效井均增油 1675t（表 6-6-1）；其中 HPAM 冻胶堵剂和黏土冻胶双液堵剂是两种效果较好且应用广泛的堵剂，各种储层共实施 253 井次，占总井次的 90.7%，有效井均累计增油超过 1400t（表 6-6-1）。另外，SD-1 和 DKD-1 两种堵剂在封堵大裂缝井见到了好的效果，共实施 11 井次，成功率 81.8%，累计增油 2861t，平均有效井累计增油 317t，井均有效时间 80.1d（表 6-6-1），虽然增油量和有效时间不如前两种堵剂，但成功率较高，而且这部分井都是前两种堵剂措施后效果不明显的井，故对油田的意义较大。其他 5 种堵剂目前仍处于试验阶段，虽个别类型的堵剂有一定的效果，但因试验井次太少，需进一步试验得出结论后方可推广。

首先分析 HPAM 冻胶类和黏土冻胶双液两种堵剂的效果。HPAM 冻胶堵剂，在有效井增油和井均有效时间较黏土冻胶双液堵剂高，这也是 HPAM 堵剂实施井次高于黏土冻胶双液堵剂的主要原因，但成功率略低一些。其主要原因是，HPAM 冻胶堵剂比黏土冻胶双液堵剂在地层中候凝后强度低，对流体产生的封堵压差小，所以成功率低。HPAM 冻胶堵剂是一种选择性堵剂，它遇到含水饱和度较高的裂缝时产生凝胶，反之它基本上不产生凝胶，这样可保护出油裂缝。而黏土冻胶双液堵剂不具有选择性，只要有足够的挤入压差就会进入裂缝并将其封堵，同时也破坏了一部分含水饱和度低的裂缝，降低油层的出油能力，这也是它增油量少的一个原因。HPAM 冻胶堵剂堵水后油井出液剖面层数和厚度动用程度较堵水前只下降 6.8%和 14.3%，而黏土冻胶双液堵剂堵水后油井出液剖面层数和厚度动用程度较堵水前却下降 24.4%和 23.6%（表 6-6-2），也证实了 HPAM 冻胶堵剂比黏土冻胶双液堵剂强度高，对裂缝封堵效率高。

堵水效果的好坏与裂缝封堵效率和堵水后油层供液能力有直接关系，统计三类储层措施前后液量和含水下降幅度从大到小依次是隐裂缝、微裂缝、显裂缝发育区的井（表 6-6-3），证明在堵水过程中，裂缝发育程度不同，被堵剂封堵的效率不同，它们之间成反比关系。另外三种类型的储层堵水前后出液剖面的层数和厚度动用百分比下降程度由大到小依次是隐裂缝、微裂缝和显裂缝发育区的井（表 6-6-4），再次证明三种类型的储层裂缝封堵效率是同裂缝发育程度成反比关系。

表 6-6-2　两种堵剂堵水前后剖面变化表

项目	统计井次	射开层数	射开厚度（m）	措施前动用程度（%）		措施后动用程度（%）	
				层数动用	厚度动用	层数动用	厚度动用
HPAM 冻胶堵剂	17	88	329	55.7	61.7	48.9	47.4
黏土冻胶双液堵剂	12	45	182	75.5	73.1	51.1	49.5

表 6-6-3　不同储层堵水前后液量与含水变化情况表

项目	措施前后液量下降幅度（%）	措施前后含水下降幅度（%）
显裂缝	5.1	15.8
微裂缝	14.4	21.7
隐裂缝	22.7	22.1
合计	16.5	17.3

表 6-6-4　不同储层类型的油井堵水前后剖面变化表

项目	统计井次	射开层数	射开厚度（m）	措施前动用程度（%）		措施后动用程度（%）	
				层数动用	厚度动用	层数动用	厚度动用
显裂缝	24	113	433	57.5	60.7	47.8	48.0
微裂缝	4	18	66.5	88.9	93.2	61.1	53.4
隐裂缝	1	2	11.5	100.0	100.0	50.0	22.0

3 类不同渗流介质的储层，堵水井的成功率从大到小的顺序依次是隐裂缝、微裂缝和显裂缝发育的储层的井，这同 3 类储层裂缝封堵效率一致。堵水井的增油量从高到低的顺序依次是微裂缝、显裂缝和隐裂缝发育的储层的井，这同 3 类储层裂缝封堵效率和供液能力有一些差异。造成这种差异的原因是微裂缝发育的储层裂缝渗透率级差小，窜水裂缝封堵率较高，所以有效期长。另外，因微裂缝发育使堵剂不易进入一部分渗透率较小的裂缝，而这些裂缝又是流体较好的渗流通道，储层供液能力强，所以增油量大；显裂缝发育的储层，因裂缝的渗透率级差大，堵剂先进入那些渗透率较大的裂缝，而一部分级别与微裂缝发育的储层中相同的裂缝，在微裂缝发育的储层中易被封堵，而在显裂缝储层中得不到有效封堵，作为流体良好的渗流通道，它的供液能力强于另两类储层，如果是含水饱和度低的裂缝，油井生产一段时间后，水逐渐会沿这部分裂缝窜流，影响增油量和有效期。如果是含水饱和度高的裂缝，则影响成功率。另外，裂缝特别发育的井，堵剂对裂缝的封堵效果差，造成堵后油井液量含水均无变化，这也是显裂缝发育的井有效率低的一个主要原因；储层为隐裂缝发育的井堵水时，渗透率较大的裂缝数量少易被封堵，所以成功率高，多数裂缝的渗透率与基质相差不大，供液能力低，虽然有效时间大于显裂缝发育区的井，但增油量较小；隐裂缝发育的井堵水后，液量下降幅度为 22.7%（表 6-6-3），较其他两类储层的井都大，也可以证明这一点。

二、压裂及效果

从 1991 年到 1998 年，油田共实施 238 井次压裂，成功率 57.6%，累计增油 12.8×

10^4t（表6-6-1），平均井增油540t，井均有效时间207d。

三种不同渗流介质储层的措施井次和成功率从小到大排序依次是显裂缝、微裂缝和隐裂缝发育的储层，这同三种储层水窜程度正好成反比。从增油量和有效时间由小到大排序依次是微裂缝、显裂缝和隐裂缝发育的储层（表6-6-5）。

隐裂缝发育的储层，基质特低渗透性，供液能力低，所以措施增油量小，有效时间也不高。成功率高的主要原因是，储层本身裂缝发育程度低，引起水窜的几率小，该类储层无效井中含水井上升井只占35.1%，是三类储层中最低的（表6-6-6）。无效井主要是油层压力低引起的，这类井占无效井的47.3%。

表6-6-5　火烧山油田1991—1998年压裂在不同渗流介质效果统计表

项目	措施井次	有效井次	成功率（%）	有效井均增油（t）	井均有效时间（d）
显裂缝	16	7	44	1036	289
微裂缝	36	18	50	1713	578
隐裂缝	186	112	60	779	305
合计	238	137	58	915	340

表6-6-6　火烧山油田1991—1998年压裂后含水上升井在不同储层分布表

项目	措施井次	无效井次	含水上升井次	含水上升占无效井次百分比（%）
显裂缝	16	9	5	55.6
微裂缝	36	18	8	44.4
隐裂缝	186	74	26	35.1
合计	238	101	39	38.6

显裂缝发育的井，压裂后有效井均增油量高于隐裂缝，但有效期和成功率都最低。造成这种现象的主要原因是，显裂缝发育的井压裂选井有两类：一类是没有水窜的井，另一类是油井堵水后液量较低的井。由于裂缝发育程度高，压裂时造缝最不均匀，压裂缝沿天然缝延伸的程度高，压裂液较集中地挤入较大的裂缝中。没有水窜井，裂缝延伸到的储层，原油会迅速流入井底，基质受渗透率的影响，供油能力大幅下降，所以井有效期短。堵水后液量低的井压裂后会重新压开一些窜水裂缝，造成成功率低，有效期短，该类井压裂后含水上升的井占无效井的87%。在显裂缝发育的储层中因压裂引起含水上升的井占无效井的55.6%，是三类储层中最高的（表6-6-6）。

储层为微裂缝发育的井，压裂后增油量和有效期是三类储层中最高的。这类储层井压裂造缝均匀程度和范围介于前两类储层之间。由于储层微裂缝发育，加上压裂缝的沟通，储层的供油能力高于其他两类储层，所以它的有效期长，增油量大（表6-6-5）。

三、酸化及效果

从1991年到1998年，油田共进行5种酸型31井次酸化措施，成功率64.5%，累计增油21302t，有效井均累计增油1050t，井均有效天数336d（表6-6-7）。5种类型的酸中乳化酸、土酸和复合酸实施井次多，效果也比较好，3种酸型措施后成功率相差不大，井累计增油和有效时间乳化酸最好，土酸次之，复合酸最低，它们分别是1586t和423d，1111t和375d，666t和260d（表6-6-7）。三类不同储层的酸化效果对比，隐裂缝发育的储层措施效果最好，95%的有效井在这类储层中。显裂缝发育的储层最差，成功率为0（表6-6-7）。

酸化是井筒周围解堵的增产措施，同压裂相比，对储层的要求要高，首先，基质物性要好；其次，地层要有足够的能量。目前油藏地层压力相差不大，基质的物性对酸化效果起决定作用。H_4储层物性最好，有效的20口井中19口井都在H_4。H_2和H_3因储层孔隙度和渗透率较H_4低，8口措施井成功率只有25.0%，远低于H_4的82.6%。即使酸化效果最好的隐裂缝发育储层，在H_2和H_3的措施成功率也只有33.3%，比H_4的80.9%低得多。由于地层压力低，措施效果受到了一定的影响。统计地层压力高1.0MPa油井可增加油量127t，如果地层压力保持程度提高后，酸化将是H_4既经济又高效的增产措施。

值得注意的是在H_2隐裂缝发育区用浓缩酸实施了1口井，累计增油623t，有效时间为119d（表6-6-7），取得了可喜的效果，下一步要尽快使用浓缩酸对H_2和H_3隐裂缝发育区的油井进行试验，若好的效果能够延续，那么H_2和H_3隐裂缝发育区的低产井改造将会有一个大的转机。

表6-6-7 火烧山油田1991—1998年不同酸在不同储层应用效果统计表

储层类型	项目	复合酸	土酸	乳化酸	浓缩酸	稠化酸	合计
显裂缝	措施井次		2	1			3
	有效率（%）		0	0			0
	有效均井增油（t）						
	井均有效时间（d）						
微裂缝	措施井次	1					1
	有效率（%）	100					100
	有效均井增油（t）	114					114
	井均有效时间（d）	90					90
隐裂缝	措施井次	9	7	9	1	1	27
	有效率（%）	55.6	85.7	66.7	100.0	100.0	70.4
	有效均井增油（t）	785	1111	1586	623	159	1099
	井均有效时间（d）	322	375	423	118.8	111.0	348.6
合计	措施井次	10	9	10	1	1	31
	有效率（%）	60.0	66.7	60.0	100.0	100.0	64.5
	有效均井增油（t）	666	1111	1586	623	159	1050
	井均有效时间（d）	260	375	423	118.8	111.0	336

四、调剖及效果

1995—1998年，油田共进行118井次调剖措施，成功率75.4%，累计增油3.65×10^4t，累计降水$1.64\times10^4m^3$。调剖前后平均井次井口注入压力提高0.76MPa（表6-6-8），剖面层数和厚度动用程度分别提高8.8%和20.9%（表6-6-9），水平自然递减和水平综合递减分别下降10%和0.8%。

表6-6-8 火烧山油田1995—1998年调剖效果统计表

层位	措施井次	成功率（%）	有效井次平均		累计增油（t）	累计降水（m^3）	平均井次注入压力上升（MPa）
			增油(t)	降水(m^3)			
H_2	31	77.4	381	154	9142	3703	0.74
H_3	56	80.4	338	224	15189	10087	0.84
H_4^1	17	58.8	751	60	7507	596	0.27
H_4^2	14	71.4	469	204	4685	2043	1.01
合计	118	75.4	410	185	36523	16429	0.76

表6-6-9 调剖前后水井剖面动用状况变化

层位	层数动用程度（%）			厚度动用程度（%）		
	调前	调后	增加值	调前	调后	增加值
H_2	65.5	69.0	3.5	72.1	77.1	5.0
H_3	55.3	68.1	12.8	53.1	82.9	29.8
H_4^1	88.9	88.9	0.0	76.7	83.3	6.6
H_4^2	83.3	72.1	-11.2	86.4	93.6	7.2
合计	63.7	72.5	8.8	62.0	82.9	20.9

前面已经对各类措施的效果进行了分析，在H_2和H_3稳油控水试验中，油水井采取对应措施，水井上先进行分注或调剖，使吸水剖面趋于均匀，减小注入水窜，提高驱油效率和油层的动用程度，然后针对油井不同的需要采取堵水、压裂或酸化措施，取得了好的效果，统计H_3油井措施成功率由试验前的50.0%上升到83.3%，井均累计增油由145t提高到452t，井均有效时间由135d增加到219d。试验前一些无效的重复措施井，试验后措施也见到了好的效果，所以这次方案设计中将此技术推广到全油田，预计会取得好的效果。

第七节 整体综合治理对策

按照油田开发的总体部署要求，火烧山油田已被列入“九五”期间老油田综合治理调整的主攻目标之一，要在“八五”工作和“九五”前期治理与现场试验的基础上，全面系统地编制火烧山油田整体综合治理方案，重点解决H_2和H_3裂缝性储层、孔隙—裂缝性双重介质储层与现行开采制度不适应问题、部分井区剩余油动用不充分问题、油藏能量恢复与注入水水窜问题、油田内未动用储量择优加速动用的配套开采技术问题，通过治理，从根本上改善油田整体开发效果，夯实油田稳产基础，对于提高油田开发效益和形成配套的裂缝性油藏开采技术都具有重要的现实意义。

一、综合治理的原则

（1）以增加可采储量，改善开发效果，提高经济效益为目的；

（2）从实际出发，不同储层类型和不同层区可采取不同的开采制度和治理措施，不靠一种模式；

（3）认识一片、治理一片，成熟一项、推广一项，拓宽思路，引进配套新工艺，先试验后推广；

（4）对未动用储量择优动用，做好产量接替。

二、综合治理的目标

（1）油田产能稳定在 40×10^4t/a 以上；

（2）采收率提高 3%至 5%，力争达到 22%；

（3）年度含水上升率控制在 5%以内。

三、综合治理对策

根据不同地质条件和生产动态特征，进行分区治理。本方案主要对 H_2 和 H_3 老井提出整体治理措施，其次是 H_4 加密后的注采系统调整、H_4^2 和 H_3 扩边、H_1 能量补充。

根据不同储层各类措施的效果评价，在恢复地层压力、减小储层水窜控制含水上升率、提高水驱波及体积和油层动用程度的基础上，对不同渗流介质类型的储层中剩余可采储量大的低产井，优选不同的综合治理措施。特别是各层块压力保持程度较低的区域，适时地提高注水量，使地层压力稳步回升，为提高各项增产措施效果打好基础。

针对显裂缝发育区那些 HPAM 冻胶堵剂堵水无效的井，可选择大剂量的黏土冻胶双液堵剂堵水，对上述两种堵剂多次堵水后井口液量含水无变化的高含水井，采用 SD-1 和 DKD-1 两种堵剂进行堵水，以提高措施效果。其余井选择 HPAM 冻胶堵剂堵水；储层微裂缝发育的井，针对措施效果好的井，采用 HPAM 冻胶堵剂；对于 HPAM 冻胶堵剂效果差的井，采用黏土冻胶双液堵剂进行堵水；储层隐裂缝发育的井针对不同的井况，仍使用以上两类堵剂堵水；另外，继续进行新堵剂的研制和试验，以期提高措施成功率和增油量。

针对低含水的低产井，在储层物性差的 H_2 和 H_3 仍采用压裂措施，而在 H_4^1 和 H_4^2 主要采用乳化酸和土酸酸化，降低投入产出比，提高措施的经济效益。

注水井首先完善注采井网和注采对应关系，采用分注、调剖相结合的工艺，减小水窜，提高剖面动用程度和驱油效率，而且不断提高地层压力保持程度，为改善地层供液能力打好基础。

鉴于油水井对应措施取得了良好的效果，今后油井的措施必须建立在水井措施的基础上，使油井措施真正有针对性，减少盲目性，提高措施成功率和增油量。

方案设计的工作量为：钻新井 6 口（总进尺 1.022×10^4m，建产能 1.26×10^4t/a），采转注 12 口，注转采 3 口，老井压裂 47 井次，堵水 66 井次，酸化 14 井次，大修 3 口，调剖 123 井次，注采井层完善 45 口，分注 40 井次，新井压裂 6 口，方案总工作量 366 井次（表 6-7-1 和表 6-7-2）。

四、分区块具体治理对策

1. H_1 层治理对策

H_1 层连片生产井主要是在显裂缝发育的储层，由于井网不完善，而且用天然能量进行开采，所以油井递减大，含水上升快。这次方案主要是为了弥补地层能量和恢复产能，共设计措施 4 井次，堵水 3 井次，采转注 1 井次（表 6-7-1 和表 6-7-2）。

2. H_2 层治理对策

该区 3 种渗流介质类型都有分布，显裂缝发育的储层主要分布在东部，隐裂缝发育的储层主要分布在西部，微裂缝发育的储层主要分布前两者之间的中部区域，整体上做好注水井工作，在油层动用程度提高和恢复地层压力的前提下，对东部显裂缝发育区的油井作好堵水工作，西部裂缝欠发育的油井进行分层压裂；东部地层水活跃地区提高水井的注水强度，恢复地层能量，抑制边水浸入。根据分析研究，H_2 层共进行措施 106 井次，其中油井措施 44 井次，水井措施 62 井次（表 6-7-1 和表 6-7-2）。

油井措施：压裂 17 井次，其中显裂缝发育储层 2 井次、微裂缝发育储层 6 井次、隐裂缝发育储层 9 井次；堵水 26 井次，其中显裂缝发育储层 19 井次、微裂缝发育储层 4 井次、隐裂缝发育储层 3 井次；转采 1 井次（表 6-7-1 和表 6-7-2）。

水井措施：分注 12 井次；补层 16 井次，全部为完善注采层位；调剖 31 井次；转注 3 井次（表 6-7-1 和表 6-7-2）。

表 6-7-1　火烧山油田三期综合治理方案工作量汇总表

项目	钻井		介质类型	油井措施（井次）							水井措施（井次）								合计
	井数（口）	进尺（m）		压裂	酸化	堵水	大修	转采	补层	小计	分注	补层	调剖	转注	增注	换封	大修	小计	
H_1						3				3				1					4
H_2			显裂缝	2		19				21	12	16	31	3				62	106
			微裂缝	6		4		1		11									
			孔隙型	9		3				12									
			小计	17		26		1		44									
H_3	3	4980	显裂缝	2		12		1		15	17	17	46	4			1	85	130
			微裂缝	1	2	1	1	1		6									
			孔隙型	13	1	7				21									
			小计	16	3	20	1	2		42									
H_4^1			显裂缝			11				11	5	2	32	3		2		44	74
			微裂缝		2		1			3									
			孔隙型	7	7	1			1	16									
			小计	7	9	12	1		1	30									
H_4^2	4	6720	显裂缝			1				1	6	1	14	1	2	3		27	52
			微裂缝			1				1									
			孔隙型	7	2	3			8	20									
			小计	7	2	5			8	22									
合计				47	14	66	2	3	9	141	40	36	123	12	2	5	1	219	366

表 6-7-2　火烧山油田三期综合治理方案 2000 年工作量表

项目	钻井		油井措施（井次）							水井措施（井次）								合计
	井数（口）	进尺（m）	压裂	酸化	堵水	大修	转采	补层	小计	分注	补层	调剖	转注	增注	换封	大修	小计	
H_1																		
H_2			12		17		1		30	10	12	22	2				46	76
H_3	3	5105	8	1	5	1	1		16	6	11	33	3			1	54	73
H_4^1				5	7	1			13	1		18	2		2		23	36
H_4^2	3	5115		1	2			5	8	3	1	12		2	3		21	32
合计	6	10220	20	7	31	2	2	5	67	20	24	85	7	2	5	1	144	217

3. H_3 层治理对策

H_3 层 3 类储层都有分布，显裂缝发育区域较大，隐裂缝发育小，整体上进一步深化控水稳油工作，在调整剖面均匀和控制含水上升的基础上加强注水，东部裂缝发育区做好油井堵水工作，西部裂缝欠发育区适时的对油井进行压裂引效，南部新井进一步完善注采井网。方案共设计老井措施 127 井次，其中油井 42 井次，水井 85 井次（表 6-7-1 和表 6-7-2）。

油井措施：压裂 16 井次，其中显裂缝 2 井次、微裂缝区 1 井次、隐裂缝区 13 井次；酸化 3 井次，其中隐裂缝 1 井次、微裂缝区 2 井次；堵水 20 井次，其中 12 井次位于显裂缝区、1 井次位于微裂缝区、7 井次位于隐裂缝区；大修 1 井次；注转采 2 井次(表 6-7-1 和表 6-7-2)。

水井措施：分注 17 井次；补层完善注采层位 17 井次；调剖 46 井次；大修 1 井次；采转注 4 井次（表 6-7-1 和表 6-7-2）。

另外，拟定新钻 3 口井，其中扩边井 2 口，分别位于 H1091 井和 H1141 井附近，与老井井距约 350m。另外井网完善补钻井 1 口（定向井），单井平均设计井深 1701. 7m，总进尺 5105m。单井设计产能 6. 0t/d，年产能 0. 54×10^4t。

4. H_4^1 层治理对策

H_4^1 层以隐裂缝发育储层为主，显裂缝发育主要分布南部和东北部，微裂缝发育的井较少，而且不连片。西部 H1427 井—H1487 井一线裂缝发育区，进行大剂量深部调剖试验。加密区和西南部完善注采井网加强注水工作，在提高注水强度和控制含水上升的基础上，恢复中部低压区的地层压力，保持油藏能量，适时地对油井做好酸化和压裂引效工作，对边部高含水井继续实施堵水措施，共设计措施 74 井次，其中油井 30 井次、水井 44 井次（表 6-7-1）。

油井措施：压裂 7 井次，全部位于隐裂缝发育区；酸化 9 井次，其中微裂缝发育区 2 井次，隐裂缝发育区 7 井次；堵水 12 井次，其中显裂缝发育区 11 井次，隐裂缝发育区 1 井次；大修 1 井次；补层 1 井次。

水井措施：分注 5 井次；补层 2 井次；调剖 32 井次；换封隔器 2 井次；转注完善注采井网 3 井次（表 6-7-1 和表 6-7-2）。

5. H_4^2 层治理对策

H_4^2 层储层基质物性好，以隐裂缝发育为主。显裂缝发育的井布在油藏的西部个别井上。整体上进一步深化注水工作，恢复油藏地层压力，油井做好酸化和压裂引效工作。本次方案在 H_4^2 层共设计老井措施 49 井次，其中油井 22 井次、水井 27 井次（表 6-7-1 和表 6-7-2）。

油井措施：压裂 7 井次，全部是隐裂缝发育的井；酸化 2 井次，全部位于隐裂缝发育区；堵水 5 井次，其中显裂缝 1 井次、微裂缝区 1 井次、隐裂缝区 3 井次；补层 8 井次（表 6-7-1 和表 6-7-2）。

水井措施：分注 7 井次；补层完善注采层位 1 井次；调剖 14 井次；增注 2 井次；换封隔器 3 井次；采转注 1 井次（表 6-7-1 和表 6-7-2）。

根据对北部地区的综合分析，拟定新钻扩边井 3 口，基本分布在一条直线上，彼此井距约 300m，并与原井网老井保持约 250m 井距。单井平均设计井深 1705m，总进尺 5115m。单井设计产能 8.0t/d，年产能力 0.72×10^4t。

第八节　整体综合治理关键技术

一、综合治水试验区调剖堵水技术

1. 影响堵水效果的分析

从油田开发主要矛盾分析：水淹、水窜严重，1998 年 12 月含水井数 347 口、开井 320 口，占含水开井数的 99%，其中含水大于 80%的井数 90 多口，占含水开井数的 28%。

从以上地质资料分析，火烧山油田堵水有几个比较有利的因素：（1）整个油田的水驱效率偏低，有较多的剩余可采储量，增产潜力大，这是堵水调剖的物质基础；（2）地层渗透率差异较大，理论研究表明，纵向渗透率差异越大，堵水调剖效果越好。

当然，火烧山油田堵水调剖难度相当大的主要表现在：一是地质情况复杂，裂缝普遍发育，有些裂缝宽度较大（开度 100~300μm），如果堵剂没有一定的强度，裂缝堵不住；二是火烧山油田大部分油井已经过多轮次的封堵，近井地带含水饱和度较高，堵水效果一次比一次差。

从 1989 年至 1997 年，先后试用了国内外的十几种调堵剂，但对于裂缝开度较大的井效果不理想。为此，1998 年在原来研究的基础上，先后引进试用了胜利油田采油工艺研究院的 DKD-1 颗粒型堵剂和新疆石油管理局的（SD-1）深部堵水技术。

2. 堵剂的性能及封堵机理

1）性能

DKD-1 堵剂是一种颗粒型堵剂，堵剂粒径为 200~400 目，堵剂固化后不受温度限制，从常温到高温均可固化，60℃条件下固化时间大于 4h，固化后强度大于 0.2MPa，堵剂推积视密度 1.2~1.5g/m³，而固化后密度为 0.7~0.8g/m³，堵剂具有膨胀性（体膨率为 50%~100%）、悬浮性、分散性等特点，配制容易，可泵性能好，堵剂对携带液无特殊要求。

2）封堵机理

堵剂进入地层后对裂缝的封堵有两种形式：（1）堵剂颗粒在裂缝运移过程中，遇到喉道而架桥，阻止后续颗粒继续运移而堆积起来，固化后可将裂缝牢牢地封住；(2) 当堵剂颗粒在运移过程中没遇到喉道，一直运移直至停泵，然后靠重力沉积下来，堵剂固化前裂缝的上部没有堵剂，堵剂固化后体积膨胀，使整个裂缝高度上充满堵剂，从而把裂缝堵住。

3. SD-1 堵水技术

(1) 缓交联凝胶性堵剂堵水机理。

聚丙烯酰胺分子链上含有许多活性基团，这些活性基团在一定的条件下可与添加剂发生交联反应，从而使各自独立的 PAM 相互联接在一起，使整个堵剂体系连为一体，形成网状结构的凝胶体，达到堵水目的。

(2) 反应型封口剂堵水机理。

该堵剂是由两种不同的化学药剂溶液组成。当两种溶液按比例混合时，就会发生化学反应，黏度逐渐增大而凝胶化，最后生成耐水的固结物，在油层出水孔道产生封堵，由于其密度较大，对底水有较好封堵。在复合型堵剂中起到封口作用，两者协同作用达到增油降水目的。

4. 施工工艺

DKD-1 堵剂的施工工艺简单方便。根据火烧山油田油井的具体情况，需要一口井 12~15t 的 DKD-1 堵剂，携带液由清水 60~80m^3。堵剂的配制非常简单，在现场配制，只要在搅拌情况下按比例加完堵剂即可泵送，完后顶替清水 10~20m^3，关井候凝 2~3d。SD-1 堵剂在配液站配制后，运道现场用泵车注入。注入由两种施工 H1277 井由油管施工，其余的由油套环空施工。

二、H_3 层整体调堵技术

1. Ⅲ期综合治理前 H_3 的地质开发特点

根据渗流介质和生产特点，将 H_3 层划分为 3 个区域进行治理，即东部高含水区、中部稳油控水试验区及西部高产区。

1) 东部高含水区

包括行列加点状注水区，共 20 个井组，控制油井 40 口，本次共调剖 16 井次，占水井总数的 76%。

主要特点：大裂缝广泛发育形成裂缝连通体，开发主要受裂缝连通体的控制，注入水主要沿大裂缝窜流，波及效率很低，生产初期产量高，目前高含水，水型既有注入水又有地层水，水驱油效果差，各种治理措施收效甚微。

治理技术：根据井组生产历史、重复措施、井口注入压力等情况作为依据，结合 *PI* 决策技术，分别采用了黏土—冻胶调剖剂技术、黏土高度固化体系、黏土—聚合物+封口剂等多种调剖剂技术。累计注入调剖剂 4948. 97m^3，平均单井注入量 291m^3。

2) 稳油控水试验区

中部稳油控水区有 6 个井组共有油井 29 口，本次调剖 4 井次 3 口井，占水井总数的 50%。

主要生产特点：初期产能差异较大，含水井多，含水上升速度快，注采关系比较清楚，油层非均质严重，剩余可采程度高，见水原因复杂，见水类型主要为注入水窜。

治理技术：针对 H_3 地质状况复杂，裂缝发育的特点，采用黏土—冻胶技术、黏土高度固化体系+低度固化体系+絮凝体系的复合技术及黏土—聚合物+封口剂的堵剂技术来封堵高渗透层，堵剂用量、强度均提高，向深部延伸以取得好的封堵效果。累计注入调剖剂 $1635.6m^3$，平均单井注入量 $409m^3$。

3）西部高产区

西部高产带有 7 个井组控制油井 41 口，调剖了 7 口井，共计 8 井次，占水井总数的 100%。

主要生产特点：初期高产，目前仍高产，裂缝很发育，是 H_3 层目前的主要产区。

治理技术：主要采用了黏土—冻胶技术、黏土—聚合物+冻胶技术来封堵高渗层。累计注入调剖剂 $2933.37m^3$，平均单井注入量 $367m^3$。

2. 整体调堵决策技术

H_3 裂缝作用突出，形成局部区域的高导流裂缝连通体，流体渗流主要受裂缝控制，在油藏地质、油藏工程研究的基础上，引进了 *PI* 决策技术对 H_3 层进行整体决策、优化设计、优化调堵剂类型，确定堵剂用量及重复治理时间等。

1）注水井井口压降曲线与 *PI*

关井后在注水井井口测得的压力随时间的变化曲线叫注水井井口压降曲线。

注水井的 *PI* 是由注水井井口压降曲线算出。*PI* 按下式定义：

$$PI = \sigma p(t)\,\mathrm{d}t/t \tag{6-8-1}$$

式中 PI——注水井的压力指数，MPa；

$p(t)$——注水井关井时间，后井口的油管压力，MPa；

t——关井时间，min；

σ——表面张力，mN/m。

指定关井时间（通常为 90min），可由注水井井口压降曲线算出 $p(t)\mathrm{d}t$ 而得压力指数。

2）*PI* 决策技术理论

PI 与地层及流体物性的关系为：

$$PI = \frac{q\mu}{15Kh}\ln\frac{12.5r_c^2\phi\mu c}{Kt} \tag{6-8-2}$$

式中 q——注水井日注量，m^3/d；

ϕ——孔隙度，%；

μ——流体动力黏度，mPa·s；

K——地层渗透率，D；

h——地层厚度，m；

r_c——注水井控制半径，m；

c——综合压缩系数，Pa^{-1}。

由式（6-8-2）可知，注水井 *PI* 与地层渗透率负相关，与地层厚度成反比，与日注量成正比，与注入流体黏度正相关，与地层系数负相关，与流度负相关。因此，*PI* 可作为区块整体调剖堵水的决策依据。

3）*PI* 决策技术

（1）区块注水井井口压降曲线的测试。

区块注水井井口压降曲线是 *PI* 决策技术的基础。注水井井口压降曲线的测试应按下列步骤进行：

将注水井的日注量调至指定的数值，稳定注水一天；测定前校正井口压力表；测定时记下注水压力（油压、套压、泵压）和实际注水量，迅速关井，记下关井开始的时间；从该时刻开始读井口压力，一直至压力变化很小为止。在读数期间，若压力下降快则加密读数，若压力下降慢，则延长时间读数；以时间为横坐标、压力为纵坐标，画出注水井井口压降曲线。

为了综合分析，除注水井井口压降曲线外，还应测注水井指示曲线和吸水剖面。

（2）实用 *PI*。

由 *PI* 与地层、流体物性关系得到的 *PI*，实际上是区块内注水井条件下的 *PI*，因此，区块内不同注水井的 *PI* 就不能进行比较，也就是说不能直接把 *PI* 作为判断调剖的指标。由式（6-8-2）可知，只要统一各井上的 q/h 即可作为判断调剖的指标。

4）区块调剖的必要性判断

根据区块所有注水井的压降曲线，依次计算出每口井的 *PI*，按两个标准判断是否调剖：

（1）区块 *PI* 平均值。区块 *PI* 平均值越小越需调剖。专家系统得出的 *PI* 平均值低于 10MPa 的区块需要调剖。

（2）区块注水井 *PI* 极差。*PI* 极差是指注水井 *PI* 的最大值与最小值之差，极差越大越需要调剖。极差超过 5MPa 的区块需要调剖。

1997 年 12 月 5 日至 1998 年 1 月 8 日，测得 H_3 的 26 口正常注水井（8 口关井）29 井次的井口压降数据，计算出每口井的 *PI*，得到归整值 $PI_{90}^{2.5}$，按大小顺序排列。

由注水井单井 *PI* 可得到区块 *PI* 平均值 6.35MPa，低于 10MPa，区块注水井的 PI 极差为 26.31MPa，远远大于 5MPa 的标准，因此，H_3 有调剖的必要。

5）调剖井的选择

按区块 *PI* 平均值和注水井的 *PI* 选定调剖，通常是低于区块 *PI* 平均值的注水井为调剖井，在 *PI* 排序中，低于区块 *PI* 平均值的井有 15 口，16 井次，因此在整个 H_3 中，由 *PI* 决策技术选出了需要调剖的注水井有 15 口。

6）调剖剂的选择

调剖剂按地层温度、地层水矿化度、注水井 *PI* 和成本 4 个标准选择。

7）调剖剂用量的计算

调剖剂试注用量系数：

$$\beta = w/h_f \Delta PI' \qquad (6-8-3)$$

式中　β——用量系数，t/(MPa·m) 或 m^3/(MPa·m)；

w——调剖剂用量，t 或 m^3；

h_f——注水层厚度，m；

$\Delta PI'$——试注调剖剂前后 *PI* 变化，MPa。

调剖剂正式施工用量：

$$w=\beta h_{f}\Delta PI \tag{6-8-4}$$

ΔPI 是调剖前后注水井 PI 预定提高值（MPa），注水井 PI 的预定提高值应考虑注水井干线压力，区块 PI 平均值和注水井目前的 PI 值。

若不用试注法决定用量系数，参照其他区块用量系数选值时，则需考虑调剖剂配方、地层压力、地层水矿化度、注水井目前的 PI 值和重复施工情况等。

3. 现场试验情况

1998 年，在 PI 决策的指导下，对决策出的 15 口需要调剖的注水井进行了现场调剖治理，并结合地质动态形势，对决策中没有选上的井，根据油田实际生产情况，从油水井对应程度、剖面动用情况、水驱效率等动态资料分析，又选出 13 口需要调剖的注水井，全年共完成 H_3 整体调堵治理现场施工调剖 26 口井，28 井次，H_3 共有注水井 33 口，停注 2 口，措施覆盖率占正常注水井的 84%。累计注入堵剂 9240.16m^3。目前，可对比 21 井次，有效 17 井次，有效率 81%，对应油井见效 29 口，累计增油 3635t，累计降水 2388t，累计有效天数 2740.5d，其余井效果正在观察中。

（1）连片治理，突出重点。

1998 年，在 H_3 的现场调剖实施中，注重连片治理，加强整体的概念，从时间和空间上充分体现了连续、整体。针对 H_3 的 3 个区域的不同地质特点，采用不同的技术手段、措施与生产形势相结合，对西部高产带因其地质条件好、储量丰厚、措施见效快，则优先处理，逐井连片进行治理，将本区的水井全部按顺序依次调剖，措施率达 100%，遏制了水窜通道，为 H_3 层的稳产打下了坚实的基础。西部高产带治理完毕，开始治理中部的稳油控水区，根据决策要求及动态变化，进行了 3 口井 4 井次的调剖处理；最后治理东部高含水区，在本区，按照从边部向内部的治理顺序，由点成线，由线到面，措施覆盖全区，形成连片治理之势。

（2）采用的堵剂技术。

①黏土—冻胶技术（CTG-1）；

②黏土—聚合物+封口剂技术（CHF-1）；

③黏土高度固化体系（CG-1）；

④黏土高度固化体系+低度固化体系+絮凝体系（CGD-1）；

⑤木质素凝胶体系（M-1）。

（3）在调剖基础上优选堵水井。

针对堵水效果逐年递减的严峻形势，1998 年堵水措施慎之又慎，在工艺技术没有重大突破的情况下，对高含水井加强了储层研究工作，首先从其周围水井的治理入手，努力创造堵水条件，在遏制了压力降落，使地层压力逐步回升或保持稳定的基础上进行堵水作业，取得了较好的效果，如 H1316 井，地层压力近几年持续下降，地层能量补充不足，通过 1997 年和 1998 年对周围对应注水井 H1315 进行调剖提注处理，有效地遏制了压力逐年下降的势头，压降趋势得到控制后，地层压力不再下降反而回升了 0.48MPa，流压也由 13.11MPa 上升到 13.24MPa，由于能量保持程度提高，此时进行堵水作业取得了显著的增油降水效果，由开发曲线上可以看出 H1316 井良好的措施效果。1998 年，在调剖基础上堵水 7 井次，有效 6 井次，有效率达 86%。

采用的堵剂技术有：①HCR-1 的技术；②SD-1 技术；③DKD-1 技术。

4. 效果评价

1）水井调剖的效果评价

（1）注水井的井口压力及压力降落曲线。

由注水井封堵前后的压降曲线可以判断注水井的封堵效果，在封堵前后注入量基本相同的情况下，由于堵后的注入压力升高，因此压力降落曲线起点升高。另外，由于高渗透带和大孔道被封堵，注入压力向外扩散变缓，*PI* 值提高。从 H1367 和 H1341 两口井封堵前后的压降曲线看出，措施后启动压力明显升高，压力扩散明显变缓，尤其是 H1367 井，措施前井口压力为 0，措施后启动压力升高到 6. 0MPa，压力变化极其明显。

H_3 层调剖 28 井次，井口注入压力普遍升高，井口压力升高的有 23 井次，占措施总井数的 82%，注入压力平均由 3. 2MPa 上升到 4. 3MPa，平均单井升高了 1. 1MPa。

井口注入压力的升高及井口压降曲线的变缓，证明了调剖后封堵住了原来的主要水流通道，降低了高渗透层的渗透率，并使地层压力亏空减小，能量得以补充。

（2）注水井的吸水剖面。

注水井调剖的目的就是为了改善吸水剖面，使原来高导流的水窜通道的吸水量显著减少，使原来不吸水或吸水量较少的低渗透层开始启动增加吸水量，吸水剖面的变化可以直观地反映调剖质量及吸水剖面的改善程度。

调剖 28 井次，从有措施前后吸水剖面（12 口井）对比资料可以看出，调剖前后吸水剖面发生了明显变化，吸水层数由措施前的 40 层增加到 43 层，吸水层数增加了 3 层，吸水厚度由 154. 5m 增加到 191m，增加了 36. 5m，吸水强度由 61. 04m^3/m 增加到 76. 96m^3/m，增加了 14. 94m^3/m。虽然吸水层数增加不多，但是厚度动用程度却大大提高，起到了扩大水驱波及体系、提高驱油面积的作用。对比 1997 年和 1998 年共 7 口同井点井的吸水剖面，层数动用由 1997 年的 52. 6%上升到 1998 年的 73. 7%，厚度动用由 1997 年的 64. 2%上升到 1998 年的 80. 6%，调剖缓解了层间吸水不均的矛盾，使注入水得到合理分配，油水井剖面对应程度增加，达到了改善驱油效果的目的。

从 H1315 井、H1257 井、H1367 井和 H1341 井等的吸水剖面对比图中可以看出，施工后吸水剖面得到显著的改善，表现为吸水层数、吸水厚度增加，高渗透层得到有效封堵，吸水剖面趋于均匀。典型井如 H1341 井，措施前只有 H_3^3 一个层位吸水，单层突进现象极其严重，通过调剖，使主力吸水层吸水量大大降低，同时启动了 H_3^{1-2} 和 H_3^{2-2} 共 4 个层位开始吸水，吸水强度也有所增加，大大提高了驱油面积，水驱效率增加，使周围油井见效，由于 H1341 井的驱油作用，使其水驱对应层位 H_3^{1-2} 液量、油量均大幅度提高，取得较好的增油作用。

2）油井堵水效果

多年的实践经验得出，堵水效果正逐年变差，选井难度增大，措施增油幅度减小，而采取先调后堵的综合方式则可以获得较为明显的效果。如 H1277 井，共进行过 4 次堵水，效果均不明显，1996 年由美国哈里伯顿公司进行堵水试验，做了大量细致的研究工作，措施依然无效，1998 年其相邻注水井 H1279 井开井复注，随后进行了调剖，措施后井口注入压力由 0 提高到 1. 4MPa，在此基础上引进了 DKD-1 技术于 10 月对 H1277 井进行堵水，于此同时，又将其对应注水井 H1294 井进行了调剖，使地层能量充足，措施取得成功。措施后含水由 91%下降到 86%，一个月后又降至 55%，日增油水平达 5. 7t，目前产量稳定，继续有效。又如 H1275 井，曾经 3 次堵水，措施均无效，1998 年 5 月先对其对应水井 H1257 井进行调剖，7 月相邻井 H1291 井转注，在注水井井口压力上升，能量得到补充的基础上对 H1275 井进行堵水施工，随后又对 H1291 井进行了调剖，使堵水后含水由 99%降至 85%，一个月后降至 64%，目前仍在下降趋势中，日增油水平达 8. 1t，取得了极好的措施效果。

在调剖基础上共堵水 7 井次，有效 6 井次，有效率 86%，对应水井调剖 11 井次，目前日增油水平达到 32. 8t，且生产状况保持稳定，持续有效。因施工时间较晚，截至 1998 年 12 月有效期较短，按目前趋势预测，继续有效 3 个月，累计产油将达 4556t，累计降水达 3839t。

3）井组井区的开发曲线

调剖是保证油田持续稳产的一种重要工艺措施，通过 H_3 层的整体调堵治理，改善了剖面渗透率差异，提高水驱效率，使 H_3 层自然递减由 1997 年的 8. 8%变为-0. 6%，达到了 H_3 层控水稳油的目的。从 1997 年 9 月起，H_3 层综合含水基本稳定，但产液量，尤其是产油量急剧下降，到 1998 年初已达最低水平，从 2 月份开始进行整体治理，区块综合含水基本稳定，但产液量和产油量均开始大幅度上升，证明区块整体供液能力增强，从动液面变化可以反映出，通过区块整体治理后，地层能量得以补充，地层压力由上期的 11. 27MPa 稳升为 11. 31MPa，液面上升，地层供液能力增强，为区块的稳产增产奠定了坚实的基础。

从典型井 H1257 井组开发曲线可以看出，1997 年 8 月起井组综合含水由 60%左右迅速上升到 90%以上，水淹水窜严重，为缓解矛盾，于 1998 年 6 月进行调剖，以遏制含水上升势头，调剖后，含水持续上升一段时间后，开始大幅度地下降，产液量、产油量上升，井组增产明显。

4）调剖油井见效特点

由于 3 个区域地质特点不同，渗流介质类型不同，因此水井调剖后，周围油井具有不同的见效特征和见效时间。

东部高含水区：由资料可知，在本区，水井调剖后，一个月便开始见效，对应油井产液量上升、产油量上升，增油量迅速达到峰值，此后产油量便开始下降，很快失效，表现出了见效速度快，短期内达到增油量峰值，但增幅较小，有效期短的见效特征。从 H1224 井组开发曲线也可以看出，调剖后，井组含水立即下降，但增幅不大，从其见效油井 H1223 井和 H1225 井的开发曲线上也反映出其见效特点为含水缓降，油量缓升，且见效速度较快。其见效特点也证明了油藏地质特点，裂缝发育，注入水主要沿高导流裂缝通道窜流，水驱油效果差，封堵后油井见效速度快，但水驱增幅不大。

中部稳油控水区：对比 H1288A 井组的油井见效时间看出，在本区，水井调剖后，一个月内便开始见效，对应油井产液量上升、产油量上升，增油量迅速达到峰值，增油幅度较大，此后产油量开始缓慢下降，表现出了见效速度快，短期内达到增油量峰值，且增幅较大，有效期比较长的见效特征。从 H1230 井的井组开发曲线上也可以看出，措施后，周围油井立即见效，含水下降，液量、油量上升，表现出见效快、增幅大的特点，其典型井

H1241 井的开发曲线也反映了这一特点，与中部稳油控水区的地质特点相吻合。

西部高产区：对比 H1319 井和 H1343 井两个井组的油井见效时间可知，在西部高产区水井调剖后，当月见效不明显，液量上升幅度不大，油量缓慢上升，在 40~60d 后，对应油井开始明显见效，油井产液量上升、产油量上升，增油量达到峰值，增油幅度大，此后产油量缓慢下降并逐步保持平稳，持续有效，表现出了见效速度缓慢，经过一段驱油时间后才达到增油量峰值，但增幅大，有长期见效特征。

调剖后油井的见效程度由各自不同的地质条件及渗流类型决定，而见效油井多分布在南北方向上也与 H_3 层的裂缝发育多为南北向的特点相吻合。

5）措施增油量

H_3 层整体调堵治理共进行了调剖 28 井次，截至 1998 年 11 月，累计增油 3635t，累计降水 2388t。进行堵水施工 7 井次，累计增油 1604t，累计降水 1490t，堵水预测持续有效 3 个月，累计产油达 4556t，累计降水 $3839m^3$。全区措施增油量共计 8191t，降水量 6227t。

三、行列注水技术

1. 注水效果不理想的原因

纵观Ⅰ期和Ⅱ期两个阶段（8 年）开发状况差的原因有以下几点：

（1）火烧山油田发育“m”字形构造裂缝系统，其基质储层供油能力很弱。

依据 7 口 FMS 测井资料，板壳模型模拟实验等研究成果，结合岩心观测结果，说明 H_3 层是火烧山油田构造裂缝最发育的层段，含水分析和示踪剂流动试验表明，水窜方向呈放射状，以南北方向水窜最快，其次，是北西方向，北东方向和近东西方向也表现了明显的水窜现象，说明裂缝系统呈“m”字形，而非单一方向。同时，基质储层的供油能力弱，岩心吸渗试验表明其半衰期超过 2 年，最终自吸效率仅为 3.24%~15.2%。毛细管压力曲线分析表明，基质储层孔隙喉道比例很低，油水交换能力差；另外，在相对渗透率曲线上，油相渗透率随含水饱和度增加下降很快，而水相渗透率的上升弥补不了油相渗透率递减的特点，以至油井见水快含水上升快，产量递减快，驱油效率低，同时，排液量难以提高。

（2）固井质量普遍差，造成措施效果差，开发管理难度大。

由于构造裂缝的存在，地层对钻井液的吸收作用，固井质量普遍较差，声幅曲线显示 H_3 层各井各小层及上、中、下 3 个隔层处固井质量均很差，有的井甚至大段无水泥段，统计结果表明，有 58.2%的井层固井质量为中—差，影响油田治理措施效果的主要因素：①由于固井质量差，注入堵剂滞留在套管与井壁间的环空中，或通过环空上下移动至非油层裂缝系统中，造成堵水或调剖失效。②地层水管外窜严重，出水层不易弄清，造成隔水失效。③多数井二次固井后，固井质量仍很差，造成封窜效果不理想。④酸化酸液管外流动，挤不进地层中去，造成酸化成功率极低。⑤分注井管外窜不具备分注条件。

（3）油层剖面厚度动用程度低，储产比不协调。

由于裂缝呈“m”字形的网格状，油井早期生产压差过大，固井质量差造成水窜快，大面积水淹严重，注水沿裂缝短路循环，加之物性差，渗流孔喉小，油水交换渗流能力弱，在水淹区内形成大面积被水窜裂缝封割的死油区，油层剖面厚度动用程度也很低，H262 和 H263 密闭取心井证实，只有在裂缝两侧很小的范围内水洗明显，基质储层中油基本未动用，在高含水区还有相当大的储量，而产量却很难稳定和提高，造成储量比严重不协调。

（4）低产、低能、停产井较多，产量难以稳定。

油井初期生产压差过大，单层采油强度大，吸水单层突进，地层亏空严重，加剧边底水浸入，油井固井质量差，为注水井和地层水提供了一个人工通道，是油井低产低能的主要原因；另外、构造裂缝的存在，在钻井和井下作业的过程中，钻井液、作业水均有不同程度漏失到油田中，造成油层严重伤害，使油层产能得不到发挥，形成低产低能井的增多；同时，油层品质差是形成低能、低产井的先天性原因，低能低产停产井的增多，使 H_3 层北部 16 口井上返 H_1 和 H_2，储量损失达 271.46×10^4t，稳产难度加大。

（5）油井初期产能差异大，产吸剖面不均衡。

H_3 层油井初期产能差异大，高产井日产超过 50t，低产井日产仅 1~5t，日产超过 10t 的高产井占 57.1%，日产低于 5t 的井占 23.4%，不同产能井在平面上呈带状分布，与砂体分布及有效厚度无关，与裂缝发育带有关；其中北部高产井高产期很短（属裂缝发育基质中差），一般小于一年，西南部高产井高产期平均达 5 年（裂缝发育基质好），裂缝造成产吸剖面极不均衡，注水单层突进，采油井单层出液现象普遍，影响了水驱效果。

（6）开发效果差，暴露复杂特殊的油田开发矛盾。

1992—1995 年曾先后在 H_3 层开展过停注、间注开发试验，均因构造裂缝存在，基质油层供油能力弱，边水浸入，底水锥进等原因，未能取得较好效果，暴露出特殊复杂的油田开发矛盾，治理难度很大。为此、针对 H_3 层油藏的特殊复杂性以及第一和第二阶段开发过程中所暴露出来的矛盾，在 1993 年 7 月以下述原则选择了 H_3 层东部水淹区进行了行列注水试验：

①具代表性。不仅在 H_3 层及至整个火烧山油田 4 套开发层系中都具代表性的裂缝发育水淹水窜注水无效的高含水区。

②物质基础丰厚。有效厚度大，剩余可采储量丰厚区。

③资料分析。集钻井、取心、测井、试油示踪剂等各类历史资料丰富、准确、注采关系清楚，监测井点多。

④区域广且占产比重小。由于裂缝的存在，井间干扰严重，故需有较多的井不受边界条件影响而能真实反应试验动态，且一旦试验失败也不会对全层生产产生太大影响。

由于上述项试验配合以压裂改造，调剖堵水等综合治理措施使本层持续稳产，1996 年 12 月采出程度 6.26%，综合含水仍稳在 59.6%，较 1991 年 12 月还降了 0.1%。大于 80% 高含水井降至 40 口，减少了 31 口，开发效果得到明显改善。

第三阶段：1996 年至 1999 年的油田稳产阶段，其特点：

①年产油量稳定至递增。1996 年，年产油量为 7.0424×10^4t；1997 年，年产油量为 7.088×10^4t；到 1998 年仍稳升在 7.069×10^4t。1999 年 1—10 月，产油 6.5682×10^4t，比上年同期增加 4626t，预计 1999 年完成 7.9354×10^4t，比 1996 年、1997 年和 1998 年分别增加了 8930t、9474t 和 8664t。

②综合含水逐年下降。1996 年 12 月含水 67.2%，1997 年 12 月降至 63.9%，1999 年 9 月稳在 63.0%。该区试验前含水 88.8%，1999 年 12 月含水 63.0%。

③水驱控制储量增加，采收率提高。由水驱特征曲线可知，第二阶段水驱控制储量 $605.2\times10^4m^3$，最终采收率 9.6%，第三阶段水驱控制储量提高至 $1816.0\times10^4m^3$，最终采收率 23.0%。

2. 行列注水试验实施阶段及特征效果

1）试验简况

1993年7月，为试验沿南北向主裂缝注水改善开发效果的可能性，在H_3层东部水淹区开展了15个组78口油水井上建立二排夹五排行列切割注采井网，其主力油层H_3^2平均有效厚度17.7m，属主河道沉积，试验前区日产液592.9t，日产油66.4t，综合含水88.8%，累计产油33.8×10^4t，累计采水72.3×10^4t，累计注水$44\times10^4m^3$。自1993年10月至1999年12月可分两个阶段实施：第一阶段为行列注水阶段，于1993年10月至1994年6月注转采6口，1994年6—7月采转注7口，1999年12月已历时5年。第二阶段为行列加点状阶段，于1998年7月至1999年12月，中部转注3口井，已历时1年半。分阶段动态特征逐一进行分析。

2）行列注水试验生产特征

（1）个别一线、二线井见到新的注水反映：

此类井4口，均位于采转注井相邻一线、二线日产液均先降后回升，由25t降至20.9t，含水由98%降至69%，日产油由0.7t增至6.5t，如H1324井，因H1338井投注2个月就见到明显反应，日产液由5.3t增至10.8t，含水95%降至74%，日增油2.6t，地层压力上升0.3MPa，剖面正好对应H1338井H_3^3单层吸水，为防止单层突进造成水淹，1995年4月下调日产水量，由$40m^3$降至$20m^3$，同年7月对H1338井调剖，H1324井含水一直稳在60%~70%，H1324井累计增油3743t。

（2）个别井见到停注效果。

此类井4口，均表现出液量下降（日产液由42.4t降至27.7t），含水降低（由97%降至53%），油量上升（日产油由1.4t增至18.6t，1999年12月日产油仍保持在14.2t），特别是H1276井和H1308井，因见H1259井和H1290井停注效果，累计增油分别达9599t和2531t。

（3）注转采井仍具采油能力。

1993年11月，注转采H1261，1994年6月转采H1238井，到1999年12月已累计产油分别为8434t和3565t。这二口井注水均达5~6年之久，累计注水分别为$2.5\times10^4m^3$和$1.5\times10^4m^3$，转采尚能出油，由H1238井测出液剖面对比，不仅注水时从未吸水动用过的H_3^{1-3}和H_3^{2-1}出液，甚至曾作为主力吸水层的H_3^{1-2}层，目前又作为主力出液层贡献着，说明注水是沿裂缝窜流，而未动用的基质正在渗吸动用，与H262取心水洗范围仅裂缝两侧2~3cm这一结果吻合。

（4）中排井压力降导致底水锥进。

与试验前相比，由于二排夹五排行列注采井网，行列切割距太大，中部压力逐年下降，由9.75MPa降至6.39MPa，新增底水锥进井5口，这是压力下降所致，为加速中排受益，1994年7月，H1236井和H1259井换D56mm大泵，日产液分别为40t和60t，含水为99%，引起底水锥进。1996年8—9月，隔H_3^3底水3口，除H1236井不出外，H1247井无变化，H1259井只降液未增油。

（5）东排注水井抑制边水推进。

较试验前或间注时，氯离子含量下降的井有8口，其中东侧下降3口，甚至H1295井和H1264井也为见注入水井而不似停注和间注时，边水已几乎浸入大半个试验区。

(6) 注采压力不平衡。

由分排压力统计看出，行列注水试验前后东排注水井压力上升缓慢，经历4年时间，压力由13.8MPa渐升至14.29MPa，平均每年上升0.12MPa，注采压差仅0.7MPa，西排注水井地层压力由试验前的14.58MPa逐年升至17.41MPa，平均每年上升0.71MPa，相应的油井排压力逐年下降由试验前的13.69MPa降至11.94MPa，压降1.75MPa，平均每年降0.44MPa，注采压差5.47MPa，是东排的7.8倍，说明东排注入水被迅速采出，未建立压差。而在中排井压力也逐年降，如H1248井，自试验前1993年上半年的13.8MPa降至12.78MPa再降至9.25MPa到目前的6.36MPa，总压降6.82MPa，平均每年下降1.71MPa说明行列切割距过大，东西向渗透率低（日水推速度仅1.8m）；加之东排一、二线油井多高液量、高含水，注入水多被无效采出，故能量尚未补充至中排。

3）行列加点状生产特征：

虽然目前已充分认识到本油藏渗流系统的复杂性和特殊性，因渗流介质场复杂交错，针对行列注水存在问题：(1) 行列切割距太大，中排井无法受益，故压力下降，液量降；(2) 剖面动用极不均衡，层数厚度动用仅44%和49.9%；(3) 注采对应差，主要是4口采转注井射开仅2小层8~10m厚度，不能与油井平均有效厚度17.7m相对应；(4) 手段过分单一等4方面原因，未达到预期目的。故治理方式不能过于单一，不同渗流介质场应采用不同方式。同时，面对高导流裂缝和特低渗透井基质这种复杂的渗流结构及油水在渗流过程中存在的优势渗流现象，如何采出基质中的油是裂缝性砂岩油藏开发所面临的首要问题，总结第一二阶段的治理手段过于单一，且不分区域介质的一刀切是治理效果不理想的主要原因。为此，优选出纵向上调整产吸剖面，对不同的渗流介质区采取相应的措施。

(1) 行列加点状投注使中部压力回升，油井见效。

针对二排夹五排行列注采井网，行列切割距太大，中部油井压力逐年下降，临近停产这一矛盾，1998年7—10月间，中部加点状投H1291井和H1237井，几乎当月H1291井组就有3口油井见效，其中2口是长期高含水控关井H1290和H1292井组日产油水平上升了6.1t，1999年后含水迅速上升，通过两次调剖后，含水得到控制。H1237井组周围井均为停产井，注水3个月后，有2口井静液面上升200~300m，8个月后，Hl238井、H1249井和火5井也相继见效，1999年12月两井组日产油水平增加7.2t（因H1238井注转采曾采取过大孔道堵水试验2次，虽未增油，但也相当于注水前的调剖了），其余情况尚待进一步观察。

(2) 整体混调技术封堵大孔道、大裂缝，释放次级裂缝。

综合考虑1997年单个井点的3口调剖效果不理想这一情况，1998年在该区采取整体调剖，共12口注水井，调剖11口，另1口待分注，1999年1—9月调剖6井次，分注3井次，使剖面层数厚度动用程度由1996年27.3%和30%，分别提高至1997年的50%和59.7%，1998年的63.6%和77.8%，吸水强度在注入量上调的情况下，由4.2m^3/(m·d)均衡至1999年12月的4.2m^3/(m·d)，再均衡至2.1m^3/(m·d)，说明以往的单层突进现象已得到很好改善。地层压力也有所回升，由1997年下半年的12.12MPa升到1998年上半年的12.72MPa，1998年下半年尚稳在12.7MPa，1999年上半年稳在12.74MPa，由行列区综合开发曲线也可看出，日产油水平由66.5t升至76.8t，日产液水平由试验前595.2t下降至286t，含水由86.8%降至73.2%，日产油量上升13t。

分析对比调剖见效井 14 口井，19 井次，累计增油 5084t，井均增油 268t，超过了全区压裂井平均增油，其平均见水时间 58.0d，日水推速度 6m，其中 H1225 井、H1223 井和 H1262 井在 10d 内就见效，日水推速度 35m，说明在单—裂缝为主的区域混层调剖封堵了大裂缝孔道，可以使注水进入次级裂缝，驱出近井地带死油区中的油，提高了注水波及系数，在剖面相对均衡压力回升基础上，多轮次堵水井对应堵水有新突破：

依据玉门油田做过的流体在有裂缝岩心中流动的动态模拟实验结果，表明在有裂缝存在时，容易形成大量死油区，无裂缝区流体推进较均匀，有裂缝区随裂缝加大，流体推进越不均匀，当有贯通裂缝存在时，流体刚开始就不均匀，而且越推进越不均匀，表现为强烈的突进现象，也与动态显示较吻合，前述的注转采井 H1238 井和 H1261 井即属此类情况。1997 年转采的 H1273 井已注水达 2 年之久，累计注水 29735m^3，周围的 H1274 井和 H1290 井均水淹含水达 98%，但 1998 年 5 月转采，起初日液量仅 3.5t，含水 79%，再次说明注入水根本没有积蓄在主裂缝，憋至次级裂缝，而是被迅速地沿其他方向裂缝无效采出，以至转采抽不出多少水来，压裂后日液量达 11.7t，含水 99%，二个月后含水逐月下降，1999 年 12 月该井日产油水平 4.0t，含水仅 62%，说明该区连注水井本身周围都有大量的死油区存在。

在注水井整体混调、改善动用状况的基础上，注水强度提高至 2.0m^3/(m·d)，日注水平由 290m^3 提高至 410m^3，压力稳定在 12.7MPa，压力保持程度 83.7%。在此前提下，1998—1999 年，在该区选择 7 口井，其中 4 口井已堵水 4 次和 6 次的多轮次堵水低效井进行尝试性堵水试验，堵后日增油 14.6t，目前日产油 7.3t，累计增油 7685t，井均增油 1124t，均是前几轮堵水中效果最好轮次的 2~24 倍，况且目前有 6 口井仍有效，有效水平 13.0t。

这一尝试结果表明，虽前次堵水有效堵住大孔道，使近井地带次一级裂缝中的含油饱和度降低，但在均衡注水的前提下仍能将油驱至近井地带，使能量得以补充，为油井下一轮堵水提供物质基础。

（3）在提注复压基础上，低能井压裂引效与高含水井对应堵水相结合成效卓著。

在剖面相对均衡改善的基础上，加大注水强度，由 1.0m^3/(m·d) 提至 1.7m^3 (m·d)，使地层压力逐年回升；同时，在压力恢复的基础上，针对厚度相对较大、产量低、且属基质相对较好已进行过 1~2 重复压裂井进行压裂 3 口井，有效率 100%，累计增油 654t，井均增油 218t，平均有效期 167.1d，且目前仍有效，水平仍有 3.0t。

上述说明，只有在压力保持稳定或上升，能量及时补充的基础上，才能保持多轮次堵水压裂的长期高效。

4）行列注水试验效果评价

（1）递减减缓。

由产量构成曲线看出，试验前水平自然递减 46.0%，试验后降至-39.7%至 1995 年 9 月以后效果虽变差，但仍 28.7%，较试验前减缓了 17.3%，五年半时间因自然递减减缓累计增油 2.4×10^4t，行列加点状注水后自然递减再度下降为递增 15.8%，两年间因递减减缓累计增油 1.28×10^4t。

（2）水驱控制程度提高。

由水驱特征曲线可知，较试验前水驱控制储量由 136.12×10^4t 扩大至 2746×10^4t，水驱控制程度由 17.44%提至 35.2%，提高了 17.8%，最终采收率 6.1%提高至 9.6%。

(3) 剖面动用程度低，但动用层含水降低。

同井点对比 8 口井，层数和厚度动用分别由试验前的 26 层 118.5m 降至试验后的 14 层 69.5m，动用程度分别由 57.8%和 67.5%降至 31.1%和 39.6%，下降了 26.7%和 35.4%。行列加点状后回升至 56.3%和 52.3%，但动用层含水却由试验前的 92.4%降至 67%，第一阶段含水仍为 76.3%，行列加点状后含水再降为 72.4%，与行列区试验前含水 88.8%和 1996 年 12 月含水 73.8%相比也较吻合，1999 年 12 月仍为 71.6%，说明水淹层停止动用，而低压低含水层开始启动。

(4) 年产油量稳定甚至递增。

1996 年，年产油为 2.0164×10^4t；1997 年，年产油为 2.0574×10^4t；到 1998 年，仍稳升在 2.3936×10^4t；目前年产油为 2.7×10^4t，该区每年递增 3000t。该区全层占产比也由试验前的 19.2%提高至 1999 年 12 月的 27.1%。

四、控水稳油综合治理技术

1. 控水稳油综合治理原则

按照油田开发总体部署要求，火烧山油田已被列入“九五”期间老油田治理调整的主攻目标之一，要在“八五”工作的基础上，总结Ⅰ期和Ⅱ期治理的效果，重点解决剩余油动用不充分的问题，通过本次控水稳定油综合治理试验，要夯实油田稳定基础，改善开发效果。控水稳油综合治理遵循的原则是：

(1) 以增加可采储量，改善开发效果，提高经济效益为目的。

(2) 以 12 个井组为单元，平面和剖面上整体治理，综合考虑，不同井组可采取不同的治理措施。

(3) 注水井以深度调剖、分注为手段，控制含水上升速度基础上，提高注水强度，更多恢复地层能量，采油井辅以对应堵水、压裂、酸化等措施，提高单井产能。

2. 控水稳油综合治理目标

(1) 在恢复地层能量条件下，含水上升率控制在 5%以内。

(2) 减缓试验区递减。

(3) 采收率提高 3%~5%，增加可采储量 20×10^4~30×10^4t。

3. 控水稳油综合治理对策

以注水井组为单元，以注采动态反映为依据，以注水井剖面调整为突破口，进行油水井成片综合治理，计划调剖 30 井次、分注 5 口井、堵水 25 口井、压裂 15 口井、隔水 2 口井、酸化试验 1 口井，共计 80 井次，并严格进行日度、月度动态监控，优化季配月调方案，适时提高注水强度，确保试验效果。

五、试验区综合治理技术

由试验区储层特点及开发效果分析可知：火烧山油田裂缝发育是导致注水开发效果差的根本原因。因此，老区治理，解决剩余油动用不充分、提高采油速度及最终采收率的问题，应主要围绕裂缝开展。如何有效控制注入水沿裂缝窜流，提高注入水保压和驱油作用效率，进而改善开发区的开采效果，提高开发经济效益，是面临的技术难题。

经过对试验区开发矛盾的分析，结合国内外开发类似油藏的经验，通过室内研究到现场试验，不断探索，形成了一套适应裂缝油藏特点的配套治理技术。

1. 描述裂缝窜流特征的化学示踪技术

示踪剂监测技术是目前注采井间监测手段中较直观、准确的手段。通过生产井中所监测到的示踪剂产出的曲线，可以获得有关油藏裂缝分布、非均质、窜流通道的资料。在对裂缝窜流情况的分析中，示踪剂主要用于检测水窜通道的存在和方向性，描述大孔道层及指导堵剂选择和用量计算。

1）窜流通道的检测

1991—1992 年，在 H_3 层试验区共进行了两个井组的示踪剂试验，试验结果表明：这两个井组地层中均存在以南北向为主要水窜方向的窜流通道。

（1）H1230 井组试验。

示踪剂：NH_4SCN。

试验时间为 1991 年 5 月 23 日，投放量为 46m^3，浓度为 8%的水溶液。

表 6-8-1　H1230 井组示踪剂试验结果

对应油井	井距（m）	初见示踪剂		最高峰		推进速度	
		时间（h）	浓度（mg/L）	时间（h）	浓度（mg/L）	（m/h）	（m/d）
H1291	350	120	3.5	165	7255	2.92	70
H1220	500	45	197	113	5160	11.11	267
H1241	500	200	3.5	341	122	2.50	60

由试验结果（表 6-8-1）可知，H1230 井组的 3 口油井（最快 45h，最慢 200h）均见到示踪剂，日推进速度最快 267m，最慢 60m。说明油层存在窜流通道，且主要方向为南北向。

（2）H1288A 井组试验。

示踪剂为 NH_4SCN，试验时间为 1992 年 5 月 28 日，投放量 28m^3，浓度为 8%水溶液。

由表 6-8-2 数据看出，H1288A 井组的 2 口油井均见到了示踪剂，水窜大孔道方向仍以南北向为主；另外，在跨井组的 H1274 井上也见到了示踪剂显示，说明井组区域内不但存在窜流通道，且延伸范围已超出井组控制范围。

表 6-8-2　H1288A 井组示踪剂试验结果

对应油井	井距（m）	初见示踪剂		最高峰		推进速度	
		时间（h）	浓度（mg/L）	时间（h）	浓度（mg/L）	（m/h）	（m/d）
H1273	500	58	8.66	180	2614	8.63	207
H1272	350	189	9.59	410	894	1.85	44
H1274	784	1297	7.60	1420	22	0.60	14

2）精细描述窜流通道

利用数值分析方法，通过对示踪剂产出曲线的拟合，可以得到大孔道层的厚度、渗透率及平均孔道半径等参数，从而对窜流通道层作出数值描述。

（1）H1230井组。

对井组内H1220井、H1219井和H1241井3口井示踪剂产出曲线分析，得出成果（表6-8-3）。

表6-8-3 H1230井组数值分析计算结果

井号	大孔道层厚度（m）	渗透率（mD）	孔道半径（μm）	地层系数（mD·m）
H1220	0.0036	117.2	79.06	424.84
H1219	0.0006	116.39	78.79	71.64
	0.0010	61.53	57.29	62.68
H1241	0.0024	39.33	45.80	93.70
	0.0036	22.06	34.30	78.77
	0.0001	18.63	31.77	1.09

（2）H1288A井组。

表6-8-4给出了H1288A井组各生产井示踪剂产出分析计算结果。

表6-8-4 H1288A井组数值分析计算结果

井号	大孔道井厚度（m）	渗透率（mD）	孔道半径（μm）	地层系数（mD·m）
H1273	0.00281	50.09	5.69	140.54
H1273	0.00071	144.53	87.8	103.09
	0.00096	86.11	67.77	83.04

示踪剂试验表明，H_3试验区有以南北向为主要窜流方向的窜流通道，日窜流速度最快267μm，最慢14μm；窜流层渗透率最高144.53mD，最低18.93mD；窜流孔道半径最大87.80μm，最小31.77μm。试验区窜流通道的精细描述，为治理窜流通道，改善波及效率奠定了基础。

3）指导堵剂选择与堵剂用量计算

（1）堵剂类型选择。

根据示踪剂试验确定的窜流通道的3个参数，可以确定是否适合选用颗粒型堵剂及选用多大的颗粒堵剂封堵窜流通道。试验区2个井组的示踪剂试验成果表明，窜流通道孔径在32~88μm范围内，由于孔径与粒径之比为3~9时，才能产生较好的封堵效果，如用单液法颗粒堵剂，可选用粒径11~33μm。对H1228井组、H1230井组和H1254井组可选用11μm左右粒径；对H1256井组、H1286井组和H1288A井组可选用33μm左右粒径，如用双液法堵剂，则前3个井组颗粒粒径须小于11μm，后3个井组粒径小于33μm。

（2）堵剂用量确定。

可用窜流通道厚度与井控面积乘积概算堵剂用量，现场施工时可采用黏土试验法测定其准确值。如H1230井组，窜流层厚度为0.0113m，概算堵剂用量为1381m^3。

2. 不同裂缝窜流系统的封堵技术

由于试验区内裂缝广泛发育沟通形成具有特高导流能力的大孔道层，注水开发时，引起水窜、水淹，使地层深部的水驱控制程度及波及体积大大下降，注入水无法起到驱油和保压两大作用，油藏能量无法得到有效补充，造成油井产量递减大，开发效果差。因此，在封堵窜流通道过程中，不仅要求对近井地带，更重要的是对远井的大孔道进行封堵，以提高远井地带的波及效率，所以在选择大孔道堵剂时，必须满足：

（1）堵剂要有一定强度，能进得去，堵得住。

（2）堵剂性能要能够满足大剂量施工的要求。

（3）取材方便，货源充足，价格低廉。

火烧山油田自1989年开始调堵水工作至1994年，经过5年的研究及现场应用，先后使用过10余种调堵剂，其中不乏优秀的调剖堵水剂。但这些堵剂大都成本高，堵剂性能不能满足大剂量深部处理的要求。因此，在选择研究试验区大孔道堵剂时，重点做了以下工作：

（1）重点研究黏土双液法调堵剂。

黏土便宜、易得，化学性质稳定、强度大、对中低渗透层的污染轻，是封堵裂缝窜流通道的理想堵剂。由于双液法可将堵剂设置在地层深处，产生好的封堵效果，因此主要研究了黏土双液法堵剂。在室内试验的基础上，提出了夏子街钠土作双液法堵剂的两种配方。

①黏土悬浮体—聚合物溶液（稀体系）。该体系采用双液法将黏土悬浮体与HPAM交替注入大孔道窜流地层，由注入水将其推至地层深处相遇产生絮凝，堵住大孔道，达到深部调剖的目的，其封堵机理为积累膜机理和絮凝堵塞机理。表6-8-5是室内试验筛选出的稀体系优化配方。

表6-8-5 夏子街钠土双液法堵剂的优化参数

因素	HPAM浓度（mg/L）	夏子街钠土含量（质量分数）（%）	水的矿化度（mg/L）	温度（℃）	HPAM规格
优化参数	450	10	15000	55	$M=3\times10^6$，$H=5\%\sim20\%$

②黏土悬浮体—铬冻胶（浓体系）。该体系也是采用双液法施工，将黏土悬浮体与铬冻胶用隔离液隔开，当其在地层深处相遇后，由于铬冻胶由高价金属的多核羟桥络离子将溶液中的HPAM交联产生的，交联点周围带正电荷，可以用黏土悬浮体通过静电作用偶合起来，提高堵剂强度和封堵效果。黏土悬浮体—铬冻胶双液法调剖剂不但具有黏土悬浮体—聚合物溶液的积累膜机理和絮凝机理，还具有偶合机理和毛细管阻力机理，因此，前者的封堵效果优于后者，并且多段塞封堵效果更佳（表6-8-6）。

表6-8-6 10%钠土（A）与铬冻胶（B）的封堵效果

封堵方法		单液法		双液法		
		20gA	20gB	10gA+10gB	10gB+10gA	5gB+5gA+5gB+5gA
渗透率D	初始	340.6	269.4	321.8	293.8	318.7
	堵后水驱10PV	251.8	158.7	76.9	86.7	13.1
渗透率下降（%）		26.1	41.1	76.1	70.4	95.9

（2）研究大孔道进出端封堵剂。

为了防止钠土调剖剂从油井产出和减小其在大孔道入口端所受的冲刷，还研究筛选了在孔道进出端用的封堵剂。这项工作主要研究了聚合物铬冻胶(低强度堵剂)、10%水泥+10%西山土(中等强度堵剂)、16%水泥+14%西山土(高强度堵剂)以及其不同比例组合作为大孔道出口端油井的对应封堵剂；水膨体或硅土聚合物凝胶作为大孔道入口端封堵剂。

①聚合物铬冻胶。主要由主凝剂 HPAM、交联剂（铬的多核羟桥络离子）和促凝增强剂 3 部分组成。具有强度高（成胶强度 22×10^{-4}mPa · s）、成胶时间可调（3~20h）、适用温度 20~60℃等特点，现场堵水已应用 100 余井次，效果良好，其基本配方是：0.5%~0.8%HPAM+0.4%~0.45%交联剂+0.08%~0.12%增强剂。

②复合堵剂体系。由铬冻胶（A）、低度固化体系（B）、高度固化体系（C）组合形成。

中强度体系：A∶B＝1∶1；高强度体系：A∶B∶C＝5∶2∶3。

处理用量为每米油层 20~30m^3。

③体膨型 PAM。

携带液：5%HCl；活化剂：1%NaOH 溶液。

体膨型 PAM 具有遇水膨胀，强度大及氧化剂可解除等特点，是大孔道入口端的理想堵剂。水膨体在自来水中 40min 膨胀率达到极限（70 倍）。所以使用时须加 5%HCl 作为膨胀抑制剂，其抑制率达 90%，在封堵后可用 1%NaOH 溶液活化。

④SJ-2 硅土聚合物。该堵剂由 65%黏土悬浮体及 0.5%HPAM 和高模数（3.1~3.4）水玻璃组成，其比例是 10∶3∶1，其特点是强度高、稳定性好、耐冲刷、成本低。1990—1992 年曾在 H_2 和 H_3 应用 30 多井次，获得好效果。

应用上述封堵剂封堵裂缝窜流通道的一般做法是：首先，在水井上先用钠土（钙土）双液法稀体系，钠土粒径小（9.6μm），易进入地层深部，在裂缝深部产生堵塞，克服了近井地带注入水的冲刷；其次是根据油水井反应情况决定在注水井上加大剂量或采用高强度复合堵剂和在对应堵水井上选择时机进行对应封堵；再次，是在水井上进一步加大规模或使用封口剂及在油井扩大对应堵水效果（重复封堵）。

在封堵时应在 *PI* 决策指导下，根据试验区注采动态变化采取连片对应治理的措施。

3. 充分动用基质的油层改造技术

在对裂缝窜流进行有效治理，强化低渗透基岩注水保持地层压力的同时，选择时机对剩余油分布集中，动用程度低的油井进行压裂、酸化改造，采用的主要技术有：

（1）低伤害压裂液压裂技术（包括低伤害的改性瓜尔胶冻胶压裂液和瓜尔胶冻胶包油乳化压裂液）。

（2）三维压裂优化设计软件应用技术。

（3）管柱选压与投球选压相结合的多油层分选压技术。

（4）大排量（3m^3/min）、高砂比（50%~60%）压裂施工技术。

（5）堵水压裂相结合堵压复合处理油层技术。

（6）高效深穿透的乳化酸酸化技术。

4. 试验区控水稳油综合治理效果

火烧山油田 H_2 和 H_3 层控水稳油综合试验区自 1996 年 2 月（H_3 层）至 4 月（H_2 层）开始进行，截至 1998 年 11 月历时 3 年，共进行平面和剖面配套治理措施 77 井次，完成方案计划工作量的 96.2%。其中调剖 24 井次，分注 6 口，堵水 19 井次，压裂 26 井次，补层 2 井次，并依据注水井吸水剖面和井组生产状况，适时调整注水强度，共调水 25 井次，扩大了治水效果，措施增油 21148t，老井递减减缓多产量 16218t，取得了可喜成果。

（1）试验区日产水平稳中有升，采油速度明显提高。

H_2、H_3 控水稳油试验区历时近三年的成片综合治理，先后在 1996 年 3 月和 11 月开始逐月见效，主要是液量油量大幅度上升，含水稳中有升，生产状况明显好转，与试验前对比，日产液由 195.3t 上升至 330.5t，日产油由 73.3t 提高到 100.7t，综合含水比由 62.5%上升到 69.5%，采油速度由 0.44%提高到 0.61%，增加 0.17%，提高生产能力 0.82×10^4t，含水上升速度为 4.6%，控制在较合理的范围之内。

（2）自然递减明显减缓，第三年实现老井自然不递减。

H_2 和 H_3 层控水稳油试验区老井净产水平先后在 1996 年 6 月和 11 月自然递减明显减缓，年水平回归自然递减为 16.05%，比试验前的 27.26%下降了 11.21%。1997 年底至 1998 年老井净产水平出现递增，三年因递减减缓多产原油 16128t。

（3）措施成功率高，单井增油达到 450t。

截至 1998 年 12 月，油井进攻性措施 47 井次，有效井 38 口，成功率 80.8%，累计增油 21148t，单井增油 450t，H_3 层控水稳油区措施效果更佳，措施 27 井次，成功率 85.2%，累计增油 16521t，占总措施增油的 78.1%，压裂 17 口，堵水 10 口，单井增油 1380t 和 1007t，是本层系压裂堵水井均增油量 289t 和 564t 的 1.3 倍和 1.8 倍。

（4）油水井出液吸水得到改善，地层压力稳中有升。

以注水井组为单元，根据注水井吸水剖面和井组油井生产状况与出液状况，优化注水措施，对剖面吸水差异大、井口注入压力低的注水井进行大剂量黏土双液法调剖 24 井次，一级二层分注 6 口，对相关油井含水上升慢、地层压力低的井组适当提高注水强度，共上调水井 21 井次，调整日注水平 140m^3，注水井剖面得到改善。H_3 层控水稳油区层数和厚度动用程度分别由 53.8%和 52.2%上升到 65%和 63.4%，注水强度由 1.7m^3/(d·m) 提高到 2.4m^3/(d·m)，H_2 层控水稳油区层数和厚度动用程度稳定在 60%和 51%，小层注水强度由 0.5~2.3m^3/(d·m)。下降为 1.1~1.5m^3/(d·m)，地层压力下降趋势得到扼制，并稳中有升，地层能量的恢复，采油井油层动用程度提高了 9%~13%，为提高压裂堵水效果和延长有效期奠定了基础。

（5）试验区水驱储量动用程度和采收率有所提高。

12 个井组经过成片区域综合治理，开发形势明显好转，水驱曲线变缓，水驱储量动用程度由 62.1%上升到 72.4%，提高了 10.3%，增加可采储量 16.3×10^4t，预测采收率由 18.75%提高到 21.45%，提高采收率 2.7%，其中 H_3 层控水稳油试验区预测采收率提高了 4.7%，H_2 层试验区提高幅度小，主要原因是地层亏空大，压力保持太低（66.3%）、裂缝易导致注入水窜。

六、开采技术政策研究及采收率预测

1. 油藏压力系统特征

油藏经过多年的开发及调整，原始压力平衡被打破，压力场的不均衡性明显地显露出来，制订合理开采技术政策之前，对压力场的原始、目前的状况及变化情况做一个科学的分析是十分重要的。

1）油藏原始压力系统

H_4^1 油藏原始压力系数低，饱和程度高，弹性能量弱；油藏原始地层压力 15.5MPa，压力系数仅有 0.957，原始饱和压力 13.46MPa，饱和程度高达 86.8%，地饱压差仅 2.04MPa（表 6-8-7），其弹性能量较弱，方案计算的弹性产率为 2.70×10^4m/MPa，预测溶解气驱采出程度只有 4.46%。

表 6-8-7　H_4^1 油藏参数表

参数	油层中部海拔（m）	地层压力（MPa）	压力系数	饱和压力（MPa）	气体溶解度（m^3/m^3）	体积系数	地层温度（℃）
数值	-1010	15.50	0.957	13.46	52	1.139	55.9

注：H_4 地面平均海拔 610m。

2）注水开发后的压力系统特征

油田投入开发后，压力系统受到油藏储层自身平面、剖面的差异和注入水、地层水的影响发生了复杂的变化，具体表现在：

（1）压力保持程度低。

油田自 1988 年开始投入开发，油水井同时投产，到 1989 年 12 月设计 87 口井全部投产，其中油井 72 口、注水井 15 口，1997 年油藏进行了局部加密，经过井网加密调整，有油井 77 口、水井 25 口。

油田投注时注采比按方案设计基本上是保持在 1.2 左右，但在试注的 H_2 和 H_3 层由于裂缝发育，注入水水窜现象严重，所以将油藏的注采比下调到 0.4 左右，这样造成地层亏空越来越大，从投产到 1991 年地层压力快速下降到 13.29MPa，这时已低于饱和压力，之后随着地层水的浸入，地层压力下降的趋势得到缓解。到 1997 年油藏进行加密调整后，由于注采井网完善滞后，注采比进一步减小，造成了 1996—1997 年短期内地层压力再一次大幅度下降，1998 年地层压力最低下降到 10.31MPa，低于饱和压力 3.75MPa，压力保持程度只有 66.5%。

从投产到 1997 年是地层持续下降的阶段，这一阶段地层压力下降了 5.19MPa，油井的产量也随压力下降趋势下降。自 1999 年开始，加强了油藏加密调整后的注采层位、井网的完善以及在控制水窜的提高注水量的一系列综合稳产措施，油田注采比逐渐提高到 1.2 以上，地层亏空得到弥补，地层压力稳定并开始回升。2002 年 6 月，地层压力上升到 11.37MPa，压力保持程度为 73.4%。

（2）地层水能量相对较弱。

H_4^1 油藏存在着边底水，底水不活跃，边水在油藏西部 H1427—H1487 井一线相对活跃，这主要是因为这一线有一个裂缝发育带，其次是油藏东北部一排油井，但总体上地层水能量相对较弱。

对于一个具有边水或底水而无原生气顶，原始地层压力高于饱和压力的未饱和油藏，当地层压力在饱和压力以上时的压力下降期间，油藏的驱动力一方面是由于油藏中油、水和孔隙岩石的弹性膨胀作用，一方面是边底水对油藏的浸入作用，于是有：

$$N=[N_pB_o-(w_e+w_i-w_p)]/(B_o-B_{oi}) \tag{6-8-5}$$

考虑到岩石和束缚水的弹性膨胀能，则

$$N=[N_pB_o-(w_e+w_i-w_p)]/(C_eB_{oi}\Delta p) \tag{6-8-6}$$

如油藏无边水，则式（6-8-5）中的 $w_e=0$，并可简化为：

$$pN_pB_o+w_p-w_i=C_eB_{oi}B\Delta p=K_1\Delta p \tag{6-8-7}$$

式中　N——油藏地质储量的地面体积，m^3；

N_p——累计采油量的地面体积，m^3；

B_o——压力为 p 时的地层油体积系数；

B_{oi}——原始条件下的地层体积系数；

w_e——地层水水浸体积，m^3；

w_i——累计注水体积，m^3；

w_p——累计采水体积，m^3；

C_e——综合压缩系数；

Δp——原始地层压力与油藏生产到某一时刻的地层压力的差值，MPa；

K_1——由总压降—亏空曲线求出的纯弹性产率，m^3/MPa。

可见，采出液体的体积与注入水的体积之差（即地下亏空）与总压降成直线关系，开发初期，边水初期速度小，曲线应是一条直线。图 6-8-1 上由坐标原点引出的实际总压降—亏空曲线的切线，既表示如果没有边水的入浸总压降—亏空的变化趋势，其直线的斜率就是扣除边水影响后的纯弹性产率 K_1。H_4^1 油藏的弹性产率 K_1 为 $3.03\times10^4 m^3/MPa$，这与

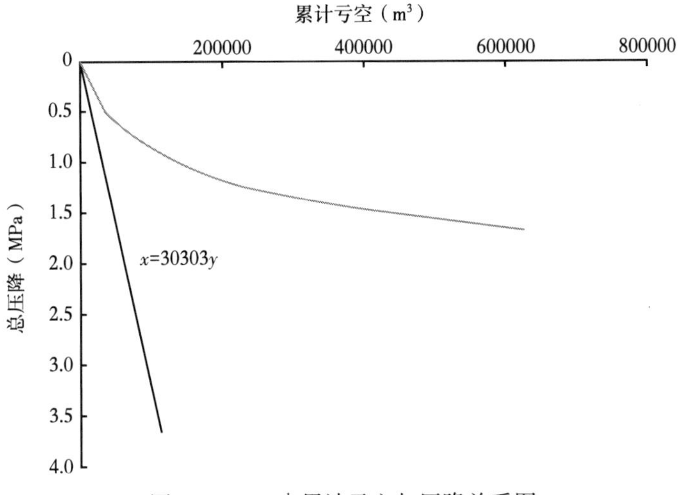

图 6-8-1　H_4^1 累计亏空与压降关系图

方案计算的弹性产率（$2.70\times10^4m^3/MPa$）相差不大。

由式（6-8-6）可得到计算水浸量的公式：

$$w_e = (N_p B_o + w_p - w_i) - K_1 \Delta p \tag{6-8-8}$$

通过计算油藏水浸量与油藏压力变化有较好的对应关系：既在投产到1990年底之间，水浸量上升快，从1991—1995年上半年，水浸量基本稳定，之后月度注采比大于1.0，地层压力基本稳定，地层水浸量逐渐减小。

1990年，地层水水浸量最高达到$46.26\times10^4m^3$，从水浸量值的大小和压力恢复后水浸量减小这一现象分析，H_4^1油藏边水能量不大。另外，油藏投产后油井只在H1427—H1487一线的油井因裂缝引起暴性水淹，而其西南部的H1455—H1466井一线油井含水低（2002年12月还小于40%）没有明显的见到地层水，其他油藏边部的个别油井上见到了地层水，经过堵水后油井含水下降并长期保持较好的产量，这些都说明油井的地层水窜与裂缝发育有关。如果将边部区域油层孔隙度的20%被地层水充填，在水浸量最高时水浸的范围只有280m，即一个井距。这与油藏见到地层水的油井仅限于西南裂缝带和边部，内部还没有明显的见到地层水一致。也证明了油藏边水能量较弱，而且不活跃。

（3）平面上地层压力分布不均匀。

油藏平面上压力分布不均匀，油藏的北、西、南三面的边部地层压力较高，基本上保持在饱和压力附近，这主要是这三面一直受地层水的影响，油藏中部压力较低。一方面，油藏早期采用较低的注采比（>0.7）生产，地层亏空较大；另一方面，中部加密后，采转注滞后，使中部亏空进一步加大，中部的低注采比不足以保持注采平衡。

（4）注采压差大。

油田投产后，注采压力系统一直存在着较大的差距。总体上注水井地层压力比较稳定，从投产到2000年6月，油井的地层压力、流压是在下降的，水井流压持续上升；2000年6月后，油井地层压力开始恢复，油井和水井流压基本上稳定。油井的地层压力与流压差，从2.0MPa上升到7.0MPa；水井的地层压力与流压的差从3.0MPa上升到7.0MPa；油水井间的流压从7.0MPa一直上升到15.0MPa。

从上述现象分析认为：油藏早期生产月度注采比小于1，虽然有地层水的补给，但能量较弱，油藏亏空加大，地层压力逐渐下降，1995年以后，油藏月度注采比逐渐提高到1.0以上，地层压力开始稳定并略有回升，油藏的油井、水井的地层压力和油井的流压变化趋势与之吻合；注水井的流压持续上升是因为：①油藏渗透率低，压力扩散慢，所以流压会不断提高；②油藏为了控制水窜、提高动用程度进行了一系列的调剖措施，这在一定程度上，也降低了部分油层的渗透能力，提高了流压，统计了油藏水井，平均每井次调剖后井口注入压力上升0.50MPa；③油藏进行污水处理后回注，一定程度上也对油层产生了伤害。如H1431井污水回注前井口注水压力为1.5MPa，1995年9月在污水回注后，在未经任何措施、注水量稳定的情况下井口注入压力到1997年1月上升到5.2MPa。

2. 油藏开发技术界限确定

油田开发中，开发技术界限包括地层压力、井底流动压力、生产压差、注水强度、注水速度、采油速度等，这些技术界限控制的合理与否，直接影响油田的最终采收率的高低和经济效益。H_4^1油藏2002年12月采出程度已达到16.68%，含水55.8%，做好开采技术界限的基本方法是：把采液指数、采油指数、含水上升率、注采比等开采指标有机的结合起来，寻求最佳的开发技术政策。

截至2001年6月，H_4^1油藏皆为抽油生产，综合含水55.8%，从油藏含水分级表(表6-8-8)看出，各含水阶段的油井都有分布，其中68.5%的油井处在中含水阶段，低含水井和高含水井的比例基本相同。因此，在讨论油藏合理开采技术政策时，应考虑到油井的不同含水阶段。另外，虽然油藏孔隙介质的储层比例较高（60.0%），但裂缝（18.7%）及双重（21.3%）介质的储层也有一定的比例，故在合理的开采技术政策上做一些探讨。

表6-8-8 H_4^1油藏油井含水分级

项目	$f_w \leq 25$	$25<f_w \leq 50$	$50<f_w \leq 75$	$f_w \geq 75$
井数（口）	12	22	26	10
总井数比例（%）	17.1	31.4	37.1	14.3

1）地层压力的确定

合理的地层压力是整个压力系统确定的关键，它一方面决定了注水井的注入压力，另一方面它又制约了油井的流动条件。地层压力过低，能量不足，会导致油井产能下降，甚至丧失生产能力。地层压力过高，尤其在油藏含水较低阶段，会加剧油田的平面和剖面的矛盾，同样会降低油井产能。

从孔隙、裂缝及双重介质的储层的无量纲地层压力（与饱和压力比）与比采油指数和比采液指数关系图上看到，无量纲地层压力与比采油指数和比采液指数无明显关系，从3种储层类型的含水与无量纲地层压力关系图上看含水与无量纲地层压力关系不明显。

油藏存在着能量较弱的边、底水，以目前的井网开采，地层压力不宜太高，尽可能控制在原始地层压力之下，压力保持程度过高会加剧油藏平、剖面的矛盾，而且会给注水带来一定的困难。国内外低渗透油藏的开发经验地层压力一般都保持在饱和压力附近。在饱和压力的正负5%为宜，所以2002年12月油井地层压力保持范围为12.8~14.1MPa。

2）注入压力的确定

砂岩油藏注水保持地层能量，合理的注入压力是有效保持地层能量控制含水上升的一个重要指标，油藏从投产到2002年12月注水井的注采比不断上升，到2000年上升到1.5，之后基本上稳定下来，注采比上升到1.5后个别井、层上出现注入水窜，区域性的注入水窜还不明显。随着注采比的提高，水井的井口注入压力也在不断提高，从注水井注入压力与含水上升率曲线关系可以看出，油藏注水井注采比提高，注入压力也不断上升，但油藏含水上升率上升幅度并不大，1998年后基本不上升。虽然注采比不断提高，但注水强度并没有明显上升，这主要是油藏分注井逐年提高，1991年水井开始分注，分注率只有5.2%，2002年12月分注率100%，其中两级三层的分注率达到52%。H_4^1油藏只有3个砂层，实施两级三层的分注后可以对每个层进行精细注水，充分满足了油藏对注水的要求，对改善油藏的平剖面矛盾起到关键性的作用。

2002年12月注水井单井注采比均大于1.5，平均井口注水压力为5.6MPa，平均流压为20.25MPa，有76%的水井井口注水压力小于7.0MPa，最高的井口注水压力是9.8MPa，流压最高为26.03MPa。油田破裂压力梯度0.0172MPa/m，油层中部平均深度1650m，计算破裂压力为28.38MPa。根据注水开发油田的实际经验，注水井最高注水压力一般不宜超过地层破裂压力的95%，从以上数据可知，油田在2002年12月的注入压力下井底流压与95%破裂压力仍有6.57MPa的剩余压力，而且油藏在这时的注采比下生产压力开始恢复，并无出现大范围水窜，所以油藏能够满足低于破裂压力注水，即使注水井井口压力仍在以每年0.23MPa的速度上升，油田能长期保持在破裂压力下注水。

3）流动压力的确定

油井流动压力既是油层压力克服油层中流动阻力的剩余压力，同时也是井筒垂直管流的始断压力，在油井井底压力高于饱和压力的条件下，随着井底流动压力的降低，油井产油量成正比例增加，当油井井底压力低于饱和压力时，由于井底附近油层中原油脱气，使油相渗透率降低，随着流动压力的降低，产量增加速度将减缓。当流压降到一定界限以后，再降低流动压力，油井产量不但不会增加，反而会下降。所以取这一值作为合理流动压力的下限。

大庆油田勘探开发研究院王俊魁推导出了油井最低允许流动压力与饱和压力和地层压力之间的定量关系式，即：

$$p_{\mathrm{wf\,min}} = \frac{1}{1-n}\left[\sqrt{n^2 p_{\mathrm{b}}^2 + n(1-n) p_{\mathrm{b}} p_{\mathrm{R}}} - n p_{\mathrm{b}}\right] \tag{6-8-9}$$

$$n = 0.1033aT(1-f_{\mathrm{w}})/(293.15B_{\mathrm{o}}) \tag{6-8-10}$$

式中 $p_{\mathrm{wf\,min}}$——油井最低允许流动压力，MPa；

p_{b}——饱和压力，MPa；

p_{R}——地层压力，MPa；

a——原油溶解气系数，$m^3/(m^3 \cdot MPa)$；

f_{w}——油井含水率；

B_{o}——原油体积系数，无量纲；

T——油层温度，K。

式（6-8-9）中，除含水率f_{w}以外，其他参数均为定值，因此，$p_{\mathrm{wf\,min}}$可视为f_{w}的函数，根据这一公式可求出油井不同含水期的最低允许流动压力（表6-8-9）。

表6-8-9 H_4^1油藏孔隙型储层最低流动压力计算表

f_{w}（%）	1	10	20	30	40	50	60	70	80	90
$p_{\mathrm{wf\,min}}$	12.91	11.73	10.51	9.39	8.33	7.31	6.30	5.27	4.18	2.88

由油田不同储层油井不同含水下的流压关系可以看出，不同含水下的流压由大到小依次是裂缝型、双重介质型、孔隙型储层的油井，总体上不同储层的油井的流压随含水的变化有一定规律：

双重介质储层

$$p_{\mathrm{wf}} = 15.868f_{\mathrm{w}} - 0.1967 \tag{6-8-11}$$

裂缝储层

$$p_{\mathrm{wf}} = 0.0009x^2 - 0.0889f_{\mathrm{w}} + 10.234 \tag{6-8-12}$$

孔隙介质储层

$$p_{wf}=-0.0675f_w+7.081 \qquad (6-8-13)$$

式中　p_{wf}——油井流动压力，MPa。

孔隙介质储层，油井不同含水阶段的流压与式（6-8-9）的变化率相近，其值低是因为地层压力低的缘故，因此取计算结果。不同储层油井不同含水下的流压下限结果见表6-8-10。

表6-8-10　H_4^1油藏不同储层不同含水下的最小流压确定

类型	不同含水下的最小流压（MPa）								
	10%	20%	30%	40%	50%	60%	70%	80%	90%
孔隙型	11.73	10.51	9.39	8.33	7.31	6.30	5.27	4.18	2.88
裂缝型	9.43	8.81	8.37	8.11	8.04	8.14	8.42	8.88	9.53
双重介质型	10.09	8.80	8.12	7.68	7.35	7.04	6.88	6.70	6.54

由油藏的不同储层类型、油井无量纲流动压力与比采油采液指数曲线可以看出，随着无量纲流压的上升，比采油指数和比采液指数上升；从无量纲采油指数和无量纲采液指数与含水关系上可以看出，含水在0~50%之间无量纲采液指数保持稳定，而无量纲采油指数基本上保持相同的斜率下降。从以上关系分析，随着含水的上升，要保持较高采油、采液指数，流压不应太低。

4）生产压差的确定

在地层压力和流压确定后，合理的生产压差是油藏满足一定的采油指数和采液指数的保证，在无量纲生产压差与比采油指数和比采液指数关系图上，3种储层类型的油井无量纲生产压差与比采油指数和比采液指数之间无明显的关系，根据确定的地层压力与最小流压也可确定不同储层类型的油井在不同含水阶段的最大生产压差（表6-8-11）。

表6-8-11　H_4^1油藏不同储层类型的油井在不同含水阶段的生产压差

类型	不同含水率阶段生产压差（MPa）								
	10%	20%	30%	40%	50%	60%	70%	80%	90%
孔隙型	1.73	2.95	4.07	5.13	6.15	7.16	8.19	9.28	10.58
裂缝型	4.03	4.65	5.09	5.35	5.42	5.32	5.04	4.58	3.93
双重介质型	3.37	4.66	5.34	5.78	6.11	6.42	6.58	6.76	6.92

注：以饱和压力为确定的地层压力。

5）注水强度确定

开发实践证明注水强度是注水开发油藏的一个重要指标，与油藏含水上升率有着密切的关系。在合理注水强度内，既能满足油藏需要下注水，又有效地控制含水上升率。若注水强度过大就会加剧油藏层间矛盾，造成注入水指进，含水迅速上升，油层动用程度下降。

表 6-8-12 油藏 2000—2001 年小层注水强度分级

注水强度［$m^3/(m \cdot d)$］	≤2	2~4	≥4
层数	8	18	3
百分比	27.6	62.1	10.3

统计 H_4^1 油藏历年来吸水剖面测试井的实际平均注水强度，注采比由 0.5 提高到 1.5，则注水强度由 2.08$m^3/(m \cdot d)$ 上升到 2.82$m^3/(m \cdot d)$，但含水上升率早期波动大，1996 年后基本保持不变，在注采比上升到 1.5 后个别的井层上出现水窜。从小层注水强度分级可以看出，油藏小层的吸水强度主要集中在 2~4$m^3/(m \cdot d)$，目前注水井分注率达到 100%，其中两级三层分注率达到 52%，层数动用程度是 95%，水井平均射开厚度是 15.7m，以 2~4$m^3/(m \cdot d)$ 的注水强度在目前的生产情况下折算成油藏的注采比在 1.18~2.38，2002 年 12 月的实际注水强度小于 6.0$m^3/(m \cdot d)$，油井不出现区域性水窜，今后两级三层分隔器应用率可以进一步提高，油藏能很好地控制小层的注水强度，所以油藏小层注水强度低于 6.0$m^3/(m \cdot d)$ 既能在相当长的时间内满足油藏注水需求，又不会造成严重的水窜。

6）采油速度、注水速度、压力恢复速度的确定

合理的采油速度确定是保持油田高效开发的关键指标，目前油藏地层压力为 11.67MPa，保持程度较 75.29%，从前面合理地层压力、生产压差、流压的确定可以看出，目前的地层压力与合理的地层压力下限还有差距，需要通过注水进行恢复。

应用 VIP 数值模拟软件对油藏进行数值模拟，对油藏进行了方案预测和优化，结果在油藏不改变现有井网的条件下采用 1.3 的注采比，到 2006 年压力恢复到 13.5MPa 达到饱和压力，之后保持在饱和压力附近开采，这一方案具有最好的开发效果，实施该方案后，地层压力以 0.24MPa/a 的速度恢复，油田的水平综合递减 1.32%，到 2010 年，采油速度保持在 0.6 以上。注水井厚度动用程度按 95%计算，平均注水强度到 2010 年最高达到 1.44$m^3/(m \cdot d)$，含水上升率控制在 3.5%以内。

油田 2002 年 12 月的注采比在 1.5，压力恢复速度为 0.31MPa/a，采油速度保持在 0.9%。与数值模拟的最佳方案的注采比相比偏高，从开采动态上看油藏也出现了一些井层出现水窜现象，利用甲型水驱特征曲线预测油藏的开发指标和数值模拟预测的结果对比可以看出（表 6-8-13），两者预测到 2010 年的开发指标比较接近，数值模拟的结果略好于水驱特征曲线的预测的结果，这说明目前油藏的开采指标基本上是较合理的，因地层压力保持程度不需要过高，过高的注采比会造成水窜，为了控制含水上升率，注采比采用 1.3 较为合理，而且地层压力也会得到恢复，到 2006 年底压力恢复到 13.3MPa 之后稳定，压力恢复速度 0.24MPa/a。

表 6-8-13 水驱特征曲线和数模最佳方案预测到 2010 年末开发指标对比

项目	日产液（t）	日产油（t）	含水（%）	日注水量（m^3）	采油速度（%）	采出程度（%）	注水强度［$m^3/(m \cdot d)$］	水平综合递减（%）
数值模拟预测	668	206	69.2	803	0.68	20.82	1.96	1.32
水驱预测	549	160	70.8	570	0.54	19.76	1.44	2.83

7）开采技术政策的使用

通过油藏开采技术政策确定可以看出，合理开采技术政策的几个指标是相互关联的，单一的指标不能决定油藏整体的开发效果，根据综合分析研究并结合油藏水驱特征曲线和数值模拟的预测的结果，前面确定了不同储层类型不同含水阶段的合理的开采技术政策，目前油藏的实际开采政策与确定的合理开采技术政策还有一定的差距，需要制订严格的方案不断调整减小差距。以实现油藏预测结果，达到高效开发的目的。

尽管给出了近期油藏合理的开采技术政策界限，但这是一个具有普遍意义开采技术政策，油藏在实际运作中在不同的井、区上会存在特殊性，尤其是差异较大的要循序渐进的进行调整，切勿在调整中制造新的矛盾。另外，油藏不同的开采阶段开采技术政策是会发生变化的，所以开采技术政策也要随着开发阶段的深入而发生变化，因此应加强跟踪研究，及时做相应的调整。

3. 油藏采收率的预测

火烧山油田在方案设计中采用国内外经验公式法、相对渗透率曲线法、室内水驱油实验法、数值模拟法进行预测，采收率在22.65%~29%，最后以25%作为采收率指标。近几年来，经过油藏的注水开采和井网调整，取得了大量的开发资料，本文运用统计法和油藏数值模拟法预测油田在目前开采方式下的最终采收率，为油藏开发提供重要的依据。

1）水驱特征曲线法

采用油田公司指定的4种水驱特征曲线预测采收率，油田废弃时含水取95%，4种水驱特征曲线预测采收率值见表6-8-14。

表6-8-14 4种水驱特征曲线预测采收率参数表

公式类型	时间段	a	b	累计采油量（10^4t）	E_R（%）
甲型	1991.8-2002.10	5.16191	0.000000615299	319.4	31.34
乙型	1991.8-2002.10	5.70835	0.000000464433	336.7	33.04
丙型	1993.1-2002.10	1.39112	0.000000110346	667.2	65.48
丁型	1992.1-2002.10	1.39815	0.000000272675	313.6	30.78

注：a，b 为水驱公式中的参数；E_R 为采收率。

2）经验公式法

水驱采收率采用目前国内常用的经验公式计算（表6-8-15）。

表6-8-15 水驱采收率计算表

公式名	经验公式	E_R
美国“312”公式	$E_R=0.3225\left[\phi(1-S_{wi})/B_{oi}\right]^{0.0422}\times(K\mu_{wi}/\mu_{oi})^{0.077}\times S_{wi}^{-0.1903}\times(p_i/p_a)^{-0.2159}$	0.329
俞启泰公式	$E_R=0.274-0.1116\lg(\mu_{oi}/\mu_{wi})+0.09746\lg K-0.0001802hf-0.06741V_k+0.001675T$	0.266

注：ϕ—孔隙度；K—平均空气渗透率，mD；p_i—油层原始压力，MPa；p_b—油层饱和压力，MPa；p_a—油藏废弃压力，MPa；μ_{oi}—原始地层压力下地层原油黏度，mPa·s；μ_{wi}—原始地层压力下地层水黏度，mPa·s；B_{oi}—原始地层压力下体积系数，无量纲；B_{ob}—饱和压力下的体积系数，无量纲；S_{wi}—束缚水饱和度；f—井网密度，ha/井；V_k—渗透率变异系数。

3）油藏数值模拟预测采收率

经过油藏数值模拟，按照最佳的注水开采方案预测油藏的采收率为32.64%。

从以上3个方面不同方法预测了油藏的采收率，水驱特征曲线预测采收率中丙型曲线预测采收率高，不适合H_4^1油藏。其他的方法计算采收率差异相对较小，加权平均后得到的采收率是31.21%。由于水驱特征和数值模拟的预测更接近油藏的实际，权衡后选择甲型水驱特征曲线的预测值为31.34%。比1996年储量核实标定的25%高6.34%。

将H_4^1油藏预测的采收率与我国两个近似的低渗透砂岩油藏的采收率对比，H_4^1油藏采收率略低于其他两个近似油田（表6-8-16），预测的结果有一定的可比性。随着油藏研究的深入和开发水平的不断提高，相信油藏最终采收率会在预测的范围内。

表6-8-16　H_4^1油藏与国内其他低渗透油藏采收率对比

项目	红岗萨尔图	马岭层状低渗透	H_4^1油藏
孔隙度（%）	24.0	16.7	19.0
渗透率（mD）	165	29.6	10
含油饱和度（%）	67.0	70.6	67.0
原始气油比（m^3/m^3）	44.6	41	52
地下原油黏度（mPa·s）	12.9	2.9	8.6
地面原油密度（g/cm^3）	0.885	0.846	0.886
采收率（%）	38.0	36.0	31.34

4）结论与建议

（1）油藏虽然确定了合理的开采技术政策，由于油藏的不均质性和后期开发的差异，导致油藏开发中平面、剖面上压力分布的不均一，打破了油藏原始压力系统的平衡，这就需要通过长期努力改善使之趋于平衡，因此应用中要根据油水井的实际压力状况区别控制合理的开采技术界限。

（2）从油藏不同储层类型和不同含水阶段的流压下限可以看出，油藏合理的开采技术政策不是一成不变的，不同开发阶段都有与之相对应一套合理政策，随着开发阶段的深入开发技术政策要不断进行调整。

（3）从合理的地层压力确定可知，油藏不需要过高的压力保持程度，所以当地层压力恢复到饱和压力以上后，可以采取平衡注水，避免不必要的资金投入。

七、黏土双液法调剖技术

1. 室内研究

1）材料与仪器

（1）材料。

硅酸盐：硅酸盐水泥（425#、525#）、油井水泥（75℃、95℃、120℃）硫铝酸盐水泥、潍坊钠土、潍坊钙土、坊子钙土、夏子街土、蚊子沟土、黄河土（河道土、水源土、悬移土）、云母粉、滑石粉、累托石粉、蛭石粉、凹凸棒石粉、海泡石粉。

碳酸盐：青石粉、贝壳粉。

硫酸盐：重晶石粉。

氧化物：石灰、石英粉。

纤维素：果壳粉、木粉。

单质：活性炭。

聚合物：聚丙烯酰胺（HPAM）、田菁胶（TG）、黄孢胶（XG）、羧甲基纤维素（CMC）、木质素磺酸钙（Ca—L）。

交联剂：重铬酸钠、亚硫酸氢钠。

（2）仪器

X射线衍射仪、沉降分析装置、多孔测压渗流装置、恒温装置、分析天平。

2）结果与讨论

（1）固体颗粒的选择。

只有粒径适当的固体颗粒才能进入地层，所以用沉降分析法测定了各种固体颗粒的粒径最频值。

潍坊钙土粒径最频值为22μm。

由于固体颗粒需用水带入地层，若其密度越接近水，则越易为水所携带。

固体颗粒中重晶石粉密度最高，黏土密度居中，木粉密度最低，在黏土中则以潍坊钠土的密度最低，夏子街土次之。

黏土的X射线衍射分析结果说明，潍坊钠土的黏土含量及其中的蒙皂石含量最高。

由于潍坊钠土的颗粒最频值小（10μm），密度低（2.5579g/cm³），黏土含量高（76%），其中的蒙皂石含量也高（99%），易为水带至地层深处，用双液法将它固定下来，故它是一种理想的深部大孔道堵剂。

（2）黏土颗粒的进留粒径。

这是指黏土颗粒能进入地层但又不被冲出的粒径。可用多孔测压渗流装置通过恒压测定黏土颗粒的进留粒径。测定时，先将一定量黏土（夏子街钠土）悬浮体注入石英砂充填的水平管柱中，由流量和管柱不同测压点上的液柱高度算出管柱各段的渗透率。由这些渗透率的平均值与管柱的初始渗透率算出渗透率下降百分数。不改变黏土粒径，但改变管柱中石英砂的粒径，从而改变管柱的渗透率和管柱中孔道的平均孔径，得到不同的孔道孔径与黏土粒径之比值，测出它们渗透率下降百分数。将渗透率下降百分数对孔径与粒径之比值作图可以看出：当孔径与粒径之比值为6时，管柱渗透率下降最大，产生最好的堵塞。这时的粒径是最佳的进留粒径；若将渗透率下降百分数规定为50%，则孔径与粒径之比值为3~9（即黏土粒径与孔道孔径之比为1/9~1/3），产生较好的堵塞。这时的粒径范围是进留粒径最佳范围；由曲线右侧下降彻向得到，当孔径与粒径之比大于10.6时，黏土颗粒即可在地层中自由移动，对地层不产生堵塞；用黏土单液法封堵地层大孔道时，孔径与粒径之比必须满足3~9的条件；若用黏土双液法封堵地层大孔道时，孔径与粒径之比只需满足大于3的条件就可以了，说明黏土双液法能充分利用黏土中粒径较小的级分。

3）黏土双液法调剖中的应用

由于双液法可将调剖剂设置在地层深处，产生好的调剖效果，因此研究了黏土在双液法调剖中的应用。

（1）黏土悬浮体—聚合物溶液的双液法调剖。

若在10%夏子街钠土（简称钠土）中加入HPAM至浓度为400mg/L，就可看到黏土迅速聚结下沉的絮凝现象。利用这现象，可将黏土用作双液法调剖剂，即向地层先后注入一个段塞的黏土悬浮体和一个段塞的聚丙烯酰胺溶液，中以隔离液隔开，由注入水将它们推至地层深处相遇絮凝，堵住大孔道，达到调剖目的。

可用沉降指数判断絮凝的完全程度。沉降指数可由沉降分析中的沉降量（P）随时间（t）的变化曲线求出，其定义式为：

$$SI=\frac{\int_0^t P(t)\mathrm{d}t}{t} \tag{6-8-14}$$

式中 SI——沉降指数

P（t）——沉降量随时间变化的函数；

t——沉降时间。

若令$t=30$min，即可由$P-t$曲线求出沉降指数。沉降指数越大，悬浮体中黏土絮凝得越完全。

以沉降指数为指标，以聚合物浓度、钠土浓度、水的矿化度和聚合物种类为影响因素，每个因素选4个水平（表6-8-17），按L_{16}（4^4）正交表设计试验（表6-8-18），然后处理试验结果（表6-8-19），画出影响因素与指标的关系图（图6-8-2），得到黏土悬浮体—聚合物溶液双液法的优化参数（表6-8-20）。

表6-8-17 夏子街纳土絮凝的影响因素及所选水平

影响因素	水平			
聚合物浓度（mg/L）	100	200	400	800
纳土浓度（%）	1	4	7	10
水的矿化度（mg/L）	0	5000	10000	20000
聚合物种类	HPAM	TG	XG	CMC

表6-8-18 按L_{16}（4^4）正交表设计实验

序号	聚合物浓度（mg/L）	纳土浓度（%）	水的矿化度（mg/L）	聚合物种类	沉降指数
1	100	1	0	HPAM	0.8
2	100	4	5000	TG	0.71
3	100	7	10000	XG	0.66
4	100	10	20000	CMC	0.77
5	200	1	5000	XG	0.97
6	200	4	0	CMC	1.01
7	200	7	20000	HPAM	1.19
8	200	10	10000	TG	1.15
9	400	1	10000	CMC	1.38
10	400	4	20000	XG	1.42

续表

序号	聚合物浓度（mg/L）	纳土浓度（%）	水的矿化度（mg/L）	聚合物种类	沉降指数
11	400	7	0	TG	1.36
12	400	10	5000	HPAM	1.78
13	800	1	20000	TG	1.12
14	800	4	10000	HPAM	1.04
15	800	7	5000	CMC	1.36
16	800	10	0	XG	1.29

表 6-8-19　正交实验结果计算表

因素指标水平	聚合物浓度（mg/L）	纳土含量（mg/L）	水等矿化度（mg/L）	聚合物种类
1	2.94	4.27	4.46	4.81
2	4.31	4.18	4.82	4.33
3	5.93	4.56	4.22	4.34
4	4.81	4.99	4.5	4.52

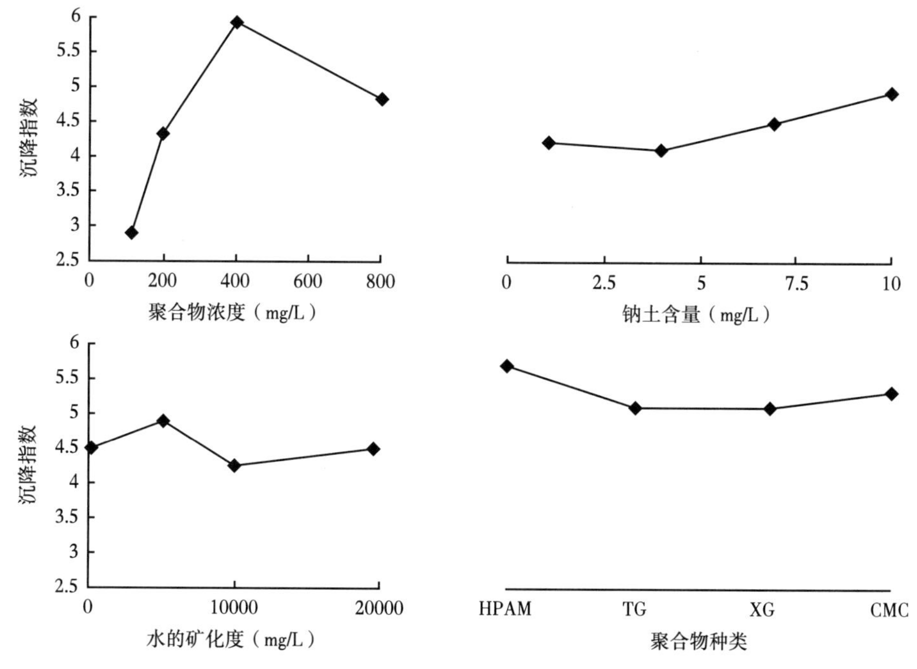

图 6-8-2　夏子街土絮凝的影响因素与指标关系

表 6-8-20　黏土悬浮体—聚合物溶液双液法优化参数

因素	优化参数
聚合物浓度（mg/L）	400
纳土浓度（%）	10
水的矿化度（mg/L）	5000
聚合物种类	HPAM

注：HPAM 的分子量 3. 75×10^6、水解度 20%。

按照不同的调剖方法，用10%的钠土悬浮体和400mg/L HPAM 在渗流装置进行了封堵实验，结果见表 6-8-1。

表 6-8-21　10%钠土(A)与 400mg/L HPAAM 溶液(B)的封堵结果

调剖方法	单液法		双液法		5gB+5gA+5gA+5gB
	20gA	20gB	10gA+10gB	10gB+10gA	
初始渗透率	601. 5	612. 7	601. 5	622. 9	656. 4
堵后注水 $10V_p$ 的渗透率	466. 5	608. 7	264. 0	272. 7	174. 8
渗透率下降百分数	25. 8	0. 7	56. 1	56. 2	73. 4

注：V_p 为孔隙体积。

从表 6-8-21 可以看到：

①黏土双液法的封堵效果明显优于单液法。

②两单元双液法（5gB+5gA+5gA+5gB）的效果优于一单元双液法（10gA+10gB 或 10gB+10gA）。

③在双液法中工作液的注入顺序对封堵效果无明显影响。

（2）黏土悬浮体—冻胶的双液法调剖。

许多冻胶（如木钙复合堵剂和铬冻胶）是由高价金属的多核羧桥络离子将溶液中的聚合物交联产生。

由在渗流装置测得钠土悬浮体分别与木钙复合堵剂和铬冻胶进行封堵试验看到，钠土悬浮体与冻胶的双液法比钠土悬浮体与 HPAM 溶液的双液法有更好的封堵效果。

2. 黏土双液法的调剖机理

为了说明黏土双液法的调剖效果，研究了它的调剖机理。

1）黏土悬浮体-HPAM 溶液的调剖机理

（1）积累膜机理。

积累膜指交替用两种工作液处理表面后产生的多层膜。可用精密扭力天平证实积累膜的形成。若恒温下交替用 400mg/L HPAM 和 5%夏子街土交替处理玻璃片，就看到玻璃片重量递增现象，说明积累膜形成，而用水代替 400mg/L HPAM，重复此实验，就没有这种现象。

若用多单元的黏土双液法处理地层，两种工作液在地层的大孔道表面交替接触，就可形成黏土的积累膜，从而降低了大孔道地层的渗透性。

（2）絮凝机理。

研究结果证实了絮凝是悬浮体—聚合物溶液调剖的重要机理。1%夏子街土不加聚合物时的沉降指数为0.05，1%~10%夏子街土在100~800mg/L HPAM作用下，沉降指数在0.60~1.42范围，说明它们都发生了不同程度的絮凝。聚合物中以HPAM的絮凝效果最好，这可归因于HPAM分子量最大，柔顺性最好，有利于它在黏土颗粒之间通过氢键产生桥接，形成黏土絮凝体。絮凝体一旦形成，就被滞留在大孔道的喉部，控制水的流动，产生调剖效果。

2）黏土悬浮体—冻胶调剖机理

由于冻胶中未被交联的聚合物，所以上述两种调剖机理在这种黏土双液法中仍存在；此外，还有以下机理：

（1）偶合机理。

由于冻胶（木钙复合堵剂和铬冻胶），是由铬的多核羟桥络离子交联的，所以在交联点上冻胶带正电，它与表面带负电的黏土颗粒通过静电作用耦合起来，提高了堵剂的强度和调剖效果。

（2）毛细管阻力机理。

冻胶与水之间存在界面，这界面通过孔道时产生毛细管阻力，其大小可由下面的Laplace公式计算：

$$\Delta P=\sigma\ (1/R_1+1/R_2) \tag{6-8-15}$$

式中　ΔP—毛细管阻力；

σ——界面张力；

R_1，R_2——通过大孔道的冻胶界面的主曲率半径。

由于黏土颗粒架桥使地层大孔道的孔径减小，所以R_1和R_2随着减小，毛细管阻力增加，从而提高了堵剂的封堵能力和调剖效果。

可以认为，正是上述两个机理使黏土悬浮体—冻胶双液法的调剖效果优于黏土悬浮体—聚合物溶液双液法的调剖效果。

3. 现场试验

1）施工工艺

根据火烧山油田不同油藏区域的地质特点，结合具体试验井的具体情况（注入压力与注入量的关系），注入水窜流方式和裂缝窜流孔道大小及规模等确定选择黏土颗粒粒径大小及使用方式（单液法、双液法）。

（1）选井条件。

对于黏土聚合物双液法，窜流通道孔径<30μm，窜流规模较小；注入量小，注入压力相对较高。

对于黏土冻胶双液法，窜流通道孔径≥30μm，窜流规模较大：注入量大，注入压力相对较低。

（2）调剖剂用量计算。

利用示踪剂技术监测获得的窜流层厚度与井控面积概算用量。如没有示踪剂资料，可用PI决策理论确定调剖剂用量。

由调剖剂试注算出用量系数：

$$\beta = W/(h_f/\Delta PI') \tag{6-8-16}$$

式中 β——用量系数，t/(MPa·m) 或 m^3/(MPa·m)；

W——调剖剂用量，t 或 m^3；

h_f——吸水层厚度，m；

$\Delta PI'$——试注调剖剂前后 PI 变化量，MPa。

由用量系数计算调剖剂正式施工用量：

$$W = \beta h_f \times \Delta PI' \tag{6-8-17}$$

式中 $\Delta PI'$——调剖前后注水井 PI 预定提高值，MPa。

（3）施工工艺。

双液法堵剂由两种体系复合形成，施工时采用双液法多单元注入，经济的隔离液为清水或污水，单元数可由处理规模确定。注入方式根据需要，选用管柱分层挤堵或光油管笼统挤堵。注入速度由目的层吸收性确定，一般为 15~20m^3/h。堵剂实际注入量可由爬坡压力确定，爬坡压力高限值为低渗透层的启动压力梯度。

2）试验效果

试验井选在 H_2、H_3 和 H_4^1 三个开发单元局部水窜严重的井区，这些区域普遍存在着注水井注入压力低、水驱动用程度低、油井普遍含水高、产油量低的特点。一般调剖堵剂已应用多次，但仅能解决近井地带驱油问题，普遍存在着有效期短，调剖剂用量增加而有效率及增产幅度逐渐降低。采用黏土双液法调剖剂用于大剂深部调剖，提高了远井地带的扫及效率，液流改向低渗透层波及，驱油效率明显提高。

1997 年至 1998 年 10 月，采用黏土双液法调剖技术进行现场试验应用 58 井次，有效率达 80%，截至 1998 年 10 月底已累计增油 20575t，减少无效产水 8418t。

典型井如 H1381 井，射开 H_4^2 层 5 段 11.5m，主力吸水层 H_4^{2-2}，吸水 82.8%；H_4^{2-1} 层不吸水，剖面吸水不均，注入水窜流严重，井组油井含水普遍高。该井于 1997 年 4 月采用黏土双液法堵剂 450m^3 调剖后，井口压力上升，H_4^{2-2} 层吸水降为 60.3%，吸水强度由调剖前 3.3m^3/(d·m) 下降到调剖后 1.5m^3/(d·m)，水窜通道被封堵后，井组开发效果明显改善，井组油井 8 口，见效油井 5 口，截至 1998 年 10 月底累计增油 2477t。

又如 H1230 井，该注水井组于 1991 年 5 月示踪剂试验证实地层中存在 32~79μm 水窜通道，其渗透率高达 18.93~117.2D。该井历史上曾进行过 5 次调剖，效果良好，有效期较长，1998 年，由于井组含水持续上升，于该年 5 月采用黏土调剖剂 420m^3 施工，施工后在注水量 50m^3 不变的情况下，井口压力由 4.8MPa 上升到 5.5MPa，7 月井组含水开始下降，由 78%下降到 50%左右，日产油 5t 上升到 10.2t，截至 1998 年 10 月底，累计增产原油 657t，降水 710t。特别是 H1241 井，该井在 H1230 井调剖后，于 1998 年 6 月开始见效，含水由 95%降至 55%，最低降至 25%，日产油由 0.5t 上升到 5.5t，至 1998 年 10 月已累计增油 556t，降水 695t，累计有效期 152d，1998 年 11 月日产液 10.4t，日产油 4.4t，含水 58%，保持着强劲的增产势头。

类似的井还有 H41 层 H1461 井组，1997 年 11 月调剖，见效 3 口油井，截至 1998 年 10 月底已累计增油 2626t，累计有效天数长达 844.7d。见效井井均增油 875t，井均有效期长达 281.6d。

总之，采用黏土双液法堵剂封堵裂缝窜流通道后，注入水转向低渗透层或次生裂缝渗流，驱动低渗高含油饱度油层，使剖面动用程度明显提高。一般油井 1~3 个月见效，生产动态表现为产液量不变或略降，含水下降，日产油量上升，且稳产期较长，水平递减减缓，说明油层经过深部调剖后，水驱控制和动用程度增加，开发效果得到改善。

第九节　整体综合治理效果

火烧山油田通过多年的综合治理，水淹、水窜得到了遏制，地层压力稳步恢复，水驱程度大幅度提高，油田含水稳定，递减减缓，年产油量连续 10 年稳产在 30×10^4t 以上，油田开发效果明显改善，取得了良好的经济效益和社会效益，在同类裂缝性低渗透砂岩油田中实现了高效开发。

一、油田产量大幅度回升并稳定，递减减缓

火烧山油田于 1989 年全面投产后，年产油最高达到 77.9×10^4t。1993 年由于含水比上升，年产油下降到 38.4×10^4t，经过综合治理，2002 年，年产油 33.2×10^4t，10 年间，年油量减少 5.2×10^4t，年平均油量递减 1.4%。1991 年，水平自然递减达到 34.9%，水平综合递减为 19.8%，1993—2002 年，平均水平自然递减为 14.1%，水平综合递减为 3.8%。

二、含水上升得到遏制，连续 10 年运行平稳

火烧山油田于 1989 年全面投产后，1993 年，年度含水比达到 59%，月度含水比最高达 63.3%，通过控水稳油，大裂缝被有效封堵，改变了水流方向，遏制了短路循环，含水比得到有效控制，年度综合含水比徘徊在 55%左右，2002 年增开高含水井，含水比达到 58%，但是依然比 1993 年低了 1%。从含水比和采出程度关系曲线可以看出，曲线按方案预测值合理开发（图 6-9-1）。

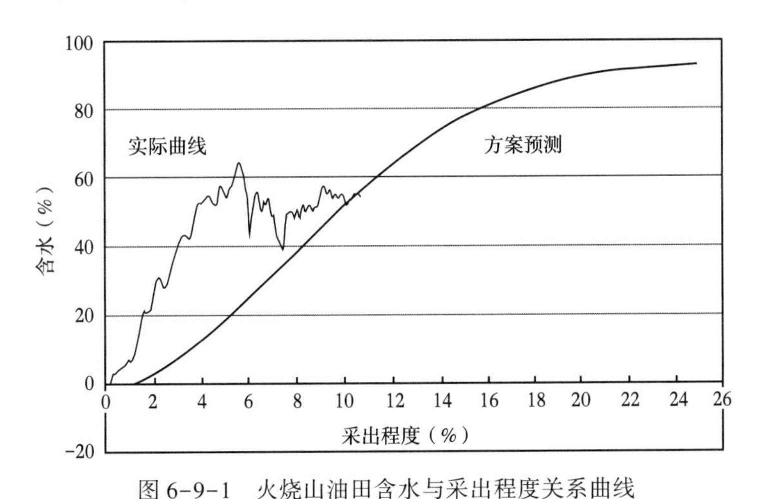

图 6-9-1　火烧山油田含水与采出程度关系曲线

开发初期，含水比上升快，递减大，水驱效果差，通过控水稳油治理，水驱效果不断提高，大大降低了无效水的产出，注入水利用率提高，水驱指数从 1993 年的 0.19 上升到 2002 年的 0.55，存水率从 1993 年的 0.25 上升到 2002 年的 0.43（图 6-9-2）。

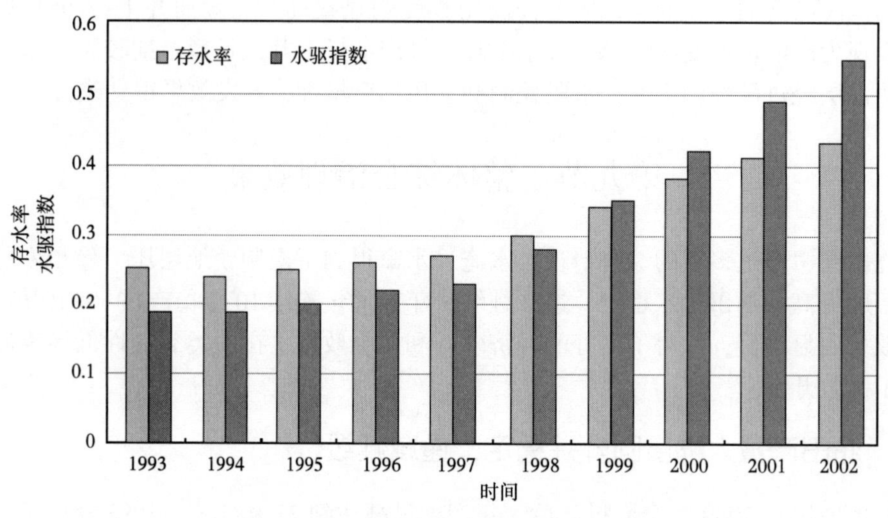

图 6-9-2 水驱指数、存水率变化曲线

通过控水稳油，水驱控制程度提高，1993 年，储量水驱动用程度仅为 48.2%，预测动态水驱采收率仅为 13.0%；1997 年，水驱动用程度达到 68.8%，预测水驱动态采收率达到 17.8%；到 2002 年，水驱动用程度达到 88.7%，预测水驱动态采收率达到 22.48%，与 1993 年相比提高 9%（图 6-9-3）。

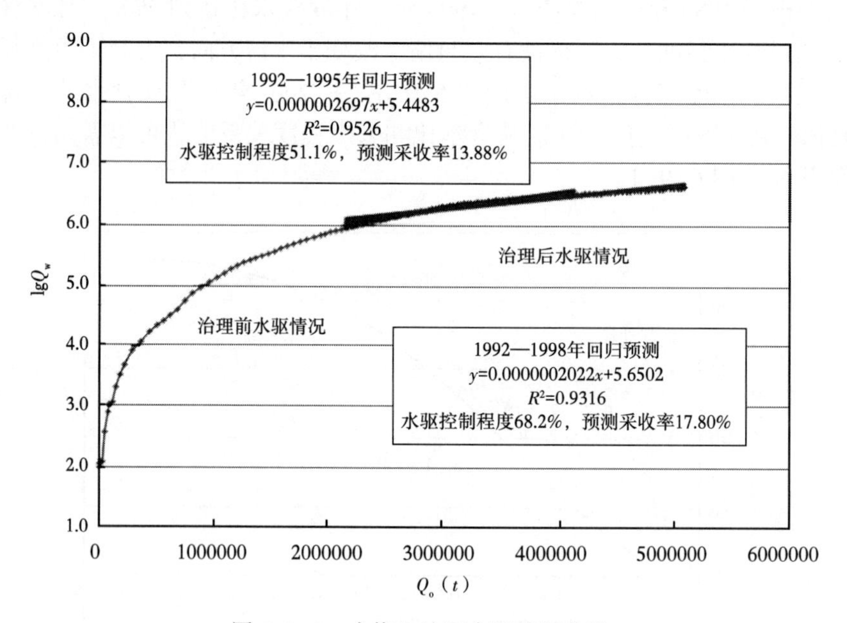

图 6-9-3 火烧山油田水驱特征曲线

三、地层压力稳步恢复

火烧山油田由于初期为控制含水上升率，注采比偏低，地层压力下降，直接导致了油井供液能力变差，为提高地层能量保持程度，于 1998 年开始研究制订开采技术界限。通过研究认为，在调剖、分注基础上不断加强注水，完善注采结构，地层压力可以逐渐恢

复。地层压力年恢复速度在0.3~0.6MPa，不仅可以控制含水比上升，同时，能够不断提高油井供液能力。通过6年努力，注水量不断增加，年注水量从1997年的59.2×10^4m^3增加到1998年的87.9×10^4m^3，到2000年增加到121.1×10^4m^3，近3年平均年注水量在120×10^4m^3左右，油田地层能量不断补充。1998年，油藏地层压力最低10.3MPa，1999年，地层压力持续下降的势头得到有效的遏制，并开始逐步回升（图6-9-4），2003年底地层压力回升到12.1MPa，年平均地层压力上升0.36MPa，符合开采技术界限要求，达到了提高地层压力的同时含水比得到有效控制，取得良好效果。

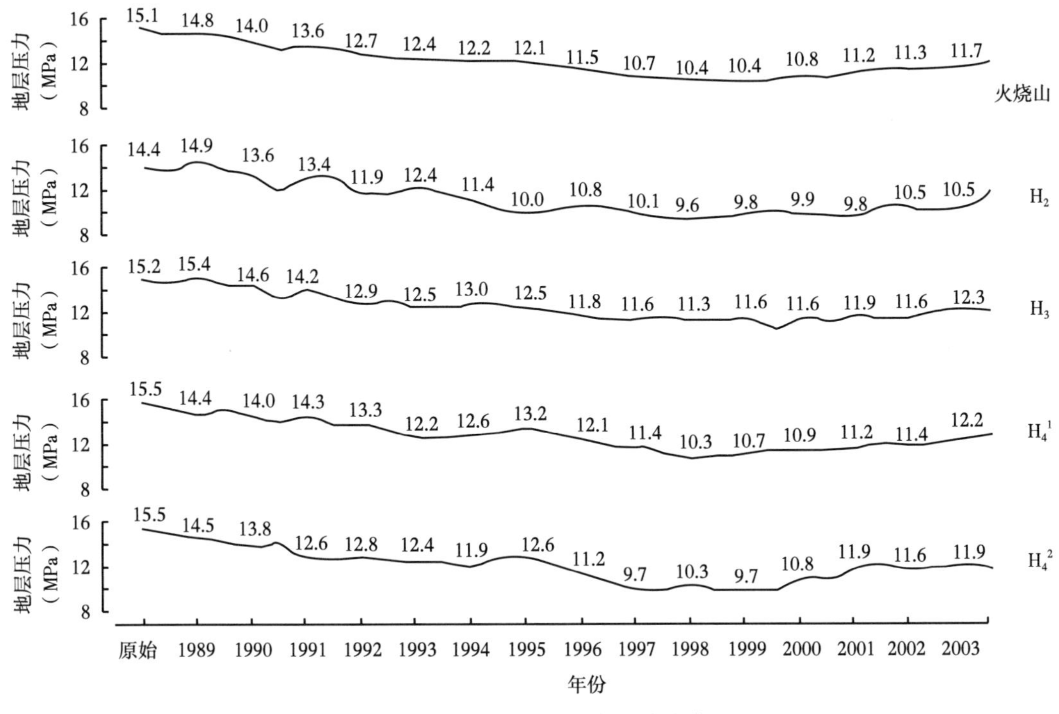

图6-9-4　火烧山油田历年压力变化图

四、剖面动用程度大幅度提高

通过注水井调剖、分注，改善了吸水剖面，使原来高导流的水窜通道吸水量显著减少，使原来不吸水或吸水量较少的低渗透层开始启动增加吸水量，同时，油井的剖面动用程度增加，统计目前水井和油井的吸水和产液剖面分别比1993年增加15.1%和8.9%，产液厚度动用达到59.9%，吸水厚度动用达到61.2%，特别是低渗透层的动用给油田控水稳油起到了重要作用。

五、投入产出比

火烧山油田自1995年综合治理以来，新钻油井76口，总进尺12.54×10^4m，老井压裂、酸化、堵水、分注、上返、补层、调剖等各项增产措施1410井次，经济评价分为基建投资和生产成本进行测算评估。开发钻井投资21318.0万元，地面建设工程总投资4652万元，项目总投资26578.2万元。根据火烧山油田实际采油成本定额，评价期内项目采油单位成本费用 663 元/t，单位经营成本费用 348 元/t，固定成本 43566 万元，变动成本 20335 万元。项目评价期内销售收入总额为 101828 万元，销售税金及附加为 16050 万元。全部投资内部收益税前 23.14%，税后 16.31%，均大于基准收益率 12%。财务净现值税前 7510 万元、税后 3027 万元，均大于零。投资回收期税前为 4.27 年，税后为 5.15 年，均小于基准投资回收期 6 年。投入产出比为 1:1.7。

第七章　开发后期深化治理研究及对策

由于火烧山油田储层裂缝发育，从投入全面开发就表现为开发效果差，水淹、水窜严重。不得已采取了初期、调整期、开发中期综合治理。伴随着油田稳产开发 20 年的到来，治理难度越来越大，尽管治理规模在不断增加，但治理见效周期越来越长。为保证油田长期稳产，最大限度地提高最终采收率，在初期、调整、分区分层综合治理基础上，进一步加强对油藏的认识，势必为更加合理有效地治理油藏意义重大。为此，在精细油藏描述、油藏三维建模、油藏数值模拟、剩余油研究的基础上，开展油田深化治理，意义重大。在对前期综合治理措施效果评价基础上，开展当前油藏合理开发技术政策研究，充分利用油藏描述、油藏数值模拟成果，制定深化治理方案，获得初步效果。

第一节　前期综合治理措施效果评价

随着对油藏认识的不断深入和措施工艺技术的不断进步，1992 年到 2001 年措施效果逐年变好，增油逐年递增。2001 年以后，措施效果开始逐年递减，油田的开发形势开始变差（图 7-1-1）。

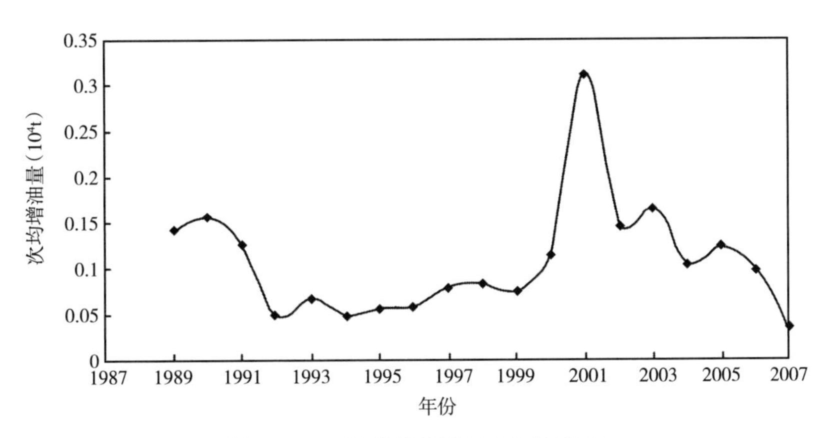

图 7-1-1　次均措施增油与时间关系

为了有针对性地对油田进行后期调整，对火烧山油田 H_3 层进行措施的井以及措施的效果进行了统计分，见表 7-1-1。

从措施统计表统计分析可以看出，堵水、转抽、压裂和补层，是 H_3 增产措施中 4 种最有力的措施。其中的转抽、压裂和补层，实施井次较多，总共 304 井次，占总措施井次的 50.75%，且见效率高，单井增油量高，都在平均见效率以上。堵水措施实施的井次最多，高达 234 井次，占总措施井次的 39.07%，见效率略低于平均水平，4 种增产措施的累计增油量为 52.5392×10^4t，占措施总增油量的 95.27%。

表 7-1-1　H_3 层措施统计

措施类型	实施措施井（井次）	措施见效井（井次）	措施见效率（%）	累计增油量（10^4t）	单井增油量（t）
补层	43	30	69.77	2.781	646.814
堵水	234	140	59.83	19.647	839.620
隔水	14	2	14.29	0.015	10.643
回采	3	2	66.67	0.063	209.000
挤液	6	4	66.67	0.430	716.167
上返	10	8	80.00	1.081	1080.700
酸化	26	14	53.85	0.757	291.077
压裂	156	118	75.64	11.488	736.404
转抽	105	79	75.24	18.623	1773.610
其他	2	2	100.00	0.263	1316.500
总计	599	399	66.61	55.147	920.656

一、措施逐年评价

根据油井措施效果的数据，把每一年的措施以及见效情况，做一个统计。

根据各种措施效果对每年累计增油量的贡献，做成油井措施效果堆积柱形图，如图 7-1-2 所示。

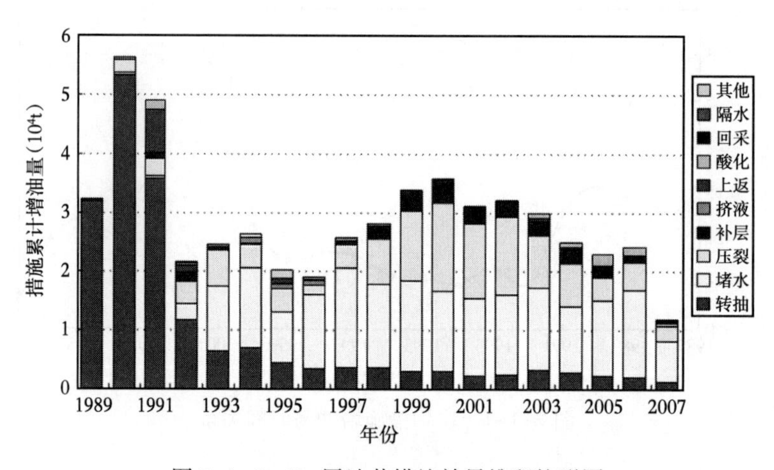

图 7-1-2　H_3 层油井措施效果堆积柱形图

从图 7-1-2 可以看出，压裂措施从 1990 年就开始了，压裂措施对累计增油量的贡献，在 1999 年、2000 年、2001 年和 2002 年 4 年均超过了 1×10^4t，在其他年份，压裂措施的贡献量相对较小。总起来看，从 1990 年到 2007 年，压裂措施的效果基本呈现抛物线状。

堵水从 1992 年开始，效果比较稳定，特别是从 1996 年以后，年增油超过在 1×10^4t。

转抽在 1989—1991 年 3 年间的效果十分明显，增油量均超过 3×10^4t，在以后的年份中转抽的效果下降很快，增油最终稳定在 0.5×10^4t 以下。

二、单一措施评价

1. 堵水措施

堵水措施主要暂时性封堵水窜主通道，在油井近井带改变或扩大油流通道，达到抑制水窜的效果。

对于裂缝性油藏，油井堵水作为普遍应用的措施不可或缺，H_3 油藏也进行了大量的堵水作业。截至 2007 年 6 月，H_3 层对 85 口井实施了 234 井次堵水措施，见效 140 井次，成功率 59.8%，累计增油 19.6471×10^4t（图 7-1-3）。

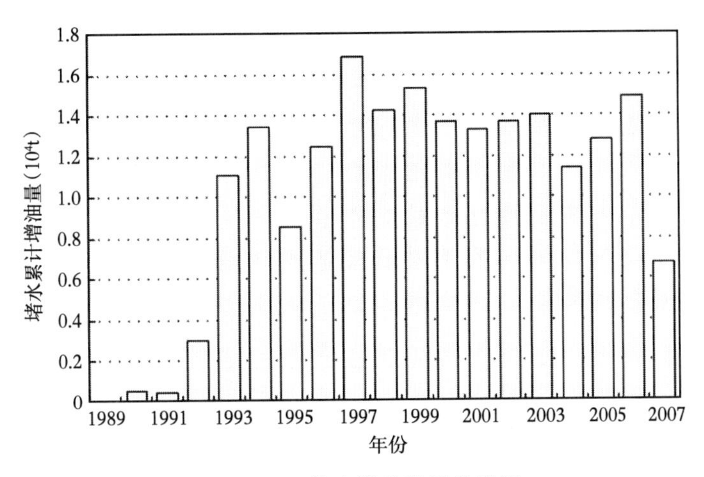

图 7-1-3　堵水措施效果柱形图

H_3 油藏中有 60 口井经历过重复堵水，其中只有 12 口井有效，可见在 H_3 油藏进行多次重复堵水措施的效果一般。

根据堵水的效果，主要可分为 3 类：

（1）堵水未见效的井有 94 井次，占措施井次的 40.2%，影响油井见效的因素是多方面的，主要有油井周围裂缝的发育程度、固井质量、堵水工艺措施以及堵剂的选择等，都可以导致堵水措施的失败。

（2）效果较差（累计增油小于 500t）的井有 84 井次，占措施井次的 35.9%，占措施累计增油的 5.5%。主要为高含水井堵水后液量、含水均下降或略有上升，但有效期非常短暂，增油量有限。

（3）效果一般（累计增油在 500~2500t）的井有 33 井次，占措施井次的 14.1%，占累计措施增油量的 19.6%，措施井基本都是高含水，有些含水已达 98%以上，措施后含水稍有下降，液量、油量增幅较小，如 H1269、H1274 和 H1355 等井。

（4）措施效果好（累计增油大于 2500t）的有 23 井次，占措施井次的 9.8%，却占累计措施增油量的 75%，措施后油井含水明显下降，液量、油量增幅较大，如 H1284、H1304、H1317、H1318 和火 12 等井。

总的来说，堵水措施取得了较好的稳油控水效果，但由于井周围裂缝的发育程度、固井质量、堵水工艺措施以及堵剂的选择等因素制约，仍有近 40.2%的井未见效。见效井表现出以下几个特点：

（1）在局部显裂缝发育的区域，堵水效果十分明显，如在油藏中西部的 H1269、H1284、H1285、H1302、H1304、H1316、H1317、H1318、H2301、H2310 和 H2311 等井。

（2）调堵结合可取得较好的效果，如 H1232 井于 1999 年 3 月实施调剖，同井组的 H1233 井堵水前含水达 96%，日产油 1t 左右，1999 年 4 月堵水后，含水迅速降至 60%，日产油增至 7.7t，累计增油 1572t。

（3）多次堵水后仍有显著效果，如 H1307、H1274、H1277 和 H1318 等井，一般随着堵水次数的增加，效果逐渐变差，增油量减小，但随着工艺措施及堵剂的改进，部分井也能取得较好的效果。

根据以上分析确定了堵水选井原则：

（1）对应调驱的水井，封堵其周围高含水油井。

（2）注水井停注、欠注、或注不进，封堵其周围高含水油井。

（3）多次堵水仍有效的井。

2. 压裂措施

截至 2007 年 6 月，统计了 156 井次的压裂，有效压裂次数为 118 次，成功率为 75.6%，累计增油 11.3749×10^4t，随着油田综合含水的上升、部分地区压力下降等多种因素的影响，压裂措施的效果有变差的趋势（图 7-1-4）。

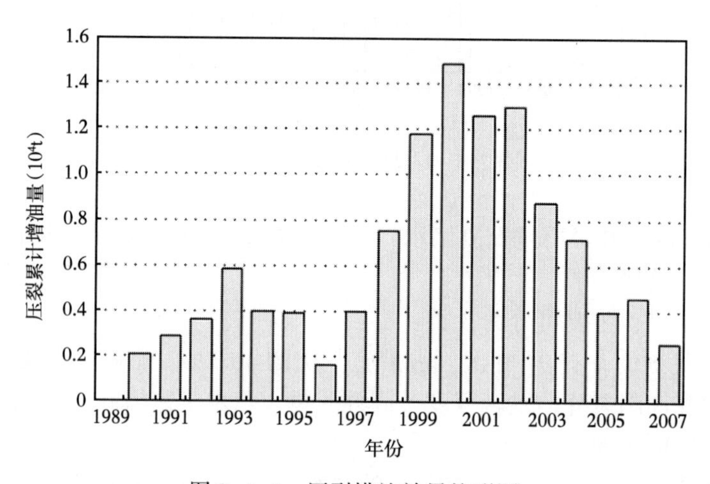

图 7-1-4　压裂措施效果柱形图

分析 H_3 油藏历年压裂措施效果，具有以下特点：

（1）多数井重复压裂效果不明显。

（2）压裂措施效果不稳定，表明存在措施井层选择和工艺技术适应性问题。

综上，对于微裂缝较发育的超低渗透性油层，有效的、一定规模的压裂措施改造后油层可获得较好的生产能力，一般中低产液和中低含水的井压裂效果较好。

通过历年对大量的油井压裂改造（含重复压裂），压裂增产措施的余地在减小，措施效果逐年变差，应精选井层，集中对重点井段的改造，提高压裂增产的效果和储量动用程度。

压裂效果与井况、地质认识和工艺措施密切相关，压裂方式主要可分为普压、选压和分压。对于射孔厚度不大、射开层位不多的井可采用普压方式；分压是针对射开层位较多、动用不均匀且隔层较发育的井；根据火烧山油田 H_3 层的地质特征，大多采用投球选压，针对不同的含水及动用状况，主要分为先投、中投或两者联合使用。

1998 年至 2001 年，2 口普压措施井（H1220 和 H1218），其中 H1220 井射孔厚度 11.5m，压前日产油 0.9t、含水率 67%，压后日产油 0.1t、含水率 98%，未见效；H1218 井射孔厚度 6.0m，于 1998 年和 2001 年两次普压，分别累计增油 84t 和 241t，取得了较好的压裂效果。总的来说，普压在 H_3 油层不太适合，因此该油藏已很少采用。

1996 年至 2001 年，H_3 油层有 7 口分压措施井，只有 2 口效果较好，其余 5 口较差。效果差是两个方面的原因：一是物质基础差，剩余可采储量小；二是垂直裂缝发育，层间窜导致含水上升。因此，采用分压措施必须在对地质认识清楚的情况下，才能取得明显的增油效果。如 H1302 井，从产液剖面看，该井于 1993 年 10 月的测试资料表明，在 H_3^{1-2}、H_3^{1-3}、H_3^{2-1} 和 H_3^{2-2} 均为出液层，随着生产的持续，1994 年 10 月显示只有 H_3^{2-1} 和 H_3^{2-2} 为出液层，含水上升快，生产逐渐变差。1998 年 6 月，采取分压措施，下封 H_3^{2-1} 和 H_3^{2-2} 层，采用加砂量为 $9m^3$，总液量 $80m^3$ 的压裂液，改造上部层位，产量得到大幅提高，压裂前日产液量 6.6t，日产油量 0.6t，含水 89%，压裂后日产液量为 14.0t，日产油量 3.4t，含水 74%，累计增油 1431t。

根据上述压裂效果分析，压裂措施的选井原则如下：

（1）油层厚度较大，与相应注水井层对应关系较好。

（2）处于微裂缝及附近区域，液、油量及含水较低的井。

（3）有效厚度较大、剩余储量较多的低液中高含水井。

（4）多次压裂仍有效的井。

3. 酸化措施

截至 2007 年 6 月，已经对 21 口井实施了 26 次酸化措施，其中有效井次有 14 次，成功率为 53.8%。累计增油量为 7568t，累计有效 3076d（图 7-1-5）。通过酸化前后生产情况的对比分析，酸化效果均较差，主要原因是：（1）地层能量低，酸化地层的废液没有及时返排出来，形成二次沉淀堵塞地层；（2）固井质量差，如 H1305 和 H1372 等井射孔井段附近固井质量差，酸液未挤进地层，而沿管外上下窜流走了，达不到酸化地层的目的。

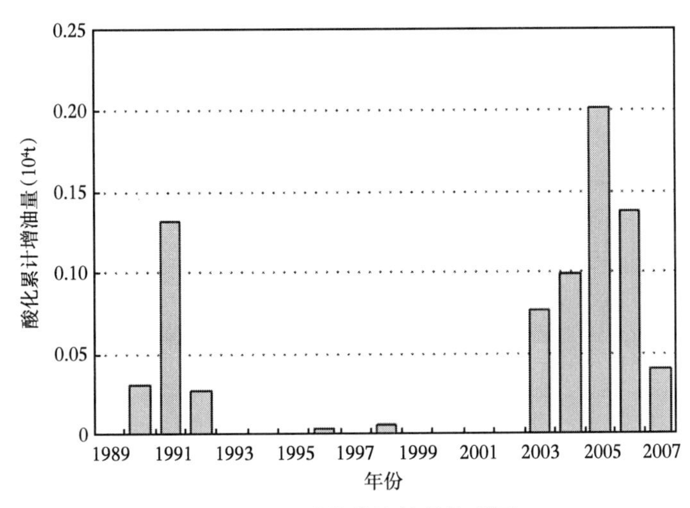

图 7-1-5　酸化措施效果柱形图

4. 隔水措施

截至2007年6月，共有12口井进行了14次隔水措施，有效井次只有2次，成功率为14.3%，累计增油149t，有效61d。隔水措施主要集中在1991年和1992年，以后用此措施不多，主要是因为隔水效果不好（图7-1-6）。

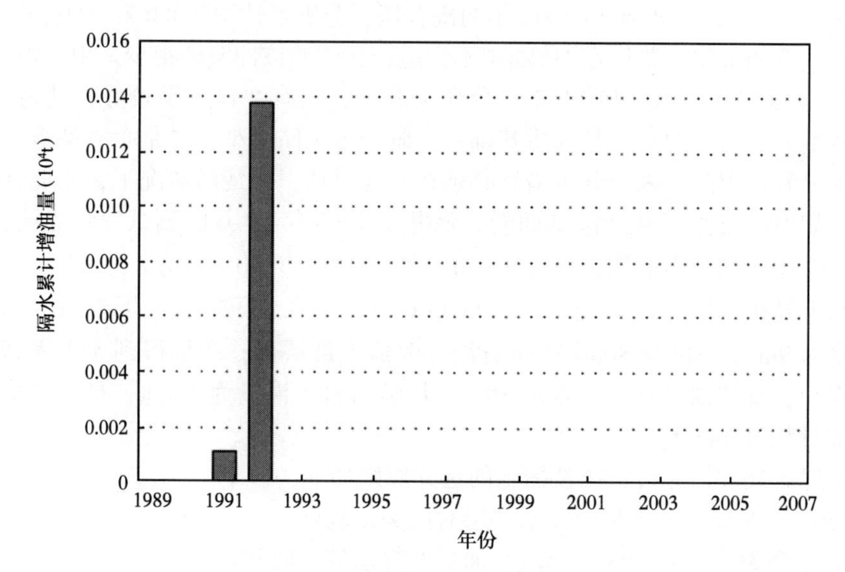

图7-1-6　隔水措施效果柱形图

5. 其他措施

从图7-1-7至图7-1-12可以看出，补层的效果主要表现在1998年以后，不过后几年效果有所下降。其他几种措施的措施量很少，对增油的贡献也很少。

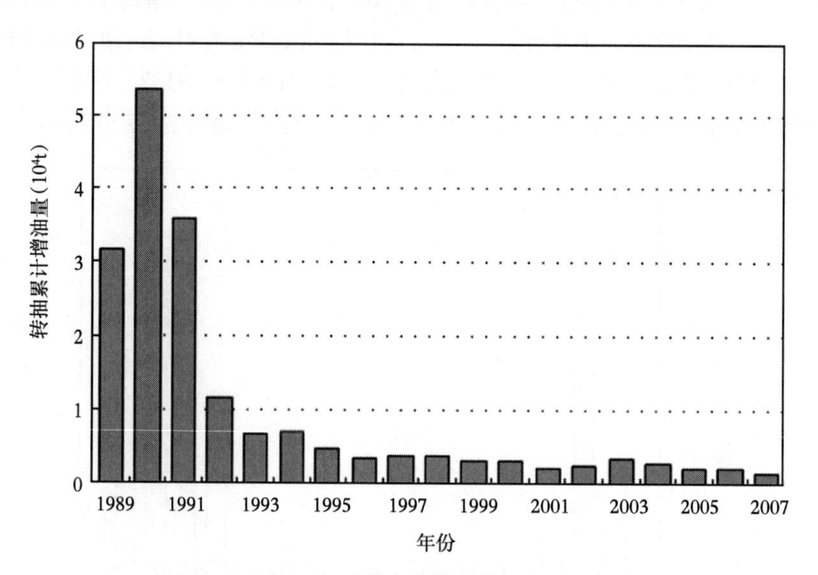

图7-1-7　转抽措施效果柱形图

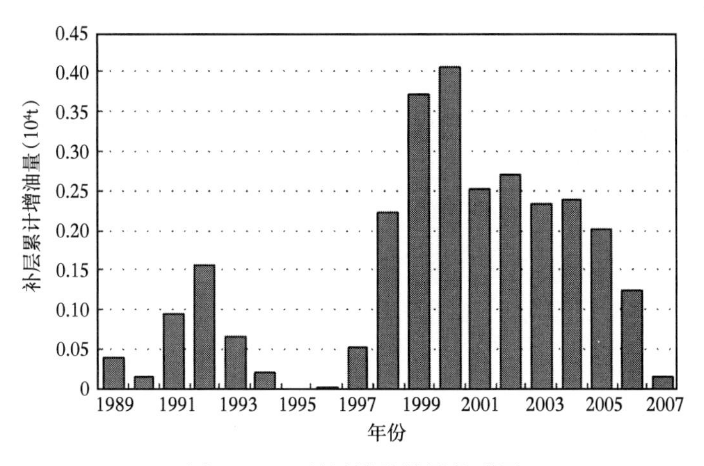

图 7-1-8　补层措施效果柱形图

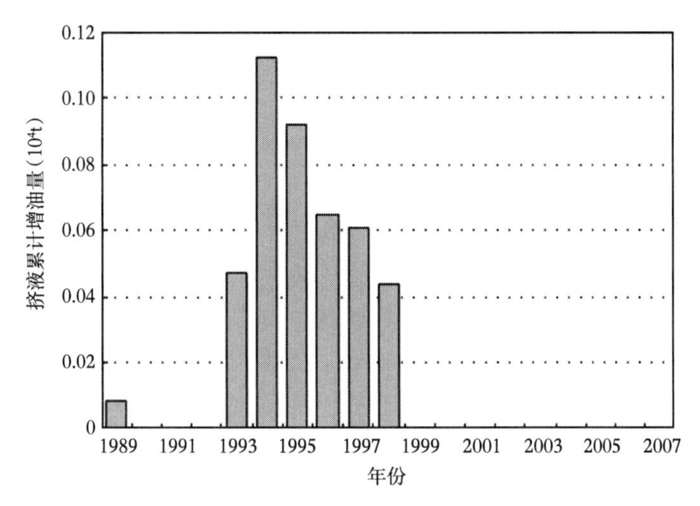

图 7-1-9　挤液措施效果柱形图

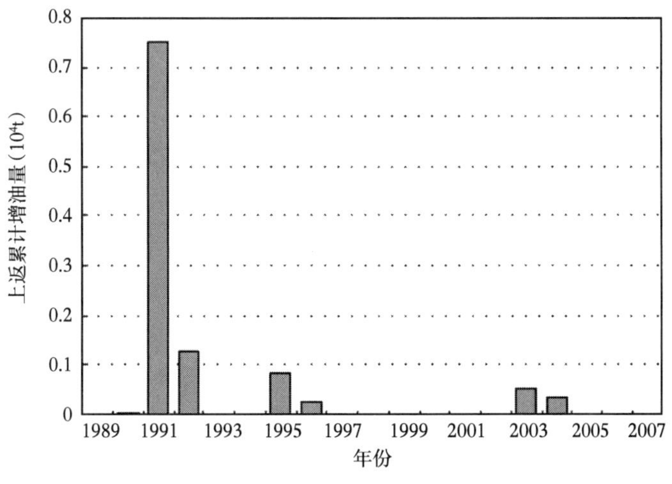

图 7-1-10　上返措施效果柱形图

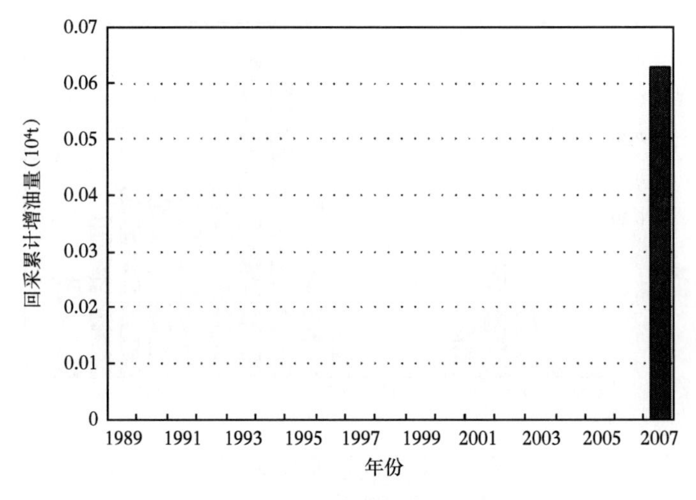

图 7-1-11　回采措施效果柱形图

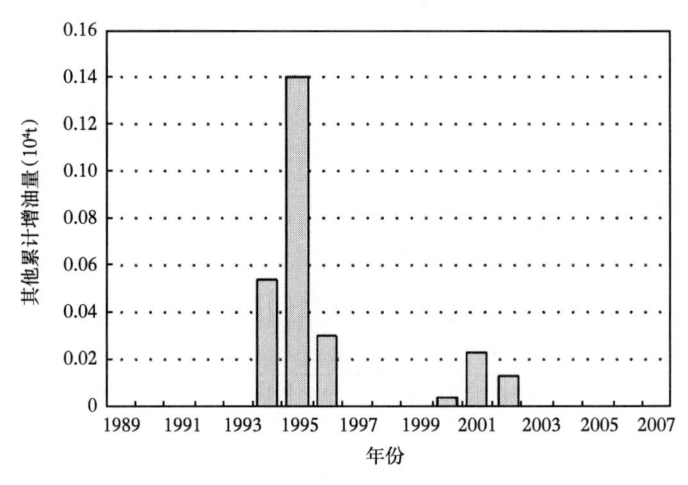

图 7-1-12　其他措施效果柱形图

三、分区域措施效果评价

根据本区油藏油井的生产动态资料，将油井分成Ⅰ类油井、Ⅱ类油井和Ⅲ类油井。本节按照这三类区域对措施效果进行进一步的分析（表 7-1-2）。

表 7-1-2　H_3 油层不同区域措施效果统计

措施类型	Ⅰ类油井区			Ⅱ类油井区			Ⅲ类油井区		
	总数（口）	见效数（口）	见效比例（%）	总数（口）	见效数（口）	见效比例（%）	总数（口）	见效数（口）	见效比例（%）
压裂	44	31	70.5	91	79	86.8	21	8	38.1
转抽	26	20	76.9	25	21	84.0	54	38	70.4
补层	5	3	60.0	24	21	87.5	14	6	42.9

续表

措施类型	Ⅰ类油井区			Ⅱ类油井区			Ⅲ类油井区		
	总数（口）	见效数（口）	见效比例（%）	总数（口）	见效数（口）	见效比例（%）	总数（口）	见效数（口）	见效比例（%）
堵水	69	48	69. 6	18	7	38. 9	147	85	57. 8
酸化	10	5	50. 0	9	6	66. 7	7	3	42. 9
上返	0	0	0. 0	5	4	80. 0	5	4	80. 0
挤液	1	1	100. 0	2	1	50. 0	3	2	66. 7
隔水	1	0	0. 0	0	0	0. 0	13	2	15. 4
回采	0	0	0. 0	0	0	0. 0	3	2	66. 7
累计措施	156	108	69. 2	175	140	80. 0	268	151	56. 3

从表 7-1-3 中看出，针对Ⅱ类油井区的油井措施见效率较高，达到 80%，其中补层、压裂、转抽等措施实施的次数较多，效果也较好。但该区油井的堵水效果比较差，有效率仅 38. 9%，这说明Ⅱ类油井区的采油井见水方式不是单层突进式。

对Ⅲ类油井区中油井压裂的效果比较差，见效率仅 38. 1%。对该区油井实施堵水措施的次数较多，但效果相对Ⅰ类油井区的效果稍微差一点，见效率为 57. 8%，说明对本区油井，如果工艺上能够满足要求，将水串堵住后，能够大幅度提高油井的原油产量。

分析措施的增油效果（表 7-1-3 和图 7-1-13 至图 7-1-15），对Ⅰ类油井区进行措施，可以取得较好的效果。因此，以后调整时，应注意加大对Ⅰ类油井区的挖潜力度。对该区的油井进行措施时，较重要的是要把堵水、压裂等结合起来进行，从而避免无效的措施。

表 7-1-3　H_3 油层不同区域措施增油效果

措施类型	Ⅰ类油井区		Ⅱ类油井区		Ⅲ类油井区	
	累计增油量（m^3）	次均增油（m^3）	累计增油量（m^3）	次均增油（m^3）	累计增油量（m^3）	次均增油（m^3）
补层	912	304	16584. 67	789. 746	1329	221. 5
堵水	52597. 99	1095. 791	4649. 5	664. 2143	45897. 07	539. 9656
隔水					149	74. 5
回采					627	313. 5
挤液	4069	4069	86	86	142	71
其他			401	401	2232	2232
上返			2283	570. 75	8524	2131
酸化	4972	994. 4	2071	345. 1667	525	175
压裂	25390. 17	819. 0376	30695. 5	388. 5506	5174	646. 75
转抽	122149	6107. 45	22240	1059. 048	40999	1078. 921
合计	210090. 2	1945. 279	79010. 67	564. 3619	105598. 1	699. 325

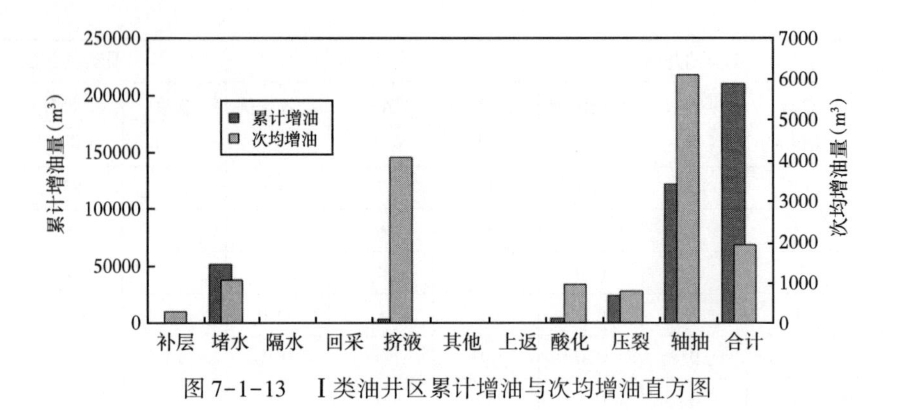

图 7-1-13　Ⅰ类油井区累计增油与次均增油直方图

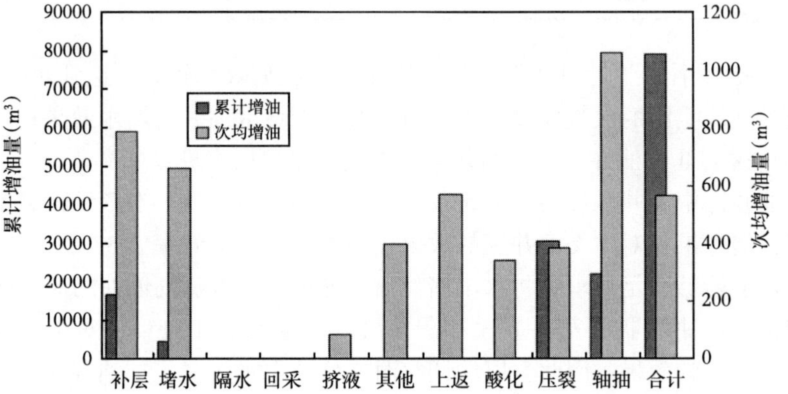

图 7-1-14　Ⅱ类油井区累计增油与次均增油直方图

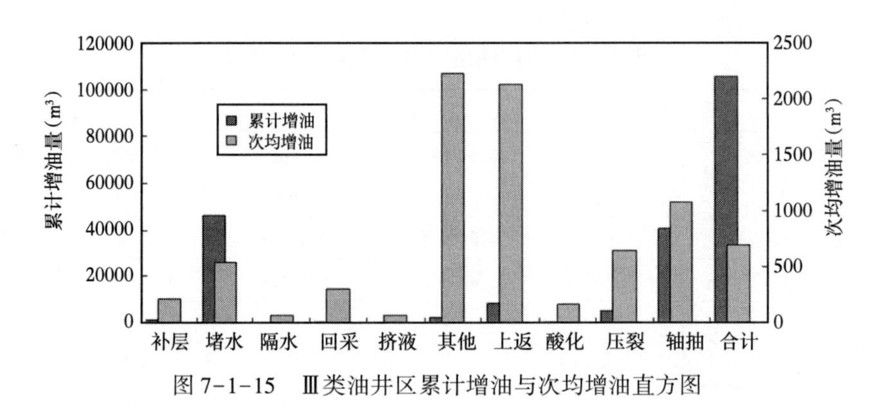

图 7-1-15　Ⅲ类油井区累计增油与次均增油直方图

1. 面临的问题

尽管各种措施在油田开发中起到了积极的作用，但随着开发的不断深入，从 2000 年以后，措施实施效果有逐年变差的趋势。在统计的 10 项措施中，除了堵水、转抽、压裂和补层以外，其他 6 项措施的效果较差，共增油 2.6071×10^4t，占措施总增油量的 4.73%。

转抽的效果下降最为明显，1991 年以后，增油量开始下降幅度很大，后来稳定在 0.5×10^4t。经过 3 次综合治理仍然不见好转，3 次综合治理对转抽的措施效果几乎没有影响。

压裂的效果趋势基本呈抛物线形式，最高点出现在2000—2002年附近，说明3次综合治理对压裂起到了一定的改善作用。但是，随后压裂增油量又开始缓慢下降。需要对压裂采取进一步的改善。建议分层压裂，结合堵水，即先对产液能力不足、剩余油丰度高的小层实施分层压裂措施，以改善小层出液状况，之后对出液能力强、含水较高的小层实施堵水，达到降低油井含水率、提高垂向动用程度的目的。

酸化效果差主要体现在增油效果不明显，含水率较高。实施酸化见效的几口井平均含水在47%以上。而且酸化措施的见效低（53.58%）。2005年，对4口井实施酸化措施，油井增油2578t，含水率却上升为70%。对压力高且含水较高的油井酸化，尽管可以增加近井地带渗透率，但也降低了从地层到井底的渗流阻力，更易发生水窜而造成油井含水上升。

2. 对策

（1）油井分层堵水。混层堵水不能对高压出水层产生封堵作用，甚至对其他相对的低渗透层产生不利影响（如挤开新的出水层，低含水层被封堵导致油降水不降）。

（2）在注重堵水工作的同时还要重视水井调剖工作。先通过水井调剖来改变能量分布，降低油井出水层的能量，然后再对油井堵水以有利于封堵出水层，同时，可减少堵剂对油层的伤害，达到增油降水的目的。

（3）由于该地区有裂缝发育，在治理时应加强注采井的对应关系分析。在局部地区，采油井能量不一定来自本井组的注水井，而可能是来自其他井组。

（4）动态调配水要综合考虑油井含水和地层能量补充的问题，在地层能量补充不足，而油井含水相应较高的地区，可以考虑转注部分生产情况较差的油井。

第二节　深化治理一般对策

在精细油藏描述、油藏数值模拟及预测的基础上认识到，不同的开发层具有不同的地质条件和生产特征，因此，深化治理应分层进行、分区对待。通过对各层地质条件和生产情况的研究，提出如下治理对策。

一、分层、分区治理对策

火烧山油田开发过程中存在的主要矛盾是油田裂缝发育，根据裂缝发育程度，结合油水井的生产动态特征，油藏描述、试井曲线特征等各项研究成果，将储层的渗流类型划分为显裂缝发育的低渗透砂岩储层、隐裂缝发育的低渗透砂岩储层和介于两者之间的微裂缝发育的低渗透砂岩储层。将渗流介质根据不同类型展布在各个开发层系的平面图上，渗流介质具有明显的条带性分布。分区后根据储层不同的渗流特点采取不同的综合开发技术，使复杂问题简单化，治理具有更好的针对性，取得好的效果。

对显裂缝发育储层，主要采用高强度大剂量的堵剂对水井进行调剖，控制注入水窜，切断油水井间的通道，油井上辅以堵水措施，使原来难以动用的储量得以动用。显裂缝发育储层主要分布在H_2和H_3的东北部及H_4^1的西南部。这两个区共有油井74口，治理日产油由112t上升到140t，含水下降了3.8%，4年中多产原油3.6×10^4t。

微裂缝发育储层H_3层的中部、南部及H_2层的中部和西部，这一区域治理的手段是：

对注水井以分注和多轮次调剖为手段，在注水井吸水剖面均一和控制含水上升速度的基础上，适时地提高注水强度，逐步恢复地层能量、提高注入水波及体积，采油井辅以对应堵水、压裂等改造措施，提高单井产油能力。经过4年的整体综合治理，扩大了治水效果，由于动用程度提高，地层能量恢复，油井措施井均比先前增加43t，仅此一项多增油1816t，老井递减减缓，多产油3.15×10^4t，取得了显著效果。

隐裂缝发育储层主要分布在H_4^1和H_4^2层，H_2和H_3的西部，裂缝发育程度低，水淹、水窜不严重，主要措施是注水井做好分注并辅以低强度小剂量的调剖，做好动态调、配水，降低层间矛盾，减小平面上的压力不均衡，实施合理的开采技术政策。油井主要采取酸化、压裂措施。5年来，油藏产量稳定，含水上升率低于3.0%，地层压力回升了1.65MPa，实现了油藏稳产。

二、提高采油工艺技术

多年来，针对油田水淹、水窜和解放油层的问题进行了调剖、堵水、隔水、压裂、挤油和酸化等6项工艺研究，共进行现场试验49井次，基本上都达到了试验目的，为编制和完善治理方案提供了依据。

1. 周期注水对策

根据火烧山油田的地质、生产和单井措施成功率低的情况，在油田北部地区即H_3和H_2开发层叠合区采用周期注水是治理本区的根本出路，该区裂缝发育程度高，并且主要发育在非油层中，剖面吸水不均匀，水沿非油层和油层中的裂缝系统突进现象非常普遍，采用常规注水，驱油效率极低，加之固井质量存在问题，很多并不具备措施条件，并且使水淹、水窜途径更加复杂化，不易找准水淹层位和水窜途径，这都将影响到单井措施的成功率。目前，该区主要矛盾是注入水水窜严重，东北缘有水浸现象，采用周期注水可以解决上述矛盾。

国外理论研究成果和现场实施情况表明，周期注水几乎适合于任何类型的油藏，对裂缝性油藏尤为适用，周期注水实施得越早，增产幅度也就越大，其成败的关键在于是否能够在裂缝系统与基质油层间建立起有效的压力差。因此，对火烧山油田来说，周期注水就不能只在小范围内进行实验，必须有一个相对封闭的区域，保证注入水不外流。根据H_3和H_2开发层注采井分布情况，设计周期注水范围和方式如下：

（1）周期注水范围。

H_3开发层在H1252、H1286、H1319、H1349和H1351注水井连线以北地区。H_2开发层在H252、H1415、H1417和H247注水井连线以北地区，包括了H_2开发层的所有井。

（2）周期注水方式。

为了制造一个相对封闭的边界，最外一圈注水井在周期注水期间保持现状注水水平。已停注的井如H_3的H1228以及H_2的H1146、H1148、H1108、H252、H1166和H1140等井应转注。

（3）周期注水的3个阶段。

为了与周期注水前的生产情况进行对比，并保证周期注水的成功，周期注水的注水量必须与常规注水时的注水量相当，根据国外经验，初步设想整个周期按3个月计算，分3个阶段进行。

①第一阶段（升压阶段）。该阶段为期 15d，常规注水时单井日注量 $30m^3$，则周期注水时单井日注量 $180m^3$，目的是在裂缝系统与基质油层间建立起一个有效的压力差。因此，该阶段涉及的采油井应关闭，但为了在周期注水期间仍有一定的产量，周期注水范围内低含水（<25%）、高产油(>10t）井可保持现状生产，并随时监视其生产情况，若含水上升则应关井。

②第二阶段（稳压阶段）。根据国外经验，该阶段时间应与升压阶段相当，暂定 15d，目的是使裂缝系统中的高压水与基质油层间的低压油有充足的时间进行交换，对火烧山油田来说，其岩石的亲水性质更有利于这种交换的发生，在该阶段涉及的采油井也应关闭。

③第三阶段（降压阶段）。全部生产井开井生产，裂缝系统中的流体被迅速采出，压力下降，与基质油层间又产生一个压力差，这也有利于基质中的油向裂缝系统中流动，预计该阶段持续 2 个月。在前两个阶段，虽有部分产量损失，但损失的产量在本阶段将被弥补，并采出更多的原油。苏联在周期注水方面走在了世界前列，已在许多油田进行了实施，其增产原油和经济效益十分可观，“仅苏联三个采油地区应用周期注水就增产原油 2200×10^4t，10 年的年经济效益达 2.0057 亿卢布”。

2. 对高含水低产油井的治理对策

由于火烧山油田见水情况复杂，封、堵、隔等措施成功率低，经济效益差，因此，在实行周期注水的区域内，原则上不赞成搞单井措施，单井措施应安排在 H_4^2 和 H_4^1 开发层和 H_3 开发层东西两边的井上。通过对上述范围内的高含水低产油井的情况分析，共提出 42 口井的单井措施，这些井有些测试资料较早，可能已不反映目前的出水情况，建议在施工前测出液剖面，找准出水层位和出水原因，对症下药，对边水水淹严重但本层又无好油层的井建议上返采油，对油层好而液量低的井建议压裂，如果措施井固井质量差，应二次固井后再采取相应措施。

3. 对注水井的治理

在 H_3 和 H_2 开发层周期注水范围内未投注或停注井应投注，参加周期注水。

位于 H_4^2 和 H_4^1 开发层和 H_3 开发层（周期注水范围以外）边水水浸带的注水井应尽早停注，如 H_4^2 的 H1389、H1369 和 H1393，H_4^1 的 H1478、H1476、H1474、H1472、H1461、H1448、H1429、H1411、H1427、H1433、H1451、H1463、H1486 和 H1487，H_3 的 H1341、H1367、H1386、H1395 和 H1404。

位于 H_4^2 和 H_4^1 开发层未水淹区的注水井应尽早投注，保持内部压力，如 H_4^1 的 H1431 井、H_4^2 的 H1347 井。

另外，为了对 H_3 开发层 H1304 井区高产井的维护，补充该井区能量，建议将 H_4^2 开发层的注水井 H1345 井射开 H_3，下分注结构，分注 H_3 和 H_4^2 开发层，将 H_4^1 开发层位于水浸带内的注水井 H1429 井射开 H_3 注水。两井射孔井段是 H1345 井射开 H_3^{1-2} 的 1467～1471m，H_3^{1-3} 的 1478.5～1483.5m，H_3^{2-1} 的 1498～1501m，1503～1509.5m，H1429 井射开 H_3^{1-2}1483～1485m，H_3^{1-3} 的 1489～1494m，H_3^{2-1} 的 1503～1512m。

三、强化油藏和单井的生产动态管理

1. 加强井组和单井分析，合理调配水

火烧山油田井况比较复杂，加强动态管理成了稳产的一项重要工作。主要是在密切观察油水井生产动态变化的基础上，及时提出对应的措施，在时间上争取主动，尤其是动态调配水是一项既细致又经济有效的工作，6 年来油田共调水 442 井次，阶段上调水量 $48.05\times10^4m^3$，下调水量 $32.42\times10^4m^3$，累计增油 3.16×10^4t。

2. 挖潜增效，提高油井利用率

（1）制订合理调开计划。火烧山油田隐裂缝低渗透区域，由于地层压力低，油井供液能力不足，有一批低能调开井，油藏经过综合治理后，随着井网、注采关系的调整，油井的生产能力发生了变化。针对这一现象，通过细致的观察分析，及时调整工作制度，取得了好的经济效益。从 1999 年到 2002 年，15 口调开井由于及时改变调开制度，累计多产原油 5462t，11 口高含水控关井选择合适的开井时机，累计多产原油 3390t。

（2）低能、报废井降低损耗，进行捞油作业。

（3）减少测试、措施占产时间，提高油井时率。

①有效缩短不稳定测试时间，油田投入开发后，监测井点的不稳定测试目的比较单一，主要是监测地层压力和油层伤害程度，根据这一特点，通过研究，调整试井设计，缩短测试占产时间。

②加强措施监督、提高措施质量；同时，合理组织措施施工，尽可能减少措施占产时间。

③采取综合性清蜡、防蜡措施，对不同含水阶段的油井采用不同的清蜡、防蜡工艺，减少蜡卡事故的发生。

（4）强化油井管理，合理提高泵效。

利用动态控制图及时发现异常井，结合开采政策研究成果，调整工作制度，采取加深泵挂或提高泵挂，最大限度地提高泵效。

四、加强动态监测，及时调整治理对策

随着油田的开发，油藏的平衡状态被打破，油藏性质、流体分布、单井的出液和吸水状况不断地变化，因此，如何抓住这种变化，使其向有利的方向转化，试井、产吸剖面测试、含水井氯离子含量分析等动态监测发挥了重要的作用。动态监测资料是油藏地质学家的“眼睛”，准确及时的动态监测为油田的综合治理，长期稳产发挥了重要的作用。

火烧山油田裂缝发育，存在弱的边底水，投产后水窜严重，为了认识注入水和边水的水窜方向并控制边水浸入的规模，加强了氯离子含量和地层压力资料的监测工作，通过动态监测基本弄清了注入水的水窜方向，了解了地层水浸入的方向和速度以及它们与地层压力和储层物性之间的匹配关系。

边水浸入的区域主要是显裂缝发育的储层，主要选择强度高处理半径大的堵剂施工，并跟踪监测氯离子含量、地层压力和吸水剖面的变化情况，分析调剖失效和调剖效果不理想井的原因，进一步优化调剖措施。与此同时，适时提高注水强度，恢复地层压力，地层水浸入速度逐渐减缓。针对注入水水窜，加强重点水井的调剖，对应采油井进行一系列的堵水、压裂引效等综合措施，改变水窜的通道，提高水驱效果。

动态监测剖面动用状况，调整治理对策。由于裂缝和基质渗流的巨大差异，高导流能力裂缝的存在，严重制约了低渗透储层的发挥，火烧山油田投产初期层数动用低，如 H_3 东部的 H_3^{2-1} 小层动用程度不到 20%，最好的 H_3^{1-2} 也只有 56.3%，因此，及时地了解小层

的动用状况，水井上有针对性地采取调剖或分注，或者采取分注后再调剖的方式封堵强吸水层位，启动弱吸水层吸水；油井上则采取堵水封堵出水孔道，并配以分层压裂等办法来解放低渗透层。如 H1369 井组，水井 H1369 井于 1999 年 6 月换封（原封隔器不严）后，8 月对分隔器下层进行调剖，井组形势明显变好。井组日产液由 19.7t 逐渐增至 30.1t，2002 年 12 月稳在 27t，含水变化不大，日产油由 7.7t 增至 12.9t，2002 年 12 月稳在 11.3t。在井组油井未进行其他增产措施的情况下，井组累计增油 923t。典型井如 H1379 井，日产液由 10.4t 增至 15.7t，2002 年 12 月稳在 14.5t，含水变化不大，日产油由 2.2t 增至 3.9t，2002 年 12 月稳在 3.9t，该井在没有进行其他增产措施情况下，累计多产油 254t。

监测储层变化，指导优化措施工艺。在安排监测资料时，重点强调措施前后资料录取，以便在措施后总结经验、找出问题，为下一步的措施工作打好基础。如堵水是封堵大裂缝、治理高含水油井的主要措施，但是由于火烧山油田普遍采用笼统堵水，多次堵水近井地带剩余饱和度降低，油层受到伤害，笼统堵水不但封堵高渗透的裂缝，也伤害一些裂缝发育程度低的储层。因此形成了后来的堵压、堵酸一体化技术；在调剖工艺设计中也最大限度地应用动态监测资料来优化施工工艺，对堵剂的选型、处理量、处理半径、处理方式，都根据压力恢复曲线解释的渗透率和储层渗流类型，并结合剖面吸水能力进行设计，不断寻求最佳工艺匹配组合，对调剖后剖面仍严重不均衡的井再进行分注，分注后不均衡的剖面再调剖。

五、优化注水配套措施

1. 调剖改善油层物性是优化注水的主力措施

火烧山油田是裂缝发育的油田，地层水和注入水沿着裂缝发生水窜。裂缝的治理是优化注水的主要内容。调剖是指改善吸水剖面，其工作原理是往井下注入堵剂，堵剂沿射开的井孔进入地层，在地层中起到封堵渗透性高的裂缝和基质，使地层吸水性在剖面和平面上变的均匀，其封堵机理主要是：机械堵塞、积累膜机理、絮凝机理、偶合机理、亲水吸附机理。可以改变注水井在剖面和平面上的单层和单方向吸水过强的状况。使注入水均衡地进入地层，提高注入水的整体水驱波及面积。此外，它还有加强固井质量的作用，起到二次固井的效果。

回顾火烧山油田调剖历史，据其发展历程可分为初期探索实验阶段（1989—1993 年）、对应调堵阶段（1993—1997 年）、整体治理阶段（1998 年之后）3 个阶段。

初期探索实验阶段的封堵对象主要是显裂缝发育区的注入水水窜大通道，以遏制水窜为目的，主要运用的堵剂有 SJ-2 硅土凝胶堵剂和黏土双液。累计在现场实验 61 井次，累计增产原油 14231t，平均单井增油 233t。

在对应调堵阶段，调剖起着辅助堵水的作用。作用对象仍是裂缝发育区，采用黏土双液法、CTG-1 和 HP-HPAM 技术，并对难以封堵的大裂缝大孔道水窜通道进行了各种堵剂技术的研究和实验。现场共实施调剖实验 100 井次，累计降水 17677t，平均单井增油 257t。

整体治理阶段的治理对象为裂缝孔隙型地层，主要应用的调剖方法是冻胶复合堵剂，调剖技术由单一向复合体系发展、小剂量向大剂量发展。累计注水井调剖 354 井次，增油

56710t，平均单井增油 175t。

火烧山油田的水窜通道主要有 3 种类型，即裂缝型、裂缝孔隙型、孔隙型。根据多年的各种堵剂在各类水窜通道的调堵效果统计对比，得出以下结论：

（1）裂缝型适用堵剂有黏土双液、DKD-1 堵剂、胶质水泥、复合堵剂等。治理时堵剂沿裂缝漏失严重，需考虑加入堵漏剂，并且处理强度要加大，以保证将裂缝充填。

（2）裂缝孔隙双渗型适用黏土双液、组合堵剂。组合堵剂的基本配方为冻胶类组合（胶体—弱冻胶—强冻胶—强化强冻胶）、颗粒类组合（分散体系—絮凝体系—活化体系—固化体系）、混合类（弱冻胶—强冻胶—低度固化体系）。

（3）孔隙型适用聚合物体系、冻胶体系、凝胶体系、组合体系。

火烧山油田在多年的调剖下，近井带的裂缝被封堵，从注水井的井口压力可以明显地看出。火烧山油田开发初期，一批注入压力为 0 的井压力都有所上升，特别是裂缝最发育的 H_3 层，注入压力由 1995 年的 1.66MPa 上升到 4.96MPa，上升了 3.3MPa。

在调剖的基础上分注，在分注的基础上调剖，一步步细化注水结构，取得了显著的效果（表 7-2-1）。控制了水窜、水淹的势头，坚定了火烧山油田的注水开发方向。

表 7-2-1　火烧山油田调剖效果统计大表

层位	调剖井数（口）	见效井数（口）	增油（t）
H_2	165	94	34321
H_3	132	89	39688
H_4^1	74	26	6864
H_4^2	40	14	2295
合计	411	223	83168

火烧山油田的调剖堵剂用量平均在 560m³ 以下，堵剂的作用半径主要集中在近井带。火烧山油田有的裂缝长度较大，堵剂只能堵近井带。当注入水流过近井带后，依旧流入渗透性高的裂缝中去，沿裂缝渗流，调剖失去效果。有些从测得的吸水剖面来看是均匀了，但相关油井并没有明显的效果。火烧山油田近两年测的吸水剖面动用度在逐年提高，但综合含水却没有明显的下降，调剖的效果在逐年下降。这说明目前的常规调剖逐渐不能满足油田注水需要，下一步调剖目的应到远井带油层深处，也就是在深处封堵裂缝，这样可提高水驱波及面积。这里有两种实现途径：一是大剂量调剖，提高作用半径；一是过顶替调剖，是堵剂在远井带再凝固，但是目前还没有实现。火烧山油田随着开采年限的增多，开采难度也增大。改善油层物性，是提高最终采收率的根本。

H_3 层的 H1288A 井在 2000 年 9 月进行了“2+3”实验，但没注驱油剂，只相当于一次大剂量调剖，取得了较以往好的效果。

表 7-2-2　H1288A 井不同剂量调剖效果对比表

时间	堵剂类型	堵剂用量（t）	增油（t）
1998.10	冻胶—黏土双液法	351	428
1999.9	高固化体系	698	247
2000.9	HS-1，HS-2	1103	975

虽然堵剂类型不同，但别的水井也用 HS-1 和 HS-2 进行过小剂量的调剖，并没有明显好的效果。说明堵剂的用量对效果产生了影响。在理论上深度调剖具有可行性和科学性，下一步应进行深度调剖实验，为未来的治理寻求有效措施。

2. 分注细化注水，使火烧山油田向精细注水方向发展

火烧山油田是裂缝性低渗透性油藏，在剖面上存在严重的吸水非均质性。调剖只能从量的角度使吸水剖面得到改善，它对于高渗透层的控制吸水作用明显，对于低渗透层的强制吸水效果就不明显了。分注是人为地下分隔器定量的分隔各小层的注水量，细化水井的注水结构。根据各小层的地质需要进行配水注水，达到注采平衡的目的。火烧山油田发育高角度裂缝，并且固井质量差，初期分注效果不明显。其原因是裂缝发育和固井质量差，导致注入水在近井带形成短路发生窜层，使分注失去意义。调剖能封堵裂缝，并能起到二次固井的作用，使注入水在近井带断路循环现象得到改善。在调剖的基础上再分注，就取得好的效果（表 7-2-3 至表 7-2-5）。

表 7-2-3　火烧山油田分注效果统计表

层位	水井总数（口）	分注井数（口）	分注率（%）	一级两层井数（口）	两级三层井数（口）	累计增油（t）	累计降水（t）
H_2	28	16	50.0	16	1	6560	1200
H_3	34	30	88.2	30	0	9989	9988
H_4^1	25	24	88.0	16	13	7200	1700
H_4^2	13	10	76.9	6	4	5442	654
合计	100	80	80	68	18	29191	13542

表 7-2-4　火烧山油田分注前后吸水剖面变化表

层位	先后	射开层数	射开厚度（m）	吸水层数	吸水厚度（m）	吸水量（m^3）	层数动用（%）	厚度动用（%）
H_2	分注前	38	121.5	18	48.1	110.6	47.4	39.6
	分注后	38	125.5	33	108.6	153.7	86.8	86.5
H_3	分注前	35	110.5	13	40.3	143	37.1	36.5
	分注后	35	110.5	19	56	154	54.3	50.7
H_4^1	分注前	45	175	27	95	449	60	54
	分注后	45	181	36	127	445	80	70
H_4^2	分注前	29	107.5	19	57.8	215	65.5	53.8
	分注后	29	107.5	25	83.1	354	86.2	77.3

表 7-2-5　火烧山油田分注前后出液剖面变化表

层位	先后	射开层数	射开厚度（m）	产液层数	产液厚度（m）	产液量（m^3）	层数动用（%）	厚度动用（%）
H_2	分注前	20	85.5	10	42	46.8	50	49.1
	分注后	20	85.5	10	53	55.6	50	62.0

续表

层位	先后	射开层数	射开厚度（m）	产液层数	产液厚度（m）	产液量（m^3）	层数动用（%）	厚度动用（%）
H_3	分注前	50	184	15	72	117	30	39.2
	分注后	50	184	21	93.1	134	42	50.7
H_4	分注前	40	121.5	22	78	126.9	55	64.2
	分注后	40	121.5	32	103	157	80	84.8

3. 动态调配水效果显著

动态调配水是油田注水的基础工作，也是主要工作。回顾开发历史，火烧山油田的日注水量由为 200~3300m^3。在稳油控水综合治理初期，为了恢复地层压力，大幅度上提注水量，取得了很大成就。在近两年，考虑到裂缝性油藏的注水强度问题和现场实际注水能力，提出注有效水的概念。加强对油水井对应关系的分析，寻求更合理的注采比，减少无效水。取得了一定的效果，增加了产油量，减少了产水量，并保持了地层压力的稳定（表 7-2-6）。动态配水是寻找最佳注采比的主要手段，是油田稳产的关键。

表 7-2-6　火烧山油田 1995—2002 年调水效果统计表

层位	上调注水井（口）	上调后注水量（m^3）	上调注水量后的增油（t）	下调注水井（口）	下调后注水量（m^3）	下调注水量后的增油（t）
H_2	97	147159	2605	52	65850	1960
H_3	76	174034	7644	57	103532	3011
H_4^1	79	116418	7030	47	107245	2781
H_4^2	55	108651	8407	23	33310	2250
合计	307	546262	26086	179	309937	10002

4. 局部裂缝不发育区，酸化压裂降低水井井口注入压力

在 H_4^1 和 H_4^2 层显裂缝不发育的地区，由于基质渗透率低，井口注入压力高，注水井井口压力在 10MPa 左右，由于注水井实际能提供泵压经常低于 10MPa，受现场泵压限制，水注不进去，长期处于欠注状态。地层压力下降，产液能力下降。对水井进行酸化、压裂改造，提高近井地带的渗透率，降低井口压力，增强注水。为了增强注水，对 8 口注入压力高的水井进行酸化和压裂措施，提高近井地带的渗透性，降低井口注入压力（表 7-2-7）。

表 7-2-7　水井增注效果对比表

井号	增注日期	增注前压力（MPa）		增注后压力（MPa）	
		油管压力	套管压力	油管压力	套管压力
H1391	2000.6	10.5	10.8	8.7	8.3
H1393	1999.8	10.1	10	6.0	5.5
H1470	2000.7	11	10.6	0.8	3.8
H1476	2000.9	10.7	10.6	8.5	8.0

5. 完善注采系统，平面完善注采井网，剖面提高连通性

为进一步完善注采井网，把一批油井投注。自火烧山油田开发以来，在设计水井外累计共采转注 29 口井（表 7-2-8），完善了注水井网，对地层能量的补充起了重要作用。低渗透油藏井距过长，单井控制储量过大，不利于注水开发，为了提高油田的采油速度和最终采收率，在 1996—1998 年对 H_4^1 和 H_4^2 层进行加密调整。使全区油水井布局合理，使注水达到点弱面强的效果，使注水开发取得了好的效果。

表 7-2-8　火烧山油田完善注采井网工作量表

层位	H_2	H_3	H_4^1	H_4^2	合计
转注井数（口）	3	17	6	3	29
水井补层井数（口）	7	11	8	4	30

在生产过程中，根据水井的电测曲线确定出水井的物性，再结合相关油井的岩性，对相关水井进行补层，来提高油水井的连通性，提高水井的水驱波及面积。对于恢复地层能力，提高油井剖面动用度和产液能力起到了重要作用，大幅度提高水驱效果。开发至 2002 年 12 月，火烧山油田累计对 30 口水井进行补层，极大提高了油水井的对应关系。

第三节　深化治理系统调整对策及措施

一、有利调整区域选取

火烧山油田 H_4^1 层深化治理系统调整方案及措施按照一定步骤和思路进行。首先依据：资料 1 火烧山油田 H_4^1 层储量计算与数值模拟结果；资料 2 注采井位图；资料 3 测井研究成果有利剩余油区域；资料 4 精细油藏描述有利剩余油区域；资料 5 各层储量动用情况数值模拟成果；资料 6 各注水井注水情况统计；资料 7 数值模拟所得剩余油分布等资料选取有利调整区域。

有利调整区域筛选的具体步骤如下：

第一步：利用资料 7 和资料 5 确定有利的剩余油区域（一个层可能含有多个有利区域）。

（1）统计可采剩余油丰度不小于 $0.1\times10^6\text{m}^3/\text{km}^2$、面积不小于 0.1km^2（约一个井网单元面积），形状必须至少能容纳一个 250m×250m 或 200m×300m 矩形的区域，共 27 个：

①H_4^{1-1} 层 H1457 和 H011 井间；②H_4^{1-1} 层 H2444 井区；③H_4^{1-1} 层 H1468 井区；④H_4^{1-1} 层 H1467 和火 11 井间；⑤H_4^{1-2} 层 H221 和 H1433 井间；⑥H_4^{1-2} 层 H1434 井区；⑦H_4^{1-2} 层 H003 和 H1452 井间；⑧H_4^{1-2} 层 H008 和 H1471 井间；⑨H_4^{1-2} 层 H1470 和 H1477 井间；⑩H_4^{1-2} 层H1447 和 H1438 井间；⑪H_4^{1-2} 层 H1447 和 H1455 井间；⑫H_4^{1-2} 层 H1467 和火 11 井间；⑬H_4^{1-2} 层 H1484 和 H1488 井间；⑭H_4^{1-2} 层 H1491 和 H1487 井间；⑮H_4^{1-2} 层 H1482 和 H065 井间；⑯H_4^{1-3} 层 H1414 和 H1415 井间；⑰H_4^{1-3} 层 H1434 和 H1443 井间；⑱H_4^{1-3} 层 H001 和 H2436 井间；⑲H_4^{1-3} 层 H1420 和 H1411 井间；⑳H_4^{1-3} 层 H1428A 和 H1439 井间；㉑H_4^{1-3} 层 H1449 井区；㉒H_4^{1-3} 层 H2445 井区；㉓H_4^{1-3} 层 H1467 和火 11 井间；㉔H_4^{1-3}

层 H1460 井区；㉕H_4^{1-3} 层 H1466 和 H1474 井间；㉖H_4^{1-3} 层 H1483 和 H1484 井间；㉗H_4^{1-3} 层 H1482 和 H065 井间。

（2）在（1）中统计含油饱和度≥50%且面积不小于 0.1km^2（约一个井网单元面积），并且至少能容纳一个 250m×250m 或 200m×300m 方形面积的区域，共 18 个：

①H_4^{1-1} 层 H1457 和 H011 井间；②H_4^{1-1} 层 H2444 井区；③H_4^{1-1} 层 H1467 和火 11 井间；④H_4^{1-2} 层 H221 和 H1433 井间；⑤H_4^{1-2} 层 H1434 井区；⑥H_4^{1-2} 层 H008 和 H1471 井间；⑦H_4^{1-2}层 H1470 和 H1477 井间；⑧H_4^{1-2} 层 H1447 和 H11438 井间；⑨H_4^{1-2} 层 H1447 和 H1455 井间；⑩H_4^{1-2} 层 H1467 和火 11 井间；⑪H_4^{1-2} 层 H1484 和 H1488 井间；⑫H_4^{1-3} 层 H1434 和 H1443 井间；⑬H_4^{1-3} 层 H001 和 H2436 井间；⑭H_4^{1-3} 层 H1420 和 H1411 井间；⑮H_4^{1-3} 层H1428A 和 H1439 井间；⑯H_4^{1-3} 层 H2445 井区；⑰H_4^{1-3} 层 H1467 和火 11 井间；⑱H_4^{1-3} 层 H1483 和 H1484 井间。

第二步：找出现有井网没有开采的区域。

将第一步（2）中所有区域与注采井位图对比可得无井开采区域，共 10 个：

①H_4^{1-1} 层 H1457 和 H011 井间；②H_4^{1-1} 层 H1467 和火 11 井间；③H_4^{1-2} 层 H221 和 H1433 井间；④H_4^{1-2} 层 H008 和 H1471 井间；⑤H_4^{1-2} 层 H1447 和 H11438 井间；⑥H_4^{1-2} 层 H1467 和火 11 井间；⑦H_4^{1-3} 层 H1434 和 H1443 井间；⑧H_4^{1-3} 层 H1420 和 H1411 井间；⑨H_4^{1-3}层 H1428A 和 H1439 井间；⑩H_4^{1-3} 层 H1467 和火 11 井间。

第三步：找出现有井网无法控制的区域。

将第二步所得区域与资料 2 对比便可找出现井网无法控制的区域。这些区域将是有利的新井开发区域，共有 5 个：

①H_4^{1-1} 层 H1457 和 H2437 井间；②H_4^{1-1} 层 H1467 和火 11 井间；③H_4^{1-2} 层 H221 和 H1432 井间；④H_4^{1-2} 层 H1467 和火 11 井间；⑤H_4^{1-3} 层 H1467 和火 11 井间。

二、强注限采对策

为了考察温和采液和加强注水生产开发方式的生产效果，设计以下方案：

方案 1-1，利用现有井网，保持当前采油井的采液量，自 2004 年 3 月采用 1.2 的注采液量比注水，待地层压力恢复至饱和压力附近时，采用 1∶1 的注采比生产，生产井底流压下限始终维持 1MPa；

方案 1-2，利用现有井网，保持当前采油井的采液量，自 2004 年 3 月采用 1.3 的注采液量比注水，待地层压力恢复至饱和压力附近时，采用 1∶1 的注采比生产，生产井底流压下限始终维持 1MPa；

方案 1-3，利用现有井网，保持当前采油井的采液量，自 2004 年 3 月采用 1.4 的注采液量比注水，待地层压力恢复至饱和压力附近时，采用 1∶1 的注采比生产，生产井底流压下限始终维持 1MPa；

方案 1-4，利用现有井网，保持当前采油井的采液量不变，自 2004 年 3 月，采用 1.5 的注采液量比注水，待地层压力恢复至饱和压力附近时，采用 1∶1 的注采比生产，生产井底流压下限始终维持 1MPa；

方案 1-5，利用现有井网，保持当前采油井的采液量，自 2004 年 3 月采用 1.6 的注采液量比注水，待地层压力恢复至饱和压力附近时，采用1:1的注采比生产，生产井底流压下限始终维持1MPa。

三、生产井周期采油对策

选定2004年3月含水率达到80%以上、日产油量在1t或以下，或者因水淹等原因已被关闭的生产井，进行周期采油模拟试验。

按时间间隔共设计5种间采方案：

方案2-1，采6个月停6个月为一个周期；

方案2-2，采6个月停3个月为一个周期；

方案2-3，采3个月停3个月为一个周期；

方案2-4，采3个月停1个月为一个周期；

方案2-5，采1个月停1个月为一个周期。

四、井网改善对策

调整区域为西部裂缝发育带，该区域在以往的开发调整中，无论是调剖还是堵水，效果都不理想，主要原因是该地区裂缝发育，局部地区存在比较大的裂缝，一般的堵剂很难封堵，在强制堵住裂缝防止水窜不成功的情况下，可以换一种思路，改堵裂缝为利用裂缝，采取转注该水线上油井为注水井的办法，即在该局部区域改面积注水为排状注水。

H1456井、H1467井和H1482井均位于裂缝发育带上，在H1448井、H1461井和H1474井转注后，在很短的时间内，含水急剧上升。分析是由于裂缝的存在造成水窜。这样不仅使采油井含水急剧上升，而且使注水井的驱油面积变小，影响驱油效果。因此，可以考虑转注H1456井、H1467井和H1482井，与H1448井、H1461井和H1474井在该裂缝发育带上形成注水井排，使注入水均匀的流向注水井排两侧的生产井。

转注H1456井、H1467井和H1482井，设单井日注水40m^3，使这3口井以及H1448井、H1461井和H1474井在裂缝发育带形成注水井排，保持目前的注采比生产。

五、打新井对策

选取有利新井区域，即现有井别调整后仍然无井控制的有利剩余油区域，共5个：

（1）H_4^{1-1}层H1457井和H2437井间；（2）H_4^{1-1}层H1467井和火11井间；（3）H_4^{1-2}层H221井和H1432井间；（4）H_4^{1-2}层H1467井和火11井间；（5）H_4^{1-3}层H1467井和火11井间。

针对选出的有利新井区域，进行以下调整：

1. H_4^{1-1}层、H_4^{1-2}层、H_4^{1-3}层——H1467井和火11井间

在H1461井和H1467井连线方向发育裂缝。由于裂缝影响，H1461井注水后，H1467井水淹，水驱效果差，在裂缝两侧形成剩余油。另外，油藏精细描述表明，在H1468井和火11井连线西南方向发育一断层，且断层不连通，使得注水井H1461井对油井H1468井无效，因此导致该区剩余油富集。

建议解决方案：在H1467井和火11井连线上（H1467井北西向10°，距H1467井

250m 处）布一口直井，同时兼顾层 H_4^{1-1} 层、H_4^{1-2} 层和 H_4^{1-3} 层。

2. H_4^{1-1} 层——H1457 井和 H2437 井间

H1457 井和 H2437 井之间油藏描述解释厚度达 10m，含油丰度高，有一定开采潜力，油藏描述表明，该区裂缝不发育，基质渗透性差（只有 2mD）。

建议解决方案：在 H1457 井北东向 40°，距 H1457 井 250m 处布一口直井，实施压裂措施后，开采 H_4^{1-1} 小层。

3. H_4^{1-2} 层——H221 井和 H1432 井间

考虑在 H_4^{1-2} 小层 H221 井和 H1433 井之间有一定区域的储量未动用，从油藏描述解释，有效厚度近 10m，含油丰度高。

建议解决方案：在 H1432 井北西向 25°，距 H1432 井 250m 处布一口直井。开采 H_4^{1-2} 小层。

六、交替注采对策

火烧山油田 H_4^1 层目前主要注采矛盾有两个：一是需要加大注采强度，才能驱动剩余油，提高采油速度和采收率；二是因裂缝影响，部分注采井间已形成水线，油水井同时加大注采量只能引起更高含水率，弊大于利或有害无益。

建议解决方案：交替强化注采。交替注采的特点是采时不注、注时不采，发挥最大注采能力，强注强采。

依据上述分析结果，对全区所有日产液小于 10t 的采油井及其对应的注水井进行交替注采模拟生产试验，全部油井采液总量保持不变，全部注水井注水总量保持不变。具体为油井连续采油 3 个月，此时注水井停注，之后关闭油井，注水井注水一个月。

第四节　H_3 层深化治理系统调整对策研究及措施

火烧山油田 H_3 油藏裂缝最为发育，前期治理措施次数多，规模最大，油藏变化大。因此，在进行其深化治理前，弄清目前油藏合理开发技术政策，是保证深化治理成功的关键。

一、中期综合治理后开发技术政策研究

1. 合理注采井数比

油田在长期含水产出过程中，所产出的液量要与注水井所能提供的水量相适应，特别在中高含水期，如果注水量难以适应油井产出液量的增加，油田的稳产也就难以保持，这已为理论和实践所证明。油田处于含水阶段的日产液量可用下式表达：

$$Q_L = n_o J_{oi} J_{or} (\bar{p}_r - p_{wf})(B_o/\gamma_o + R_{wo}) \tag{7-4-1}$$

式中　Q_L——油田含水阶段的日产液量，m^3/d；

n_o——油田的油井数，口；

J_{oi}——见水前油井采油指数，t/(MPa · d)；

J_{or}——比采油指数；

$\bar{p}_r$——某时刻油田平均地层压力，MPa；

p_{wf}——油井的流动压力，MPa；

B_o——原油体积系数；

γ_o——原油密度，g/cm^3；

R_{wo}——水油比。

油田的日注水量可表达为：

$$Q_w = n_w q_w = n_w(p_{wi} - \bar{p}_r)/(p_{wi} - \bar{p}_{ro})q_{wi} \tag{7-4-2}$$

按照注采比的定义，有：

$$Q_w = R_{ip}Q_L \tag{7-4-3}$$

式中　n_w——油田注水井数，口；

q_w——单井注水井某时刻稳定注水量，m^3/d；

Q_w——油田的日注水量，m^3/d；

p_{wi}——注水井初始流动压力，MPa；

$\bar{p}_{ro}$——注水初期平均地层压力，MPa；

q_{wi}——单井注水初期稳定注水量，m^3/d；

R_{ip}——注采比。

将式（7-4-1）和式（7-4-2）代入式（7-4-3），得：

$$n_w(p_{wi} - \bar{p}_r)/(p_{wi} - \bar{p}_{ro})q_{wi} = R_{ip}n_oJ_{oi}J_{or}(\bar{p}_r - p_{wf})(B_o/\gamma_o + R_{wo}) \tag{7-4-4}$$

从油水井数比定义有 $R=n_o/n_w$，这样，式（7-4-4）可以写成：

$$R = \frac{n_o}{n_w} = \frac{q_{wi}(p_{wi} - \bar{p}_r)}{p_{wi} - \bar{p}_{ro}} \frac{1}{R_{ip}n_oJ_{oi}J_{or}(\bar{p}_r - p_{wf})(B_o/\gamma_o + R_{wo})} \tag{7-4-5}$$

化简式（7-4-5），解出任意时刻的平均地层压力为：

$$\bar{p}_r = \frac{R_{ip}n_oJ_{oi}J_{or}R(p_{wi} - \bar{p}_{ro})(B_o/\gamma_o + R_{wo})p_{wf} + q_{wi}p_{wi}}{R_{ip}n_oJ_{oi}J_{or}R(p_{wi} - \bar{p}_{ro})(B_o/\gamma_o + R_{wo}) + q_{wi}} \tag{7-4-6}$$

从式（7-4-6）可知，一个油田所需保持的地层压力大小受多种因素制约，但有数量界限可寻，它决定于油井产能特性参数（J_{oi}，J_{or}，p_{wf}），也决定于注水井的注水特性参数（q_{wi}，p_{wi}，$p_{wi}-\bar{p}_{ro}$），注采井网特性参数（R），流体特性（B_o，γ_o）以及人工控制特性参数（R_{ip}）和相应的注水开发阶段参数（R_{wo}）。不同的油田可以按照式（7-4-6），在不同开发阶段确定相应的注水保持地层压力的数量界限，以达到有效地利用地层能量的目的。

将式（7-4-6）代入式（7-4-1），得到油田的日产液量：

$$Q_L = n_oJ_{oi}J_{or}(B_o/\gamma_o + R_{wo})\left[\frac{R_{ip}n_oJ_{oi}J_{or}R(p_{wi} - \bar{p}_{ro})(B_o/\gamma_o + R_{wo})p_{wf} + q_{wi}p_{wi}}{R_{ip}n_oJ_{oi}J_{or}R(p_{wi} - \bar{p}_{ro})(B_o/\gamma_o + R_{wo}) + q_{wi}} - p_{wf}\right] \tag{7-4-7}$$

将式（7-4-7）中油井数用注水井数和油水井数比的表达关系式代入，得到：

$$Q_L = \frac{Rn_t}{1+R} J_{oi} J_{or} (B_o/\gamma_o + R_{wo}) \left[\frac{R_{ip} n_o J_{oi} J_{or} R(p_{wi} - \bar{p}_{ro})(B_o/\gamma_o + R_{wo}) p_{wf} + q_{wi} p_{wi}}{R_{ip} n_o J_{oi} J_{or} R(p_{wi} - \bar{p}_{ro})(B_o/\gamma_o + R_{wo}) + q_{wi}} - p_{wf} \right] \tag{7-4-8}$$

式中　n_t——油田总井数（含注水井和采油井），口。

$$C = R_{ip} J_{oi} J_{or} (p_{wi} - \bar{p}_{ro})(B_o/\gamma_o + R_{wo}) \tag{7-4-9}$$

故式（7-4-8）可简写为：

$$Q_L = \frac{Rn_t}{1+R} J_{oi} J_{or} (B_o/\gamma_o + R_{wo}) \left[\frac{CRp_{wf} + q_{wi} p_{wi}}{CR + q_{wi}} - p_{wf} \right] \tag{7-4-10}$$

式（7-4-10）对 R 求偏导数，令其等于 0 并简化得：

$$(CR + w_{wi})(q_{wi} p_{wi} - q_{wi} p_{wf}) + (1+R)[Cq_{wi}(p_{wf} - p_{wi})] = 0 \tag{7-4-11}$$

进一步化简式（7-4-11）得到：

$$q_{wi} = CR^2 \tag{7-4-12}$$

将式（7-4-9）代入式（7-4-12），有：

$$R = \sqrt{q_{wi} / [R_{ip} J_{oi} J_{or} (p_{wi} - \bar{p}_{ro})(B_o/\gamma_o + R_{wo})]} \tag{7-4-13}$$

由式（7-4-13）可知，一个油田的合理油水井数比（R）取决于注水井的吸水能力以及采油井的生产能力及其相应的流体特性；由于比采油指数（J_{or}）和油水比（R_{wo}）成相反的方向变化，将不能构成对 R 的影响，注采比（R_{ip}）一般控制在 1.0 左右，也不能对 R 产生影响。因此，一个油田注采开发时，其合理的油水井数比 R 是唯一的。值得注意的是式（7-4-13）的数据，可以根据油田试注和试采初期的资料或者采用试验区的资料求得。只要油水井数比 R 确定以后，选用什么样的注采井网就基本确定下来（表 7-4-1）。

表 7-4-1　H_3 油层注采井数比

区域	采油指数	平均初期注水量（10^4m^3）	注水压力（MPa）	计算注采井数比
东南区	1	39.4	18.19	1.00
西南区	8	43.3	17.1	0.65
东北区	10①	39	16.58	0.60

①未做措施前的采油指数。

2. 合理井网密度

合理的井网可最大限度地开采油层，提高经济效益，因此，合理的井网密度是油藏开发的必要条件之一。

1）井网密度与水驱控制程度的关系

油水井连通厚度占总钻遇厚度的比值称为水驱控制程度，通过计算水驱控制程度可以评价井网及其相应的注水方式对油层储量的控制程度，确定注水方式和井网密度对油砂体的适应性。水驱控制程度表达式为：

$$\lambda = 1 - \frac{1}{M^{1/2}}\exp\frac{-0.635C_o}{\omega d^2} \tag{7-4-14}$$

式中　λ——水驱控制程度；

M——注采井数比；

C_o——油砂体面积（或流动单元面积），m^2；

ω——井网系统单井控制面积与井距平方间的换算系数；

d——平均井距，m。

四点法井网系统 $\omega=0.866$；五点法与九点法井网系统 $\omega=1.0$。对于形状不规则的井网系统，需要对与注采井数比有关的井网面积修正系数和平均井距进行修正。

$$\omega = 0.134M^{-2} - 0.536M^{-1} + 1.402 \tag{7-4-15}$$

其中：

$$M=n_w/n_o$$

式中　n_w——注水井井数；

n_o——采油井井数；

M——注采井数比。

设油藏井网密度为 S（井/km²），开发层系为 n 套，则平均注采井距为：

$$d = [n(n_o + n_w)/(n_w\theta S)]^{1/2} \tag{7-4-16}$$

其中 θ 为井组修正系数，可表达为：

$$\theta = 0.4M^{-2} - 0.6M^{-1} + 2.2 \tag{7-4-17}$$

利用式（7-4-16），根据 H_3 油藏实际情况进行参数取值（砂体面积较大，可取 0.5~0.75km²），计算水驱控制程度与不同注采井数比、井网密度的关系（图 7-4-1）。

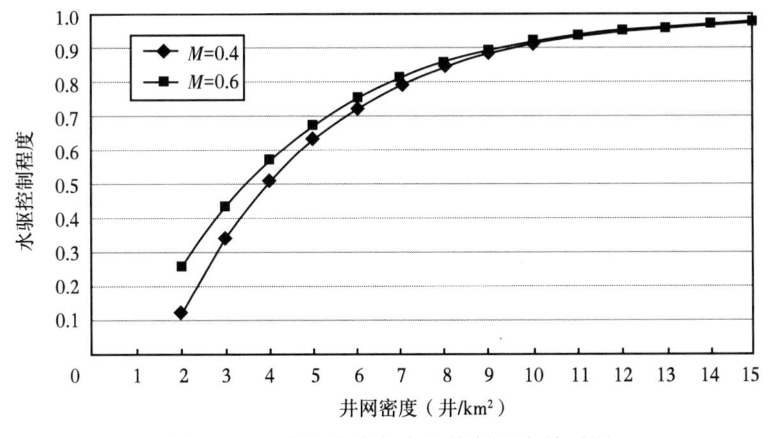

图 7-4-1　井网密度与水驱控制程度关系图

由图 7-4-1 看出：若保持注采井数比不变，水驱控制程度随着井网密度的增加不断增大；当井网密度超过某一限度后，水驱控制程度随井网密度的增加越来越小；这说明进行井网加密存在着一个合理井网密度，可以看出，这个极限约为 12 井/km²。在井网密度不变的情况下，随着注采井数比的增加，水驱控制程度逐渐增加，但增加幅度逐渐减小。因此，进行井网加密时，井网密度不能超过密度极限，同时应该选择合理的注采井数比。

2）井网密度与油藏采收率的关系

在不同注采井数比下，井网密度与油藏采收率关系为：

$$R = E_{\mathrm{D}} \mathrm{e}^{-BS^{-1}M^{-1.5}} \tag{7-4-18}$$

式中 R——水驱采收率，取水驱极限采收率 0.386；

E_{D}——极限水驱油效率，取值 0.486；

B——计算参数，取值 0.616；

S——井网密度，井/km^2；

M——注采井数比。

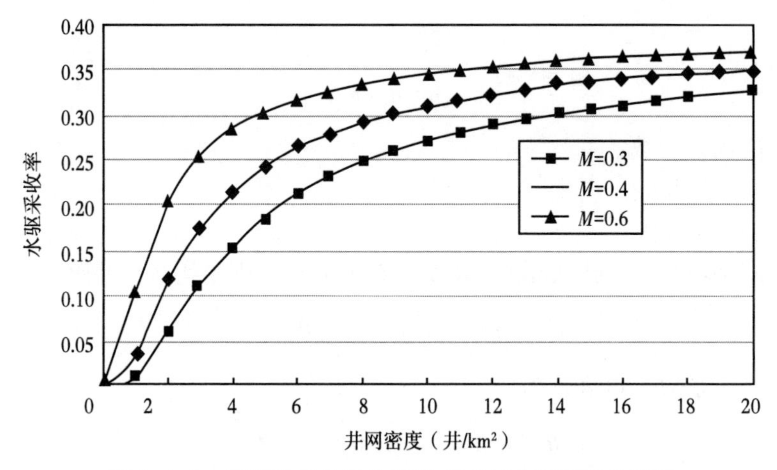

图 7-4-2 不同注采井数比下采收率与井网密度关系图

利用上述公式，根据 H_3 油藏目前开发情况进行各参数取值，计算油藏采收率与不同注采井数比、井网密度的关系（图 7-4-2）。

由图 7-4-2 可以看出，在注采平衡条件下，随着井网密度的加大，注采井数比的增加，采收率也逐步增大，反之，逐步减小；但两者在数值增长过程中造成采收率增长的幅度在逐步变小。从油藏目前的井网密度到预计井网密度下，油藏水驱储量变化及最终采收率变化（表 7-4-2）。

表 7-4-2 H_3 油藏不同井网密度下水驱控制储量计算结果表

指标 \ 井网密度	2008 年 S=7.0 口/km^2			预计 S=10.0 口/km^2		
原始地质储量（10^4t）	1820			1820		
注采井数比	0.40	0.50	0.60	0.40	0.50	0.60
水驱控制程度（%）	79.3	79.4	81.2	91.3	91.0	91.8
采收率（%）	23.1	27.9	32.7	27.2	31.0	34.6

注：油砂体面积取 0.5km^2。

根据 H_3 油藏的实际情况，注采井数比在高含水期调到 0.5 附近比较适宜。从表 7-4-2 可知，从油藏目前的井网密度加密到预计井网密度时，水驱控制程度可提高约 10.0%，提高水驱控制储量约 220.0×10^4t，最终采收率提高约 3.48%，具有一定的加密潜力。

3）胡斯努林改进法

一般来说，在满足一定经济效益的前提下，应该采用合理密度的井网，最大限度地控制油层储量。在井网部署当中，加密井网有利于：

（1）提高油层内部低渗透区域的波及系数及程度。由于油层内部的非均质性，注水开发时，一部分低渗透条带，注水波及不利区块，加密后加大了注采压差，提高了驱替压力梯度，可以改善这部分区域的注水波及程度。

（2）加强不吸水层或吸水少层的开发。在多油层的油藏中，因层间干扰，一些低渗透层不吸水或吸水很少，加密后可以着重对这部分不吸水层进行注水，提高注入水的波及系数。

根据胡斯努林法改进和完善的公式：

$$E_r = [0.698 + 0.16625\lg(K/\mu_o)]\,e^{-\frac{0.792}{n}(K/\mu_o)^{-0.253}} \tag{7-4-19}$$

式中　E_r——最终采收率；

n——井网密度，井/km²；

K——有效渗透率，D；

μ_o——地下原油黏度，mPa·s。

要使井网密度达到经济上合理，应防止井网过密或过稀，避免造成不合理投资或最终采收率降到经济合理界限以下。

合理井网密度为单位面积（1km²）加密到最后一口井时的井网密度，在这个井网密度条件下，最后一口加密井新增可采储量的价值等于这口井基本建设总投资和投资回收期内操作费用的总和，由此则有：

$$\Delta E_r\cdot V = V[(0.698 + 0.16625\lg(K/\mu_o)][e^{-\frac{0.792}{n+1}(K/\mu_o)^{-0.253}} - e^{-\frac{0.792}{n}(K/\mu_o)^{-0.253}}] \tag{7-4-20}$$

式中　V——单位面积储量，10^4t/km²；

$\Delta E_r\cdot V$——每平方千米新增可采储量。

由此，便可在计算机上根据表 7-4-3 中的参数，用试算法求得合理井网密度（表 7-4-4），再代回式（7-4-20）便可反求出经济合理采收率。

表 7-4-3　井网密度计算参数

区域	有效渗透率（mD）	原油地下黏度（mPa·s）	原始地质储量（10^4t）	布井面积（km²）
东南区	9.42	8.6	1820	27.5
西南区	61.31	8.6	1820	27.5
东北区	87.54	8.6	1820	27.5

表 7-4-4　不同油价下不同介质区域井网密度

区域	井网密度（井/km²）			
	2000 元/t	3000 元/t	4000 元/t	5000 元/t
东南区	12	14	16	19
西南区	13	15	17	20
东北区	13	15	17	20

4）谢尔卡乔夫法

针对油藏开发特点及潜力分布，必须从整体上测算油田开发中的各项技术经济指标，其中合理井网密度是判断该井网下是否能在投资回收期内尽快收回投资，获得最佳效益；当油田井网达到极限井网密度时，则从整体上讲不宜再钻井。

苏联谢尔卡乔夫将最终采收率 R_e 随井网密度 S 的变化关系表达为：

$$R_e = E_d e^{-B/S} \tag{7-4-21}$$

式中　B——井网指数，取值为 2.7516；

S——井网密度；井/km²；

E_d——驱油效率，取值为 0.537。

由式（7-4-21）可知：原油最终采收率随着井网密度的加大将增加。原油最终采收率反映了总的产出或收入，井网密度反映了总的投入或支出；总的利润等于总收入减去总支出，它表示经济效益的大小随着井网密度变化而变化。当总收入减去总支出达到最大时，经济效益最佳，这时所对应的井网密度为合理井网密度；当总收入等于总支出时，即总利润为零时，所对应的井网密度为极限井网密度。

将上述公式两端乘以 N_o 和 P_r，则变为：

$$N_o P_r R_e = N_o P_r E_D e^{-B/S} \tag{7-4-22}$$

式中　N_o——油田地质储量，取值为 1820×10^4t；

P_r——原油价格，取 2000 元/t。

该式左端表示某一井网密度下，最终能采出原油总量的总价值。另外，油田总投资 M（包括钻井费、地面建设费和开发管理费等）可近似看作与井数成正比：

$$M = nP_w = A_o S P_w \tag{7-4-23}$$

式中　M——油田总投资，元；

A_o——油田含油面积，取值为 27.5km²；

n——井数，口；

P_w——平均单井总投资，取值为 400 万元/口。

总的收入（$N_o P_r R_e$）减去总的支出（M）达到最大时，应遵循以下微分关系：

$$\frac{d(N_o P_r R_e - M)}{dS} = 0 \tag{7-4-24}$$

整理后得合理井网密度计算关系式为：

$$B/S = \ln[(N_o P_r E_d B)/(A_o P_w S^2)] \quad (7-4-25)$$

当总的收入等于总的支出时，即总利润为零时有：

$$NP_r R_e - M = 0 \quad (7-4-26)$$

将式（7-4-26）微分后，得极限井网密度计算公式为：

$$B/S = \ln[(N_o P_r E_d B)/(A_o P_w S)] \quad (7-4-27)$$

据式（7-4-27）和参数取值，用试算法给出了油藏合理的井网密度（表7-4-5）。

考虑到不同方法的适用性和参数的敏感性以及油藏的实际情况，胡斯努林改进法与谢尔卡乔夫核算的井网密度相差不多，前者稍为合理一些。由于油田已进入开发后期，不再适合大规模打新井，因此，下步工作重点应放在井网的完善和加密上，不是整体加密。

表7-4-5 火烧山 H_3 油藏井网密度表

区 域	井网密度（井/km²）			
	2000元/t	3000元/t	4000元/t	5000元/t
东南区	11	13	15	18
西南区	13	15	16	19
东北区	12	14	16	19

根据以上分析，认为本区的合理井网密度为9~12井/km²（表7-4-6）。

表7-4-6 H_3 油层合理井网密度

区域	计算注采井数比	计算井网密度（井/km²）
东南区	1.00	12
西南区	0.65	10
东北区	0.60	9

3. 合理注采比

1）分区研究 H_3 油藏合理注采比

（1）理论模型。

依据油藏描述、生产动态、数值模拟结果，可将研究区划分为东北、西南、东南3个区。不同区域，其裂缝发育、生产特征、剩余油丰度不同。

东北区是大裂缝发育区域，即油水井之间一般都存在有大裂缝，因此在研究东北区时，建立的是具有大裂缝的数值模拟模型。由计算结果（图7-4-3）可以看出，由于该区的地层压力已回升到13MPa左右，因此该区的最佳注采比为0.9。

西南区的模型中裂缝分布均匀，油水井之间没有大裂缝，地层压力、注采比和采收率的关系见图7-4-3。因该区地层压力在12MPa左右，故该区的注采比在1左右最佳。从图7-4-3可以看出，随着注采比的增大，区域的采收率先增大后减小，采收率最高的点对应最优注采比。高注采比导致采收率下降的原因主要是油井含水过高，导致油井达到含水率极限而关井。

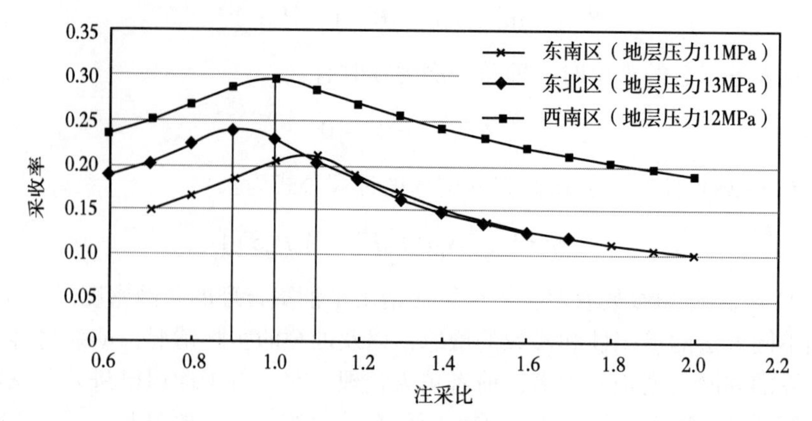

图 7-4-3　东北区不同压力下采出程度与注采比关系图

东南区的地层压力为 11~12MPa，因此该区的最佳注采比为 1.1。

当然，也注意到，这个注采比都是数值模拟计算结果，还不能反映实际油田无效注水的情况，因此还要根据实际生产情况进行调整。

（2）实际模型。

利用历史拟合以后的实际模型进行分区计算，对东北区、西南区和东南区分别尝试各种不同的注采比。由运算结果（图 7-4-4 至图 7-4-9）看出，3 个区的注采比均在 1.0 时最佳。

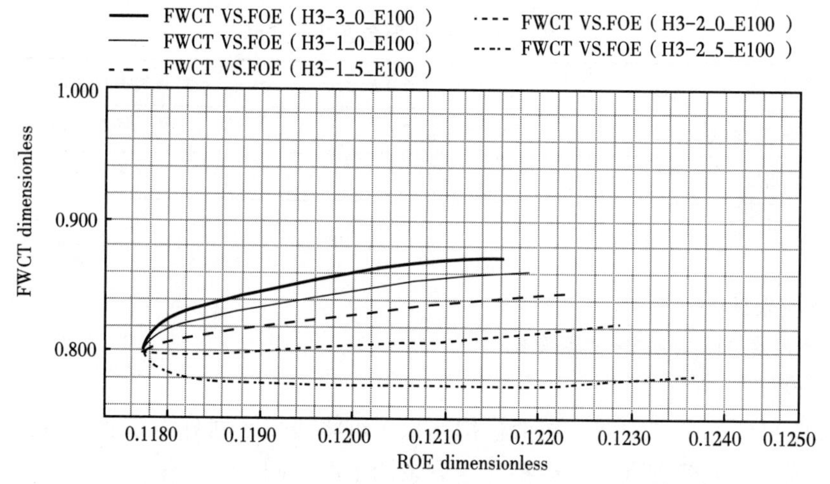

图 7-4-4　东北区含水率与不同注采比的关系曲线图

2）H_3 油藏实际注采比分析

全区年注采比和地层压力关系（图 7-4-10）显示，近年来，地层压力已经恢复到泡点压力附近，且近几年提高年注采比，地层压力没有明显升高。

按照分区，做出东北区、西南区和东南区的注采比和东北区的地层亏空情况图（图 7-4-11 至图 7-4-14），其中图 7-4-11 是东北区的地层亏空图，图 7-4-12 至图 7-4-14 分别是 3 个区的累计产油量与注采比关系对比图。

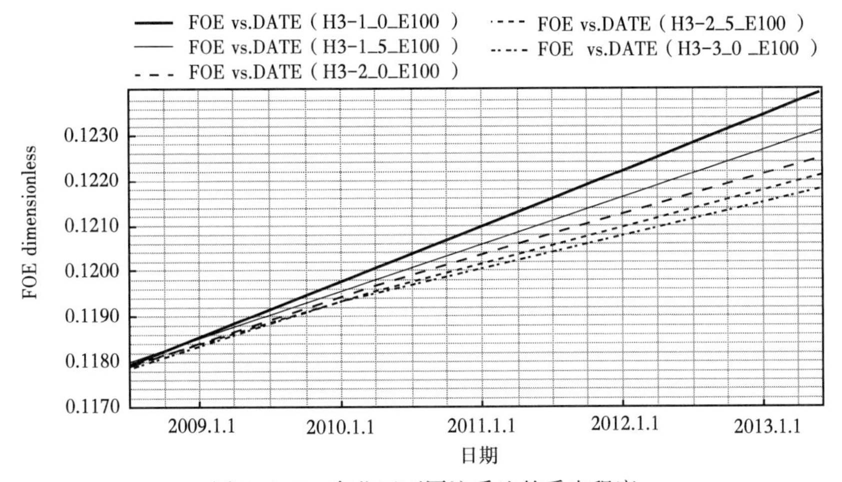

图 7-4-5　东北区不同注采比的采出程度

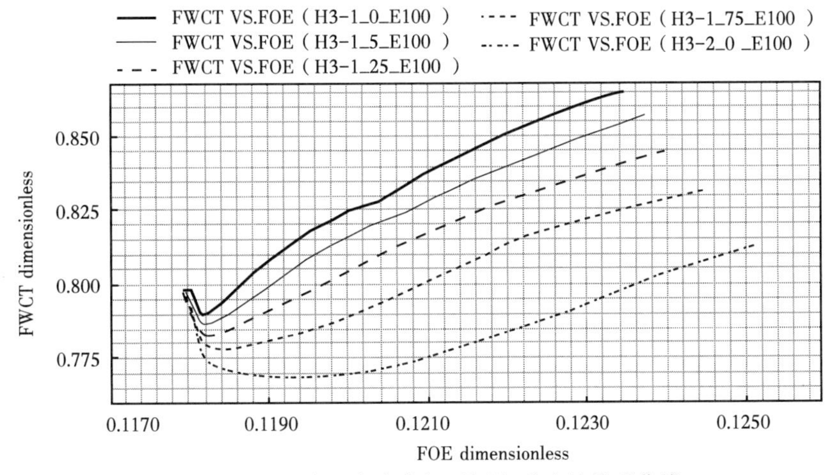

图 7-4-6　西南区含水率与不同注采比的关系曲线

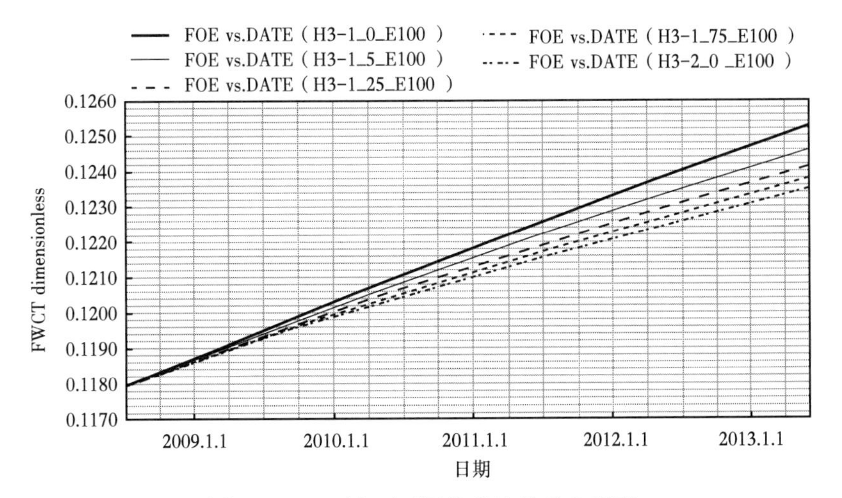

图 7-4-7　西南区不同注采比的采出程度

FWCT vs.FOE（H3-1_0_E100）
FWCT vs.FOE（H3-1_5_E100）
FWCT vs.FOE（H3-1_25_E100）
FWCT vs.FOE（H3-1_75_E100）
FWCT vs.FOE（H3-2_0 _E100）
注采比
含水率
0.750
0.775
0.800
0.825
0.850
0.1170
0.1180
0.1190
0.1200
0.1210
0.1220

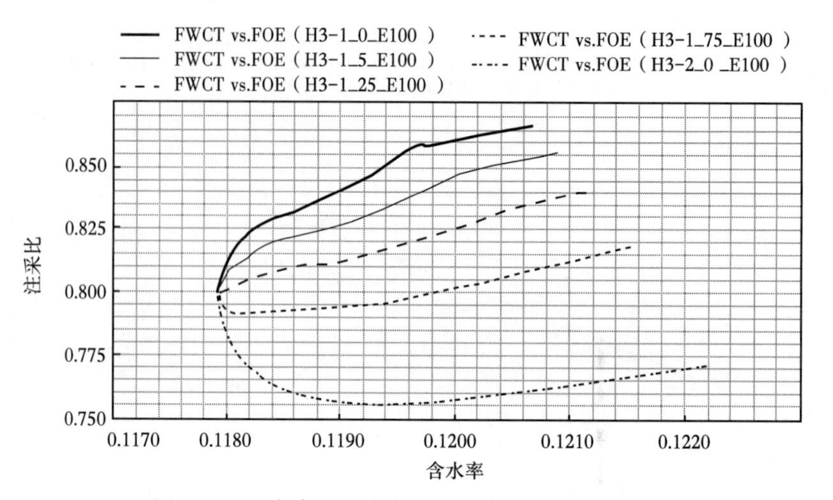

图 7-4-8 东南区含水率与不同注采比的关系曲线

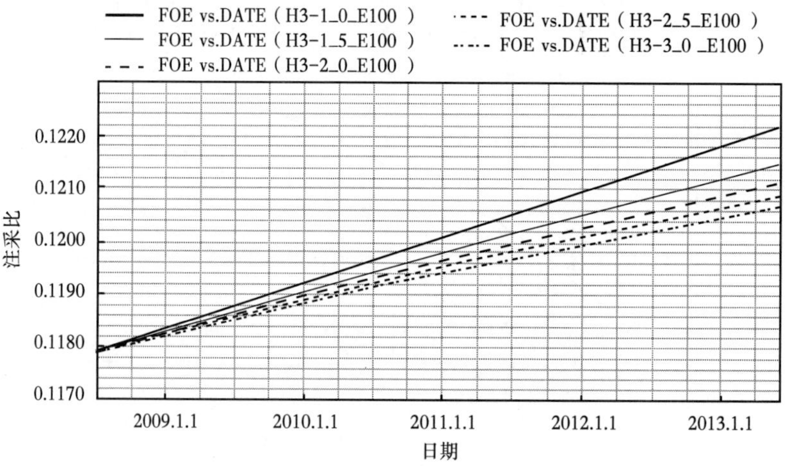

FOE vs.DATE（H3-1_0_E100）
FOE vs.DATE（H3-1_5_E100）
FOE vs.DATE（H3-2_0_E100）
FOE vs.DATE（H3-2_5_E100）
FOE vs.DATE（H3-3_0 _E100）
注采比
日期
0.1170
0.1180
0.1190
0.1200
0.1210
0.1220
2009.1.1
2010.1.1
2011.1.1
2012.1.1
2013.1.1

图 7-4-9 东南区不同注采比的采出程度

年注采比
累计注采比
地层压力
注采比
地层压力(MPa)
年份
0
0.5
1.0
1.5
2.0
2.5
0
2
4
6
8
10
12
14
16
1987
1990
1993
1996
1999
2002
2005
2008

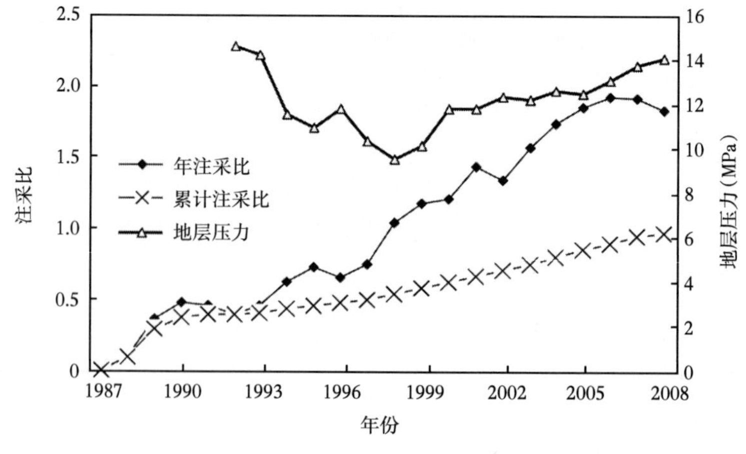

图 7-4-10 各年地层压力与注采比

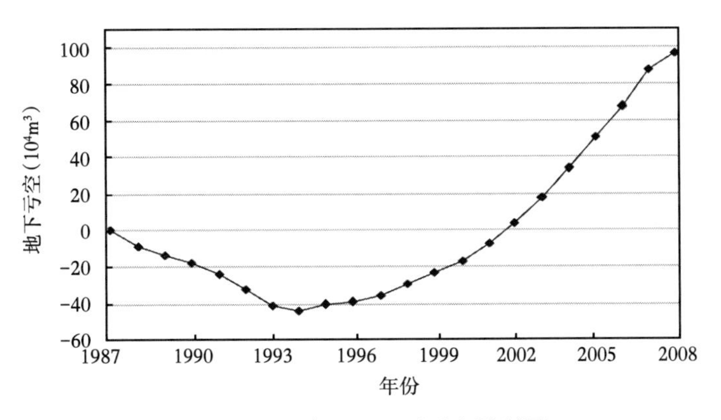

图 7-4-11　东北区地下亏空情况图

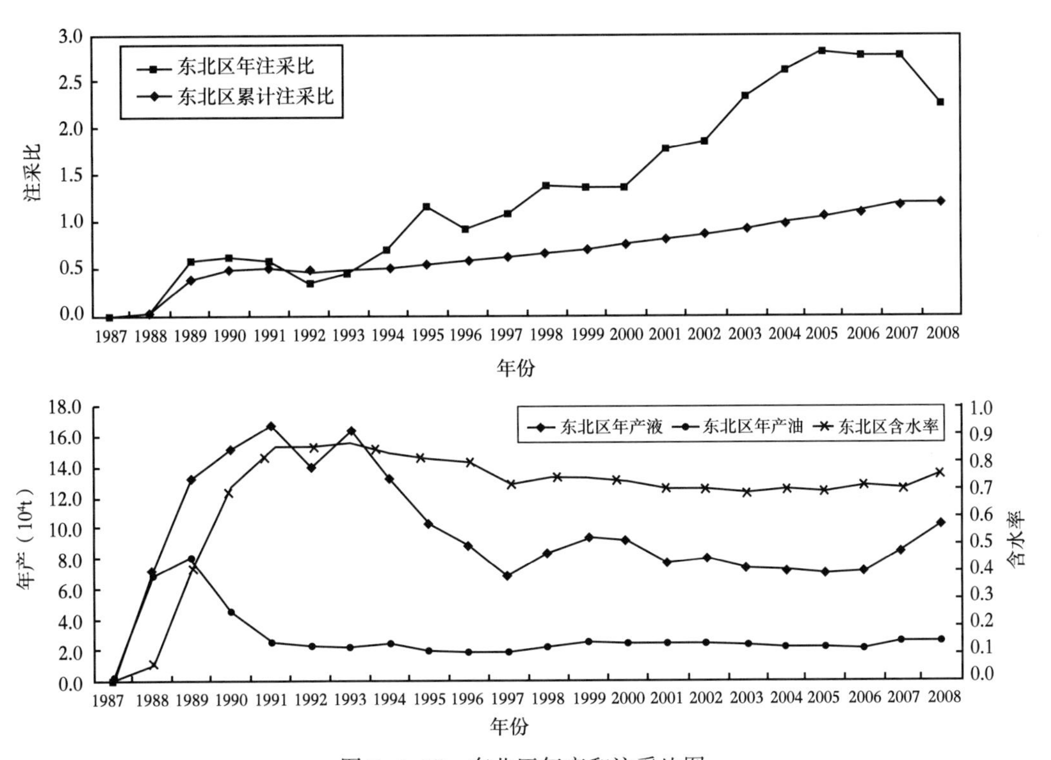

图 7-4-12　东北区年产和注采比图

从图 7-4-11 和图 7-4-14 中可以看出，东北区后几年的地层亏空达到了正值，但地层中不存在地层压力大于原始地层压力的情况，考虑到东北区裂缝最发育，且以高角度直劈缝为主，所以东北区肯定存在注入水窜到有效区域以外的现象。东北区的阶段注采比已经相当高（高达 2.0 以上）。该区的累计注采比也已经超过 1，从前面的分析中得知，该区的地层压力已经回升到 15MPa 左右，也说明该区的注入水量已经足够多。在高注采比的情况下，该区产液量比较高，但含水率也比较高，1992 年油藏开始规模注水之后，含水率一直在 70%以上，表明在裂缝强发育区，高注采比不能带来好的效益，反而因油井过早见水导致水淹而影响开发效果。在图 7-4-12 中，年注采比从 1.0 上升到 2.5，采液量、采油量与含水均没有显著变化，故建议该区合理注采比应保持在1.0左右。

2006年以来，西南区的年注采比（图7-4-13）保持在1.0左右，产油产水相对稳定，并且地层压力也在逐渐回升。表明该区注采比较合理，与数值模拟结论相符，建议继续保持。

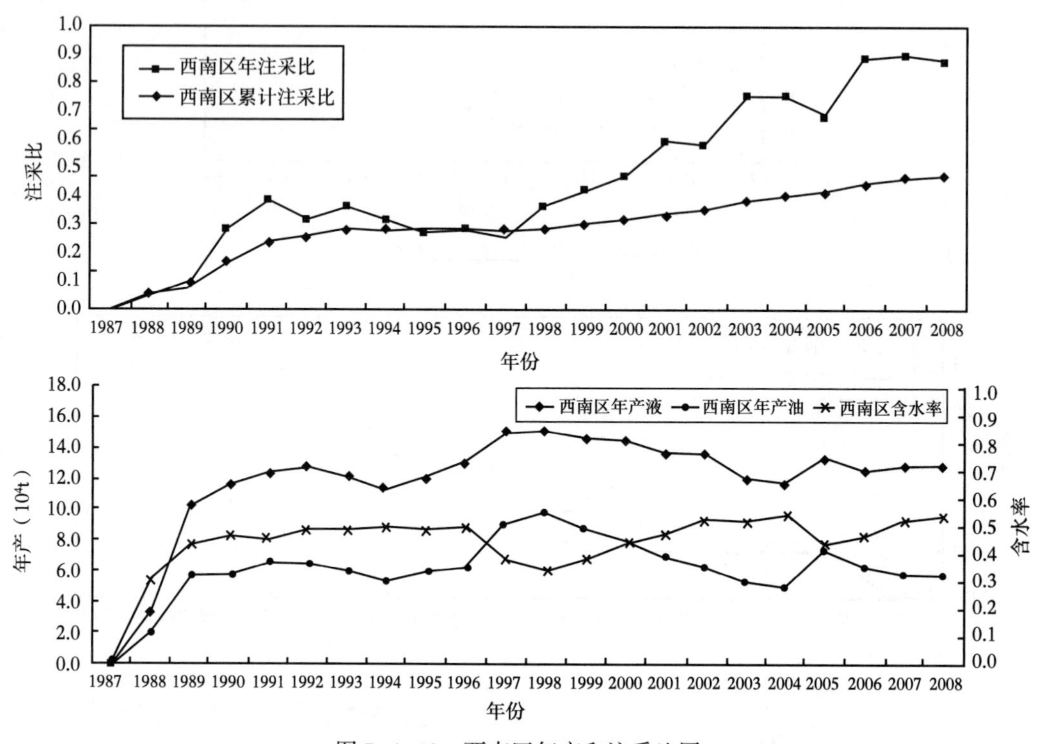

图7-4-13　西南区年产和注采比图

东南区是裂缝弱发育区，有效渗透率较低。目前阶段注采比为2.0（图7-4-14），但产液量比较低，1999年该区的阶段注采比增加到1之后，产液量基本不变，反映出有较大部分的注入水没有起作用，有效注入水少。针对低渗裂缝弱发育区的特征，可以采用大范围压裂（油井和水井周围都要进行压裂）和水平井压裂等措施，改善油水井对应关系，增强油井的生产能力。

3）经验统计法确定 H_3 油藏合理注采比

用经验统计法来确定 H_3 油藏的合理注采比，具体做法如下：

根据年度配产和指标要求的含水率，利用物质平衡方法推算注采平衡的注水量。绘制累计净注水量（累计注水量减掉累计产水量）与累计产油量关系曲线（图7-4-15）。

油藏累计产油量与累计净注水量的关系曲线是一条相关程度很高的直线，其数学关系式为：

$$\sum Q_{iw} - \sum Q_w B_w = \sum Q_o C \qquad (7-4-28)$$

式中　$\sum Q_{iw}$——累计注水量，$10^4 m^3$；

B_w——水的体积系数（变化很小可忽略不计）；

C——每采1t油的存水量，m^3。

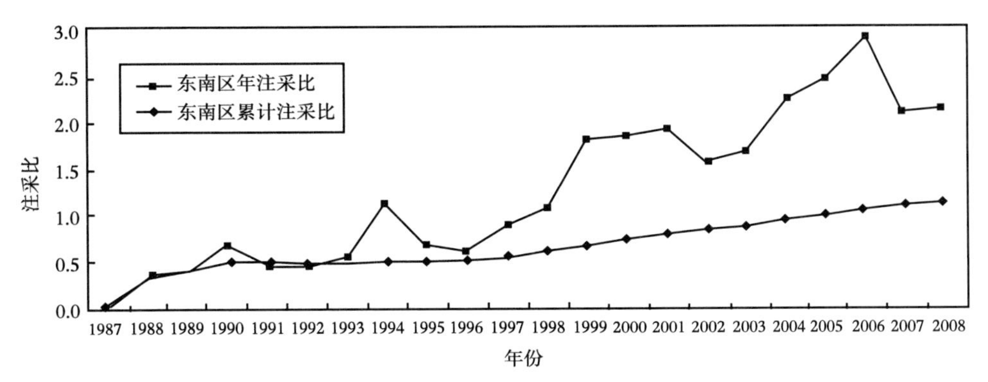

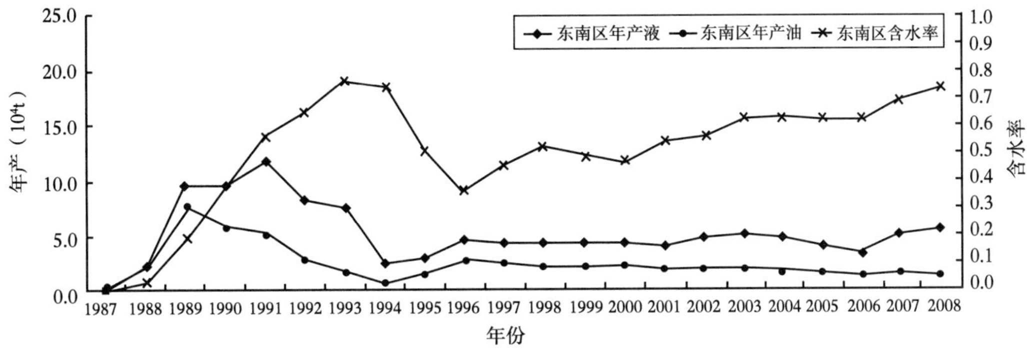

图 7-4-14　东南区年产和注采比

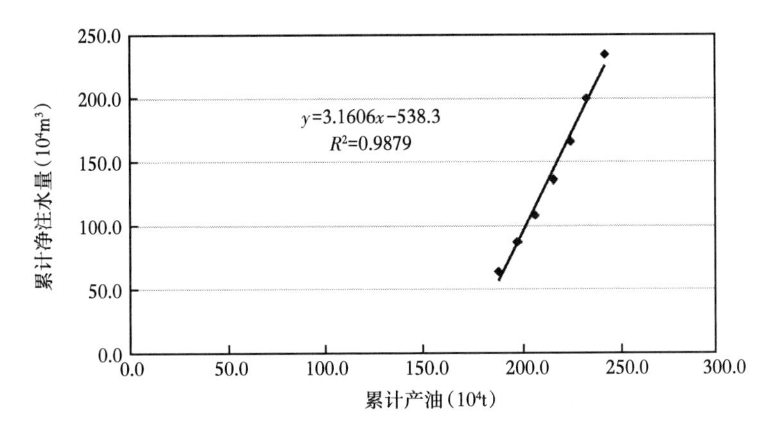

图 7-4-15　油藏累计产油量与累计净注水量的关系曲线图

$$C = (\sum Q_{\mathrm{iw}} - \sum Q_{\mathrm{w}}) / \sum Q_{\mathrm{o}} \tag{7-4-29}$$

通过直线回归，便可得到下一年的规划注水量：

$$\sum Q_{\mathrm{iw}\,i+1} = a + b \sum Q_{\mathrm{o}\,i+1} \tag{7-4-30}$$

用油藏数据中的累计净注水量与累计产油量回归得到关系式为：

$$\sum Q_{\mathrm{iw}\,i+1} = 3.1606 \sum Q_{\mathrm{o}\,i+1} - 538.3 \tag{7-4-31}$$

由式（7-4-31）便可确定合理注水量。

选取2000年到2004年的累计产油量，利用式（7-4-31）计算对应得净注水量，由实际的年产水量，计算出年注水量。将计算的年注水量与实际的年注水量对比见表7-4-7。

表7-4-7 油藏累计产油量与累计净注水量的关系

年份	累计产油（10^4t）	净注水量（10^4m^3）	累计注水（10^4m^3）	年注水（10^4m^3）	计算累计注水（10^4m^3）	计算年注水（10^4m^3）	误差（%）
2001	197.3	87.1	315.7	38.1	313.8	44.2	0.6
2002	206.7	108.5	353.9	38.2	360.3	46.5	1.8
2003	215.9	136.0	398.0	44.2	406.2	45.9	2.0
2004	224.6	166.8	445.5	47.5	450.2	44.1	1.1
2005	233.4	199.8	493.9	48.4	493.4	43.2	0.1
2006	241.8	234.7	544.8	50.9	536.0	42.6	1.6
2007	250.5	272.3	601.2	56.6	597.5	61.5	0.6

从表7-4-7可以看出，计算的年注水量与实际年注水量相差不大，可以作为油藏配注量的参考，整体来看，自稳产以来，实际注采比一直在增加，基本保持在1.7左右，考虑到油藏前期亏空比较严重，保持这样的高注采比能取得一定的效果。但目前油藏的含水已经比较高，地层的压力也已经恢复到原始地层压力附近，所以必须对注采比进行控制，在后期5年内应逐步降低，并将其保持在1左右。

4. 合理注采速度

在裂缝性油藏中，采液速度应与渗吸速度保持平衡，才能获得最优的开发效果。因此，本研究结合渗吸速度的理论公式，对火烧山油藏的合理油井注采速度进行分析：

$$v = \Delta p_c K_m / L_s^2 \quad (7-4-32)$$

式中 Δp_c——基岩—裂缝毛细管压力，Pa；

K_m——基岩渗透率，D；

L_s——特征长度，m。

在式（7-4-32）中，裂缝的孔隙度为定值，因此，裂缝间距越小则意味着裂缝的宽度越小。火烧山油田 H_3 层的基岩渗透率为2.6665mD，给出基岩—裂缝的毛细管压力，可以得出渗吸速度。表7-4-8给出了水饱和度与毛细管压力的对应值。

表7-4-8 饱和度与毛细管压力关系

水饱和度	毛细管压力（MPa）
0.39	1.022127
0.40	0.858688
0.44	0.445631
0.50	0.184889
0.60	0.052722
0.70	0.01825
0.80	0.007281
0.82	0.006143
1.00	0.001568

从裂缝特征长度与合理注水量之间的关系图（图 7-4-16）看出，裂缝特征长度越大，则注水井的合理注水量越小。火烧山油田 H_3 油藏的裂缝特征长度多为 0.24，因此，在初期地层含水饱和度较低的情况下，注水井的日注水量可达到 $80m^3$ 左右；而在后期调整时，随着地层水饱和度的增加，相应的合理注水量迅速下降，如饱和度为 50%时，日注水量仅为 $20m^3$ 左右。以上的油藏工程方法考虑的因素太少，因此，还需要利用油藏数值模拟方法来确定每个区域的合理注采速度。

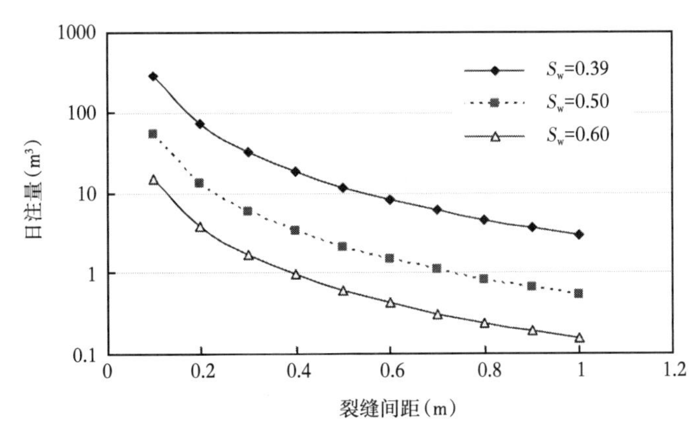

图 7-4-16　裂缝特征长度与合理注水量之间的关系图

1）东北区合理注采速度

东北区代表的是大裂缝发育区，即油水井之间有大裂缝相连，为研究注入水速度与含水运动规律及采出程度的关系，特建立两井模型，油水井之间以大裂缝相连，大裂缝所在网格的渗透率是其他网格渗透率的 10 倍（图 7-4-17）。

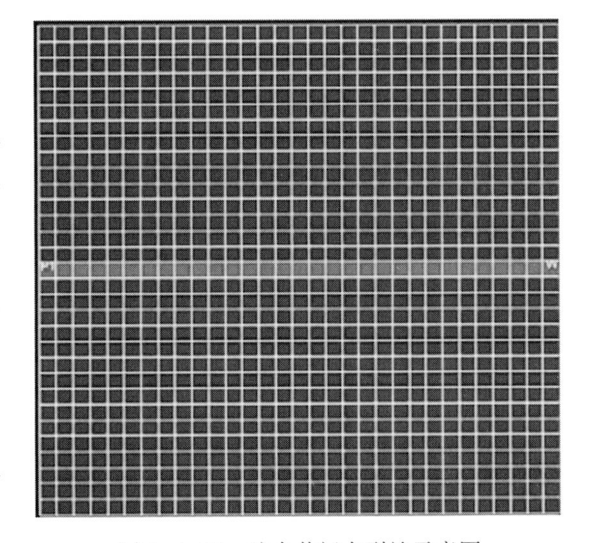

图 7-4-17　油水井间大裂缝示意图

根据计算结果，可以明显看出，在大裂缝存在的情况下，油井很快见水，且含水上升速度很快，因此在较短时间内油井就因为高含水而关井。

根据模拟计算，东北区合理日注水速度为 25~30m^3（图 7-4-18）。

2）西南区合理注采速度

对于发育有裂缝，且裂缝分布比较均匀，基本不存在大裂缝的情况下，合理的注水速度在 45~50m^3/d。从注水运动规律看（图 7-4-19），这个区域水驱油时，水的波及范围较广，因此开发效果比较好。

3）东南区合理注采速度

对于东南区的油水井，因地层渗透率较低，压力难以获得及时补充，当油井产量增加时，地层压力迅速降低，导致油井产量相应减少，到极限油井产量后油井关井，因此，应适当提高注水速度，并利用各种措施手段改造油井，增加其产能。该区的合理注采速度为

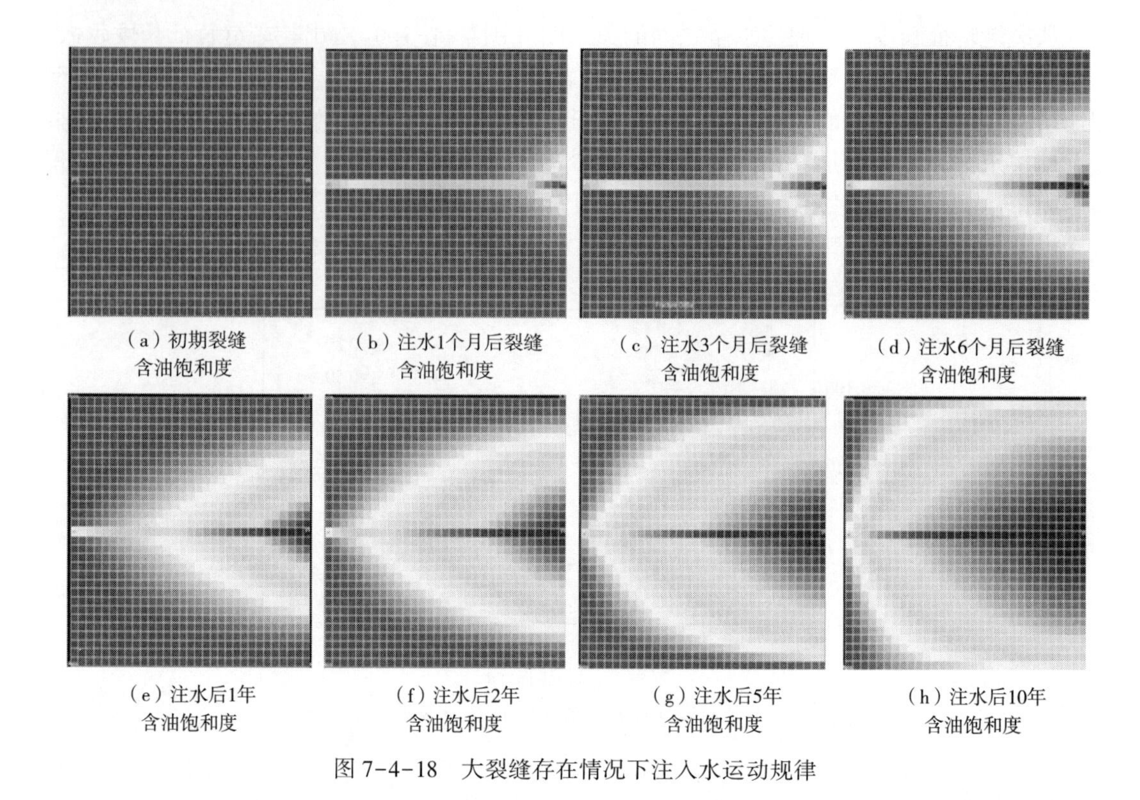

（a）初期裂缝含油饱和度　（b）注水1个月后裂缝含油饱和度　（c）注水3个月后裂缝含油饱和度　（d）注水6个月后裂缝含油饱和度

（e）注水后1年含油饱和度　（f）注水后2年含油饱和度　（g）注水后5年含油饱和度　（h）注水后10年含油饱和度

图 7-4-18　大裂缝存在情况下注入水运动规律

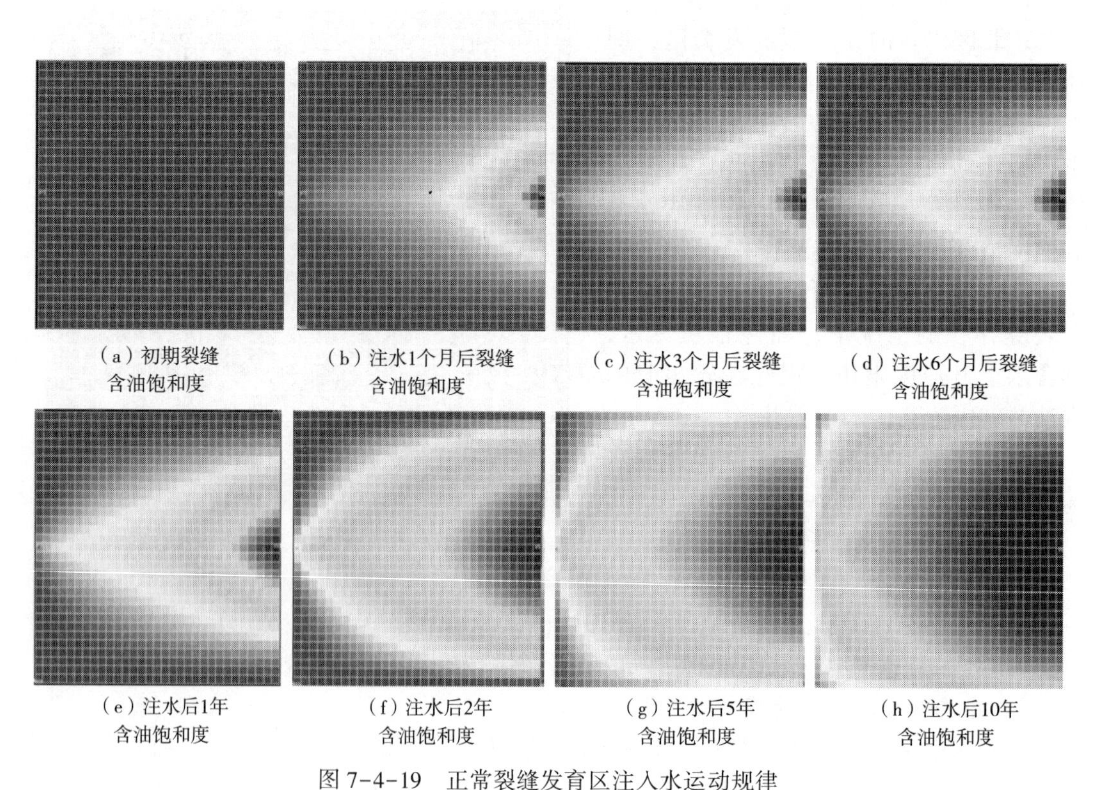

（a）初期裂缝含油饱和度　（b）注水1个月后裂缝含油饱和度　（c）注水3个月后裂缝含油饱和度　（d）注水6个月后裂缝含油饱和度

（e）注水后1年含油饱和度　（f）注水后2年含油饱和度　（g）注水后5年含油饱和度　（h）注水后10年含油饱和度

图 7-4-19　正常裂缝发育区注入水运动规律

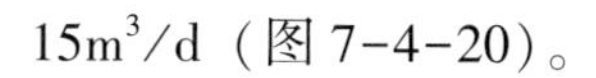
15m³/d（图 7-4-20）。

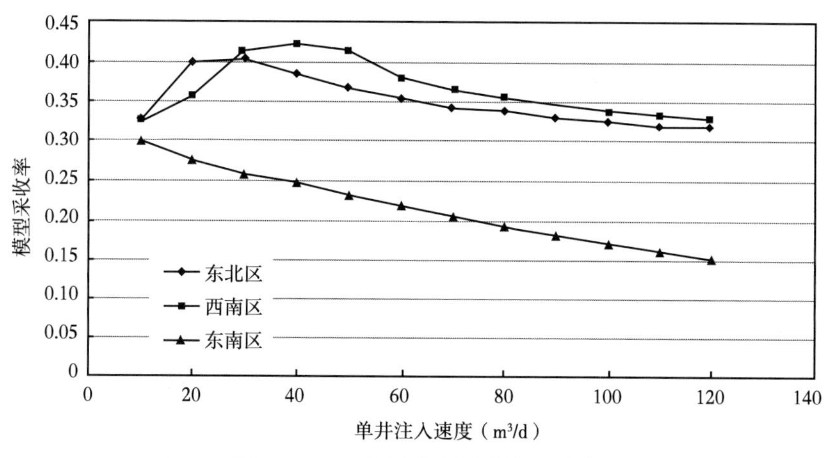

图 7-4-20 各区合理单井注水速度

5. 合理压力政策

1）合理生产压差

火烧山油田 H_3 层属于复杂裂缝型油藏，裂缝非常发育。由于受到裂缝分布的影响，油井之间的产能存在较大的差异，有必要对各个油井区的油井分别进行统计，从而得出合理生产压差（表 7-4-9 至表 7-4-11）。

表 7-4-9 东南区生产井生产压差统计

生产压差（MPa）	单井日产油（t）	统计井数（口）
1~4	1.3	10
4~6	2.3	12
6~9	1.8	16
>9	1.9	23

表 7-4-10 西南区生产井生产压差统计

生产压差（MPa）	单井日产油（t）	统计井数（口）
0~0.5	4.0	18
0.5~2	6.4	20
2~4	4.6	16
4~8	4.6	28
>8	2.8	22

表 7-4-11 东北区生产井生产压差统计

生产压差（MPa）	单井日产油（t）	统计井数（口）
0~2	3.4	10
2~6	2.8	9

续表

生产压差（MPa）	单井日产油（t）	统计井数（口）
6~8	1.1	11
8~10	1.9	39
>10	2.0	24

由统计结果分析得出，东南区生产井在4~6MPa时的单井产油量高于其他压差下的单井产油量，所以东南区生产井的合理生产压差为4~6MPa。西南区的生产井在0.5~2MPa时的单井产油量高于其他压差下的单井产油量，所以西南区生产井的合理生产压差为0.5~2MPa。东北区生产井在0~2MPa时的单井产油量高于其他压差下的单井产油量，所以东北区生产井的合理生产压差为0~2MPa。

2）裂缝开启压力

参考21口水井的注水数据，做出井底流压和日注水量的关系曲线，并对拐点进行分区统计（表7-4-12）得出，东南区的平均裂缝张开压力为24.13MPa，西南区的平均裂缝张开压力为22.13MPa，东北区的平均裂缝张开压力为21.30MPa。

表7-4-12　注水井裂缝开启压力表

区域	井号	裂缝张开压力（MPa）	区域	井号	裂缝张开压力（MPa）	区域	井号	裂缝张开压力（MPa）
东南区	H1257	24.7	西南区	H1232	23.0	东北区	H1252	24.0
	H1288A	23.0		H1234	22.5		H1291	22.0
	H1341	24.0		H1286	22.0		H1296	22.5
	H1343	24.0		H1315	23.5		H1312	19.0
	H1395	24.5		H1321	20.0		H1325	19.0
	H1404	24.7		H1367	22.0			
	H2320	24.0		H1256	24.7			
				H1294	21.0			
				H1338	20.5			
平均		24.1	平均		22.1	平均		21.3

3）合理井底流压

（1）统计法。

当油井的井底流压大于饱和压力时，随着井底流压的降低，油井产量增加；当井底流压小于饱和压力时，井底开始产生溶解气，继续降低井底流压，油井产量还会增加；当井底流压降低到一定界限时，再降低流压，油井产量反而会减少，这一流压值即为采油井的合理流压下限值。

根据东南区、西南区和东北区的采液指数与井底流压关系曲线（图7-4-21至图7-4-23）得出结论：当井底流压低于某个值后，油井采液指数会显著下降，油层近井地带流动条件明显变差。进一步降低井底流压和增大生产压差时，采液指数相对稳定在较低的水平上，此值就是合理井底流压下限值。因3个区域渗流介质的差异，井底流压下限也有所不同。

东南区为7MPa，约为饱和压力（13.14MPa）的0.53倍；西南区为10MPa，约为饱和压力的0.76倍；东北区为11MPa，约为饱和压力的0.84倍。东南区的合理流压下限最低，因为东南区显裂缝发育较少，有效渗透率低，导致地层压力恢复缓慢，地层压力低于西南区和东北区的地层压力；同时，产能较低，所需的合理生产压差（4~6MPa）高于其他两个区域。综合以上两方面的因素，东南区的合理井底流压下限值为3区中最低的。

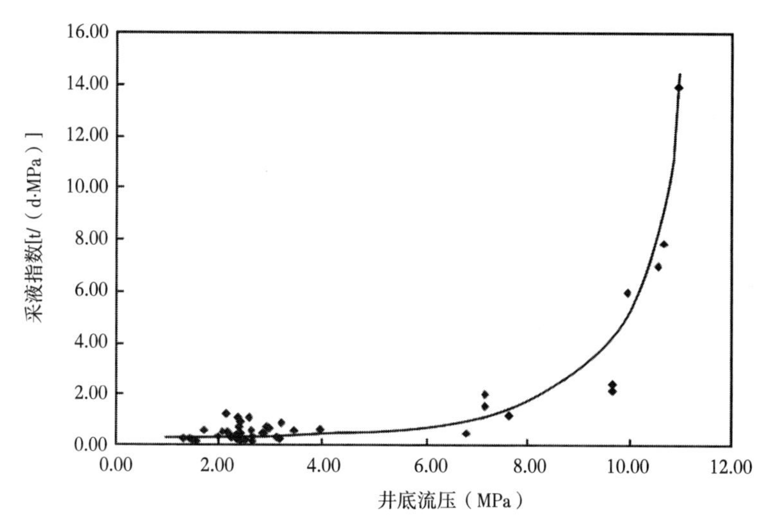

图7-4-21　东南区采液指数与井底流压关系曲线

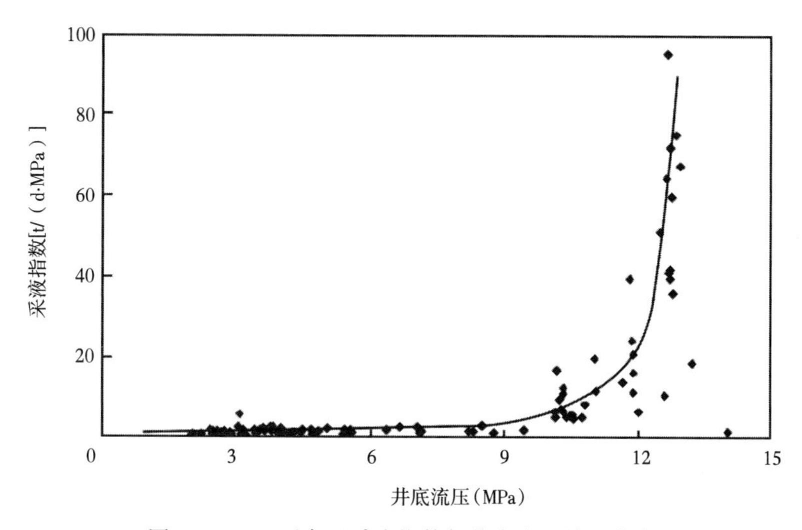

图7-4-22　西南区采液指数与井底流压关系曲线

综上所述，东南区油井井底流压应控制在7MPa以上，西南区油井井底流压应控制在10MPa以上，东北区的油井井底流压应该在11MPa以上。

（2）理论公式法。

目前，H_3油藏多采用机械采油方式，据油层深度、泵型、泵深、不同含水率条件下保证泵效所要求的泵口压力，可以计算最小合理流动压力。合理泵效与泵口压力的关系

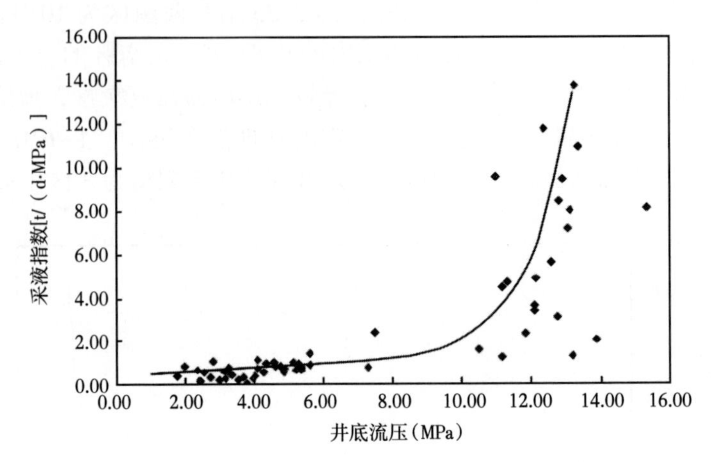

图 7-4-23　东北区采液指数与井底流压关系曲线

如下：

$$N=\frac{1}{\left[\left(\frac{F_{go}}{10.197p_p}-\alpha\right)+B_t\right](1-f_w)+f_w} \tag{7-4-33}$$

式中　N——泵效（泵的充满系数）；

p_p——泵口压力，MPa；

F_{go}——气油比，m^3/t；

α——天然气溶解系数；

f_w——综合含水；

B_t——泵口压力下的原油体积系数。

在此基础上可以计算出不同含水时期的最小合理流动压力：

$$p_{wf}=p_p+\frac{H_m-H_p}{100}[\rho_o(1-f_w)+\rho_w f_w]F_x \tag{7-4-34}$$

式中　p_{wf}——最小合理流动压力，MPa；

p_p——泵口压力，MPa；

ρ_o——动液面以下泵口以上原油平均密度；

H_m——油层中部深度；

H_p——泵下入深度；

F_x——液体密度平均校正系数。

据以上公式，用 H_3 油藏 3 个流动单元含水率与油井井底流压回归得到回归直线（图 7-4-24 至图 7-4-26），若油藏继续稳产，则最小井底流压随含水率的变化曲线如图 7-4-24 至图 7-4-26 所示。当含水率达到 80%时，东南区合理流压下限约为 8MPa，西南区为 10MPa，东北区为 12MPa，与实际结果基本相符。

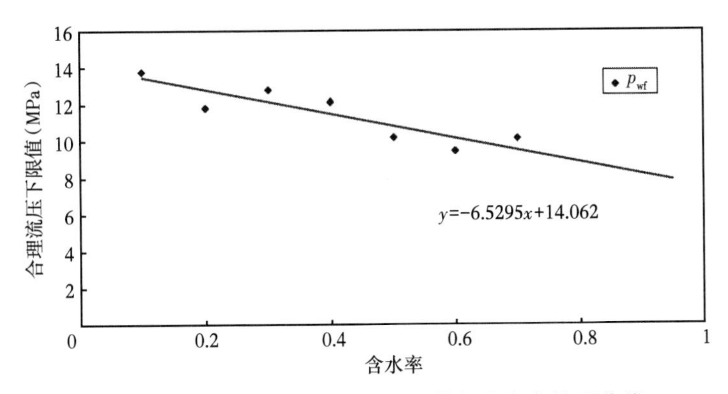

图 7-4-24　东南区合理流压下限值与含水率关系曲线

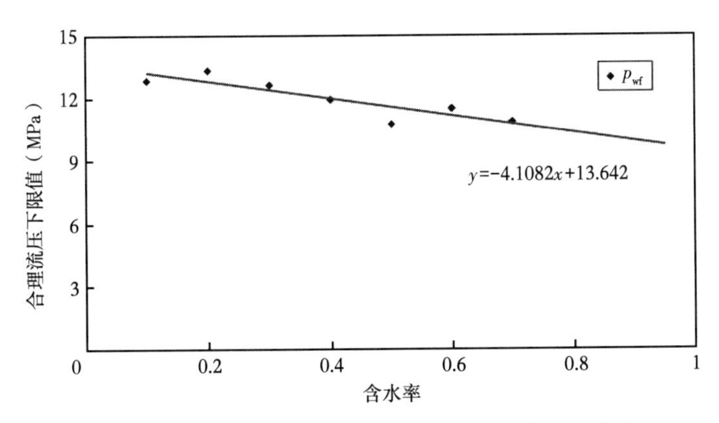

图 7-4-25　西南区合理流压下限值与含水率关系曲线

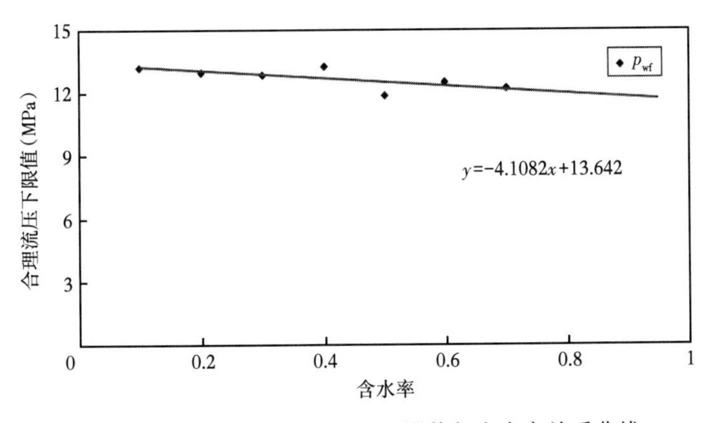

图 7-4-26　东北区合理流压下限值与含水率关系曲线

4）合理地层压力

（1）数值模拟方法。

根据数值模拟模型进行计算，求出各地层压力下的采出程度（图 7-4-27）。可以得出，数值模拟求得的合理地层压力为 10~11MPa。

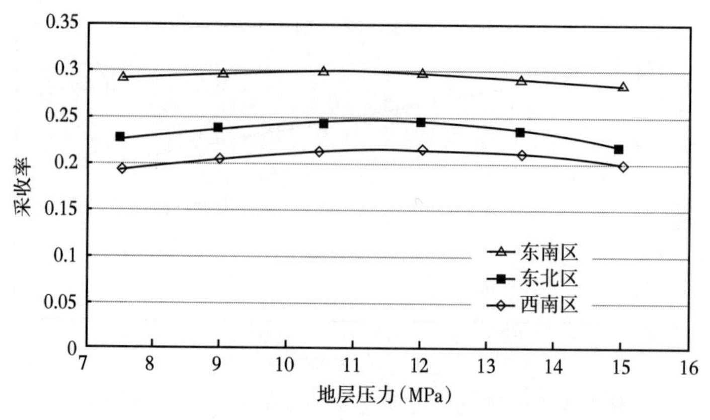

图 7-4-27　采收率与地层压力保持水平的关系曲线

（2）最小流压法计算合理地层压力。

最小流压法指在一定泵挂深度条件下的最小流压，加上生产压差，即为地层压力下限值。其公式为：

$$p_{\min}=p_{\mathrm{L}\min}+\Delta p_{\mathrm{S}} \tag{7-4-35}$$

最小流压：

$$p_{\mathrm{L}\min}=p_{\mathrm{S}}+(L_z-L_p)d_1/100 \tag{7-4-36}$$

泵口压力：

$$p_p=p_t+d_oL_c/100 \tag{7-4-37}$$

因此：

$$p_{\mathrm{L}\min}=p_p+(L_z-L_p)d_1/100=p_t[d_oL_c+(L_z-L_p)d_1]/100 \tag{7-4-38}$$

即：

$$p_{\min}=p_{\mathrm{L}\min}+\Delta p_{\mathrm{S}}=p_t+[d_oL_c+(L_z-L_p)d_1]/100+\Delta p_{\mathrm{S}} \tag{7-4-39}$$

因油藏埋深不同，原始地层压力差别很大，地层压力下限差别也很大，因此，用地层压力下限值对应的总压降 $\Delta p_{\max}$ 来表示压力保持水平。对于常压系统有：

$$\Delta p_{\max}=\frac{(1-d_1)L_z}{100}-p_t-\frac{d_oL_c}{100}+\frac{d_1L_p}{100}-\Delta p_{\mathrm{S}} \tag{7-4-40}$$

式中　$p_{\min}$——地层压力下限值，MPa；

$p_{\mathrm{L}\min}$——最小流压，MPa；

Δp_{S}——生产压差，MPa；

p_p——抽油泵泵口压力，MPa；

L_z，L_p，L_c——油层中部深度、泵挂深度、泵沉没度，m；

d_1——井筒油气水混合物相对密度；

d_o——原油相对密度；

p_t——井口套管压力，MPa。

通常来说，井口套管压力可忽略不计。但考虑到实际生产情况，可以将火烧山油田 H_3 油藏的套管压力按照不同类型的油井取平均值。井筒油气水混合物的相对密度是原油相对密度和含水率的函数，可根据相关经验公式求取。表 7-4-13 和表 7-4-14 分别为利用给定沉没度法和合理泵压法所计算出来的地层压力下限。

表 7-4-13　给定沉没度法计算所得最低地层压力

区块	流压（MPa）	生产压差（MPa）	地层压力下限（MPa）	2008 年 6 月地层压力（MPa）	饱和压力（MPa）
东南区	4.26	5.00	9.26	12.47	13.14
西南区	8.58	1.00	9.58	12.784	13.14
东北区	7.88	2.00	9.88	13.03	13.14

表 7-4-14　给定泵压法计算所得最低地层压力

区块	气油比（m^3/m^3）	泵充满系数	泵压（MPa）	混液柱压力（MPa）	井底流压（MPa）	地层压力下限（MPa）	2008 年 6 月地层压力（MPa）	饱和压力（MPa）
东南区	51	0.86	4.02	4.05	8.07	10.07	12.47	13.14
西南区	51	0.86	4.08	3.95	8.03	9.03	12.784	13.14
东北区	51	0.86	4.08	1.61	5.69	10.69	13. 03	13.14

二、开发调整的原则

一般地，裂缝性砂岩油藏开发方案设计主要考虑以下方面：

（1）注采系统调整。提高注采对应效率，调节平面及纵向矛盾。

（2）注采压力系统调整。合理的注采压力系统是维持油藏稳产的关键。低渗透砂岩油田采油指数小，采液指数一般不随含水上升而明显上升，有时还要下降。要保持一定的产量，必须采用较大生产压差。放大生产压差可以通过提高地层压力和降低油井流动压力来实现。地层压力保持一般以不超过原始地层压力为上限，以不低于饱和压力为下限。油井井底流压一般保持在饱和压力的 2/3 以上为宜，并考虑采油工艺水平限制。注水井井底流压不仅要低于地层破裂压力，还应控制在裂缝开启或延伸压力之下。

（3）布井方式。裂缝性砂岩油田布井时，要注意裂缝的成因、方向及对开发的影响，一般地生产井排或注水井排平行于裂缝，以便扩大注入水的波及体积避免油井暴性水淹。

（4）井网加密。据剩余油分布及井网控制程度，对现有井网进行合理的、经济有效的加密。

（5）整体改造技术。在油田开发过程中，必须把注水、压裂、酸化等技术有机地加以利用，才能有利于提高低渗透层产量和可采储量，确保稳产高产。

（6）注水方式调整。一般注水方式有交替注采、周期注水、脉冲注水和改变液流方向等。

（7）打侧钻井。本着节省投资的原则，利用报废井，侧钻开采剩余油较集中的区域，是这类油藏后期开发的一种有效措施。

火烧山油田 H_4^1 层处于中高含水开发阶段，主要问题是通过开发调整，控制含水上升和保持稳产高产。在设计调整方案时，除了考虑以上各方面之外，还需要遵循以下原则：

（1）以剩余油分布研究成果为基础。

（2）综合参考各种静动态研究成果，以裂缝影响分析和注采关系研究为主线。

（3）以提高现有储量动用程度为目标。

三、整体加密的潜力

2008 年 6 月，井网密度为 7 井/km²，根据本节给出的合理井网密度，可以加密到 10 井/km²，总井数增加近一半。

据表 7-4-15，后期调采井火 5 井，H1422 井、H1425 井、H1430 井、H1460 井、H207 井、H209 井、H213 井和 H266 井相当于加密井，这些井初期日产油 1.7~7.2t，初期含水 11.6%~92.9%，除 H207 井、H209 井和 H213 井外，其他井累计产量在 4775~8715t，显示出加密井可取得较好的效益。

H2308 井、H2318 井、H1246 井、H1261 井和 H1320 井属于井网完善井，它们初期日产油 1.7~16.4t，初期含水 6.3%~90%，累计产量 1344~16257t，显示出后期调采井局部剩余油富集的状况，这些位置可以取得较好的经济效益。

综合以上分析，火烧山油田 H_3 层整体加密调整的潜力较大。

表 7-4-15　后期调采井生产状况分析表

井号	投产日期	初期日产油（t）	初期含水（%）	累计产油（t）
火 5	199708	5.5	76	6818
H1422	199804	2.5	71.7	4775
H1425	199808	7.2	38.9	5026
H1430	199810	3.9	11.6	8715
H1460	199903	2.4	49.3	5178
H207	199904	1.2	62.7	181
H209	200001	1.5	39.6	405
H213	200012	1.7	88	1541
H266	200305	5.5	92.9	7843
H2308	200101	12.5	34.6	3472
H2318	200304	1.7	37.2	1344
H1246	199503	16.4	6.3	12370
H1261	199505	11.4	52.3	16257
H1320	199804	7.3	90	7664

四、调整方案设计

1. 基础方案（方案 0）

取历史拟合结束时刻（2008 年 6 月）的工作制度，保持注采液量不变，采用合理流压进行限制的基础上，对开发指标进行预测。它可以作为基础方案 0，用来比较其他调整方案的预测结果。

2. 调整注入量及采液量方案（方案 1）

在方案 0 的基础上，根据合理注采比的研究成果，东北区目前注采比 3.5 过高，建议降低注水量，东南区目前注采比 2.0，主要是因为油井低产，所以建议通过提高采液量（可以采用压裂措施提高生产井采液量）的方式降低注采比。为了实现平衡注采并缩小地层压力的区域性差异，应对目前注采比高、地层压力高的区域，减少其注水井注入量，对低产区域的采油井相应的提高其采液量（图 7-4-28）。

调整注入量及采液量方案具有比较明显的效果，和方案 0 相比累计增油 $43\times10^4m^3$。

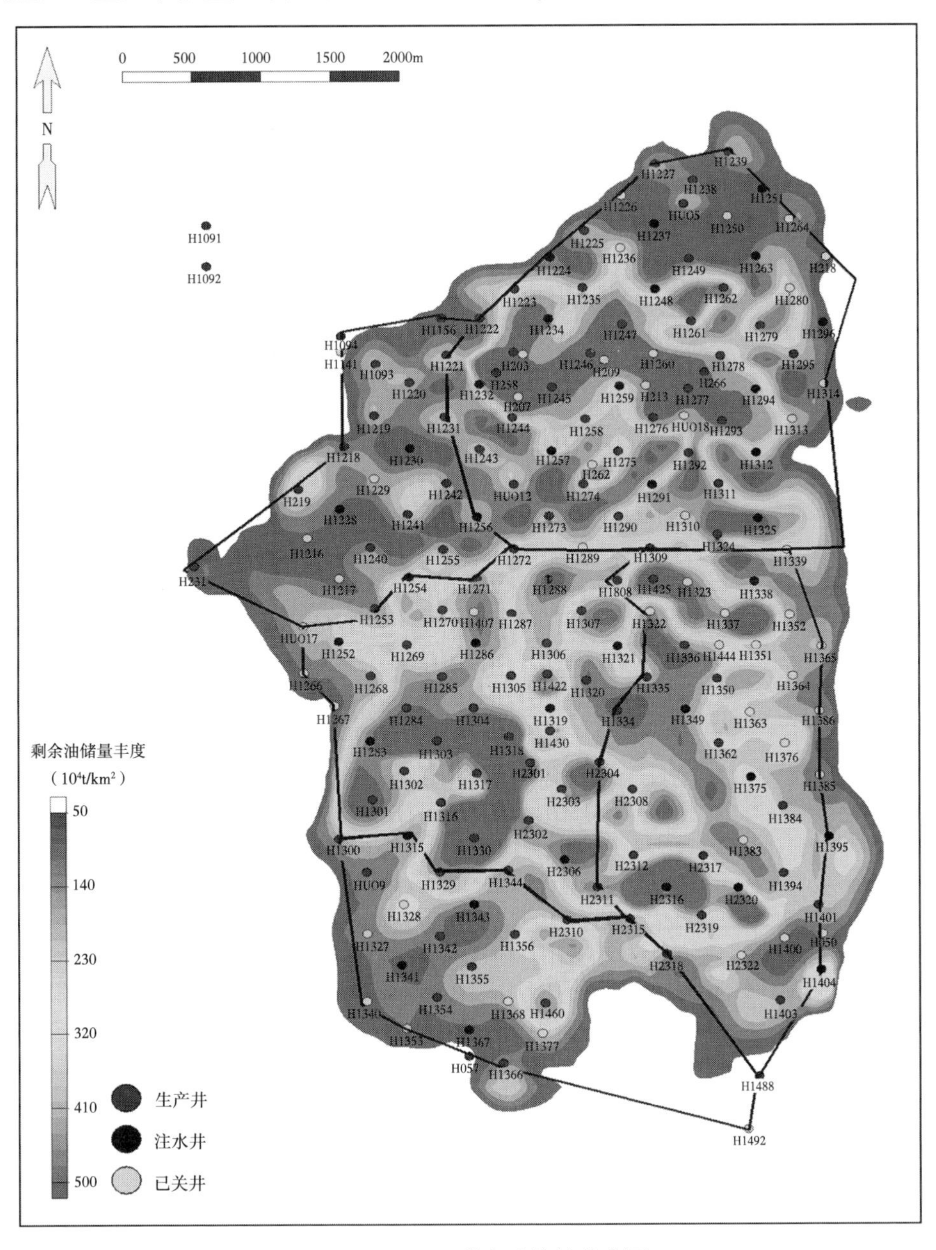

图 7-4-28　H_3 剩余油储量分布图

3. 老井补层（方案 2）

根据剩余油丰度分布（图 7-4-29 和图 7-4-30），对目前的生产井未射开且剩余油相对富集的层位，施行补层，相应地关闭水淹严重的层。

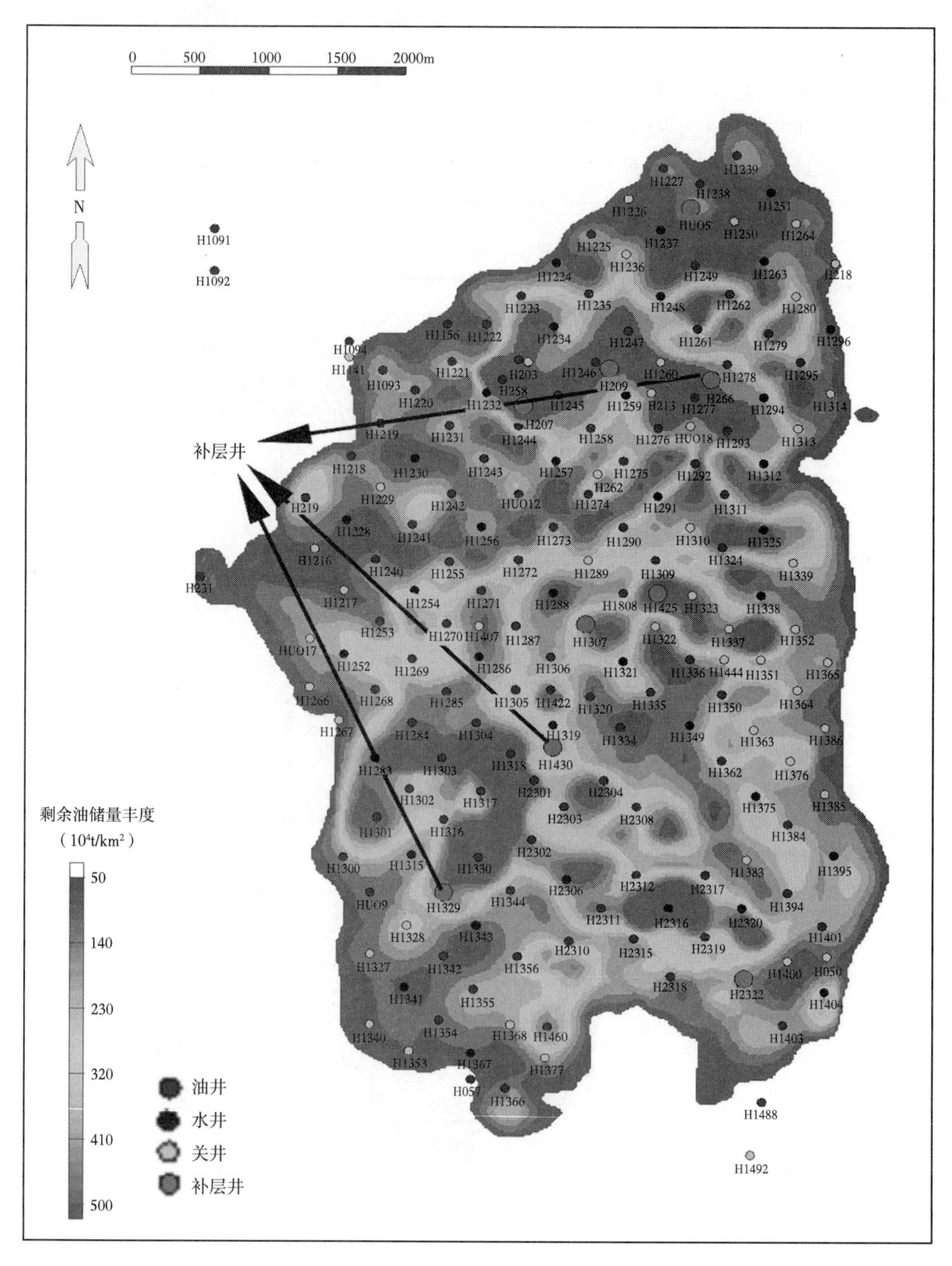

图 7-4-29　补层井井位图

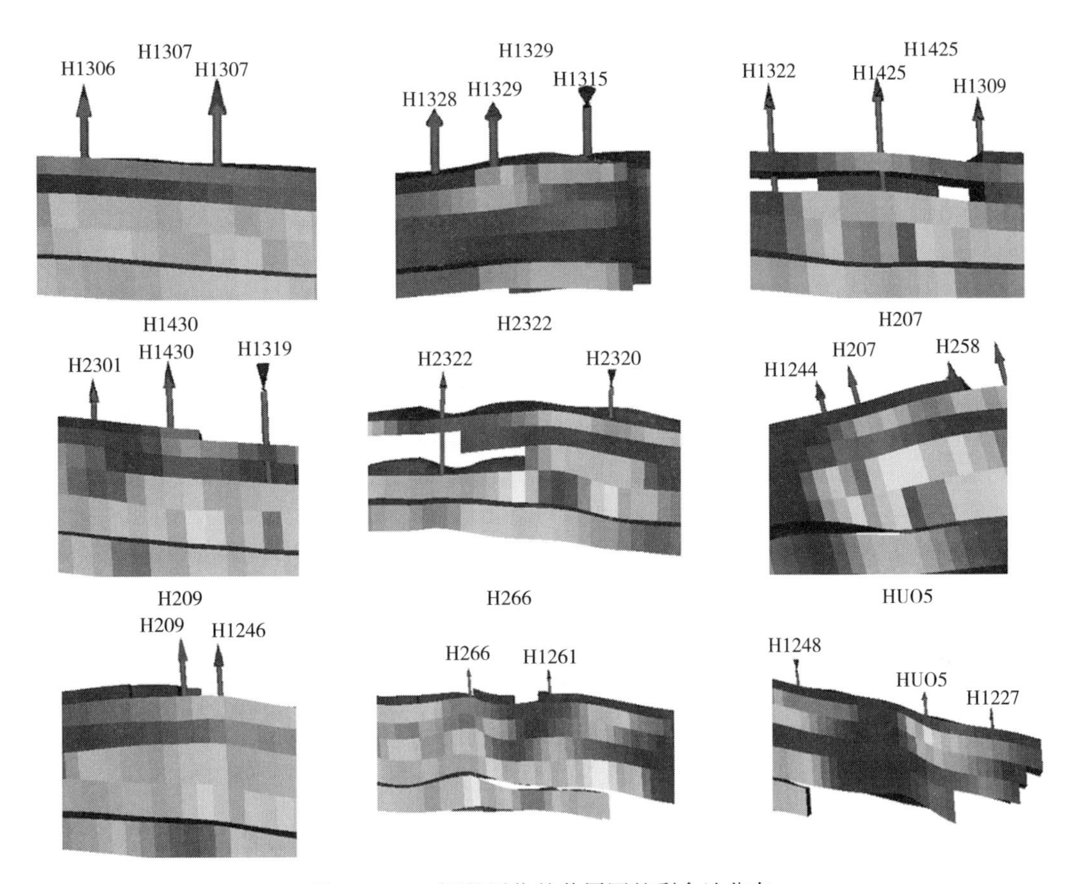

图 7-4-30　调整层位的井周围的剩余油分布

这些井补层后增油效果非常明显。H1307 井、H207 井、H209 井和 H266 井增油都在 $2\times10^4m^3$以上。

4. 剩余油富集区部署新井（方案 3）

根据剩余油分布图，对现今注采井波及不到的剩余油富集区域，钻 12 口新井（图 7-4-31），对新井的单井日配产 $10m^3$。

5. 全区较大范围加密（方案 4）

考虑到复杂裂缝性油藏的特殊性，全区施行规则的反九点井网不利于对整个油藏的不同区域区别对待，且对于渗流能力相对较弱的区域，原井网的 350m 井距偏大。所以参考数值模拟的剩余油分布图，对火烧山油田 H_3 油藏中南部广泛打加密井，对北部适当加密，累计加密新井 43 口（图 7-4-32）。

6. 井网调整（方案 5）

结合合理井网密度的研究，目前井网密度为 7 井/km^2，合理井网密度为 9~12 井/km^2，目前 350m 井距过大，具备加密潜力。

目前的井网 350m 井距，反九点注水井网。把目前南北向注水排上的采油井转注，在两口注水井之间加密 1 口采油井，形成井距为 247. 5m 的小反九点注水井网。加密后总井数增加 104 口。新井及转注井井位如图 7-4-33 所示。

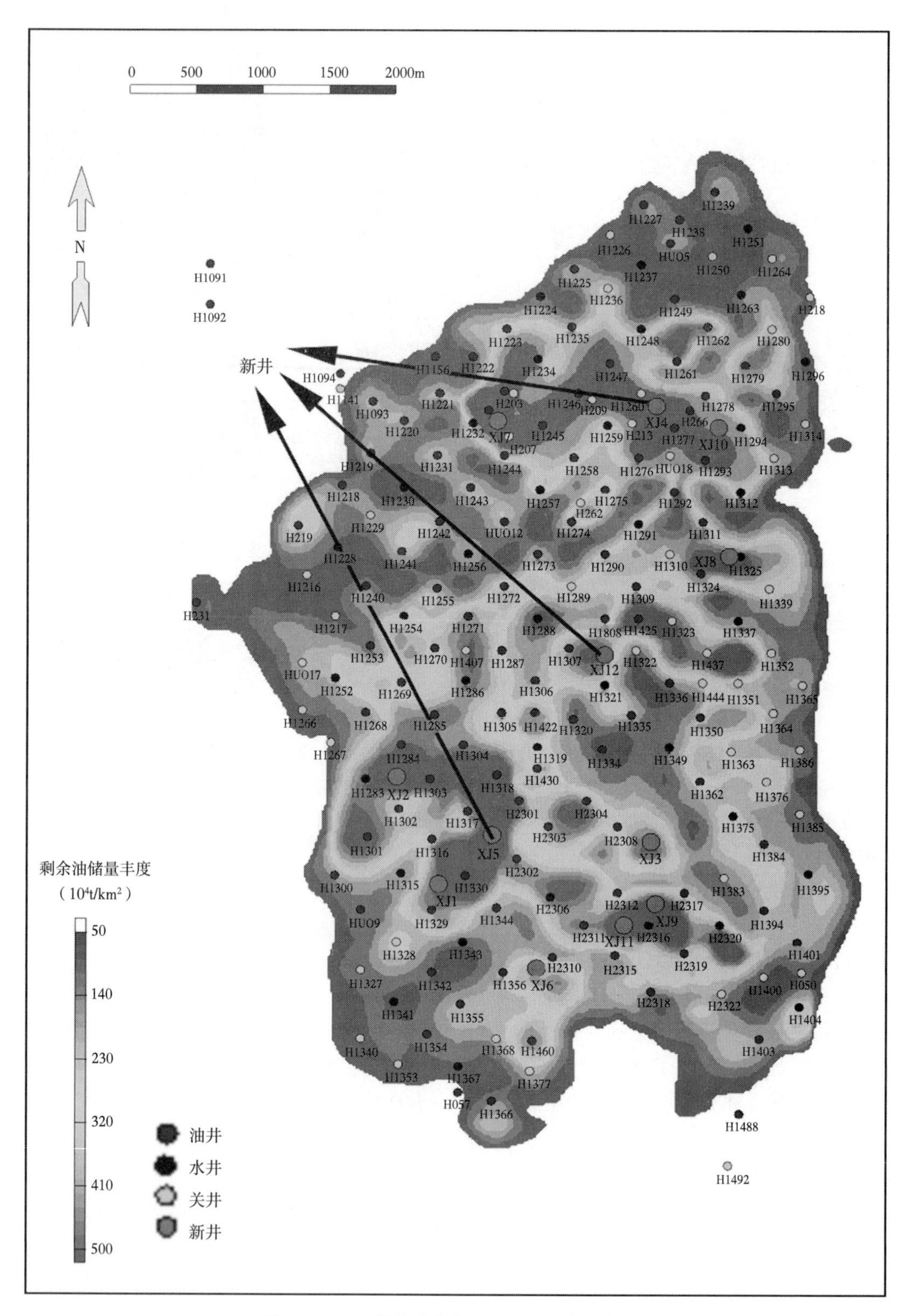

图 7-4-31　剩余油富集区 12 口新井井位图

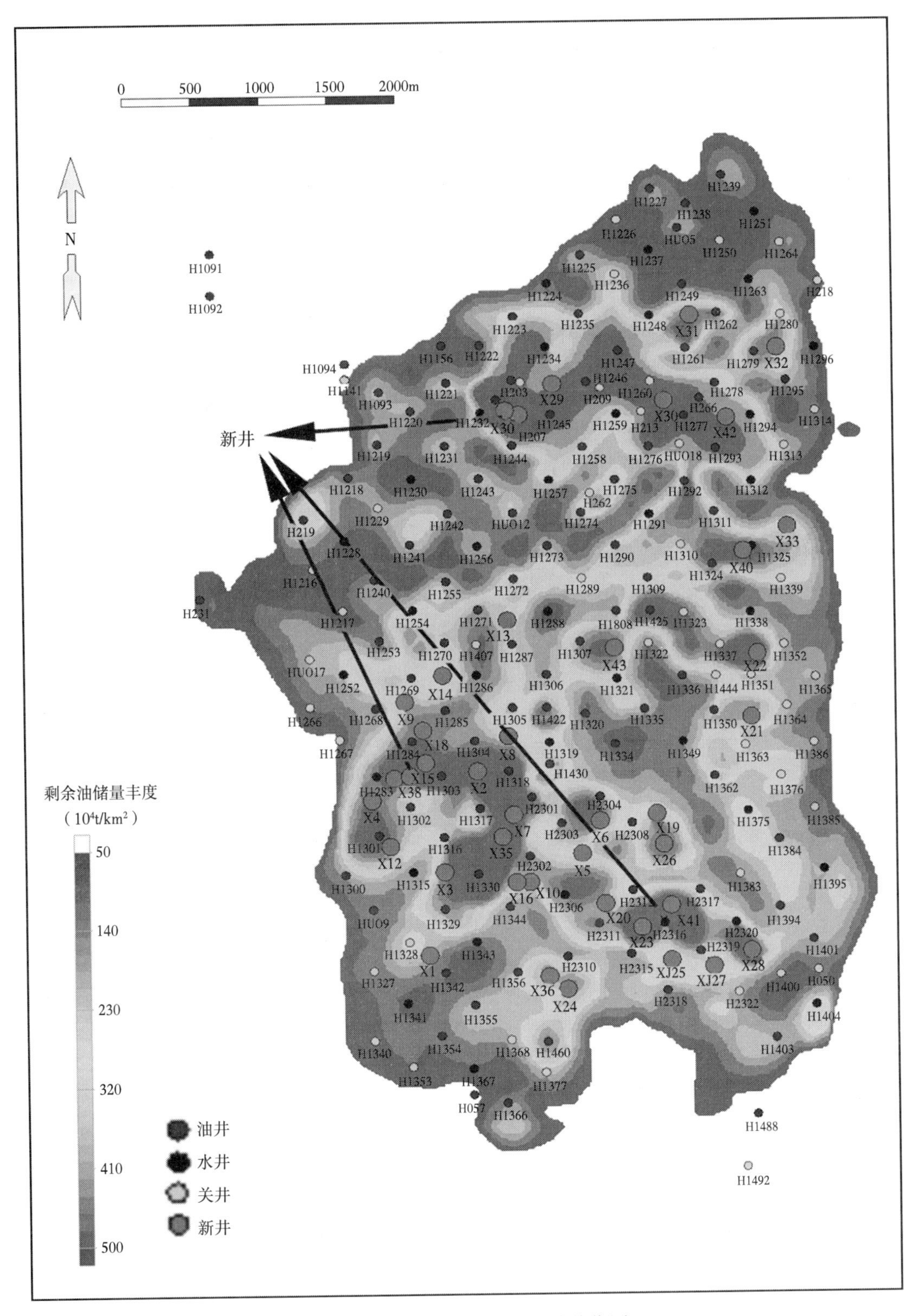

图 7-4-32　全区 43 口加密井井位图

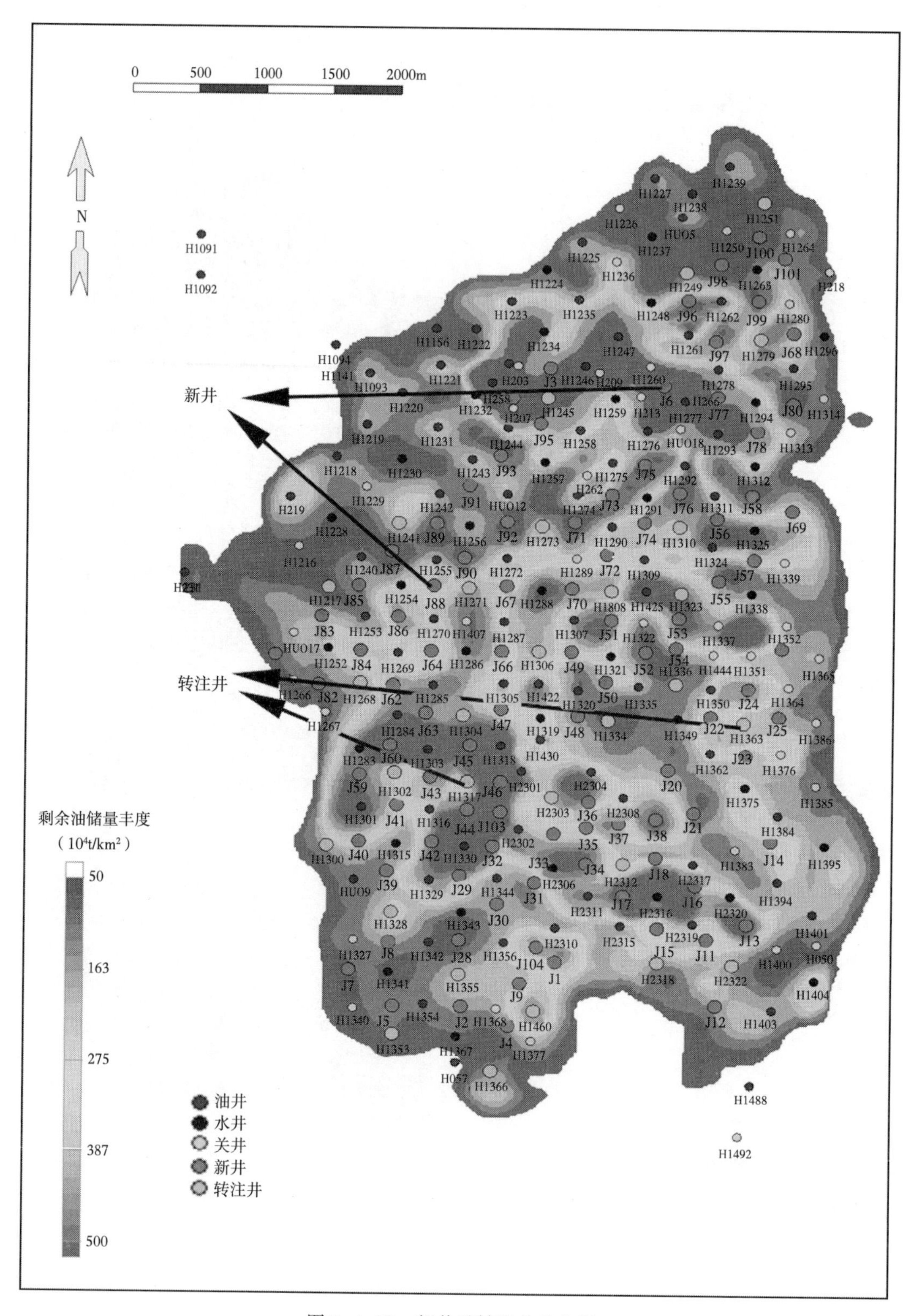

图 7-4-33 新井及转注井井位图

7. 水平井方案（方案 6）

火烧山油田 H_3 层为复杂裂缝性油藏，油水运动规律复杂，投产 21 年，采出程度仅有 14%。结合数模结果，在剩余油富集区域布置水平井（图 7-4-34 至图 7-4-36），可以完善现行井网，同时可以获得较高的产能。

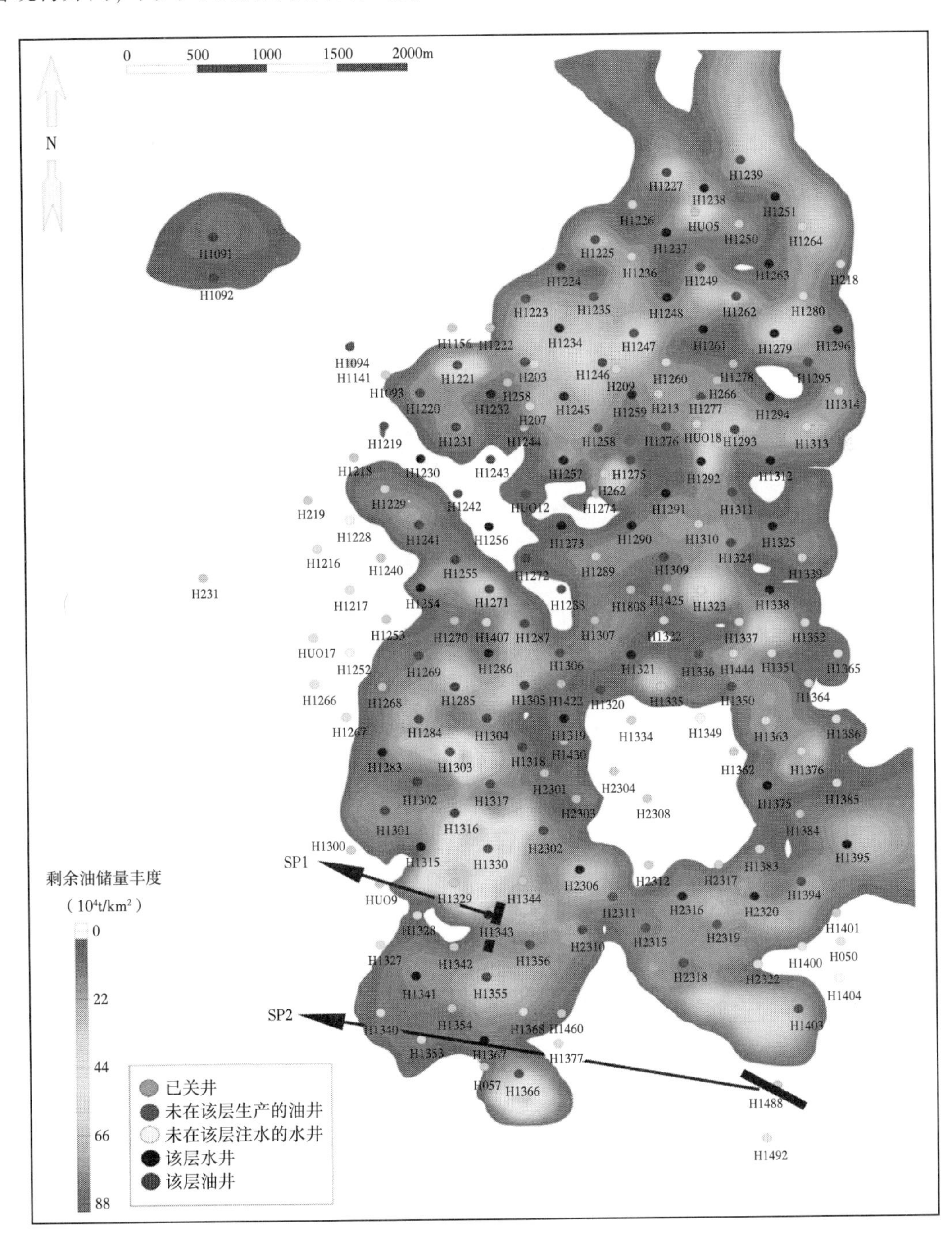

图 7-4-34　H_3^{1-2} 层水平井位置示意图

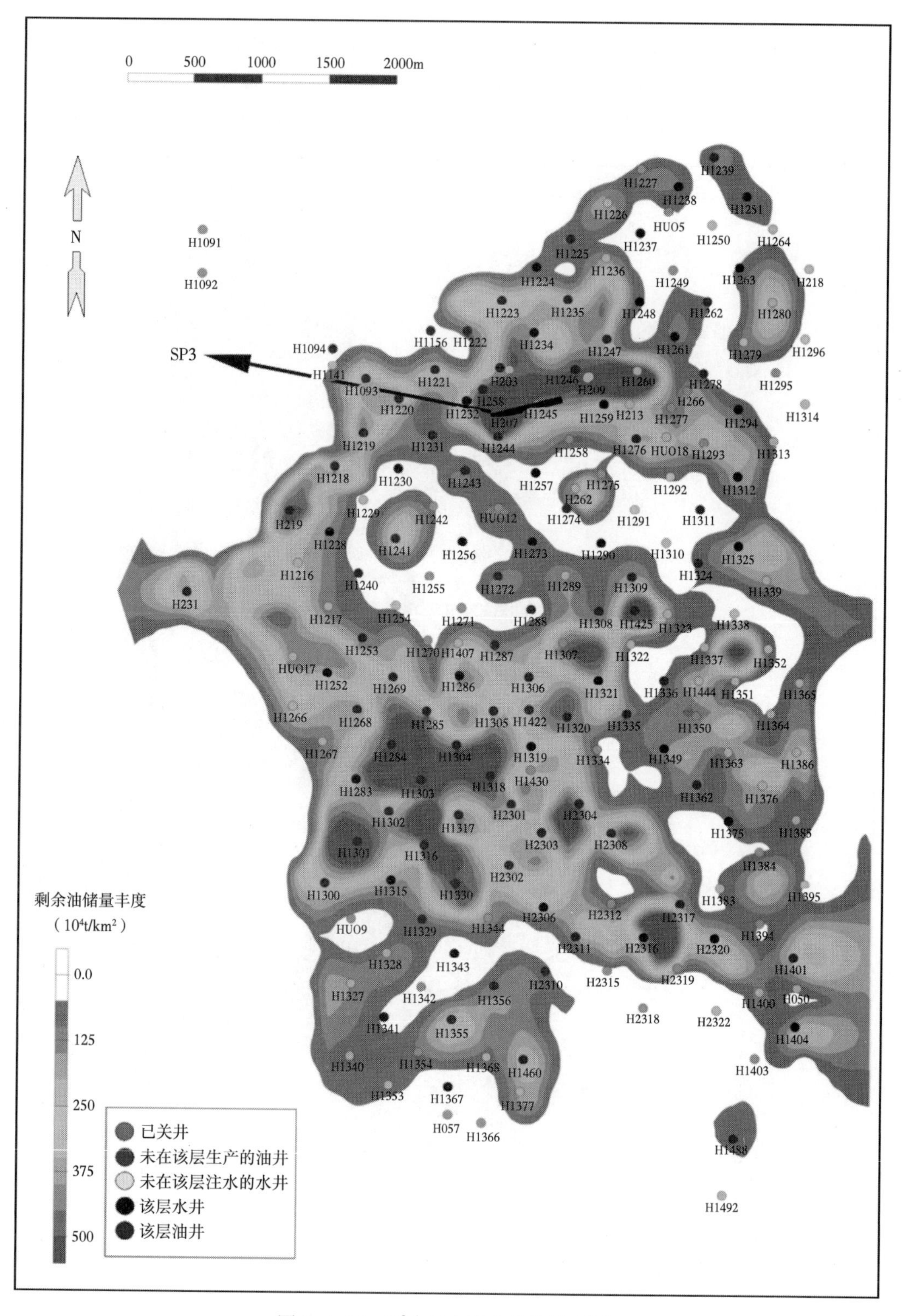

图 7-4-35　H_3^{2-1} 层水平井位置示意图

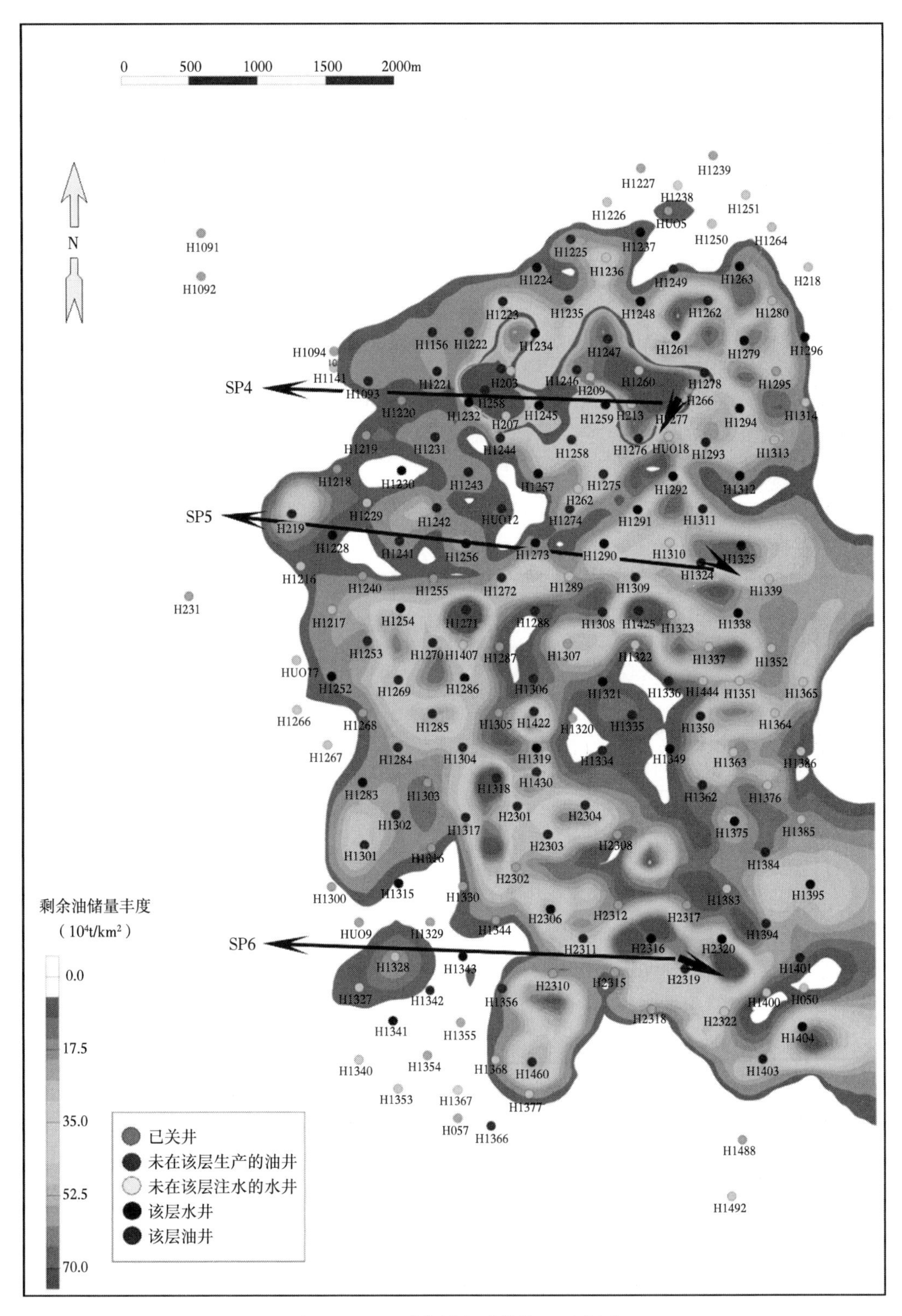

图 7-4-36　H_3^{2-2} 层水平井位置示意图

该方案总增油 95×10⁴m³ 左右。由此可知，在剩余油富集区布置水平井，都可以获得较高的产量，除 SP2 井外，其余井日产油都超过 10m³，特别是 SP3 井，日产甚至高达 46m³。主要是因为 SP3 井位于 H_3^{2-1} 层，高层的剩余油丰度较高且尚未水淹，是比较重要的潜力区，东南区的 SP2 井位于第二层，地层物性不佳，渗流情况较差，且周围没有水井，地层能量供给不足。

8. 综合调整方案（方案 7）

由于火烧山油田 H_3 油藏的东北区、西南区和东南区差别较大（图 7-4-28），所以建议对不同区域区别对待，分区治理。

（1）东北区：

①鉴于合理注采比的研究成果，目前的注采比 3.5 过高，且地层压力已经恢复到 14MPa 以上，所以应该对该区采取温和注水（参照方案 1）。

②在保证合理注采比的基础上，对 H207 井、H209 井、H266 井及 HUO5 井进行层位调整，补射新层，同时关闭高含水层（参照方案 2）。

③鉴于合理井网密度的研究成果，同时参照方案 4 和剩余油丰度分布，在方案 4 的基础上继续对剩余油富集地带进行加密调整，当前的井网密度为 6.3 井/km²，把井网密度加密到 7.7 井/km²。

④由于存在大裂缝，水窜现象严重，所以不建议布置水平井。

（2）西南区：

①应该保持目前的注采平衡（参照方案 1）。

②在保证合理注采比的基础上，参照方案 2 对 H1329 井和 H1430 井进行层位调整。

③鉴于合理井网密度的研究成果，同时参照方案 4 和剩余油丰度分布，在方案 4 的基础上继续对该区的剩余油富集地带进行加密调整，当前的井网密度为 5.6 井/km²，把该区的井网密度加密到 9.6 井/km²。

④参照方案 6 布置水平井 SP1 井。

（3）东南区：

①目前的注采比 2.0 较高，主要是由于低产的原因，建议通过提高采液量的方式降低注采比，可以实施大范围压裂或者水平井压裂，改善地层物性（参照方案 1）。

②在合理注采比的基础上，参照方案 2 对 H1307 井、H1425 井和 H2322 井进行层位调整。

③该区的剩余油丰度相对分散，并不连片，所以不考虑对该区进行较大范围的加密，只在剩余油富集的条带酌情加密（在方案 4 基础上），同时，对新井周围地层进行压裂。

④参照方案 6 布置水平井 SP2 井和 SP6 井。

方案 7 累计加密油井 70 口（图 7-4-37），累计增油 133×10⁴m³，该方案中有 11 口直井和 3 口水平井，初期日产和累计产油量较高，说明在西南区和东南区的剩余油富集区打新井和水平井，同时，配合压裂改善地层，可以取得较好的效果。

9. 经济优选方案（方案 8）

在保持合理注采比基础上，实施补层井与打水平井相结合的方法，达到经济上最优。

对方案 7 中的新井进行优选，最终确定在全区实施 11 口直井（X2 井、X8 井、X12 井、X16 井、X30 井、X43 井、X39 井、X49 井、X61 井、X62 井和 X64 井）与 3 口水平

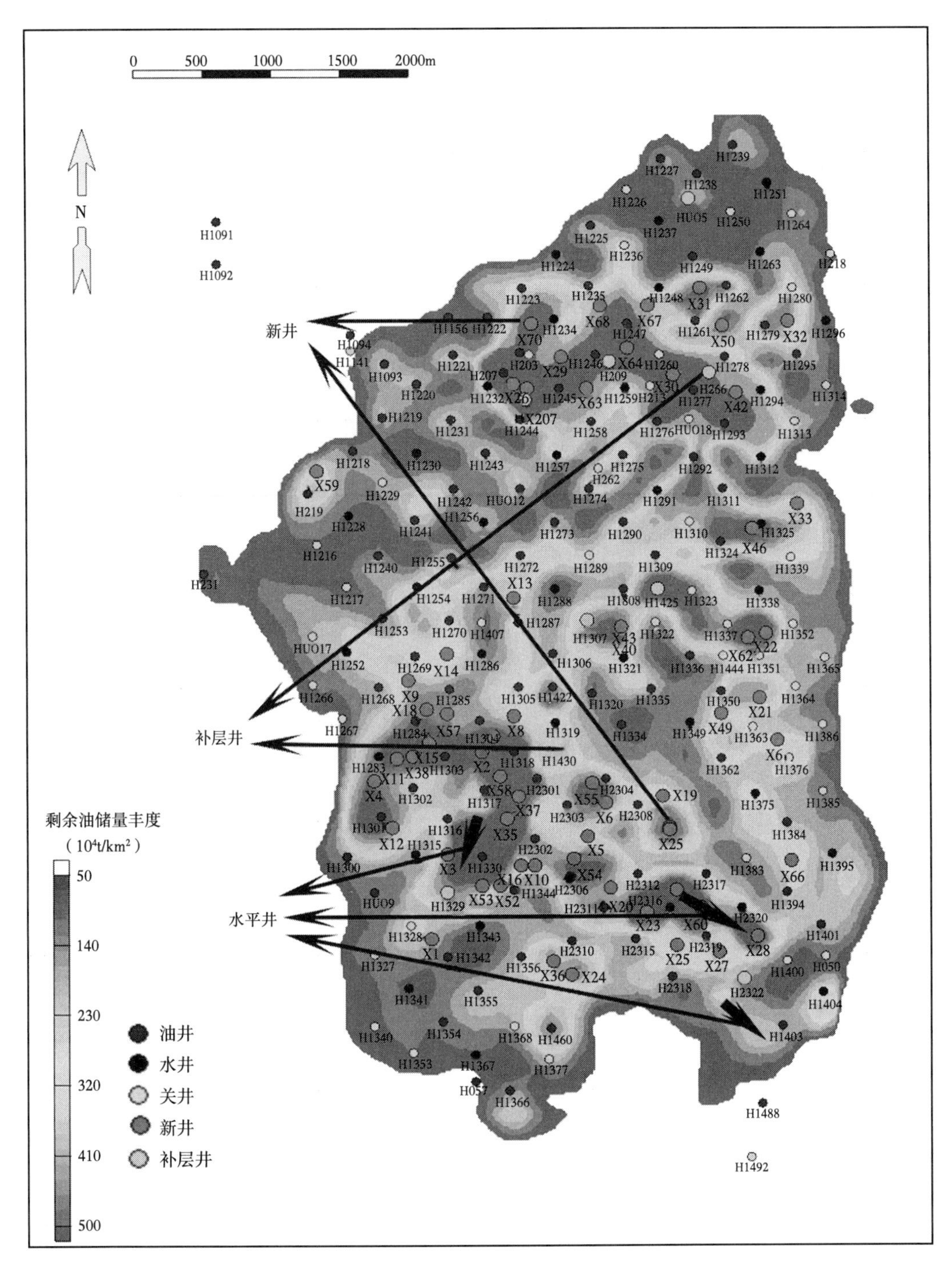

图 7-4-37　方案 7 新井井位图

井（SP1 井、SP2 井和 SP3 井，图 7-4-38）。其中，X39 井、X64 井和 X30 井位于东北区，X2 井、X8 井、X12 井、X16 井和 SP1 井位于西南区，X43 井、X49 井、X61 井、X62 井和 SP2 井、SP6 井位于东南区。

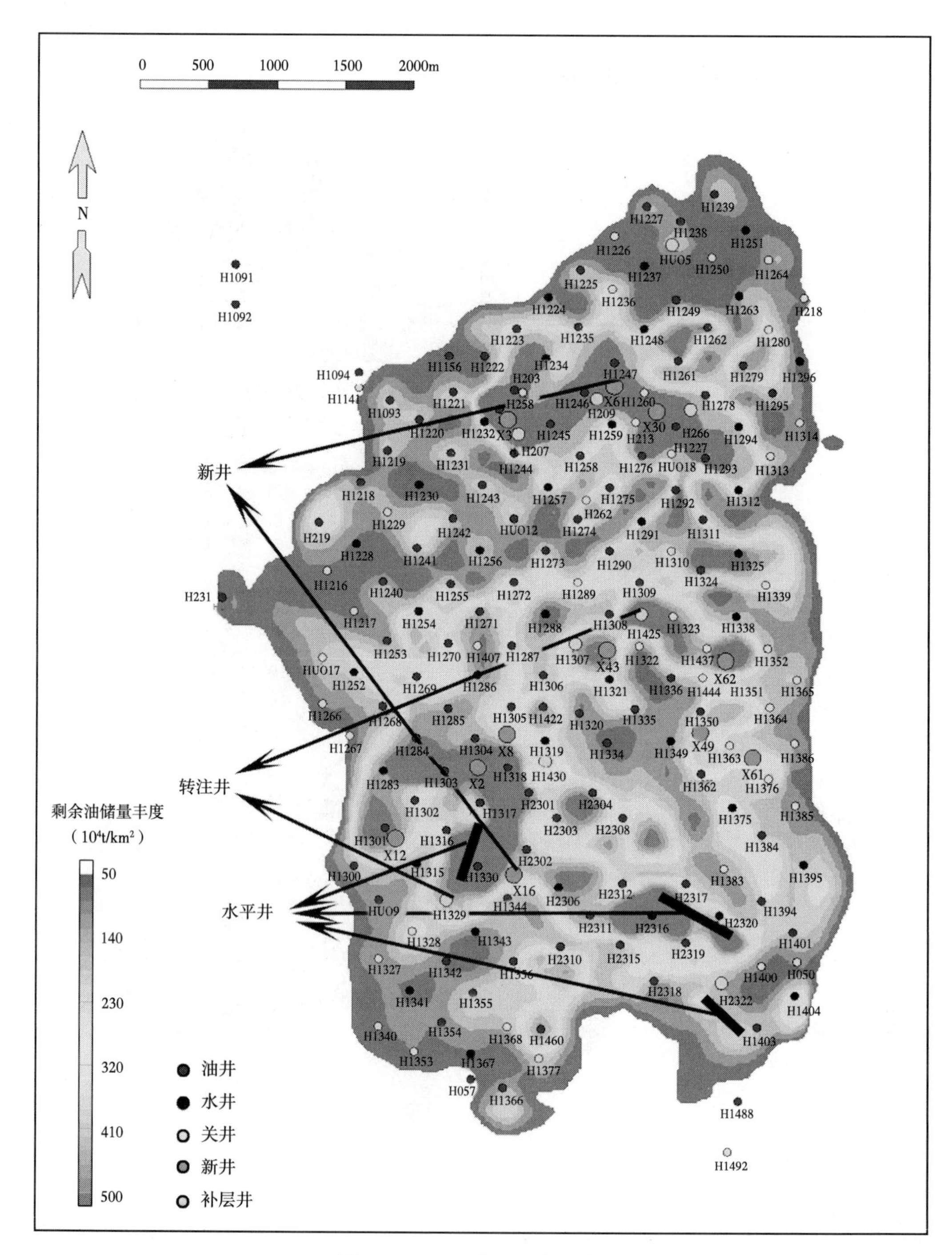

图 7-4-38　方案 8 新井井位图

方案 7 的最终累计产量为 $89\times10^4m^3$，其中 3 口水平井、位于高能高产区的 X2 井、位于低能潜力区的 J22 井具有较好的效果，表明在高能高产区和低能区的剩余油富集区打新井和水平井，同时，配合压裂改善地层，可以取得较好的效果。

第五节　开发方案生产效果评价

一、各个开发方案对比

首先对方案0至方案8进行开发指标预测，结果如图7-5-1至图7-5-3所示。

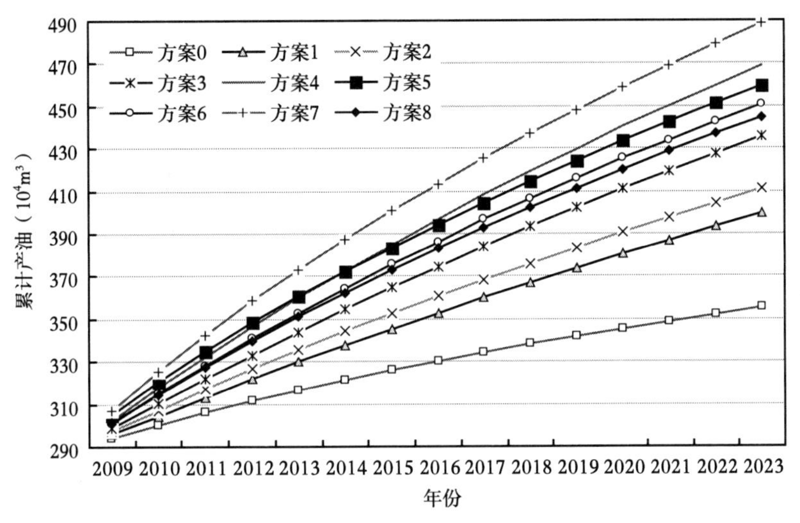

图7-5-1　各方案累计产油对比图

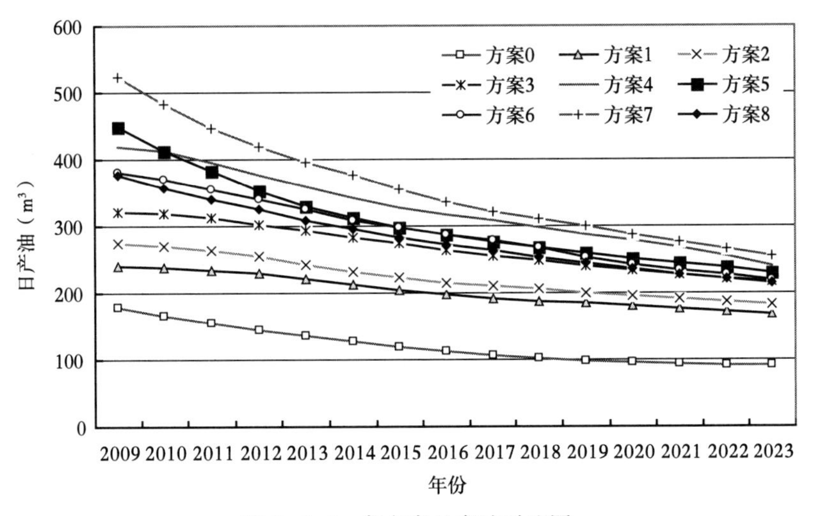

图7-5-2　各方案日产油对比图

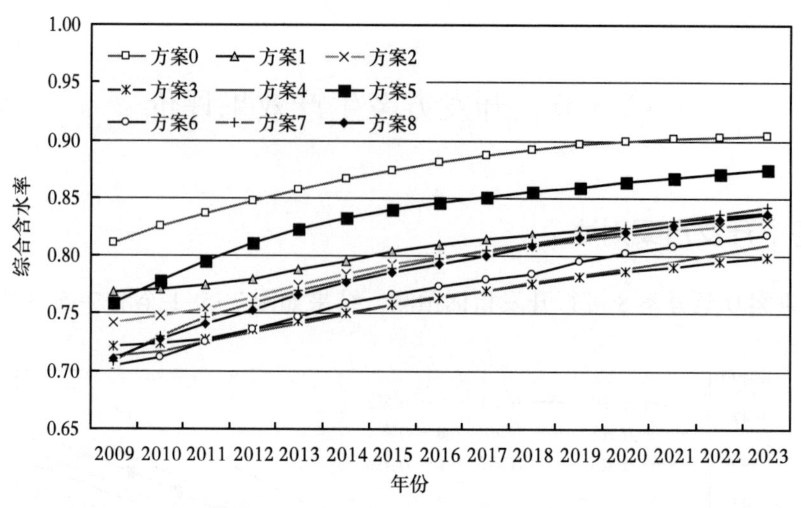

图 7-5-3　各方案含水率对比图

二、生产效果分析评价

1. 累计产油量

方案 2 通过对老井层位调整，累计产油量大幅度的提高，至 2023 年 6 月，累计产油达到 411.29×10^4t，比基础方案多产油 55.83×10^4t。方案 3 在 H_3 层进行局部加密，部署 12 口新井，使 2023 年 6 月的累计产油增加至 435.47×10^4t，比用基础方案增产油 80.01×10^4t，比方案 2 增产 24.15×10^4t。方案 6 对 H_3 层部署了 6 口水平井，使 2023 年 6 月累计产油增至 450.38×10^4t，比用基础方案增产油 94.92×10^4t。方案 8 对 H_3 层部署了 3 口水平井、11 口直井，使 2023 年 6 月累计产油达 444.61×10^4t，比用基础方案增产油 89.14×10^4t。

2. 含水率

由各方案含水资料（表 7-5-1）可知，大范围加密井会使含水率升高。

表 7-5-1　各方案至 2003 年 6 月含水统计表

方案	时间	含水（%）	方案	时间	含水（%）
1	2003.6	83.79	5	2003.6	87.55
2	2003.6	82.94	6	2003.6	81.83
3	2003.6	79.96	8	2003.6	83.66
4	2003.6	81			

3. 采出程度

方案 1 至 2023 年 6 月，采出程度为 21.94%。方案 2 至 2023 年 6 月，采出程度为 22.6%，比方案 0 提高了 3.07%，可见通过方案 2 对大洼油田调整后，采出程度有了很大的提高。方案 3 至 2023 年 6 月，采出程度为 23.93%，比方案 0 提高 4.4%。方案 4 至 2023 年 6 月的采出程度为 25.75%，比方案 0 提高了 6.22%。方案 5 至 2023 年 6 月，采出程度为 25.26%，比方案 0 提高了 5.73%。方案 6 至 2023 年 6 月，采出程度为 24.75%，比方案 0 提高了 5.22%。方案 7 至 2023 年 6 月，采出程度为 24.43%，比方案 0 提高了 4.9%。

三、经济指标分析

经济技术评价是油田开发的一项重要工作，是油田注采调整设计的组成部分。其主要任务是在地质评价和注采调整评价的基础上，计算项目总产出能否弥补总投入和资本化利息，以判定项目经济上的可行性。项目的经济可行性必须满足：财务净现值不小于零；投资回收期不小于行业基准投资回收期；财务内部收益率不小于行业基准收益率。本次评价不考虑注采调整前的勘探和开发投资，只对注采调整所需投入根据油藏数值模拟预测结果进行评价，评价方法及指标测算符合《石油工业建设项目经济评价方法与参数》的有关规定。

四、开发方案优选

综上所述，方案 5 内部收益率低于基准值 12%；方案 4 投资回收期大于投资回收期基准值 6 年；方案 6 存在较大的风险性，故上述方案被淘汰。综合考虑经济效益和对本油藏的适用性，方案 8 最优。

实施方案 8 时必须实行整体部署、分批实施的原则，首先分区调整注采比，在此基础上实施补层。对于新井，应先部署产油较高的 X2 井、SP1 井（位于西南区），X49 井、X61 井、SP6 井（位于低能潜力区）和 X39 井（位于东北区）并根据新井测试解释结果，及时调整加密方案。

五、深化治理初步效果

深化治理方案已经在本地区 H_4 油藏实施，且取得了一定的效果。在 H_4 南部剩余油丰度较高的区域进行过井网加密（图 7-5-4），各井的生产情况见表 7-5-2。

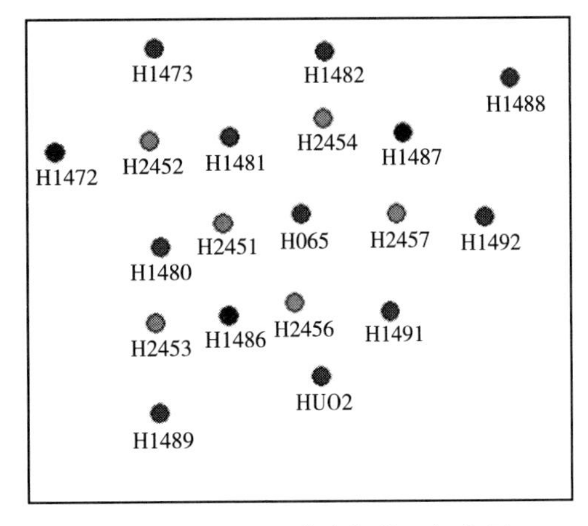

图 7-5-4　H_4 油藏南部井网加密图

表 7-5-2　H_4 油藏加密井生产情况统计表

加密井号	投产日期	日产油（m^3）	含水率（%）
H2452	2008.7	6.7	27
	2008.8	6.7	21
	2008.9	6.7	21
H2454	2008.1	4.2	70
H2451	2007.10	3.3	79
	2008.8	6.9	5
H2453	2007.9	0.2	99
	2008.9	1.6	53

续表

加密井号	投产日期	日产油（m^3）	含水率（%）
H2456	2008.6	0.1	99
	2008.9	4.9	56
H2457	尚无数据		

由生产情况看出，H2452 井初始含水较低，日产油较为可观；H2451 井、H2453 井和 H2456 井的初始含水较高，措施调整后含水降低，相应的日产油上升。由此可见，控制含水是提高本区的采收率一个重要手段，另外，在新井区控制了含水，可以发挥新井的潜力。

第八章　开发后期精细综合治理对策

经过多期综合治理，火烧山油田实施了大量上返（补层、回采）、局部加密和扩边、井网完善等调整方案，进行了多轮次压裂、调剖等储层改造措施，基本实现了油田的长期低速稳产。目前，油田已进入高含水、高采出程度的“双高”开采阶段，主力油藏普遍存在采油速度低、存水率高、累计注采比高、地层压力保持水平高、剖面注采矛盾突出、井网井距不适应、措施效果逐年下降、开采成本逐年增加等一系列问题。经过前期攻关和多期综合治理，在油藏精细描述方面和稳油控水方面开展了大量的基础研究和现场试验。在开展油藏精细描述和稳油控水等大量的基础研究和现场试验基础上，形成了油田精细立体调整的新思路。本章在详细阐述了前期治理后油田面临的问题，精细油藏描述成果及先导开发实验，提出了更为精细的 H_4^1 和 H_4^2 油藏加密完善调整方案、H_3 油藏中北部加密调整方案、$H_1+H_2^1$ 重组井网治理方案，阐明了复杂裂缝性油藏中高含水期精细综合治理方案、原则及措施。

第一节　前期治理后油田面临的问题

一、部分油藏剖面动用差异明显

火烧山油田 H_1 和 H_2 油藏部分注水井采取共用井点注水，H_1 层注水井有 11 井次与 H_2 油藏共用注水，2011 年前注水井在本层采取大层合注方式笼统注水，2012 年采用桥式偏心多级分注，注水级别得以提高，但是和地质需求还有差距。由于 H_1 和 H_2 层各发育有 3 套油层组细分为 9 个小砂层，注水井原分注层改合层注水后剖面动用矛盾突出，虽多轮次调剖治理，但剖面矛盾改善不大。H_2 层采油井剖面厚度动用程度只有 48.3%。

二、主力油田进入高含水期、治理难度大

2010 年后，火烧山油田中高含水开发阶段，含水比为 73.0%、可采采出程度为 79.1%，油田进入双高开发阶段。

油田进入中高含水期后，保持稳产对于注水井来讲主要靠两种方式：一是通过增加注水级别，动用物性相对差的油层；二是通过调剖、深部调剖、调驱等增加水驱动用体积和驱油效率。火烧山油田 H_2 和 H_3 层由于裂缝影响，增加注水级别的难度很大，调驱在 H_4^2 层开展的效果还不是很理想。另外，受低渗透和井深影响，调剖效果一直难以达到好的效果。

油田进入中高含水期后，对于高含水采油井主要靠 3 种方式：一是通过堵水、隔水，降低含水比；二是通过提液增加产油量；三是通过对低液量井实施分层或转向压裂增液增油。统计几年的堵水、隔水效果呈下降趋势。2008—2012 年，堵水分别为 37 井次、14 井

次、3井次、15井次和9井次，增油量仅为1433t、482530t、0、210t和861t；2008—2012年，隔水分别为5井次、4井次、3井次、1井次和2井次，增油量仅为39t、300t、272t、0t和24t。

三、部分油藏井网形式不适应

1. 部分层位，部分区域上返缺失井点

火烧山油田开发早期注水水驱效果差，水淹、水窜现象严重。由于当时缺少有效的治理手段，堵剂配方单一、堵剂强度低，大部分堵水井措施后液量、含水比无变化，为了提高油井利用率，部分井不得不上返到其他层位生产，主要包括H_2北部边水入浸区、H_3东部及东北部裂缝发育区和H_4油藏边部地层水水淹区，共计有46口油井分别上返到H_1、H_2和H_3层生产。这部分井上返前大都位于油藏储层发育较好、储量丰度较高的区域，从而造成原注采井网不完善，上返前累计采油36.95×10^4t，采出程度仅为10.4%。统计46口上返井在原生产层位共占有地质储量356.6×10^4t，按平均20.3%的采收率计算共有可采储量72.4×10^4t，损失可采地质储量约35.4×10^4t。

由于H_1和H_2油藏部分注水井采取共用井点、大层合注方式生产，H_1层注水井有11井次与H_2油藏共用注水井点，两套开发层系实施共用注水井点一级两层分注，注水井在本层则采取大层合注方式笼统注水。由于H_1层发育有3套油层组细分为4~5个小砂层，H_2层发育有3套油层组细分为9个小砂层，因此，注水井由细分层注水改合层注水后，只能进一步激化剖面动用矛盾，而且随着开采时间的延长，层间和层内矛盾最终将激化为平面水窜矛盾，这对油藏稳产极为不利。如H_1层注水井H1104井射开6层8段共25.5m油层注水，剖面显示只有2段吸水动用，尽管每年实施调剖治理，但剖面矛盾改善不大；H_2层注水井H1171井在H_2层射开3层6段共14.0m油层注水，剖面显示只有1层3段在吸水，其中：H_2^{2-2}层单层吸水量为1.6m³/d、H_2^{2-3}层2段单层吸水量分别为11.2m³/d和7.2m³/d，该井处于裂缝发育地区，虽多轮次调剖治理，但剖面矛盾依然改善不大，这些实例均反映出H_1和H_2油藏共用部分注水井的剖面矛盾，此类问题在火烧山油田H_3油藏（H_3与H_4^1层）、H_4^1油藏（H_4^0与H_4^1层）、火南油藏（H_4^2与H_5层）都有实例。

主力层块H_4^1和H_4^2油藏储层平面分布较稳定、连通性好，目前全部实现细分层注水（最高二级三层）。但是，分注层内剖面动用矛盾比较突出，造成局部油井含水上升速度过快。如：H_4^2油藏共射开43个小层，40个小层实现了细分层注水，平均注水强度4.6m³/(m·d)，其中单层注水强度大于5.0m³/(m·d)的占总数的55%；如果分注层内出现层内剖面矛盾，这样部分单层实际注水强度将远高于合理配注强度。以注水井H1332为例，该井加强层H_4^{2-1}射开2段5.5m，分注层地质配注30m³/d，小层平均配注强度5.5m³/(m·d)，但是在分注井剖面检查中发现其中1段2.0m单层不吸水，实际吸水单层注水强度就会达到8.6m³/(m·d)，如果关注不及时，注入水易发生单层突进和水窜现象，这也就是我们所关注的H_4油藏注水井分注层内、层间剖面动用矛盾突出，现注采井网形式下注水井负担过重的实际问题，它严重制约了油藏在“双高”开发阶段的提排提注稳产治理工作。

由于H_1油藏注采井网不完善，有效注水井点少（合用H_2层井网注水井实施大分层注水共计11井次，占注水井总数的91.7%），地层总亏空依然较大，压力保持程度仅有57.5%。H_2油藏东部和西部储层物性差异明显，开发井网形式也不相同，造成平面压力场分布极不均衡，油藏全区地层压力保持程度为89.6%，其中东部地层压力为13.1MPa、保持程度为91.9%，南部地层压力为15.31MPa、保持程度为107.4%，西部低压区地层压力仅为9.74MPa、保持程度为68.3%，与东部相比降低了23个百分点。西部地区储层低渗透、裂缝欠发育，目前350m反九点井网注采井距明显偏大，注水效果差，低压区油井表现为低能、高含水，因此，要开展西部加密调整先导治理方案的研制工作。H_3油藏地层压力保持程度达到100.5%，但油藏南部和北部的压力场分布也不均衡，在油藏东北、西南以及开发区中部地区存在明显的低压区，压力保持程度只有76.4%，主要是由于该区注采井距明显偏大、局部注采井网不完善所致。H_4^1油藏压力场分布也极不均衡，表现在全油藏压力分布差异很大，地层压力在8.4~21.7MPa，压力保持程度在54.2%~140%；而且从分区情况看：油藏中部和东部的一次加密区，高于原始地层压力的井点有5口，老井网未加密区腰部裂缝带—油藏西部为低压区，压力保持程度最低的井为H1457井（只有54.2%），这些低压区与注采井距偏大、注采井距严重不规则有直接关系，需加密完善井网改善开发效果。H_4^2油藏井网加密区的南部存在以H1381和H1393井组为中心的连片低压区，该区压力保持程度较低，井网一次加密井H2421井地层压力为8.85MPa，压力保持程度仅为56.9%，这与该区注采井网不规则、部分井注采井距偏大有关，也与H2420井的长期水窜通道和优势方向有关，只有通过局部加密并采转注H2420井来调整平面水驱方向。

2. 部分层位井距偏大，油水井比例偏低

H_2油藏为三角洲前缘水下分流河道沉积，单砂体发育范围有限（宽度200~300m），在井网井距（350m）条件下，砂体钻遇率低，井网控制程度低，因而注水效果不理想。此外，油藏东部和西部储层物性有明显的差异，西部地区储层低渗透、裂缝欠发育，350m反九点井网注采井距明显偏大，注水效果差，压力保持程度仅为62.5%，油井表现为低能，单井平均日产液量只有4.3t。计划2012年转注油藏北部6口井，形成行列注水。

H_3油藏北部剩余油富集，350m反九点井网注采井距明显偏大、局部注采井网不完善。

H_4^1油藏边部未加密区注采井距偏大，制约了平面水驱开发效果的改善。

H_4^2油藏现注采井网形式下注水井负担过重，无法有效地提高油井供液能力，制约了油藏在“双高”开发阶段的提注提液需求。另外，H_4^2油藏边部未加密区注采井距偏大，制约了平面水驱开发效果的改善。

火烧山油田开发区油水井数比为2.8∶1，H_2、H_3、H_4^1和H_4^2分别为2.4∶1、2.7∶1、2.5∶1和3.2∶1，H_4^2层油水井数比最高，需要井网调整，增加注水井点。

第二节　精细油藏描述及先导开发试验

针对开发中面临的新问题，在开发初期油藏描述基础上，继续开展油田精细油藏描述，通过研究评价油藏经过多期综合治理后，油层水淹、水洗、水驱油效率状况，以及剩余油分布情况，储层裂缝封堵情况，以及基质储层物性参数的变化规律；评价认识油藏储量及油层平剖面动用潜力，结合注采井网、注采井距、沉积微相、储层裂缝和剩余油分布、构造认识等研究成果，全面评价水驱储量控制及动用现状，为编制油藏精细立体调整方案奠定基础。

研究中，分析了各层系油井见水见效特征、压力保持状况、厚度动用状况、注入采出特征、存水率及水驱指数、水驱采收率等，研究了各层系平面及纵向储量动用状况，指出了各层系开发中存在的主要问题；根据单井试井储层模型变化特征、单井及井区采出程度、单井见水见效特征，进行了潜力区的分类与平面上划分；在已有模型的基础上，重点对 H_4 模型部分井的有效厚度进行了核实及修订、确定了边底水的体积、进行了相对渗透率的分区；结果看，全区及单井的压力和含水率拟合较好，单井符合率在85%以上；针对 H_4 油藏剩余油分布特征及开发中存在的主要问题，设计了多个调整方案，并进行了开采指标的对比、优选。取得了如下阶段成果及认识：平面储量动用不均衡（H_2—H_4 存在，H_2 和 H_3 尤为突出）、层间矛盾显著（H_2—H_4 存在，H_2 和 H_3 尤为突出）、开发技术政策不尽合理（H_4^2 及 H_2 较明显，主要是注水强度过高）；火烧山油田储层裂缝的影响存在明显的分区性及阶段性，裂缝可治理区影响油井生产效果的主要因素在于基质，基质发育状况主要取决于纵向主河道沉积的频率；剩余油分布特征是：纵向上，层系中上部小层水淹程度低、剩余油饱和度较高；平面上，H_4 的未加密区、H_3 北部及西南部、H_2 的北部及东部剩余储量较富集；纵向上，中细砂岩水淹程度较高，而粉砂岩剩余油饱和度较高；分层系初步确立了主要调整目标区和调整方向。分别为 H_4^1 和 H_4^2 未加密区，H_3 中北区，H_1+H_2^1 重组开发层系，H_4 已加密区逐步转为五点井网。

一、H_1 油藏

通过精细油藏描述搞清了 H_1 层未动用储量的分布特点，在细分沉积相研究的基础上，认识了储层砂体空间展布特征，编制了“火烧山油田 H_1 油藏低效储量开发动用试验方案”。方案设计在东北部 H220 井区实施滚动扩边，设计扩边采用 250m 井距反七点井网部署 3 个注水井组，新钻扩边井 12 口，利用老井转注 1 口。此外，在 H2423 井区设计考虑钻水平井进行低效储量开发试验，新钻水平井 1 口（HHW001 井），设计钻井井深 1880m（水平段 300m），设计单井产能 12t。在油藏南部 H1459 井区油层厚度较集中的区域部署 1 个 250m 五点法井组进行低效储量开发试验，钻新井 5 口，其中油井 4 口。共设计新钻开发井 18 口（油井 15 口、注水井 3 口），新建产能 2.55×10^4t/a。2010 年，优先实施低效储量水平井开发先导试验，完钻投产水平井 1 口（HHW001 井），稳定单井日产油 13.5t、含水较低（6.5%），方案实施后极大改善 H_1 油藏低产、低能、低效的开发格局，提高储量的动用效率。

二、H_2 油藏

油层组为小型河流入湖的近物源扇三角洲沉积体系，为三角洲前缘水下分流河道沉积，主河道砂体具有纵向多期次叠置、平面迁移频繁、横向呈窄条状发育的特点，单砂体发育范围有限（宽度 200~300m），在目前井网井距（350m）条件下，砂体钻遇率低且井网控制程度不高，因而注水效果不理想。此外，油藏东部和西部储层物性有明显的差异，西部地区储层低渗、裂缝欠发育，350m 反九点井网注采井距明显偏大，注水效果差，压力保持程度仅为 62.5%，油井表现为低能，单井平均日产液量只有 4.3t。油藏中部—东部储层天然裂缝较发育，注入水窜的优势水道存在，造成特低渗透基质水驱效率低，350m

反七点井网对天然裂缝系统的适应性较差，局部井点上返后井网缺失。在油藏南部有近 200×10^4t 储量动用程度极低，该区储层多为前（扇）三角洲亚相沉积的河口砂坝、远沙坝砂体沉积，多数呈透镜状砂坝分散分布，油层发育偏差。依据油藏储层沉积相和裂缝的平面发育特点，以及平面见效、水窜和压力场分布特征，本着“治理东部、加强西部”的思路，实施“西部提注、东部治水”稳产工程，西部低压区（裂缝欠发育区）在调剖、分注的基础上，继续实施规模提注治理试验；东部水窜区（裂缝发育区）采取注水井大剂量、大强度调剖后的上返井逐步回采治理试验，在完善井网的同时开展“2+3”调驱相结合的治理试验，达到消减东、西部开发差异，改善注水开发效果的目的。2010 年，针对西部 350m 反九点井网注采井距明显偏大、注水效果差的矛盾，开展西部加密调整先导治理方案的研制工作。在南部储量动用不完善区，针对河口沙坝、远沙坝含油砂体实施水平井开发先导试验。目前，方案尚在编制阶段，预计该方案实施后将极大改善 H_2 油藏低产、低能和低效的开发格局，并提高储量的动用效率。

三、H_3 油藏

北部为储层裂缝的发育区，早期两排加三排行列切割注水试验因切割井距偏大，中部井排不受效未取得好效果，该区 350m 反九点井网注采井距明显偏大、局部注采井网不完善。此外，该区储层裂缝较发育、水窜问题突出，水驱效率总体较低。由于油层厚度大，开采效果差，剩余可采储量丰度较高，在油藏北部的 H1260 井区优先实施加密先导性治理试验，先实施加密井 3 口（油井 2 口、水井 1 口），单井设计产能 5t/a，新建产能 0.30×10^4t/a。

四、H_4 油藏

开展 H_4^1 油藏南部加密调整先导试验，实施效果证实老油层由于层间和裂缝矛盾突出，剖面上仍然有剩余油富集区，加密新井投产初期平均井产能为 6.7t/d，说明火烧山裂缝性油藏治理挖潜的潜力还很大。H_4 油藏细分层注水程度较高，但注水井分注层内、层间剖面动用矛盾突出，现注采井网形式下注水井负担过重，无法有效地提高油井供液能力，制约了油藏在“双高”开发阶段的提排提注稳产治理工作。与此同时，H_4 油藏边部一次井网加密的未完善区，局部注采井网、井距严重不规则影响平面水驱开发效果的改善，特别是严重影响了油藏进入双高开发阶段后提排提注对注采开发井网转换的需求（井网不协调）。为了从根本上改善火烧山油田注水开发效果，开展了 H_4 油藏外围继续加密完善井网的综合研究，在油藏北部、西南部和东部原井网未加密区继续实施加密调整治理。

第三节 油田立体精细调整

火烧山油田立体精细调整方案共部署新井 111 口，其中采油井 92 口、注水井 19 口、老井转注 24 口，累计钻井进尺 17.73×10^4m，累计新建产能 13.8×10^4t/a，累计新增可采储量 113.6×10^4t。2011 年，在 3 个层块继续开展加密调整先导性试验，产能建设共部署总井数 5 口，新钻采油井 4 口，注水井 1 口，设计新钻加密井单井产能 5.0t，累计钻井总进尺 0.85×10^4m，4 口新钻采油井全部投产后新建产能 0.60×10^4t/a。

一、H_1 油藏调整方案

在目前开发层系划分方式下，下部 H_2 油藏开发井网控制的油层组跨度过长（130m）、层段过多（9 个），造成了明显的层间矛盾。目前，H_1 油藏与 H_2 油藏合层开采、合层注水的问题比较突出，造成 H_2 油藏顶部各小层动用程度偏低。H_1 油藏已动用区的注采井网很不完善，在采出程度仅为 4.3%的情况下，油井地层压力保持程度降到了 53.7%。因此，考虑将 H_2^1 层与 H_1 层组成一个开发层系，在油藏中部连片富集区整体开发动用。方案共部署新钻井 39 口，其中：新钻注水井 11 口、利用老油井 10 口。目前 H_1 油藏与 H_2 油藏合层注水井，不再兼顾 $H_1+H_2^1$ 层，原则上回到主力油层 H_2^{2-3} 层生产。

二、H_3 油藏调整方案

油藏精细描述成果表明，H_3 油藏有 4 个剩余油富集区且连片分布，其中 H1260 井区为剩余油富集区，含油面积 1.68km^2。目前，油藏单井泄油半径小，井网井距不适应，据不稳定试井资料，供油半径平均为 86.9m，折算合理平均井距仅 173.8m，目前剩余油富集区原开发井网井距为 350m×495m。为减少该区储量损失，设想补钻 H1260 更新井的同时，兼顾实施加密调整先导性试验。根据整体部署、分步实施的原则，方案设计在 H_3 油藏北部 H1260 井区开展滚动加密先导性试验，将原 350m×495m 井网调整为 250m×350m 井距的反五点注采井网，共部署采油井 4 口、注水井 1 口，2010 年已实施 H2351 和 H2350 两口井，2011 年继续实施方案设计剩余试验工作量，并优先实施 1 口注水井。

三、H_4^1 油藏调整方案

2010 年前，在油藏南部火 2 井区实施 H_4^1 油藏整体加密完善治理的先导性试验，完钻 7 口井、老井转注 2 口，增加日注水量 60m^3，新建产能 1.326×10^4t/a，其中 H2451 井、H2452 井、H2454 井和 H2457 井投产初期抽喷生产，加密井综合含水平均为 33%，初期平均井产能为 6.7t/d，取得了较好效果。从 H2452 井密闭取心来看，储层自上而下水洗级别依次增强，中上部水洗级别较低，剩余油富集，裂缝两侧基质剩余油饱和度较高，总体基质剩余油饱和度依然较高，特别是储层中上部的 H_4^{1-1} 和 H_4^{1-2} 层，岩心分析平均含油饱和度达到 51.0%，说明油藏具有进一步加密调整的潜力。根据研究成果，方案设计在 H_4^1 油藏剩余油富集的西部、北部实施滚动加密调整，共部署采油井 23 口、注水井 10 口，其中新钻采油井 18 口、老井回采利用 4 口、注转采 1 口、采转注 10 口。方案设计加密井单井产能 5.0t/d，钻井总进尺 2.97×10^4m，新建产能 2.7×10^4/a。

四、H_4^2 油藏调整方案

在油藏精细描述研究的基础上，对剩余油分布特征和油藏潜力进行了重新研究和认识，认为剩余油在油藏西南部富集连片，展示了油藏进一步加密调整的潜力。方案设计在 H_4^2 油藏剩余油富集的西部、南部实施加密调整，完善注采井网，共部署采油井 11 口、注水井 5 口，其中：新钻井 11 口、老井采转注 5 口，设计单井产能 5.0t/a，钻井进尺 1.85×10^4m，新建产能 1.65×10^4t/a。2010 年已实施 1 口井（H2602 井），2011 年将继续实施方案设计剩余试验工作量。

第四节　精细管理

进入“十二五”，油气田开发管理工作围绕“立足精细，提高井产，突出效益”的原则，以全面开展“油田开发基础年”活动为契机，以“注好水、注够水、精细注水、有效注水”为目标，努力改善油田注水状况，控制油藏含水上升速度，减缓油田产量递减，提高水驱储量采收率，创新实施好老油田“调水增油”这个系统工程。通过加强老油田综合调整，不断优化油田注水和产液结构，优化控水稳油措施。突出重点、扎实推进，通过管理优化和技术创新，做好稳定并提高单井产量这个系统工程的各项工作，努力提高油田开发管理水平和经济效益。

一、持续开展油田开发基础研究

组织实施了老油田分类油藏评价指标及不同开发阶段合理开发技术政策、界限的研究，以及老油田分类油藏递减规律、递减原因和递减控制指标、控减油田递减措施的研究工作，不断提高油田开发管理的分析决策水平，实施油藏开发全过程的监控管理，真正驾驭油藏开发全过程。与此同时，做好油藏精细开发管理工作，多方法、多层次、纵深度地创新油藏动态配注方法，坚持“从油藏着眼、从单井入手、以井组为单元、细化到小层”的配注原则，将调水增油的技术核心放在“一个重新认识、三个结构调整”上，即随时更新对油藏构造、储层变化特征和流体分布规律、剩余油动态聚集赋存规律的重新认识，在不同含水开发阶段的转型期及时对注水、产液和储采结构进行调整，其中：注水结构调整是前提、是基础，产液结构调整和储采结构调整都围绕着注水结构调整展开。及时跟踪分析配注效果，调整配注方案，不断提高和细化注水结构，通过强化注水、封堵水淹层、降低无效注水等措施，改善油田注水状况，控制含水上升速度，减缓产量递减，提高水驱采收率。

通过优化注水调控措施，充分发挥老油田的生产潜力，缓解油田注水平面和层间矛盾，最大限度地减少油田低效水循环。

二、持续加强和深化油田注水工作

以“注够水、注好水”为基准目标，进一步加强动态、工艺、地面“三位一体”的优化注水管理工作。优化注水工作以注够水、注好水保持注采平衡为根本，以精细注水合理恢复地层压力为抓手，以控制减缓自然递减、含水上升速度为目标，加强油藏与工艺的有机结合，解决好优化注水工作中细分层注水、精确配水的问题，为实现油藏细化注水、精细注水创造必要条件。同时，积极开展油藏配套开采与治理技术的研究，开展可动凝胶与分子膜驱油、线团聚合物深部调驱等二加三次采油试验，开展油藏提排提注治理试验，进一步完善调剖技术、细分层注水技术、对应调堵水和堵压一体化治理技术，积极改善老油田水驱状况。动态管理人员积极开展平、剖面多种形式的调水增油措施，控制减缓油藏含水上升速度。工程管理人员积极完善老油田注水工艺设施，开展单井洗井、管柱更换维修工作，开展欠注井组、井层的增注工艺试验，尽最大努力改善油田注水环境，解决低渗透储层注不进、采不出的现实矛盾，确保了低渗透油藏注水水质全部达标。

如在2011年内，完成投转注、增注、分注及增级、补层、大小修、检管等各类措施107井次，增加有效注水量89047m³。针对老油田层间、层内矛盾突出的问题，实施混层调剖与分层调剖措施136井次，增加有效注水29456m³；通过调剖治理，当年见效井组46个、见效油井72口，占相关油井总数的17.3%，见效井日产液由612.5t上升到685.3t，日产油由114.7t上升到215.4t，综合含水比由81.3%下降到68.6%，已累计增油11233t。以上工作改善了油田注水条件，为实现注够水、注好水奠定了基础。

三、加强油水井日常生产管理工作，努力降低操作费用

在采油技术方面推行油井“一井一法”管理经验，延长检泵周期，提高采油时率，充分发挥油井的最大潜力。在“三低井”“经济报废井”的挖潜利用工作中，结合老油田注采井网调整治理试验，加大老井侧钻挖潜工作力度。在油藏动态监测方面，以两大剖面和一个压力为重点，取全取准所需参数，发挥动态监测工作的“技术诊断”作用，动态管理及研究人员及时分析监测信息，准确把握油水井生产动态变化，及时提出相应的治理措施和动态调控意见。

如2010年，共实施油井增产措施工作量123井次，措施井总有效率82.1%，年核实增产油量30548t，当月日增产水平135t，平均单井增油248.4t，预计全年增产油量34500t。与2009年同期对比，水平综合递减从12.2%降至2.3%，油量综合递减从9.8%降至1.0%，创近3年来最好水平。

四、井下作业管理方面继续贯彻“三压缩”和“三倾斜”的原则

不断提升作业工艺水平。在措施井选井、设计、施工、管理方面，实现“两个结合、两个转变”，即高效上产措施与稳产长效措施有机结合，近期上产措施与长远稳产措施相结合；从强化单井点措施向以单砂体流动单元的注水培养与改造、注采对应治理等长效综合性措施转变，从常规工艺措施向采用新工艺、新技术、新材料的进攻型措施转变，如引进压裂新工艺（屏蔽暂堵技术）和新材料（油、水两类暂堵剂）开展三低井措施治理工作，不断提升油井增产措施工艺技术的适应性。在稠油常规开发举升、“双高”开发阶段油藏提排技术储备方面，认真做好螺杆泵的引进、推广和工艺配套工作，将螺杆泵技术成熟运用、规模应用和技术配套，达到了油田公司领先水平。

第五节　精细综合治理方案实施

方案确定好后，针对油藏开发特点及面临的问题，逐步实施如下措施。

一、H_1 难采储量采取水平井开发

火烧山油田 H_1 油藏投产水平井6口（2010年1口、2011年5口），投产后具有自喷能力4口，初期日产液118.7t，日产油104.9t，综合含水11.6%；加快了该层难采储量的有效动用，同时为类似油藏火烧山油田 H_2 油藏水平井的实施提供了依据。

二、完成了火烧山油田 H_3 油藏加密调整先导性试验

H_3 油藏方案实施后完钻 5 口，投产 4 口、待投 1 口，其中密闭取心 1 口，取心进尺 63.07m，收获率 100%，目前 4 口采油井日产液 43.2t，日产油水平 19.8t，综合含水 54.2%，平均单井日产油水平 4.9t，基本达到了设计产能。

根据检查井 H2340 密闭取心成果以及试验井投产后生产情况，取得了以下认识：H_3 油藏储层中上部 H_3^1—H_3^2 水洗程度较低，剩余油富集。底部 H_3^3 主要为粉砂质泥岩夹细砂岩条带，裂缝密度为 1~2 条/cm，裂缝非常发育，水洗严重。岩心分析孔隙度为 6.8%~17.8%，平均 12.2%；核磁共振分析平均渗透率 15.8mD；基质储层物性较差，投产需要压裂改造。历经多年注水开发后，天然裂缝已被注入水饱和，但裂缝孔隙体积不大，目前采油工艺较为成熟，新井投产若含水较高，经过一定治理措施，均能够达到设计产能。H_3 油藏地层能量充足，物质基础好，试验区基本达到了方案预期，可在此基础上继续扩大实施范围，并编制了 H_3 油藏中北部整体加密调整部署方案。首先，将原 350m 反九点注采井网加密为 250m 井距反九点注采井网；然后，根据油井生产动态，把握采转注时机，将反九点逐步调整为五点注采井网，方案共部署新钻采油井 32 口，采转注老井 19 口，钻井总进尺 5.44×10^4m，新建年产能 4.8×10^4t。

三、完成 H_1 油藏滚动开发及扩边部署

2000 年在油藏精细描述成果的基础上，结合储层自身特点，采取不拘泥一种形式，逐步开展 H_1 油藏难采储量的动用，其中油藏北部 H257 上返后自喷日产油 10.3t，含水 1%；油藏中部水平井 HHW001 井投产后，放喷生产获得了日产油 41.3t 的高产油流，证明 H_1 油藏具备择优动用的潜力。

按照“整体部署，滚动开发，择优动用”的原则，H_1 油藏东部滚动扩边区依托原储量未动用区采取统一部署，逐步外扩；油藏南部难动用区，优选有利区实施水平井开采。火烧山油田 H_1 油藏共部署新钻开发井 17 口，其中采油井 15 口，注水井 2 口；利用老井 10 口，设计单井直井平均井深 1500m，水平井测量深度 1710m，钻井总进尺 2.66×10^4m。采油直井设计单井产能 5t；水平井单井产能设计为 12t，新建年产能 3.3×10^4t。

四、完成 H_3 层调整

（1）油藏开采特征及注水开采效果评价，开展井网井距适应性研究，对改善 H_3 油藏开发效果的制约因素进行分析；

（2）消化、吸收前期油藏精细描述成果，分析油藏潜力；

（3）编制完成实施先导性试验方案，方案设计在剩余油富集区通过加密，开展五点法注采试验；

（4）完钻井投产 5 口，其中采油井 4 口，注水井 1 口，实施密闭取心 1 口，已投产 4 口，新建年产能 0.75×10^4t；

（5）编制 H_3 油藏北部整体调整部署方案，部署新钻采油井 32 口，老井采转注 20 口，钻井总进尺 5.44×10^4m，新建年产能 5.28×10^4t。

取得的成果：（1）火烧山 H_3 油藏剩余油富集，连片分布，平面上有 4 个剩余油富集

区，剖面上剩余油主要分布在 H_3^2 砂层组；（2）目前注采井距（350m）偏大，实际泄油半径平均仅为 86.9m，折算井距为 173.8m，井网不适应，注采矛盾突出；（3）密闭取心资料表明储层以中细砂岩为主，剩余油富集，其中弱—未水淹层占砂岩厚度的 41.7%；（4）H_3^3 储层整体以粉砂岩、泥质粉砂岩为主，裂缝非常发育，普遍强水洗，挖潜难度大。

五、分层块方案实施

1. H_3 油藏北部加密调整方案

油藏精细描述成果表明：H_3 油藏有 4 个剩余油富集区且连片分布，挖掘潜力大。油藏目前单井泄油半径小，井网井距不适应，据不稳定试井资料，供油半径介于 27.78~241.26m，平均为 86.9m，折算合理平均井距仅 173.8m，而目前剩余油富集区原开发井网井距为 350m×495m。H_3 油藏北部待加密区，探明含油面积 4.15km²，石油地质储量472.6×10⁴t，采出程度 9.3%。在 H1260 井区先导性试验的基础上，结合油藏精细描述成果的认识，对 H_3 油藏中北部剩余油富集区实施整体加密部署。按照“整体部署，依据剩余油丰度及邻井动态分批滚动实施，及时调整；射孔依据水淹层解释结果，层段不宜过多；根据生产动态，适时对老井采转注”等原则，首先将原 350m 反九点注采井网加密为 250m 井距反九点注采井网；然后，根据油井生产动态，把握采转注时机，将反九点逐步调整为五点注采井网。以最终五点注采井网计算，方案共部署新钻采油井 32 口，采转注老井 19 口，新建年产能 4.8×10⁴t。2012 年，在 H_3 油藏北部共实施了 6 口井，平均日产液 12.3t，平均日产油 2.0t。

2. H_3 油藏西南部加密调整方案

H_3 西南部以Ⅰ类和Ⅱ类油层连片区为主，夹有Ⅳ类油层，有效厚度 12.9m，平均孔隙度 12.8%，含油饱和度 66.4%，地质储量 606×10⁴t。油井见水方式以一般见水及快速见水为主，而投产高含水及暴性水淹井较少总体开发效果较好，采出程度 23.8%。目前已进入高含水开发阶段，油井平均地层压力 14.79MPa，压力保持程度 97.5%。H_3 西南部目标区共有 2010—2012 年间 8 口穿层调整井，较均匀分布于目标区的中部及右翼。根据测井水淹层解释，穿层井在 H_3 的水淹程度较弱，弱水淹级别以下的油层厚度（可射孔厚度）在 3.0~28.5m，北部多在 10m 左右，南部较低，平均 4.8m。H_3 西南部目标区大多数区域剩余可采储量丰度超过 15×10⁴t/km²，高值区超过 45×10⁴t/km²，平均为 22.6×10⁴t/km²，高于加密界限，具备整体加密的潜力。H_3 西南部采用反九点法井网部署新井 60 口（其中油井 54 口、注水井 6 口），老井转注 12 口，累计进尺 10.2×10⁴m，新建年产能 8.1×10⁴t。

3. H_2 油藏加密调整方案

H_2 油藏中东部以Ⅰ类和Ⅱ类油层为主，局部为Ⅲ类油层，有效厚度 12.7m，平均孔隙度 12.7%，含油饱和度 62.6%，地质储量 321×10⁴t。油井见水方式以一般见水及快速见水为主，投产高含水及暴性水淹井占 36.9%，开发效果较差。H_2 西南部存在多种类型油层，既有Ⅰ类油层条带，也有Ⅲ类油层井区，还有相当部分属于Ⅳ类油层区，平均孔隙度 12.8%，含油饱和度 61.8%，有效厚度 9.7m，地质储量 205×10⁴t。油井以一般见水及快速见水为主，投产高含水及暴性水淹井较少，总体开发效果中等。H_2 目标区在中东部有 2010—2012 年间 5 口穿层调整井。5 口调整井钻遇可射孔厚度 8.0~19.5m，平均 11.4m；

H_2 油层整体水淹程度较轻，只有 H1260A 井在 H_2^{2-3} 存在 2.5m 的中水淹。H_2 目标区多数井区剩余可采储量丰度高于 $10\times10^4t/km^2$，高值区超过 $35\times10^4t/km^2$，平均 $16\times10^4t/km^2$，具备整体加密的潜力。H_2 中东部区和西南部区采用反九点法井网及反七点井网部署新井 52 口（其中油井 51 口、注水井 1 口），老井转注 10 口，累计进尺 8.58×10^4m，新建年产能 7.65×10^4t。

4. H_4^1 油藏调整方案

H_4^1 油藏是火烧山油田综合治理的重点区块之一。2006 年，依据精细描述成果，对剩余油分布特征及油藏潜力进行了重新研究及认识，编制实施了“火烧山油田火 2 井区 H_4^1 层加密部署意见”“火烧山油田 H_4^1 层注采井网调整方案”，开展了密闭取心和水淹层测井解释研究。2007 年，油藏南部火 2 井区加密 H_4^1 油藏整体治理的先导性试验，完钻并投产 7 口井，老井转注 2 口，增加日注水量 $60m^3$，实施密闭取心 1 口。平均单井产能 6.3t/d，新建年产油能力 1.326×10^4t，其中 H2451 井、H2452 井、H2454 井和 H2457 井，投产初期生产能力充足，抽喷生产，加密井综合含水平均33%，取得了较好效果。从 H2452 井密闭取心来看，储层自上而下水洗级别依次增强，储层中上部以细—粉砂岩为主，水洗级别较低，剩余油富集。裂缝两侧基质剩余油饱和度较高，岩心出筒静止放置 7h 可见大量原油外渗，裂缝面干净，水洗特征明显，水洗宽度窄。总的来看，基质水驱油效率依然偏低，特别是储层的中上部 H_4^{1-1} 和 H_4^{1-2} 层，基质剩余油饱和度依然较高，岩心分析平均含油饱和度达到 51.0%，展现了油藏进一步加密调整的潜力。根据研究成果，方案设计在 H_4^1 油藏剩余油富集的西部、北部实施滚动加密调整。共部署采油井 23 口、注水井 10 口，其中新钻采油井 18 口；老井回采利用 4 口，注转采 1 口，采转注 10 口。设计单井产能 5.0t/d，单井进尺 1650m，累计总进尺 2.97×10^4m，新建年产能 2.7×10^4。2012 年，在油藏的西南部实施了 4 口井，目前平均日产液 10.7t，平均日产油 6.5t，生产效果好。

5. H_4^2 油藏调整方案

H_4^2 油藏是火烧山油田综合治理的重点区块之一，1995 年油藏中东部加密和北部扩边效果显著。2006 年，在油藏精细描述研究的基础上，对剩余油分布特征和油藏潜力进行了重新研究和认识，认为剩余油在油藏西南部富集连片，展示了油藏进一步加密调整的潜力。此外，上覆的 H_4^1 油藏南部火 2 井区加密先导性试验也取得较好效果，这为 H_4^2 油藏加密调整提供了依据。方案设计在 H_4^2 油藏剩余油富集的西部、南部实施滚动加密调整，完善注采井网。加密部署采用 250m 井距，反九点注采井网。方案共部署采油井 11 口，注水井 5 口，其中新钻采油井 11 口；老井采转注 5 口，设计加密井单井产能为 5.0t，单井进尺 1680m，累计总进尺 1.85×10^4m，新建年产能 1.65×10^4t。2011—2012 年在油藏的西南部剩余油富集完钻了 4 口井，投产 4 口，平均日产液 11.6t，平均日产油 3.1t。

六、细化注水工作

注水管理工作的强弱、注水开发效果的好坏，直接影响注水开发油田的稳产基础。深入开展“注水专项治理”活动，把“注好水、注够水、精细注水、有效注水”落到实处，做精做强“精细注水示范区”，全面推动注水技术进步。确定如下工作思路：一是“注好水”，通过扩容能力、改进工艺、优化制度，狠抓注水源头，确保水质达标；二是“注够水”，通过系统提压、管线更换、清洗解决整体压力不适应问题，通过增注、洗井改善局部单井欠注现象；三是“精细注水”，进一步优化注水结构，提高分注率和分注级别，特别是两级三层以上分注率，在保障测试率的同时确保测试成功率和配注合格率；四是“有效注水”，立足注采井网调整，深推注水方式优化，改善水驱效果，提高最终采收率。

以“注好水、注够水、精细注水、有效注水”为目标，依据油藏类型、开发阶段、动态特点、平面特征，剖面动用，确定相应注水调整对策。既考虑到整体形势，又要考虑到某一井区、单井、小层的调整及各类措施选井选层。要求尽最大努力改善油田注水状况，控制含水上升速度，减缓产量递减，提高水驱采收率。

在优化注水工作中，开展多种优化注水方式的综合研究，不断改进、提高和细化注水结构，加大老区重点治理层块的注水调控力度，及时跟踪分析配注效果，及时优化调整配注方案，通过精细注水控制减缓油藏含水上升速度，确保注水开发生产形势的整体稳定。

（1）加强季度配注方案的动态跟踪与优化调整工作，坚持季配、月调、旬分析的动态调配水工作制度，通过优化注水调控措施，缓解注水平剖面注采矛盾，减少油田低效水循环。

（2）针对部分油藏储层低（特低）渗透，注水井欠注矛盾比较突出的问题，积极改进老区注水工艺设施，组织好欠注区（层）块、油藏的系统增压增注工作，积极改善油田的注水条件、提高油田注水质量。

（3）油藏与工艺有机结合，进行多级分注工艺管柱及井下分层流量测试技术的攻关，优先解决好老区重点层块细分层注水的地质需求问题，确保优化注水工作在剖面相对改善的条件下稳妥有效地进行，为精细注水创造必要条件。

（4）继续开展火烧山油田 H_2 油藏东部裂缝发育区、H_3 油藏中北部裂缝发育区和沙南油田中南部水窜、水淹区的整体调剖治理试验，通过优化调剖剂选型和改进施工工艺，提高调剖措施的有效性、针对性、适应性，全面提高油藏注水效率。

（5）开展分注井分层调剖工艺技术选型、引进推广、现场攻关工作，为火烧山油田 H_4^1 和 H_4^2 油藏调整分注层内矛盾作技术储备。

（6）做好“火烧山油田 H_4^2 油藏弱凝胶调驱与分子膜驱油治理试验”矿场试验工作，紧密跟踪分析试验效果，及时做好优化调控措施。

（7）在 H_2 油藏东部裂缝发育区、H_3 油藏中北部裂缝发育区开展可动凝胶与分子膜驱油、线团聚合物深部调驱等二次、三次采油试验，改善油藏注水开发效果。

配注原则包括：

（1）以分层注水为基础，在确保油田总体上实现阶段注采平衡的同时，努力达到整体注采平衡。

（2）不断深化注水结构调整，改善油层动用状况。加大注水井细分、重分调整力度，精细注水井层间调整，提高水驱动用程度，满足油田开发的需要。

（3）加大注采系统调整、不稳定注水技术、调剖、调驱等成熟技术的应用力度，努力改善区块开发效果。

单井注水方案主要考虑：

（1）根据井组内注采平衡需要和生产动态变化，确定单井日注水量。

（2）根据油层非均质程度及开发动态反映，合理划分分层注水井配注层段，并确定层段特征。

（3）分注井层段配注水量计算是在全井配注水量的控制下，根据单井配注层段性质，确定较符合实际的注水强度，通过层段平均连通厚度，最后计算出层段配注水量。

如 2013 年继续实施季配、月调，全年共调水 422 井次，其中，上调水 163 井次，上调水平 2303m^3/d，阶段增加水量 248514m^3。下调水 259 次，下调水平 3755m^3/d，阶段减少水量 455000m^3。

通过注水井调水，有 36 口油井见效，见效井产液水平从 374.4t/d 下降到 358.3t/d，产油水平从 80.5t/d 上升至 121.2t/d，含水比由 78.5%降至 66.2%，增油 4724t。

火烧山油田 H_3 层针对油藏裂缝发育区含水比高、采出程度低的开发现状，采用不稳定注水方式开发，充分发挥裂缝升压和降压均较基质快的特点，利用油藏裂缝和基质的渗吸作用达到提高注水波及系数和洗油效率，力求多采油、少采水。如 2011 年选取了油藏东北部长期高含水、低产能的 4 个井组（H1237、H1251、H1263、H1296）和西南部 3 个井组（H1341、H1343、H1367）进行试验。从 2012 年二季度开始，在上年局部试验取得良好效果的基础上，将试验区范围扩大到油藏北部整体和西南局部，试验井组北部从 4 个增加到了 15 个，西南部从 3 个增加到了 6 个。其中有 11 个井组采用对称式注水周期，注一个月、停一个月，10 个井组采用不对称周期，注水 0.5 个月、停注 1.5 个月。按地质配注量计算注水量波动幅度为 0.85。2013 年，受 H_3 层含水上升影响，不稳定注水试验井组从 21 个减少到了 10 个。2013 年不稳定注水试验共调水 69 井次，其中，上调水 34 井次，阶段上调水量 57624m^3；下调水 35 井次，阶段下调水量 62405m^3，阶段减少注水 4781m^3。10 个试验井组相关 44 口采油井，初步统计目前有 7 口井见效，见效井日产液水平由 71.1t 上升到 83.8t，日产油水平由 15.1t 升至 27.4t，综合含水由 79.1%降至 67.4%，平均沉没度由 934.9m 降至 847.6m，阶段增油 1025t，降水 1330m^3。

七、加强调剖技术研究

针对火烧山油田裂缝发育和已多轮次调剖的特点，采用多段塞复合调剖工艺，将多种调堵剂有机地结合，发挥各种堵剂的优势。调剖主要是做了两方面的调整：一是加大了单井堵剂用量，提高处理半径，促使堵剂向油层深部运移，进一步提高注入水的波及体积。如 2012 年调剖剂井均用量在 1643m^3，略高于 2011 年单井平均用量为 1590m^3。在应用过程中，根据井况不同，采取不同的堵剂组合技术和堵剂用量；二是对于注水压力低，水窜比较明显的井组，在调剖剂中使用 DKD-2 和矿渣等无机类高固堵剂，对大的水窜通道进行有效封堵。这样既调整了纵向和平面矛盾，又使得强度相对较弱的冻胶黏土颗粒类堵剂在地层中更好的发挥作用。

八、调剖配合调水，有效缓解地层能量下降的趋势

随着对油藏认识的不断深入，注水工作不断走向精细化。根据地质需求，加强季配月调，不断完善和及时调整注水强度，尽量做到合理注水，有效注水。

通过季配、月调，对需要能量的井组提注，对不缺乏能量、含水上升明显的井组实施控水。如 2012 年，抛开不稳定注水试验，全年共上调水 16 井层，日注水平由 445m^3 增加到 640m^3，日注水平增加 195m^3，年增加注水量 $2.7240\times10^4m^3$；下调水 11 井层，日注水

平由 440m^3 减少到 320m^3，日注水平减少 120m^3，年减少注水量 2.3450×10^{4}m^3。

通过下调水，相关油井 35 口，有 2 口油井见效，日产油由调水前的 4.3t 增加到调水后的 5.3t，综合含水由调水前的 31.7%下降到调水后的 26.8%，年累计增油 78t，降水 173t。

从油井测压情况，10 口可比井中，有 3 口压力上升井，其中 2 口井都是在相关水井提注以后，压力得到提升，如：H1139 井相关水井 H1140 井在 2012 年 8 月增级后提注，提注前该井地层压力为 14.7MPa，提注前为 15.21MPa，地层压力恢复了 0.51MPa；H1426 井相关水井 H1417 井在 2011 年 6 月调剖后，加强中、上层注水，日注水平由 70m^3 提高到 90m^3，上期地层压力为 12.71MPa，本期地层压力为 12.90MPa，地层压力恢复了 0.19MPa。

从这 10 口可比井近 3 年的平均压力来看，2010 年平均地层压力为 11.48MPa，2011 年平均地层压力为 10.83MPa，2012 年平均地层压力为 10.85MPa。说明油藏在通过调剖基础上，适当地提高注水，有效缓解地层能量下降的趋势。

（注采比控制比较稳定，地下亏空逐渐减少。如前所述，2012 年 1—11 月注水 45.0509×10^{4}m^3，累计注水 530.1485×10^{4}m^3，年采出地下体积 16.33×10^{4}m^3，累计采出地下体积 480.40×10^{4}m^3，年度注采比 2.76，累计注采比 1.10，目前地下存水率 0.53，水驱指数 1.22，地层总亏空-29×10^{4}m^3，总亏空-50×10^{4}m^3。）

九、调剖和调驱相结合

针对火烧山油田裂缝发育和已多轮次调剖的特点，采用多段塞复合调剖工艺，将多种调堵剂有机地结合，发挥各种堵剂的优势。如 2013 年调剖主要是做了两方面的调整：

一是紧密结合地质需求，优化“一井一策”的调剖方案。以“服务油藏、改善效果”为中心，对每个调剖水井整个井组都进行分析，仔细分析每口油井的动态变化情况，并结合历年调剖工艺及效果，选择最合适的调剖工艺。对于调剖空间较大并且压降曲线下降较快的水井，采用“黏土颗粒高固”体系，多段塞注入的工艺，达到最大封堵效果的目的。例如 H1427 井，位于 H_4^2 层显裂缝带上，调剖前油压、套压和泵压分别为 5.0MPa、5.2MPa 和 13.1MPa，分析认为该井存在较大的水窜通道，需要使用封堵能力较强的堵剂进行施工，2013 年 3 月采用 1730m^3“黏土颗粒高固”体系进行处理，调剖后注水压力分别上升至 8.7MPa 和 8.6MPa；取得了较好的增油降水效果。该井本年度累计增油 207t，与上年同期相比，增加了 65t。

二是配合其他增产措施的需要，提高调剖工艺的适应性。2013 年，火烧山油田水井开展的增产措施主要有桥式偏心分注，不稳定注水实验等。由于桥式偏心分注机具较复杂，为避免调剖后出现配水器芯子下不到位，无法正常调试等问题，在堵剂的选用上尽量避免使用颗粒类堵剂，通过提高无机类堵剂的用量达到封堵的强度要求，例如 H1463 井，井下结构为桥式偏心分注结构，为避免堵塞配水器，将堵剂中的颗粒物去掉后，将黏土的浓度由 8%提高到 10%，并增加了 100m^3 的高固类堵剂。调剖后未影响正常注水，注水压力分别上升了 1.5MPa 和 1.6MPa，并取得了增油降水效果。对于开展了不稳定注水试验的措施井，主要通过在后置段塞中加入高固类堵剂方法，提高堵剂的耐冲刷能力，延长措施的有效期。例如 H1332 井，2012 年 7 月采用冻胶颗粒调剖，由于受不稳定注水的影响，该井未见效，2013 年 4 月，为适应不稳定注水的需要，使用高固体系作为前置和封口段塞，取得了较好的增油降水效果。累计增油 59. 7t，累计降水 130. 7t。

十、工艺、地质结合，群策群力，多环节确保采油井措施效果

采油井增产措施继续坚持工程地质紧密结合，潜力分析到单砂层，施工细化到每道工序，做到“一井一策”“一井一工程”。通过油藏动态人员分析油井油层发育、沉积相带、剩余油潜力，油井历年措施效果好与差的原因，油井对应注水井的注水状况，压力保持程度，工艺设计人员依据动态提出的油井潜力进行工艺设计，之后工艺及地质人员对设计方案进行会审，管理科室和设计人员共同进行现场施工监督，动态和工艺人员共同分析措施效果，提出巩固效果的意见。

特别是针对老井重复压裂效果逐渐变差的现状，引进了更加精细、有针对性的精细转向压裂技术：中期转向、油溶性转向、二次转向、油溶+水溶等，对转向压裂造新缝层位有了更好的控制，从而压开物性较差的动用程度低的储层。2013 年，针对不同储层采用了不同的转向压裂技术，且针对性更强：跨度极小或单层用油溶进行层内转向；跨度较小用水溶进行层间转向；跨度较大进行分层压裂；层数多且跨度较大采用分压+转向结合。另外，针对目前油田进入中高含水期，高含水、高液量井比例高，压裂难度大的现状，引进了控水压裂技术，从 2012 年开始引进进行试验，2013 年扩大试验井次。压裂 34 井次，分层压裂 5 井次，转向压裂 16 井次，控水压裂 9 井次，二次加砂 4 井次。

2013 年，共实施油井增产措施 71 井次，有效 53 井次，措施井总有效率 74. 6%，核实增产油量 14970t，日增油水平 63t，井均增油 211t。其中，压裂 34 井次，有效 28 井次，措施井总有效率 82. 4%，核实增产油量 10427t，日增油水平 39t，井均增油 307t；补层 19 井次，有效 12 井次，措施井总有效率 63. 2%，核实增产油量 2573t，日增油水平 11t，井均增油 135t；堵水 7 井次，有效 6 井次，措施井总有效率 85. 7%，核实增产油量 1052t，日增油水平 11t，井均增油 150t；隔水 4 井次，有效 3 井次，措施井总有效率 75%，核实增产油量 713t，日增油水平 2t，井均增油 178t。其他措施（分采混出、智能找隔水及生物酶吞吐）7 井次（3+2+2），有效 4 井次，有效率 57. 1%，核实增产油量 205t，日增油水平 7t，井均增油 29t。

十一、精挑细选潜力井，挖潜增产取成果

H_2 层的单井生产特点是两低一高：低液、低能、高含水井多。低液表现在层块全部开井 79 口，其中日产液在 5. 0t 以下的井有 43 口，占开井总数 54%，其中沉没度在 100m 以下的井有 49 口，占开井总数 62%；综合含水在 80% 以上的井有 34 口，占开井总数 43%；可见低液低能井占到了一半以上，而高含水井占到将近一半。针对这种“两低一高”的状况，H_2 层首先是考虑压裂引效，选择历史上压裂次数较少，初期产能较高，目前地层压力保持程度相对较高的，并且经多次调剖、调水，仍不见效或见效弱的这样一类具有增产潜力的井，作为挖潜对象。

2012 年，油井压裂 8 井次（H1132、H1153、H1159、H1178、H209、H211、H251、H254），截至 11 月底，累计见效 7 口，累计增油 1485t（核实 1373t），平均单井增油 186t（核实 172t），平均单井有效天数达到 133t，年底核实完成 1550t。其中有 3 口井（H209

井、H211 井、H254 井）压裂效果比较好。

H209 井：该井处于油藏中部显裂缝带，H_2 层射开 6 段 19.5m，1998 年补开 H_3 层 2 段 11.5m，合采生产。1992 年至 2011 年未压裂过，期间仅堵过 5 次水，考虑该井位于油藏中部，油层发育较好，目前供液不足，可能存在油层堵塞的情况；同时，担心裂缝窜，提出分压上段 5.5m，工艺设计中期油溶性转向压裂，2012 年 3 月 31 日压后见效，该井含水明显下降，日增水平 1.8t/d，当年增油 442t。说明通过封堵高水层，压开了新的低含水油层，达到了增油目的，转向压裂措施是切实可行的。

H211 井：该井处于油藏中部显裂缝带，H_1 和 H_2 层合采，其中 H_1 层射开 3 段 6.5m，H_2 层射开 6 段 22.5m，1993 年至 2012 年之前未压裂过，生产形势一直低能低含水，供液严重不足，于是提出转向压裂 H_2 层引效，工艺设计分压转向（分压下+中期水+低前置液），3 月 27 日压后见效，生产形势反映该井液量大幅上升，含水由压裂前的 11%猛增到初期的 96%，随后逐渐回落至 45%左右，日增水平 1.5t，当年增油 501t。

H254 井：该井处于油藏南部剩余油富集区域，射开 H_2 层 7 段 21.0m，1998 年普压中投 50 枚无效，2002 年分压见效增油 160t，2008 年转向压裂未压开，生产形势一直中高含水，沉没度 100m 左右，相关水井只有一口 H252 井，通过对 H254 井历史曲线和剩余油综合分析，结合其历次调剖见效情况，认为该井可以通过转向压裂，改变水窜方向，工艺设计三次转向（先期水+中期油）。压裂见效，压后液量上升，含水下降，日增水平 3.0t，当年增油 501t。

通过 H209 井和 H211 这两口井压裂见效，说明油藏中部的显裂缝区域，通过转向压裂是可以一定程度的封堵高渗透，解放油层潜力，改善单井出油状况的。通过 H254 井压裂见效，对于存在剩余油的部位，适当采取转向压裂措施，能够有效沟通潜力层，限制高水层出液。

说明 H_2 层一方面有针对性的调剖确实封堵了高渗透层或高渗透条带，改变了水窜通道，真正实现了注入水有效驱油的目的；另一方面，结合有目的的转向压裂，可以达到增油的效果。该井的压裂措施选择思路，值得以后借鉴。

（2012 年堵水 4 井次，井号是：H1153、H1156、H1187、H251。除 H1187 是 6 月份实施的，堵水无效，其他井都是 10 月份以后实施的，目前只有一口井 H1153 井见到堵水效果，其他效果还有待进一步跟踪。）

十二、油藏西南局部、北部整体不稳定注水试验

不稳定注水技术是油水井通过周期性的改变注水方向或注入量和采出量，在油层中造成不稳定的压力场，使流体在地层中不断地重新分布，使非均质小层或层带间产生附加压差，从而使注入水在层间压力差的作用下发生层间渗流，促进毛细管的渗吸作用，强化注入水波及低渗透层带并驱出其中滞留油，增大注入水波及系数和洗油效率，从而提高原油的采收率。

从 2012 年二季度开始，在上年局部试验取得良好效果的基础上，将试验区范围扩大到油藏北部整体和西南局部，试验井组北部从 4 个增加到了 15 个，西南部从 3 个增加到了 6 个。其中有 11 个井组采用对称式注水周期，注一个月、停一个月，10 个井组采用不对称周期，注水 0.5 个月停注 1.5 个月。按地质配注量计算注水量波动幅度为 0.85。

2012 年前 11 个月不稳定注水试验已进行了 4 个周期，共调水 122 井次，其中，上调水 56 井次，阶段上调水量 75743m^3，下调水 66 井次，阶段下调水量 89836m^3，阶段减少注水 14093m^3。21 个试验井组相关 77 口采油井，初步统计目前有 9 口井见效，见效井日产液水平由 83. 2t 上升到 104. 5t，日产油水平由 12. 0t 升至 33. 8t，综合含水由 85. 6%降至 67. 7%，平均沉没度由 495. 3m 略升至 569. 6m，阶段增油 1891t，降水 3590m^3。

十三、其他

1. 火烧山油田调整方案研究及跟踪优化

火烧山立体调整方案共部署新井 177 口，设计新建产能 21. 63×10^{4}t/a。其中 H_2 油藏中东部部署新钻井 47 口，设计新建产能 5. 64×10^{4}t/a；H_2 油藏南部部署水平井 6 口，设计新建产能 1. 08×10^{4}t/a；H_3 油藏北部部署新钻井 37 口，设计新建产能 4. 32×10^{4}t/a；H_3 油藏西南部部署新钻井 58 口，新建产能 6. 24×10^{4}t/a；H_4^1 油藏共部署新钻井 18 口，设计新建产能 2. 7×10^{4}t/a；H_4^2 油藏共部署新钻井 11 口，设计新建产能 1. 65×10^{4}t/a，截至 2018 年底已投产新井 97 口，新建产能 12. 32×10^{4}t/a。

2. 火烧山油田 H_4^1 油藏开采技术政策界限研究

火烧山油田 H_4^1 层为裂缝性低渗透砂岩油藏，目前虽然油藏生产状况相对平稳，但油藏已进入中高含水阶段，地层压力保持程度下降，而且平面上压力分布不均匀，油藏含水持续上升，这都是威胁油藏稳产的重要因素。通过对油藏各项生产技术指标进行分析研究，制订出油藏合理开采技术政策，指导油藏今后的长期高效开发，最终提高采收率。

（1）收集分析了前期的动静态资料，开展了储层展布特征研究，明确了油藏井组的注采对应关系。

（2）应用油藏工程和动态分析手段对采油、吸水能力特征，压力变化特征、产量递减特征，区块和单井的含水变化特征以及储量动用状况进行了研究，对油藏开发过程中采取的各类增产、稳产措施进行了分析评价，对油藏注水开发效果进行了综合评价。

3. 火烧山油田 H_2 油藏数值模拟研究

火烧山油田 H_2 油藏由于储层裂缝发育、连通性差、渗透率低的特点，随着注水开发的深入，油藏逐渐呈现以下特点：火烧山油田 H_2 油藏探明石油地质储量 1216×10^{4}t，可采储量 263. 96×10^{4}t。截至 2018 年底，H_2 油藏采油速度只有 0. 3%，采出程度 17. 5%。采油速度、采出程度都低于火烧山油田其他主力层块；全区地层压力保持程度依然偏低（77%），压力场平面分布极不均衡，呈现严重两极分化趋势。西部隐裂缝发育、地层较致密，表现压力传导慢、油井见效程度低，压力保持程度较低（不到 60%），油井普遍供液能力差；而东部显裂缝发育，表现裂缝性水淹水窜明显、油井见效程度高、压力保持程度较高（80%以上）；注水开发效果不理想，尤其是 H_2 油藏西部地区，注采井之间无法建立起有效的驱替系统，出现“注得进、采不出”，油水井存在严重产吸不对应的现象；受储层和井网形式差异的影响（东部主要为反七点法布井，西部主要为反九点法布井），油藏东西部开发效果存在较大差异。

通过开展精细油藏描述，加深对油藏的认识，明确油藏的潜力，为 H_2 油藏的精细注水开发和整体加密调整提供技术支持，以提高油藏最终的采收率。

（1）运用 Petrel 油藏建模软件建立油藏的三维地质模型，与构造、储层等研究成果相互印证。

（2）开展跟踪数值模拟工作，通过历史拟合，对油藏油水运动规律及剩余油的分布，油藏的潜力和主攻方向进行研究；

（3）结合 H_2 油藏目前的注水开发特征和加密调整实施进展及效果，提出井网、层系、注采压力系统和加密调整下一步实施意见。

第六节　高含水期治理矿场试验对策

伴随油田开发进程，火烧山油田逐步进入高含水期，保持稳产难度极大，开展高含水期治理试验成为必然。

一、开展高含水期提液试验

计划对压力保持程度高的火烧山油田 H_3 层、H_4^2 层、北三台北 31 油藏继续开展提液试验。也可以采用分采混出采油技术提液。

二、做好高含水期不稳定注水试验

收集整理各项资料，分析评价包括火烧山油田 H_3 层和 H_2 层的试验效果，提出合理周期，合理的水量波动，进一步在火烧山油田其他层块推广，计划新增 15~20 井组。

三、做好提高注水波及体积试验

跟踪分析“聚合物微球深部调驱技术在沙南油田的研究与应用”“热敏性凝胶调驱技术在北 31 井区的研究与应用”“北三台微生物驱油工艺技术研究与应用”试验效果，及时做好优化调控措施及推广实施工作。

四、继续开展多级分注及层间大压差配注试验

2013 年针对火烧山油田射开层段多，引进桥式偏心配注技术，进行三级四层、四级五层，2014 年需继续扩大实施范围。针对沙丘 5 的 3 个主力油层注水井层间压差大，三层分注困难，2012—2013 年采用同心管分注和桥式偏心轮注及井下电控配水器轮注现场应用，取得了一定成效，2014 年需进一步推广。

五、继续开展增注试验

2012—2013 年油田共实施多氢酸酸化增注 13 井次，多数井效果较好；2014 年，要在准东油田欠注原因研究的基础上，开展多种增注试验，提高注水量，减缓欠注矛盾。

六、开展有针对性堵水试验

继续改进封口剂配方：提高其强度，经得起一定的生产压差，开展分层堵水 3 井次，对高产液、出水层位清楚的油井，堵水可采用管柱分层挤堵措施；开展大剂量堵水试验 3 井次，对于周围剩余油多、储层物性较好、有新层接替的油井进行大剂量的堵水试验。

参考文献

[1] 李溪滨．准噶尔盆地东部地区勘探回顾与建议［J］．新疆石油地质，1991（1）：1-4.

[2] 李新兵．火烧山油田二叠系平地泉组细分沉积相研究专题圆满结束［J］．新疆石油地质，1991（3）：236.

[3] 潘跃，陶岚．火烧山油田堵水工艺浅析［J］．新疆石油科技，1994（2）：44-46.

[4] 陈淦，宋志理．火烧山油田基质岩块渗吸特征［J］．新疆石油地质，1994（3）：268-275.

[5] 郑强，唐春荣．裂缝性油藏数值模拟方法探讨——以火烧山油田为例［J］．新疆石油地质，1996（1）：65-67，99.

[6] 王国先，翟兰新．火烧山油田储层裂缝发育特征新认识［J］．新疆石油地质，1996（2）：180-183，205-206.

[7] 王俊魁，万军，高树棠．油气藏工程方法研究与应用［M］．北京：石油工业出版社，1998.

[8] 王乃举．中国油藏开发模式［M］．北京：石油工业出版社，1999.

[9] 徐春华，唐春荣，李德同，等．火烧山油田储层岩石力学特征与裂缝分布［J］．新疆石油学院学报，2000（4）：10-14.

[10] 王国先，梁成钢，蔡军，等．低渗裂缝性储集层的油藏动态特征——以准噶尔盆地东部火烧山油田为例［J］．新疆石油学院学报，2002（1）：10-14.

[11] 吴承美，秦旭升，佟国章，等．火烧山油田开发中后期渗流介质类型研究［J］．新疆石油学院学报，2002（2）：41-44.

[12] 梁成钢，谢建勇，高卫，等．决定砂岩油藏酸化效果因素研究——以准噶尔盆地东部火烧山油田为例［J］．新疆石油学院学报，2002（2）：45-47，35.

[13] 赵伦．低渗透碎屑岩裂缝性油藏描述技术研究——以新疆火烧山油田平地泉组 H_3 为例//CNPC 油气储层重点实验室、中国地质学会沉积地质专业委员会．2002 低渗透油气储层研讨会论文摘要集［C］．CNPC 油气储层重点实验室、中国地质学会沉积地质专业委员会：中国地质学会，2002：1.

[14] 高卫，石彦，周小茹．复合型 HPAM/有机铬凝胶调剖技术在火烧山油田的应用［J］．新疆石油学院学报，2002（4）：45-49，62.

[15] 石彦，谢建勇，高卫，等．PI 决策技术在油田调剖堵水技术中的应用［J］．新疆石油学院学报，2002（4）：50-52.

[16] 陈铁龙，王雷，黄勇，等．预凝胶技术及其在火烧山裂缝性砂岩油藏中的应用［J］．钻采工艺，2003（1）：89-91，6.

[17] 关富佳，姚光庆，向蓉．乳化酸的优越性能及油层酸化应用研究［J］．新疆石油学院学报，2003（2）：50-52，2.

[18] 徐学成．裂缝性砂岩油藏储层表征研究［D］．成都：西南石油学院，2003.

[19] 吴承美，王国先，梁成刚，等．火烧山低渗裂缝性油藏开采技术研究［J］．新疆石油学院学报，2004（1）：56-58，4-5.

[20] 蔡军．火烧山油田开发效果分析及综合治理方案研究［D］．成都：西南石油学院，2004.

[21] 李建萍．火烧山油田地质及开采特征［D］．成都：西南石油大学，2006.

[22] 蒋建立．火烧山油田裂缝性低渗透油藏调剖技术研究［D］．成都：西南石油大学，2007.

[23] 谌国庆，韩慧玲，石彦，等．氮气泡沫堵水在火烧山油田的应用研究［J］．石油与天然气化工，2007（2）：149-152，87.

[24] 叶俊华，王国先，王惠清．火烧山油田氮气泡沫堵水技术应用研究［J］．新疆石油天然气，2007（2）：40-42，99.

[25] 王国先，刘卫东，党建新，等．适于低渗裂缝性油藏的堵关液流改向技术——以火烧山油田为例[J]．新疆石油地质，2010，31（2）：188-189，196.

[26] 王志章，韩海英，刘月田，等．复杂裂缝性油藏分阶段数值模拟及剩余油分布预测——以火烧山油田 H_4^1 层为例［J］．新疆石油地质，2010，31（6）：604-606.

[27] 涂彬，丁祖鹏，刘月田．火烧山油田 H_3 层裂缝发育特征与剩余油分布关系［J］．石油与天然气地质，2011，32（2）：229-235.